国家技能型、实用型人才培养工程规划教材
国家示范性职业院校专业建设项目成果

液压与气动技术

YEYA YU QIDONG JISHU

主　编　李新德
副主编　侯会喜　孙海洋
　　　　陈爱荣　孟　琳
主　审　李新德

中国商业出版社

图书在版编目(CIP)数据

液压与气动技术/李新德主编. —北京:中国商业出版社,2015.4

ISBN 7-5044-5749-3

Ⅰ.液… Ⅱ.①李… Ⅲ.①液压传动②气动技术 Ⅳ.①TH137②TH138

中国版本图书馆 CIP 数据核字(2006)第 108640 号

责任编辑:刘毕林

中国商业出版社出版发行

010-63180647 www.c-cbook.com

(100053 北京广安门内报国寺 1 号)

新华书店总店北京发行所经销

北京科丰华文化发展有限公司激光照排

涿州市华建印刷有限公司印刷

* * * * *

开本:787×1092 毫米 1/16 印张:17.25 字数:400 千字

2015 年 4 月第 2 版 2015 年 4 月第 1 次印刷

定价:36.80 元

* * * *

(如有印装质量问题可更换)

前　言

随着高职教学改革的深入开展，改革课程教学内容，提高学生的动手能力，培养实用型人才已成为了专业课教师在教学中必须认真考虑的一项重要工作。为此，我们在进行各门课的教学之前都要明确专业的培养目标；明确本课程在专业知识结构中的重要性；明确课程与前后课程的联系，确定课程的具体教学内容，制订教学实施计划。特此组织有关人员编写了机电类通用系列教材。《液压与气动技术》是我高职教材编委会编写的机电类课程规划教材之一，是根据国家教育部对职业教育基本要求，结合近年来高职高专院校实际情况编写而成的。它是高职院校工程机械类、近机类专业的通用教材，也可供职工大学、业余大学、函授大学、中等专业学校的师生及有关工程技术人员、企业管理人员选用或参考。

本书主要根据高职高专《液压与气动技术》教学大纲进行编写的。编写内容突出了以下特色：①理论知识以“必须”、“够用”为度，注重实践能力培养。②本教材的编写力求做到突出高职特色，本着强调基础、突出应用、力求创新的总体思路，减少一些重学术、轻实践或与专业培养目标关系不大的内容。③液压技术与气动技术两部分内容既有联系，又相互独立，各校可根据学生的专业情况选用。④为指导学生学习，每章的开篇列出了本章的重点和难点。⑤为了方便学生复习巩固学习内容，各章后均附有思考题与习题。⑥教材中的插图规范、清晰、美观。⑦液压与气动图形符号严格执行国家标准(GB/T786.1－1993)。⑧在内容上增加了当代科学技术和制造工业发展的新成果，如插装阀、电液比例控制阀、电液数字控制阀、液压 CAD 等。

本教材由商丘职业技术学院李新德任主编，并担任本书的主审工作，西安航空职业技术学院的侯会喜、商丘市锅炉压力容器检验所孙海洋、商丘职业技术学院陈爱荣、商丘市质量技术监督检验测试中心孟琳任副主编。具体分工如下：李新德编写了第 6、7、8 章，侯会喜编写了第 5、9 章；孙海洋编写了第 1、10、11 章，陈爱荣编写了第 3、4 章，孟琳编写了第 2、12、13 章及附录。

尽管我们在编写过程中做出了很多的努力，由于编者的水平有限，书中难免有疏忽和不当之处，恳请各位读者多提一些宝贵的意见和建议。

编者

2015 年 4 月

目 录

第 1 章　液压传动概论

液体传动是以液体(油、合成液体)作为工作介质，利用液体的压力能来进行能量传递的传动方式，它包括液压传动和液力传动。液力传动主要利用非封闭状态下液体的动能或位能来进行工作的传动方式(如离心泵、液力变矩器等)；液压传动主要利用密闭系统中的受压液体来传递运动和动力传动方式。两者在原理上有很大的区别，本书主要讨论后者。

§1.1　液压传动的工作原理及组成

1.1.1 液压传动的工作原理

1. 液压千斤顶的工作原理

讨论液压传动的工作原理我们从最简单的液压千斤顶着手，图 1－1 表示了该液压系统的工作原理。液压千斤顶由手动柱塞泵和举升缸两部分构成。手动柱塞泵由杠杆 1、小活塞 2、小缸体 3、单向阀 4 和 5 等组成；举升缸由大活塞 7、大缸体 6、卸油阀 9 等组成，另外还有油箱 10 和重物 8。

工作时，先提起杠杆 1，小活塞 2 被带动上升，小缸体 3 下腔的密闭容积增大，腔内的压力降低，形成部分真空，单向阀 5 将所在油路关闭，而油箱 10 中的油液则在大气压力的作用下，推开单向阀 4 的钢球，沿吸油孔道进入并充满小缸体 3 的下腔，完成一次吸油动作。接着压下杠杆 1，小活塞 2 下移，小缸体 3 下腔的密闭容积减少，其腔内压力升高，使单向阀 4 关闭，阻断了油液流回油箱的通路，并使单向阀 5 的钢球受到一个向上的作用力，当这个作用力大于缸体 6 下腔对它的作用力时，钢球被推开，油液便进入缸体 6 的下腔(卸油阀 9 处于关闭状态)，推动活塞 7 向上移动将重物 8 顶起一段距离。反复提压杠杆 1，就可以使大活塞 7 推举重物 8 不断上升，达到起重的目的。将卸油阀 9 转动 90°，缸体 6 下腔与油箱相连通，活塞 7 在重物 8 推动下下移，下腔的油液通过卸油阀 9 排回油箱 10。

从以上液压千斤顶的工作过程可以看出，液压传动有以下特点：

(1)液压传动以液体(一般为矿物油)作为传递动力和运动的工作介质，而且传动中必须经过两次能量转换。先把机械能转换为便于输送的液体的压力能，然后把液体的压力能转换为机械能做功。

(2)液压传动是依靠密闭的容器(或密闭系统)内密封容积的变化来传递能量的。如果容器不密封，就不能形成必要的压力；如果密闭容积不变化，就不能实现吸油和压油，也就不能利用受压液体传递运动和动力。

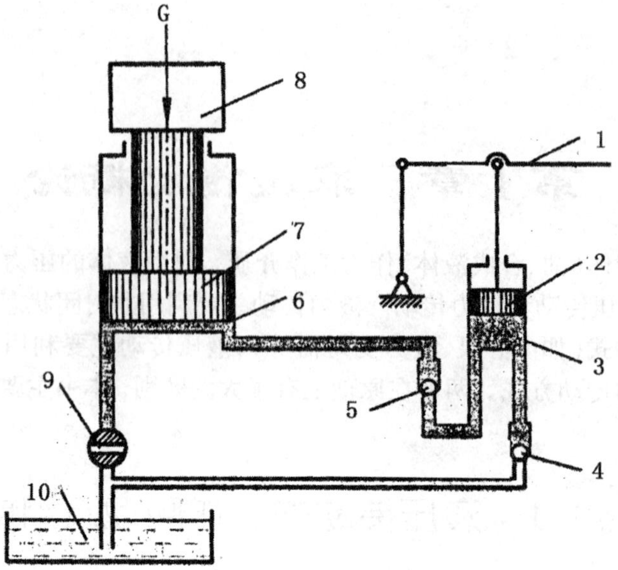

1. 杠杆;2. 小活塞;3. 小缸体;4、5. 单向阀;6. 大缸体;
7. 大活塞;8. 重物;9. 卸油阀;10. 油箱

图 1－1　液压千斤顶的工作原理

2. 机床工作台的液压传动系统

图 1－2(a)为机床工作台液压系统结构原理。它由油箱 1、过滤器 2、液压泵 3、溢流阀 4、节流阀 5、换向阀 6、手柄 7、液压缸 8、工作台 9 以及连接这些元件的油管、接头等组成。液压缸 8 固定在床身上，活塞连同活塞杆带动工作台 9 做往复运动。液压泵由电动机(图中没有表示出来)驱动，通过滤油器 2 从油箱 1 中吸油并送入密闭的系统内。

如果将换向阀手柄 7 向右推，使阀芯处于如图 1－2(b)所示位置，则来自泵输出的压力油→节流阀 5→换向阀 6→液压缸 8 左腔，推动活塞连同工作台 9 向右移动。这时液压缸 8 右腔的油液→换向阀 6→油箱 1。

如果将换向阀手柄 7 向左推，使阀芯处于如图 1－2(c)所示位置，则来自泵输出的压力油→节流阀 5→换向阀 6→液压缸 8 右腔，推动活塞连同工作台 9 向左移动。这时液压缸 8 左腔的油液→换向阀 6→油箱 1。

如果换向阀 6 的阀芯处于如图 1－2(a)所示中间位置时，泵输出的压力油→节流阀 5→换向阀 6 而被封闭，此时泵输出的压力油→溢流阀 4→油箱。由于液压缸两腔被换向阀 6 封闭，活塞停止不动，这时工作台 9 停止运动。

工作台移动的速度可通过节流阀 5 的开口大小来调节。当节流阀 5 的阀口增大时，进入液压缸的油液量增大，工作台的移动速度升高;反之当关小节流阀 5 的阀口时，进入液压缸的油液量减小，工作台的移动速度减小。

转动溢流阀 4 的调节螺钉，可调节弹簧的预紧力。弹簧的预紧力越大，密封系统中的最大油压就越高，工作台移动时，能克服的最大负载就越大;弹簧的预紧力越小，其能得到的最大工作压力就越小，能克服的最大负载也越小。另外，在一般情况下，液压泵输出的油量多于液压缸所需要的油量，多余的油须通过溢流阀 4 及时地排回油箱。所以，溢流阀 4 在该液压系统中起调压、溢流作用。

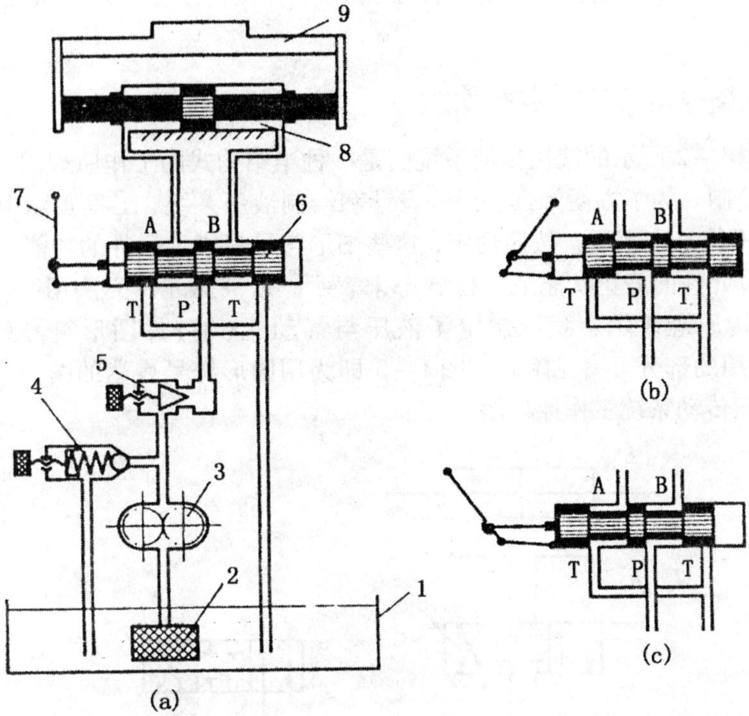

1. 油箱;2. 滤油器;3. 液压泵;4. 溢流阀;5. 节流阀;
6. 换向阀;7. 手柄;8. 液压缸;9. 工作台

图1－2　机床工作台液压系统结构原理

1.1.2 液压传动的组成

从上面的两个例子可以看出液压系统主要由五部分组成。

1. 动力元件

它是把原动机输入的机械能转换为油液压力能的能量转换装置。其作用是为液压系统提供压力油。动力元件为各种液压泵。

2. 执行元件

它是将油液的压力能转换为机械能的能量转换装置。其作用是在压力油的推动下输出力和速度(直线运动)，或力矩和转速(回转运动)。这类元件包括各类液压缸和液压马达。

3. 控制调节元件

它是用来控制或调节液压系统中油液的压力、流量和方向，以保证执行元件完成预期工作的元件。这类元件主要包括各种溢流阀、节流阀以及换向阀等。这些元件的不同组合便形成了不同功能的液压传动系统。

4. 辅助元件

辅助元件是指油箱、油管、油管接头、蓄能器、滤油器、压力表、流量表以及各种密封元件等。这些元件分别起散热贮油、输油、连接、蓄能、过滤、测量压力、测量流量和密封等作用，以保证系统正常工作，是液压系统不可缺少的组成部分。

5. 工作介质

它在液压传动及控制中起传递运动、动力及信号的作用。工作介质为液压油或其他合成液体。

1.1.3 液压传动系统的图形符号

如图1－1、图1－2所示的液压传动系统图是一种半结构式的工作原理图，直观性强，容易理解，但难于绘制。为了方便阅读、分析、设计和绘制液压系统，工程实际中，国内外都采用液压元件的图形符号来表示。按照规定，这些图形符号只表示元件的功能，不表示元件的结构和参数，并以元件的静止状态或零位状态来表示。若液压元件无法用图形符号表述时，仍允许采用半结构原理表示。我国制定了液压与气动元(辅)件图形符号(GB/T786.1－1993)，其中最常用的部分可参见附录。图1－3即为用图形符号表达的图1－2的机床往复运动工作台的液压传动系统工作原理图。

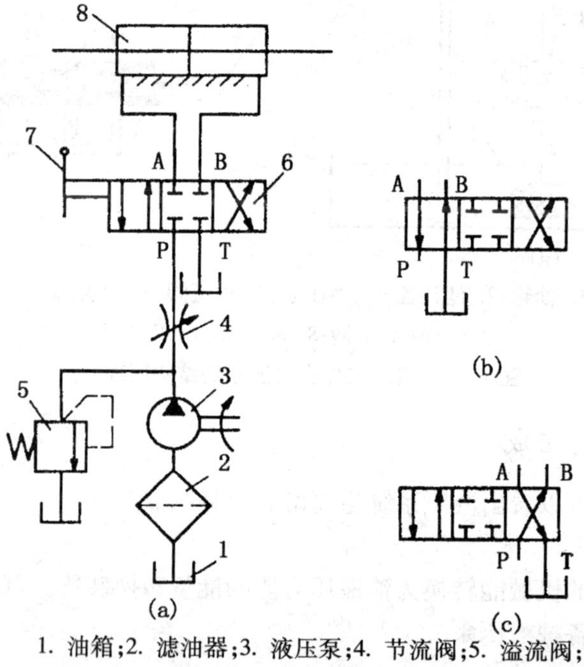

1. 油箱；2. 滤油器；3. 液压泵；4. 节流阀；5. 溢流阀；
6. 换向阀；7. 手柄；8. 液压缸

图1－3　液压传动系统工作原理图(用图形符号)

§1.2　液压传动的优缺点及应用发展

1.2.1 液压传动的优缺点

1. 优点

(1)功率质量比大。在同等功率条件下，液压装置质量小、体积小，结构紧凑。如液压马达的质量和体积是同等功率电动机的10%～12%左右。

(2)能在大范围内无级调速。

⑶易实现过载保护，元件能自行润滑，所以使用安全、可靠，且使用寿命长。

⑷易于实现自动化。当与电气控制相结合，可实现复杂的顺序动作，也方便远距离调控。

⑸元件已实现标准化、系列化、通用化，从而方便了系统设计及设备维护。

⑹实现直线运动，比机械传动简单。

2. 缺点

⑴液压系统中存在泄漏问题，这会造成能量损失，污染环境。

⑵对温度变化敏感。由于液压传动中所用介质多为矿物油，当温度变化时，其粘度变化大，故影响工作稳定性。

⑶元件制造精度要求高，造价贵。

⑷当液压系统出现故障时，故障原因不易查找。

1.2.2 液压传动技术的应用发展

1. 应用实例

工业领域应用液压传动技术，是根据各自的特点，而不尽相同。目前，液压技术在各机械工业部门应用主要有：

⑴机床：内、外圆磨床、平面磨床、仿形车床、龙门刨床、数控机床、多工位组合机床、全自动液压车床等。

⑵工程机械：挖掘机、装载机、压路机、平地机、储运机等。

⑶农业机械：联合收割机、拖拉机的悬挂装置等。

⑷汽车工业：自卸汽车、平板车、高空作业车等。

⑸船舶机械：起货机、锚机、舵机、消摆装置等。

⑹智能机械：机器人、机械手、模拟驾驶舱等。

⑺航空航天：起落机、尾翼、机翼等。

⑻其它：火炮跟踪、导弹的炮塔稳定、海底石油探测平台固定、煤矿矿井支承、矿山用的风钻、火车的刹车装置、轧钢机组、液压电梯、塑料加工机械等。

2. 液压传动技术的发展应用

第一阶段：液压传动从17世纪帕斯卡提出静压传递原理、1795年世界上第一台水压机诞生，已有200多年的历史，但由于没有成熟的液压传动技术和液压元件，且工艺制造水平低下，发展缓慢，几乎停滞。

第二阶段：20世纪30年代，由于工艺制造水平提高，开始生产液压元件，并首先应用于机床。

第三阶段：20世纪50~70年代，工艺水平有了很大提高，液压技术也迅速发展，渗透到国民经济的各个领域：从蓝天到水下，从军用到民用，从重工业到轻工业，到处都有液压传动与控制技术。

目前，液压传动技术正在向着高压、高速、高效率、大流量、大功率、微型化、低噪声、低能耗、经久耐用、高度集成化方向发展，向着用计算机控制的机电一体化方向发展。

我国液压技术从20世纪60年代开始发展较快，新产品研制开发和先进国家不相上下，但其发展速度远远落后于同期发展的日本，主要由于工艺制造水平跟不上去，制造比较困难，材料性能不能满足设计需要，影响了我国液压传动技术的发展。希望各位同学能用自己所学知识为我国的液压传动技术做出应有的贡献。

思考题

1－1　什么叫液压传动？试述液压千斤顶的工作原理。
1－2　液压传动系统由哪些部分组成？试说明各组成部分的作用。
1－3　液压传动有哪些优缺点？

第2章　液压传动基础

液压传动是以液压油(通常为矿物油)作为工作介质来传递动力和信号的。因此液压油的质量(物理、化学性能)的优劣，尤其是力学性能对液压系统的工作影响很大。所以，在研究液压系统之前，必须对所用的液压油及其性能进行较深入了解，以便进一步理解液压传动的基本原理。本章将着重介绍液压流体力学的一些基础知识。

● **本章重点：**

1. 液压油的物理性质；
2. 液体动力学基础知识，即连续性方程、伯努利方程及液体流经管路的压力损失等；
3. 液体流经孔口的流量及其压力差、孔口结构形式的关系等。

● **本章难点：**

1. 液体粘性的概念；
2. 伯努利方程的物理意义及其应用。

§2.1　液压油

2.1.1 液压油的主要物理性质

1. 密度

单位体积液压油的质量称为该种液体的密度，以ρ表示，即

$$\rho=\frac{m}{V} \tag{2-1}$$

式中：V——液压油的体积(m^3)；

　　m——体积为V的液压油的质量(kg)。

密度是液压油的一个重要物理参数，随着液压油温度和压力的变化也会发生变化，但这种变化量通常很小，可以忽略不计，故实际应用中可以认为液压油密度不受温度和压力变化的影响。温度为15℃时，一般液压油的密度为900kg/m³。

2. 粘性

(1)粘性的物理意义

液体在外力的作用下流动时，液体分子间的内聚力阻碍分子相对运动，而在液体内部产生摩擦力。液体流动时，其内部产生摩擦力的这一特性即称为液体的粘性。粘性是液体的重要物理性质，也是选择液压系统中使用油的主要依据之一。

液体流动时，由于液体的粘性以及液体和固体壁面间的附着力，会使液体内部各层间的速度大小不等。如图 2－1 所示，设两平行平板间充满液体，下平板不动，上平板以速度 u_0 向右平移。由于液体的粘性作用，紧贴下平板的液体层速度为零，紧贴上平板的液体层速度为 u_0。而中间各层液体的速度则根据它与下平板间的距离大小近似呈线性规律分布。

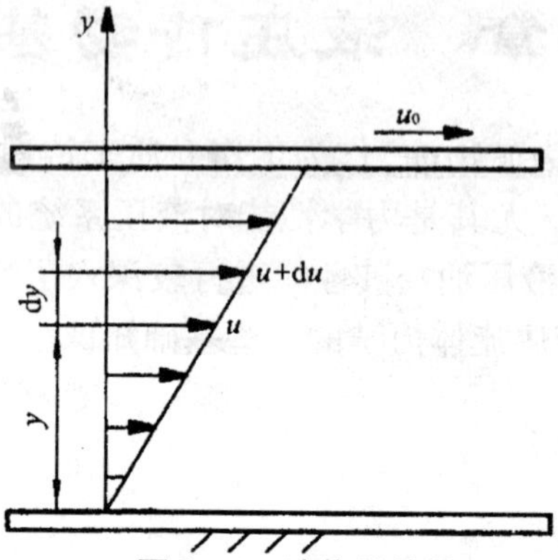

图 2－1　液体的粘性

实验测定结果表明，液体流动时，相邻液层之间的内摩擦力 F 与液层间的接触面积 A、液层间的相对运动速度 du 成正比，而与液层间的距离 dy 成反比，即

$$F=\mu A\frac{du}{dy} \tag{2-2}$$

若用单位接触面积上的摩擦力 ττ（切应力）来表示，则上式可改写成

$$\tau=\frac{F}{A}=\mu\frac{du}{dy} \tag{2-3}$$

式中：F——相邻液层间的内摩擦力(N)；

A——液层的接触面积(m^2)；

μ——比例系数，也称为液体的粘性系数或粘度；

du/dy——相对运动速度对液层间距离的变化率，也称速度梯度或剪切率。

式(2－3)表达的就是牛顿内摩擦定律。

在液体静止时，由于 $dy=0$，内摩擦力 F 为零，因此在液体静止状态时不呈现粘性。

(2)粘度

液体粘性的大小用粘度来表示。常用的粘度有三种：动力粘度、运动粘度和相对粘度。

①动力粘度。动力粘度又称为绝对粘度，它是表征流动液体内摩擦力大小的粘性系数，用 μ 来表示，也就是式 $F=\mu A\frac{du}{dy}$ 中的 μ，即

$$\mu=\frac{F}{A\dfrac{du}{dy}} \tag{2-4}$$

动力粘度的法定计量单位为 Pa · s(帕 · 秒,N · s/m^2)。

②运动粘度。液体动力粘度和密度的比值称为运动粘度，以 ν 来表示。即

$$\nu=\frac{\mu}{\rho} \tag{2-5}$$

运动粘度的单位是 m^2/s，由于该单位偏大，实际上常用 cm^2/s、mm^2/s 及以前沿用的非法

定单位 cSt(厘斯)他们之间的关系为 $1m^2/s=10^4cm^2/s=10^6mm^2/s=10^6cSt$。运动粘度无明确的物理意义，但它是工程实际中经常用到的物理量，国际标准化组织 ISO 规定统一采用运动粘度来表示油的粘度等级。液压油的牌号就是采用它在40℃时的运动粘度(以 mm^2/s 计)的平均值来标号的，例如 L－HL32 普通液压油在40℃时的运动粘度的平均值为 $32mm^2/s$。

③相对粘度。相对粘度是根据特定测量条件制定的，故又称为条件粘度。测量条件不同，采用的相对粘度单位也不同。例如，中国、德国和前苏联采用的恩氏粘度(°E)；美国采用的赛氏粘度(SSU)；英国采用的雷氏粘度(R)等。

恩氏粘度是用恩氏粘度计测定，即将200mL 被测液体装入粘度计的容器内，容器周围充水，电热器通过水使液体均匀升温到温度为 t℃，液体由其底部 ϕ 2.8mm 的小孔流出，测出液体流尽所需时间 t_1(s)，再测出相同体积温度为20℃的蒸馏水在同一容器中流尽所需的时间 t_2(s)(通常平均值 $t_2=51s$)。这两个时间之比即为被测液体在 t℃下的恩氏粘度，即

$$°E=\frac{t_1}{t_2} \tag{2-6}$$

恩氏粘度与运动粘度(m^2/s)的换算关系式为

当 $1.35\leqslant °E\leqslant 3.2$ 时

$$\nu=(8°E-8.64/°E)\times 10^{-6} \tag{2-7}$$

当 $°E>3.2$ 时

$$\nu=(7.6°E-4/°E)\times 10^{-6} \tag{2-8}$$

④调和油的粘度。当油液产品的粘度不符合要求时，可将同一型号两种粘度不同的油按适当的比例混合起来使用，称为调和油。调和油的粘度可用下面经验公式计算

$$°E=\frac{\alpha_1°E_1-\alpha_2°E_2-c(°E_1-°E_2)}{100} \tag{2-9}$$

式中：$°E_1$、$°E_2$——混合前后两种油液的恩氏粘度，取 $°E_1>°E_2$；

$°E$——混合后的调和油的恩氏粘度；

α_1、α_2——两种油液各占的百分数($\alpha_1+\alpha_2=100\%$)；

c——实验系数，见表2－1。

表2－1　**实验系数 c 的值**

α_1	10	20	30	40	50	60	70	80	90
α_2	90	80	70	60	50	40	30	20	10
c	6.7	13.1	17.9	22.1	25.5	27.9	28.2	25	17

(3)温度对粘度的影响

粘度对温度的变化十分敏感，当油液温度升高时，液体分子间的内聚力减少，其粘度显著下降，这一特性称为粘温特性。油液粘度的变化直接影响到液压系统的性能和泄漏量，因此希望油液粘度随温度的变化越小越好。一定温度下油液的粘度，可以从液压设计手册中直接查出。不同种类的液压油有不同的粘温特性，图2－2为几种典型液压油的粘温特性曲线图。

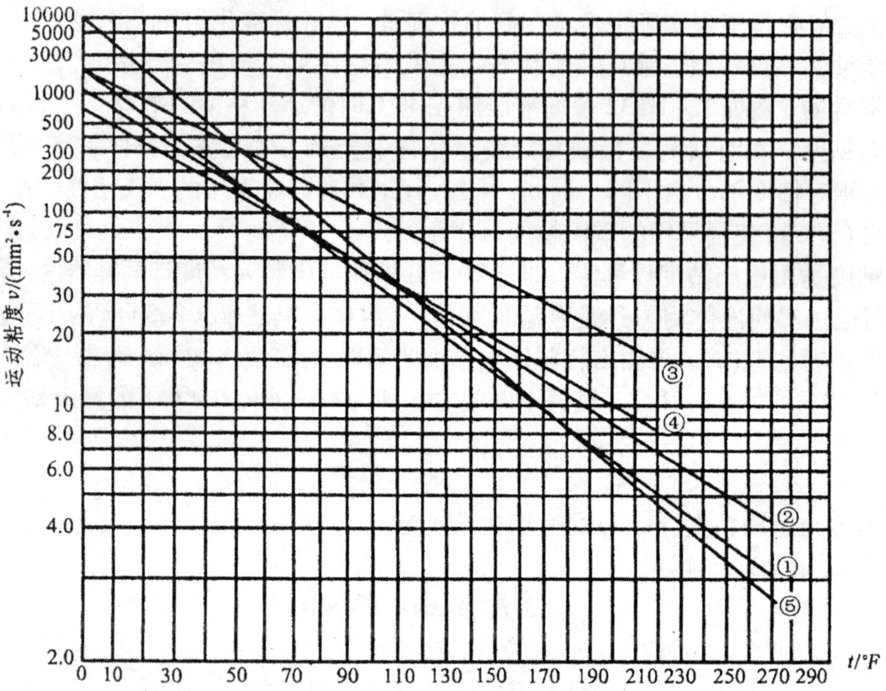

①石油型普通液压油；②石油型高粘度指数液压油；

③水包油乳化液；④水－乙二醇液；⑤磷酸酯液

图 2－2　几种典型液压油的粘温特性曲线图

液体的粘温特性常用粘度指数 VI 来度量。VI 表示该液体的粘度变化程度与标准油液的粘度变化程度之比。通常在各种工作介质的质量标准中都给出粘度指数。粘度指数高，说明粘度随温度的变化小，其粘温特性好。一般要求工作介质的粘度指数应在 90 以上，优异的在 100 以上。几种常见工作介质的粘度指数列于表 2－2 中。

表 2－2　　常见工作介质的粘度指数

介质种类	粘度指数 VI	介质种类	粘度指数 VI
通用液压油 L－HL	90	高含水液压油 L－HFA	130
抗磨液压油 L－HM	95	油包水乳化液 L－HFB	130～170
低温液压油 L－HV	130	水－乙二醇液 L－HFC	140～170
高粘度液压油 L－HR	160	磷酸酯液 L－HFDR	130～180

（4）压力对粘度的影响

液体所受的压力增大时，其分子间的距离将减小，其内聚力增加，粘度亦随之增大。但对于一般的液压系统，当压力在 32MPa 以下时，压力对粘度的影响很小，可以忽略不计。

3. 液体的可压缩性

液体在压力作用下体积减小的这种性质称为液体的可压缩性。在常温下，一般可认为油液是不可压缩的，但当液压油中混有空气时，其抗压缩能力会显著降低，应力求减少油液中混入的气体及其他易挥发物质的含量，以减少对液压系统工作性能的不良影响。

4. 液压油的其他性质

油液的其他物理及化学性质包括：抗燃性、抗凝性、抗氧化性、抗泡沫性、抗乳化性、防锈性、润滑性、导热性、相容性以及纯净性等，具体可参照相关产品手册。

2.1.2 液压油的选用

1. 液压油的使用要求

液压传动系统使用的液压油一般应满足的要求有：对人体无害且成本低廉；粘度适当，粘温特性好；润滑性能好，防锈能力强；质地纯净，杂质少；对金属和密封件的相容性好；氧化稳定性好，不变质；抗泡沫性和抗乳化性好；体积膨胀系数小；燃点高，凝点低等。对于不同的液压系统，则需根据具体情况突出某些方面的使用性能要求。

2. 液压油的品种

液压油的主要品种、ISO 代号及其特性用途见表 2－3。

表 2－3　**液压油的主要品种及其特性和用途**

类型	名称	ISO 代号	特性和用途
矿油型	通用液压油	L－HL	精制矿油加添加剂，提高抗氧化和防锈性能，适用于室内一般设备的中低压系统。
矿油型	抗磨液压油	L－HM	L－HL 油加添加剂，改善抗磨性能，适用于工程机械、车辆液压系统。
矿油型	低温液压油	L－HV	L－HM 油加添加剂，改善粘温特性，可用于环境温度在－20℃～－40℃高压系统。
矿油型	高粘度液压油	L－HR	L－HL 油加添加剂，改善粘温特性，VI 值达 175 以上，适用于对粘温特性有特殊要求的低压系统，如数控机床液压系统。
矿油型	液压导轨油	L－HG	L－HM 油加添加剂，改善粘－滑特性，适用于机床中液压和导轨润滑合用的系统。
矿油型	全损耗系统用油	L－HH	浅度精制矿油，抗氧化性、抗泡沫性较差，主要用于机械润滑，也可做液压代用油，用于要求不高的低压系统。
矿油型	汽轮机油	L－TSA	深度精制矿油，改善抗氧化性、抗泡沫等性能，为汽轮机专用，可做液压代用油，用于一般液压系统。
乳化型	水包油乳化液	L－HFA	又称水基液，特点是难燃、粘温特性好，有一定的防锈能力，润滑性差，易泄漏。适用于有抗燃要求、油液用量大的系统。
乳化型	油包水乳化液	L－HFB	既具有矿油型液压油的抗磨、防锈性能，又具有抗燃性，适用于有抗燃要求的中压系统。
合成型	水－乙二醇液	L－HFC	难燃，粘温特性和抗蚀性好，能在－30℃～60℃温度下使用，适用于有抗燃要求的中压系统。
合成型	磷酸酯液	L－HFDR	难燃，润滑抗磨性能和抗氧化性能良好，能在－54℃～135℃温度范围内使用。缺点是有毒。适用于有抗燃要求的高压精密液压系统。

矿油型液压油的主要品种有普通液压油、抗磨液压油、低温液压油、高粘度指数液压油、液压导轨油等。矿油型液压油的润滑性和防锈性好，粘度等级范围也较宽，因而在液压系统中

应用很广。汽轮机油是汽轮机专用油，常用于一般液压传动系统中。普通液压油的性能可以满足液压传动系统的一般要求，广泛适用于在常温工作的中低压系统。抗磨液压油、低温液压油、高粘度指数液压油、液压导轨油等，专用于相应的液压系统中。矿油型液压油具有可燃性，为了安全起见，在一些高温、易燃、易爆的工作场合，常用水包油、油包水等乳化液，或水－乙二醇、磷酸酯等合成液。

2.1.3 液压油的选择

1. 油液品种的选择

选择油液品种时，可以参照表2－3，并根据是否专用、有无具体工作压力、工作温度及工作环境等条件，从而进行综合考虑。

2. 选择粘度等级

确定好液压油的品种，就要选择液压油的粘度等级。粘度对液压系统工作的稳定性、可靠性、效率、温升以及磨损都有显著的影响，在选择粘度时应注意液压系统的工作情况。

(1)工作压力。为了减少泄漏，对于工作压力较高的系统，宜选用粘度较大的液压油。

(2)运动速度。为了减轻液流的摩擦损失，当液压系统的工作部件运动速度较高时，宜选用粘度较小的液压油。

(3)环境温度。环境温度较高时宜选用粘度较大的液压油。

(4)液压泵的类型。在液压系统的所有元件中，以液压泵对液压油的性能最为敏感，因为泵内零件的运动速度很高，承受的压力较大，润滑要求苛刻而且温度升高。因此，常根据液压泵的类型及要求来选择液压油的粘度。

各类液压泵用的粘度范围见表2－4。

表2－4　液压泵用油的粘度范围及推荐牌号

名称	运动粘度($10^{-6}\times mm^2/s$)		工作压力(MPa)	工作温度(℃)	推荐用油
	允许	最佳			
叶片泵(1200r/min)	16～220	26～54	7	5～40	L－HH32；L－HH46
				40～80	L－HH46；L－HH68
叶片泵(1800r/min)	20～220	25～54	14以上	5～40	L－HL32；L－HL46
				40～80	L－HL46；L－HL68
齿轮泵	4～220	25～54	12.5以下	5～40	L－HL32；L－HL46
				40～80	L－HL46；L－HL68
			10～20	5～40	L－HL46；L－HL68
				40～80	L－HM46；L－HM68
			16～32	5～40	L－HM32；L－HM68
				40～80	L－HM46；L－HM68

续表

径向柱塞泵	10 ~ 65	16 ~ 48	14 ~ 35	5 ~ 40	L – HM32；L – HM46
				40 ~ 80	L – HM46；L – HM68
轴向柱塞泵	4 ~ 76	16 ~ 47	35 以上	5 ~ 40	L – HM32；L – HM68
				40 ~ 80	L – HM68；L – HM100
螺杆泵	19 ~ 49	19 ~ 49	10.5 以上	5 ~ 40	L – HL32；L – HL46
				40 ~ 80	L – HL46；L – HL68

2.1.3 液压油的污染和防治措施

根据统计，液压系统发生故障的原因有 75% 是由于油液污染造成的，因此，液压油的防污对保证系统正常工作是非常重要的。

1. 污染的危害

液压油被污染是指油中含有水分、空气、微小固体颗粒及胶状生成物等杂质。液压油污染对液压系统造成危害如下：

(1) 堵塞过滤器，使液压泵吸油困难，产生振动和噪声；堵塞小孔或缝隙，造成阀类元件动作失灵。

(2) 固体颗粒会加速零件磨损，擦伤密封件，增大泄漏。

(3) 水分和空气使油液润滑性能下降，产生锈蚀；空气使系统出现振动或爬行现象。

2. 污染原因

液压油被污染的主要原因如下：

(1) 残留的固体颗粒

在液压元件装配、维修等过程中，因洗涤不干净而残留下的固体颗粒，如砂粒、铁屑、磨料、焊渣、棉纱及灰尘等。

(2) 空气中的尘埃

液压设备工作的周围环境恶劣，空气中含有尘埃、水滴。他们从可侵入渠道(如从液压缸外伸的活塞杆、油箱的通气孔和注油孔等处)进入系统，造成油液污染。

(3) 生成物污染

在工作过程中产生的自生污染物主要有金属微粒、锈斑、液压油变质后的胶状生成物及涂料和密封件的剥离片等。

3. 防止污染的措施

为了延长液压元件使用寿命，保证液压系统可靠工作，防止液压油污染，将液压油污染控制在某一允许限度以内，工程上常采取如下预防措施：

(1) 力求减少外来污染

在安装液压系统和维修液压元件时要认真严格清洗，且在无尘区进行；油箱与大气相通的孔上要安装滤清器并注意定期清洗；向油箱添加液压油时应通过滤油器。

(2) 滤除油液中的杂质

在液压系统相关位置应设置滤油器，滤除油中的杂质，注意定期检查、清洗和更换滤芯。

(3) 合理控制液压油的温度

避免液压油工作温度过高，防止油液氧化变质，产生各种生成物。一般液压系统的工作温度最好控制在60℃以下，机床液压系统的油温应更低些。

(4)定期检查和更换液压油

每隔一定时间，对液压系统中的液压油进行抽样检查，分析其污染程度是否还在系统允许的使用范围之内，如果不符合要求，应及时更换液压油。

§2.2 液体的静力学基础

液体静力学是研究液体处于静止状态下的力学规律以及这些规律的应用。这里所说的静止，是指液体内部质点之间没有相对运动，至于液体整体，完全可以像刚体一样作各种运动。

2.2.1 液体的静压力及其特性

1. 液体静压力

物理学将液体单位面积上所承受的法向力定义为压强，在液压技术中习惯称为压力。如果在液体内某点处微小面积 ΔA 上作用有法向力 ΔF，则 $\Delta F/\Delta A$ 的极限就定义为该点处的静压力通常以 p 表示，即

$$p=\lim_{\Delta A\to 0}\frac{\Delta F}{\Delta A} \tag{2-10}$$

在 SI 制中压力的单位为 N/㎡(牛/米^2)或 Pa(帕斯卡)。由于 Pa 单位太小，工程使用不便，因而常采用 kPa(千帕)和 MPa(兆帕)。

$1\text{MPa}=10^3\text{kPa}=10^6\text{Pa}$

当液体受到外力的作用时，就形成液体的压力，如图 2-3 所示。

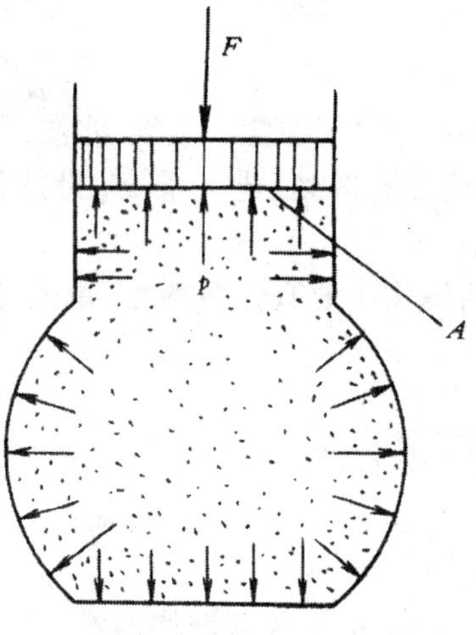

图 2-3　外力作用形成的压力

2. 液体静压力的特性

(1)液体压力的方向总是沿着内法线方向作用于承压面的。即静止液体承受的只是法向

压力，而不受剪切力和拉力。

(2)静止液体内任一点处所受到的静压力在各个方向上的压力都相等。

2.2.2 液体静力学的基本方程

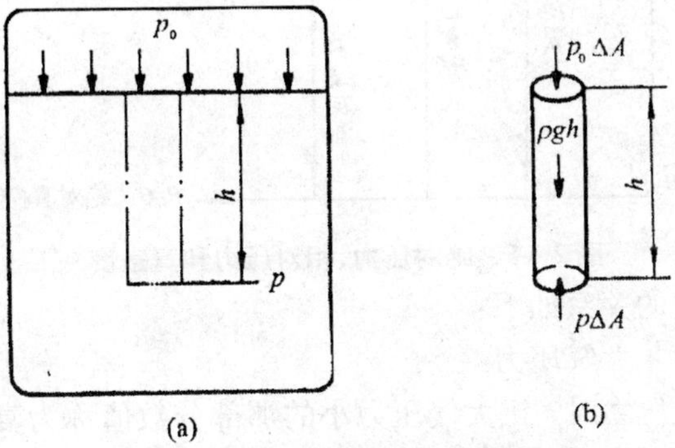

图2-4　静止液体内压力分布规律

如图2-4所示，密度为ρ的液体在容器内处于静止状态，作用在液面上的压力为p_0，为求任意深度h处的压力p，可以假想取出一个垂直小液柱来研究，设液柱的底面积为ΔA，高为h，由于液柱在竖直方向上处于受力平衡状态，可列出该小液柱的力学平衡方程式为

$$p\Delta A = p_0\Delta A + \rho gh\Delta A$$

即

$$p = p_0 + \rho gh \tag{2-11}$$

式(2-11)称为液体静力学基本方程式。由此可知：

(1) 静止液体内部任一点处的压力p都由液面上的压力p_0和该点以上液体自重形成的压力ρgh两部分组成。当液面上只受大气压力p_a时，可得

$$p = p_a + \rho gh$$

(2) 静止液体内部的压力p随液体深度h呈线性规律分布。

(3)离液面深度相同处各点的压力均相等，由压力相等的点组成的面称为等压面，在重力的作用下，静止液体中的等压面是一个水平面。

2.2.3 压力的测量与表示方法

压力的表示方法有两种：即绝对压力和相对压力。以绝对真空为基准来度量的压力，叫做绝对压力；以大气压力为基准来度量的压力，叫做相对压力。在地球的表面上用压力表所测得的压力数值就是相对压力，液压技术中的压力一般也都是相对压力。若液体中某点的绝对压力小于大气压力，那么比大气压力小的那部分数值叫做真空度。绝对压力、相对压力和真空度之间的关系如图2-5所示。

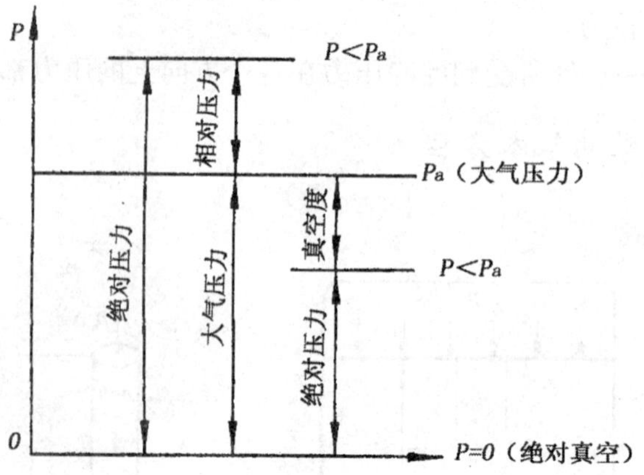

图2-5　绝对压力、相对压力和真空度

绝对压力和相对压力的关系如下：

绝对压力 = 相对压力 + 大气压力

当绝对压力小于大气压力时，比大气压力小的那部分数值称为真空度，真空度的计算公式如下：

真空度 = 大气压力 - 绝对压力

2.2.4 压力的形成与传递

由静力学基本方程可知，静止液体中任意一点处的压力都包含了液面上的压力 p_0，这就说明在密封容器中的静止液体，由外力作用所产生的压力可以等值传递到液体内部的所有各点。这就是帕斯卡原理。如图2-6所示密闭连通器中，各容器压力表指示的数值都相同。通常在液压传动中，由外力产生的压力 p_0 要比由液体自重所形成的那部分压力 ρgh 大得多，且管道之间的配置高度差又小，为使问题简化常忽略由液体自重所产生的压力，一般认为静止液体内部压力处处相等。

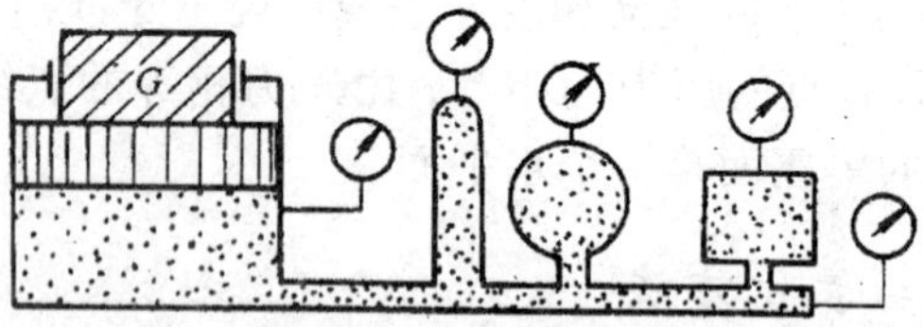

图2-6　密封连通器内压力处处相等

例2-1　图2-7所示为两个相互连通的液压缸，已知大缸内径 D = 100mm，小缸内径 d = 30mm，大活塞上放一重物 G = 20000N。问在小活塞上应施加多大的力 F_1 才能使大活塞顶起重物？

解：根据帕斯卡原理，由外力产生的压力在两缸中相等，即

$$\frac{4F_1}{\pi d^2} = \frac{4G}{\pi D^2}$$

故顶起重物时在小活塞上应施加的力为

$$F_1 = \frac{d^2}{D^2}G = \frac{30^2}{100^2} \times 20000\text{N} = 1800\text{N}$$

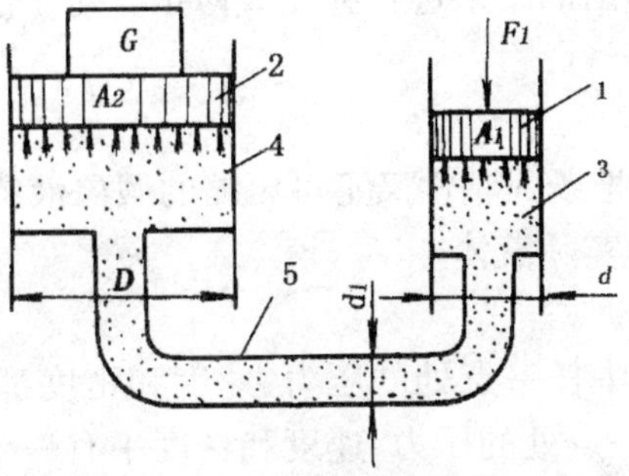

图2-7　液压千斤顶

由上例可知液压装置具有力的放大作用。液压压力机和液压千斤顶等液压起重机械就是利用这个原理进行工作的。

如果 $G=0$，不论怎样推动小活塞，也不能在液体中形成压力，即 $p=0$，反之，G 越大，液压缸中压力也越大，推力也就越大，这说明了液压系统的工作压力决定于负载。

综上所述，液压传动是依靠液体内部的压力来传递动力的，在密封容器中压力是以等值传递。所以帕斯卡原理是液压传动基本原理之一。

2.2.5 液体作用在固体壁面上的力

液体和固体壁面相接触时，固体壁面将受到液体压力的作用。液体在受外界压力作用的情况下，由于液体自重所形成的那部分压力(ρgh)相对非常小，在分析液压系统的压力时常可忽略不计，因而我们可以近似认为整个液体内部的压力是相等的。

当固体壁面为一平面时，液体压力在该平面上的总作用力 F 等于液体压力 p 与该平面面积 A 的乘积，其作用方向与该平面垂直，即

$$F=pA \tag{2-12}$$

当固体壁面为一曲面时，液体压力在该曲面某方向 x 上的总作用力 F_x 等于液体压力 p 与该曲面在该方向投影面积 A_x 的乘积，即

$$F_x=pA_x \tag{2-13}$$

§2.3　液体动力学基础

液体动力学基础是主要研究液体流动时流速和压力之间的变化规律。其中，流动液体的连续性方程、伯努利方程、动量方程就是描述流动液体力学规律的三个基本方程。这些内容不仅构成了液体动力学的基础，而且还是液压技术中分析问题和设计计算的理论依据。

2.3.1 液体动力学基本概念

1. 理想液体和恒定流动

由于液体具有粘性和可压缩性，因而在研究流动液体运动规律时非常困难。液体粘性只有在液体运动时才体现出来，因此在研究流动液体时必须考虑粘性的影响。液体的粘性问题非常复杂，为了分析和计算问题的方便，我们先假设液体没有粘性，然后再考虑粘性影响，

并通过实验验证等方法对已得出的结果进行补充或修正。对于液体的可压缩问题，也可采用同样的方法来处理。

(1)理想液体与实际液体

在研究流动液体时，一般把既无粘性又不可压缩的假象液体称为理想液体。而把事实上既有粘性又可压缩的液体称为实际液体。

(2)恒定流动和非恒定流动

当液体流动时，如果液体中任一点处的压力、速度和密度都不随时间变化而变化则称为恒定流动;反之，若液体中任一点处的压力、速度和密度中有一个随时间变化而变化时，就称为非恒定流动。如图2－8所示，图2－8(a)的水平管内液流为恒定流动，图2－8(b)为非恒定流动。

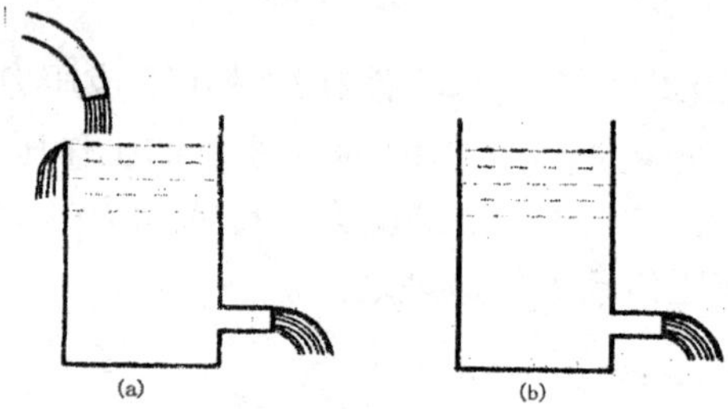

图2－8　恒定流动和非恒定流动

2. 流量和平均流速

(1)过流断面(或通流截面)

液体在管道中流动时，其垂直于流动方向的截面称为过流断面或称为通流截面。

(2)流量

单位时间内流过某一过流断面的液体体积称为流量。流量用 q 表示，即

$$q=\frac{V}{t} \tag{2-14}$$

流量的单位为 m^3/s 或 L/min，换算关系为 $1m^3/s=6\times10^4L/min$。

(3)平均流速

液体流动时，由于粘性的作用，使得在同一截面上各点的流速不同，分布规律较复杂，如图2－9所示，计算很不方面，现假设通流截面上个各点的流速均匀分布，液体以此平均速度 v 流过通流截面的流量与实际流速流过的流量相等。即

$$v=\frac{q}{A} \tag{2-15}$$

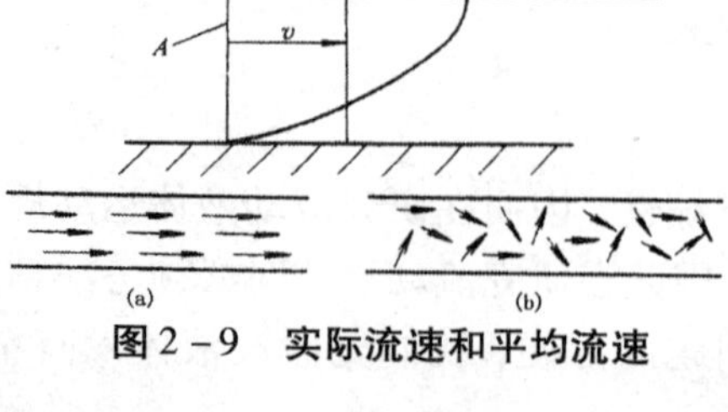

图2－9　实际流速和平均流速

在实际的工程计算中，平均流速才具有应用价值。液压缸工作时，活塞的运动速度就等于缸内液体的平均流速，当液压缸有效面积一定时，活塞运动速度由输入液压缸的流量决定。

3. 流态和雷诺数

(1)液体的流动状态

英国物理学家雷诺通过大量实验，发现了液体在管道中流动时存在两种流动状态，即层流和紊流。两种流动状态可通过实验(即雷诺实验)来观察，如图 2-10 所示。水箱 4 和水杯 2 中分别装满了水和密度与水相同的红色液体，水箱 4 由一个水管不停的供水，多余的水通过隔板 1 溢流出去，从而使液面高度保持不变。打开阀 7 使水从玻璃管 6 中流出，这时打开阀 3，红色液体也经细导管 5 流入水平玻璃管 6 中。调节阀 7 使玻璃管 6 中液体的流速较小时，红色液体在管 6 中呈一条明显的直线，将细导管 5 的出口上下移动，则红色直线也上下移动，而且这条红线与清水之间层次分明不相混杂(如图 2-10(b)所示)，液体的这种流动状态称为层流。当调整阀 7 使玻璃管中的流速逐渐增大至某一数值时，可以看到红线开始出现抖动而呈波纹状(如图 2-10(c)所示)，这表明层流状态被破坏，液流开始出现紊乱。若玻璃管 6 中液体的流速继续增大，红线会逐渐消失，红色液体便和清水完全混杂在一起(如图 2-10(d)所示)，表明管中液流完全紊乱，这时的流动状态称为紊流。如果将阀 7 逐渐关小，当流速减小至一定值时，水流又重新恢复为层流。层流与紊流是两种不同性质的流动状态。层流时液体速度较低，液体质点间的粘性力起主导作用，液体质点受粘性的约束，不能随意运动；紊流时液体流速较高，液体质点间粘性的制约作用减弱，惯性力起主导作用。

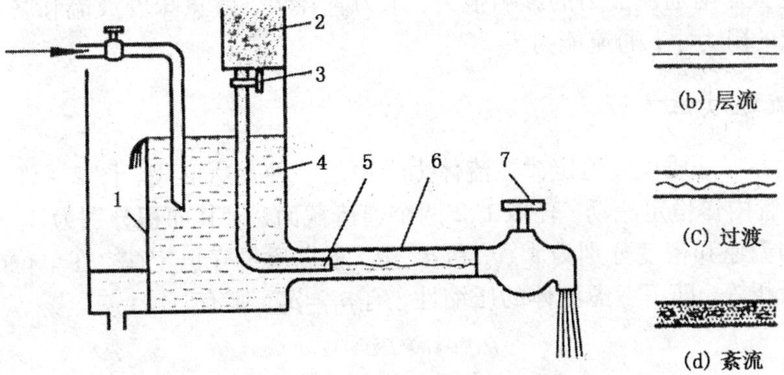

1. 隔板；2. 水杯；3、7. 阀；4. 水箱；5. 细导管；6. 玻璃管

图 2-10　雷诺实验装置

(2)雷诺数

液体的流动状态可以用雷诺数来判断，实验结果证明，液体在圆管中的流动状态不仅与管内的平均流速 v 有关，还与管道的内径 d、液体的运动粘度 ν 有关。而用来判别液体流动状态的是由这三个参数所组成的一个无量纲数——雷诺数 Re，即

$$Re = \frac{vd}{\nu} \tag{2-16}$$

式中：v——液体在管中的流速(m/s)；

d——管道的内径(m)；

ν——液体的运动粘度(m^2/s)。

管中液体的流态随雷诺数的不同而改变，因而可以用雷诺数作为判别液体在管道中流态的依据。一般把层流变为紊流时的雷诺数称为临界雷诺数 Re_L。当 $Re < Re_L$ 时为层流；当 $Re > Re_L$ 时为紊流。

各种管道的临界雷诺数可以由实验求得。常见管道的临界雷诺数列入表 2－5 中。

表 2－5　常见管道的临界雷诺数

管道的形状	临界雷诺数 Re_L	管道的形状	临界雷诺数 Re_L
光滑金属管	2300	带沉割槽的同心环状缝隙	700
橡胶软管	1600～2000	带沉割槽的偏心环状缝隙	400
光滑的同心环状缝隙	1100	圆柱形滑阀阀口	260
光滑的偏心环状缝隙	1000	锥阀阀口	20～100

对于非圆截面的管道，Re 可用下式计算

$$Re = \frac{d_H v}{\nu} \tag{2-17}$$

式(2－17)中的 d_H 为过流断面的水力直径，可按下式求得

$$d_H = \frac{4A}{\chi} \tag{2-18}$$

式中：A——过流断面面积(m^2)；

χ——湿周长度，指的是在过流断面上与液体相接触的管壁的周长(m)。

水力直径的大小对通流能力的影响很大，水力直径大，就意味着液流和管壁的接触周长短，管壁对液流的阻力小，通流能力大。

2.3.2 液流连续性方程

液流连续性方程是质量守恒定律在流体力学中的一种表达形式。图 2－11 所示为一不等截面管，液体在管内作恒定流动，任取 1、2 两个通流截面，设其面积分别为 A_1 和 A_2，两个截面中液体的平均流速和密度分别为 v_1、v_2 和 ρ_1、ρ_2，根据质量守恒定律，在单位时间内流过两截面的液体质量相等，即不考虑液体的压缩性，有 $\rho_1 = \rho_2$，则有

$$\rho_1 v_1 A_1 = \rho_2 v_2 A_2$$

$$v_1 A_1 = v_2 A_2 = 常量 \tag{2-19}$$

亦可得

$$q = Av = 常量$$

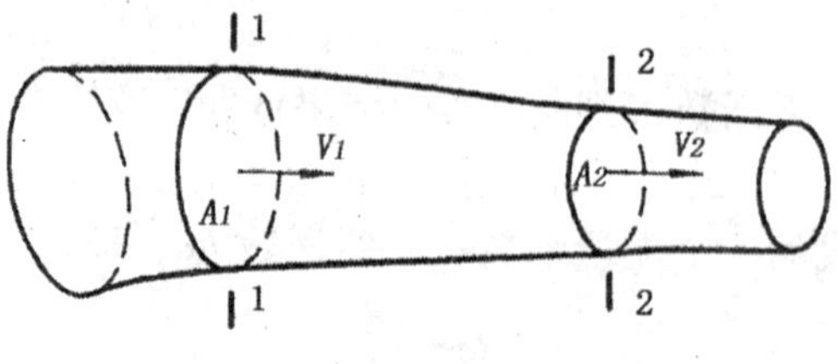

图 2－11　液流的连续性原理

这就是液流的连续性方程，它说明恒定流动中流过各截面的不可压缩流体的流量是不变的。由此可知，液体的流速和通流截面的面积成反比，粗管流速低，细管流速快。

2.3.3 伯努利方程

伯努利方程是能量守恒定律在流体力学中的一种表达形式。

1. 理想液体伯努利方程

为了研究方面，图2－12所示为一液流管道，假定其为理想液体，并为恒定流动。根据能量守恒定律在同一管道内各个截面处的总能量都相等。假定质量为m、体积为V的液体，流经该管任意两个截面分别为A_1、A_2的断面1－1、2－2。设两断面处的平均流速分别为v_1、v_2，压力为p_1、p_2，中心高度为h_1、h_2。若在很短时间内，液体通过两断面的距离为$\triangle l_1$、$\triangle l_2$，则液体在两断面处时所具有的能量为：

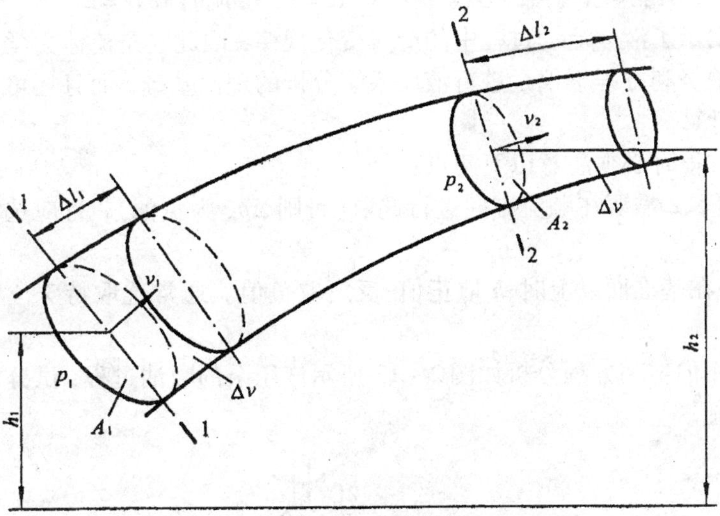

图2－12　伯努利方程的推导示意图

	1－1断面	2－2断面
动能	$\frac{1}{2}mv_1^{\ 2}$	$\frac{1}{2}mv_2^{\ 2}$
位能	mgh_1	mgh_2
压力能	$p_1A_1\triangle l_1=p_1V=p_1m/\rho$	$p_2A_2\triangle l_2=p_2V=p_2m/\rho$

流动液体具有的能量也遵守能量守恒定律，因此，可写成

$$\frac{1}{2}mv_1^{\ 2}+mgh_1+p_1m/\rho=\frac{1}{2}mv_2^{\ 2}+mgh_2+p_2m/\rho \tag{2－20}$$

上式简化后得

$$\frac{1}{2}v_1^{\ 2}+gh_1+p_1/\rho=\frac{1}{2}v_2^{\ 2}+gh_2+p_2/\rho \tag{2－20a}$$

或

$$\frac{1}{2}\rho v_1^{\ 2}+\rho gh_1+p_1=\frac{1}{2}\rho v_2^{\ 2}+\rho gh_2+p_2 \tag{2－20b}$$

式(2－20)中各项分别表示单位体积液体的动能、位能和压力能。因此，伯努利方程的物理意义是：在密闭管道内作恒定流动的理想液体具有三种形式的能量，即动能、位能和压力能。在液体流动过程中，三种形式的能量可以相互转化，但在各个过流断面上三种能量之和恒为定值。

2. 实际液体的伯努利方程

实际液体在管道内流动时，由于液体存在粘性，液体内部会产生内摩擦力，消耗能量；同时，管道局部形状和尺寸的骤然变化，也会使液流产生扰动，也引起能量消耗。因此，实际液体流动时有能量损失存在，设单位体积液体在两过流断面间流动的能量损失为Δp_w。另外，由于实际液体在管道过流断面上的流速分布是不均匀的，在用平均流速代替实际流速计算动能时，必然会产生误差。为了修正这个误差，需引入动能修正系数α，因此，实际液体的伯努利方程为

$$p_1+\rho g h_1+\frac{1}{2}\rho\alpha_1 v_1^{\ 2}=p_2+\rho g h_2+\frac{1}{2}\rho\alpha_2 v_2^{\ 2}+\Delta p_w \qquad (2-21)$$

式中 α_1、α_2——动能修正系数，当紊流时取 $\alpha=1$，层流时取 $\alpha=2$。

伯努利方程揭示了液体流动过程中的能量变化规律，因此它是流体力学中的一个特别重要的基本方程。伯努利方程不仅是进行液压系统分析的理论基础，而且还可用来对多种液压问题进行研究和计算。

应用伯努利方程时必须注意以下两点：

(1)过流断面 1、2 需要在顺流方向进行选取(否则 Δp_w 为负值)，且应选在缓变的过流断面上。

(2)断面中心在基准面以上时,h 取正值;反之取负值。通常选取特殊位置的水平面作为基准面。

例2－2　应用伯努利方程分析如图2－13 所示液压泵的吸油过程，试分析吸油高度 H 对泵工作性能的影响。

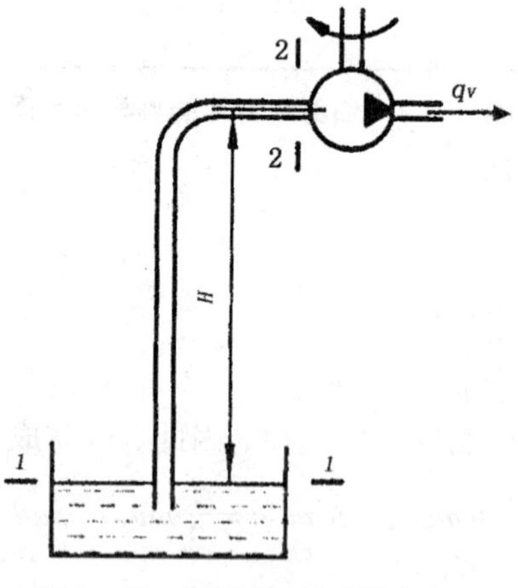

图 2－13　泵的吸油过程示意图

解:设油箱的液面为基准面 1－1，泵进油口处的管道截面为 2－2 截面，流速为 v_2、压力为 p_2、泵吸油高度为 H，列实际液体的伯努利方程如下

$$p_1+\rho g h_1+\frac{1}{2}\rho\alpha_1 v_1^{\ 2}=p_2+\rho g h_2+\frac{1}{2}\rho\alpha_2 v_2^{\ 2}+\Delta p_w$$

式中:$p_1=p_a,h_1=0,v_1\approx0,h_2=H$，代入上式后可写成

$$p_a+0+0=p_2+\rho g H+\frac{\rho\alpha_2 v_2^{\ 2}}{2}+\Delta p_w$$

整理得：
$$p_a - p_2 = \rho g H + \frac{\rho \alpha_2 v_2^{\ 2}}{2} + \Delta p_w$$

由上式可知，当泵的安装高度 $H>0$ 时，等式右边的值均大于零，所以 $p_a - p_2 > 0$，即 $p_2 < p_a$。这时，泵进油口处的绝对压力低于大气压力，形成真空，油箱中的油在其液面上大气压力作用下被泵吸入液压系统中。

但实际工作时的真空度也不能太高，若 p_2 低于空气分离压时，溶于油液中的空气就会析出；当 p_2 低于油液的饱和蒸汽压时，油液就会产生气化，这样就形成大量气泡，产生噪声和振动，影响泵和系统的正常工作，因此等式右边的三项之和不可能太大，即其每一项的值都不能不受限制。由上述分析可知，泵的安装高度 H 越小，泵越容易吸油，所以在一般情况下，泵的安装高度 H 不应大于 0.5m；而为了减少液体的流动速度 v_2 和油管的压力损失 Δp_w，液压泵一般应采用直径较粗的吸油管。

2.3.4 动量方程

动量方程是动量定理在流体力学中的具体应用。动量方程可以用来计算流动液体作用于限制其流动的固体壁面上的总作用力。根据刚体力学动量定理，作用在物体上全部外力的矢量和应等于物体在力作用方向上的动量的变化量。即

$$\Sigma F = \frac{m v_2}{\Delta t} - \frac{m v_1}{\Delta t} \tag{2-22}$$

对于作恒定流动的液体，若忽略其可压缩性，可将 $m = \rho q_V \Delta t$ 代入上式，并考虑以平均流速代替实际流速会产生误差，因而引入动量修正系数 β，则可写出如下形式的动量方程

$$\Sigma F = \rho q_V (\beta_2 v_2 - \beta_1 v_1) \tag{2-23}$$

式中：ΣF——作用在液体上所有外力的矢量和(N)；

v_1、v_2——液流在前、后两个过流断面上的平均流速矢量(m/s)；

β——动量修正系数，紊流时 $\beta = 1$，层流时 $\beta = 1.33$；为简化计算过程，通常均取 $\beta = 1$；

ρ、q_V——分别为液体的密度和流量。

式(2-23)为液体作稳定流动时的动量方程，该方程表明：作用在液体控制体积上的外力总和 ΣF 等于单位时间内流出与流入控制表面的液体的动量之差。该式为矢量表达式，应用时可根据问题具体要求，向指定方向投影，求出作用在液体该方向上的分量。显然，根据作用力与反作用力相等的原理，液体也以同样大小的力作用在使其流速发生变化的物体上。由此，可按动量方程求得流动液体作用在固体壁面上的作用力，此作用力又称为稳态液动力，简称液动力。在指定方向 x 上的稳态液动力计算公式为

$$F_x' = -\Sigma F_x = \rho q_V (\beta_1 v_{1x} - \beta_2 v_{2x}) \tag{2-24}$$

§2.4　液体流动时的压力损失

实际液体具有粘性，液体在管道内流动时就会有阻力产生。为了克服阻力，流动液体需要损耗一部分能量，这种能量损失就是实际液体伯努利方程中的 Δp_w，因 Δp_w 具有与压力相

同的量纲，通常被称为压力损失。

在液压系统中，压力损失不仅表明系统损耗了能量，并且由于液压能转变为热能，将导致系统的温度升高。因此，在设计液压系统时，要尽量减少压力损失。压力损失可分为两类:沿程压力损失和局部压力损失。

2.4.1 沿程压力损失

液体在等径直管中流动时因内外摩擦(由于粘性)而产生的压力损失，称为沿程压力损失。液体的流动状态不同，所产生的沿程压力损失也有所不同。

1. 层流时的沿程压力损失

图 2-14 所示为液体在等径水平直管中作层流运动。层流时液体质点作有规则的流动，因此可以用数学工具全面探讨其流动状况，并最后导出沿程压力损失的计算公式，即

$$\triangle p_\lambda = \lambda \frac{l}{d} \frac{\rho v^2}{2} \tag{2-25}$$

式中λ -沿程阻力系数。

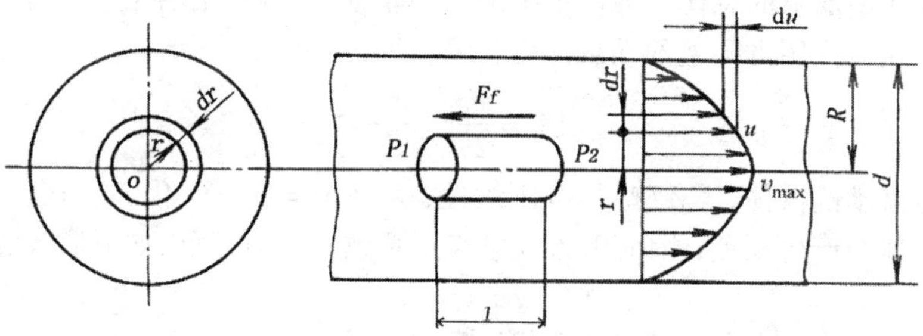

图 2-14

液体在圆管内层流时，沿程阻力系数的理论值 $\lambda = 64/Re$。考虑到实际圆管截面可能有变形，以及靠近管壁处时液层可能冷却，因而在实际计算时，对金属管取 $\lambda = 75/Re$，橡胶管 $\lambda = 80/Re$。

式(2-25)是在水平管的条件下推导出来的，但前已述及，在液压传动中，液体自重和位置变化的影响可以忽略不计，故此公式也适用于非水平管。

2. 紊流时的沿程压力损失

紊流时计算沿程压力损失的公式在形式上与层流时相同，但式(2-25)中的阻力系数 λ 除与雷诺系数 Re 有关外，还与管壁的表面粗糙度有关，即 $\lambda = f(Re, \triangle/d)$，这里的△为管壁的绝对表面粗糙度，它与管径 d 的比值 $\triangle/d$ 称为相对表面粗糙度。对于光滑管，当 $2.32 \times 10^3 \leqslant Re < 10^5$ 时，$\lambda = 0.3164Re^{-0.25}$;对于粗糙管，λ 的值可以根据不同的 Re 和 Δ/d 从有关液压传动设计手册中查出。

2.4.2 局部压力损失

液体流经管路的弯头、接头、突变截面以及阀口、滤网等局部装置时，液流会产生漩涡，并发生强烈的紊动现象，由此而造成的压力损失称为局部压力损失。当液体流过上述各种局部装置时，流动状况极为复杂，影响因素较多，局部压力损失值不易从理论上进行分析计算，因此局部压力损失的阻力系数，一般要依靠实验来确定。局部压力损失 Δp_ξ 的计算公式有如

下形式

$$\Delta p_{\xi}=\xi\frac{\rho v^{2}}{2} \tag{2-26}$$

式中：ξ——局部阻力系数。各种局部装置结构的 ξ 值可查阅有关液压传动设计手册。

液体流过各种阀类的局部压力损失亦满足式(2-26)，但因阀内的通道结构较为复杂，按此公式计算比较困难，故阀类元件局部压力损失 Δp_V 的实际计算常采用的公式为

$$\Delta p_V=\Delta p_n\left(\frac{q}{q_n}\right)^2 \tag{2-27}$$

式中：q_n——阀的额定流量；

Δp_n——阀在额定流量 q_n 下的压力损失(可从阀的产品样本或设计手册中查出)；

q——通过阀的实际流量。

2.4.3 管路系统的总压力损失

整个管路系统的总压力损失应为所有沿程压力损失和局部压力损失之和，即

$$\Sigma\Delta p=\Sigma\Delta p_{\lambda}+\Sigma\Delta p_{\xi}+\Sigma\Delta p_V \tag{2-28}$$

在液压系统中，绝大部分压力损失将转变为热能，造成系统温度升高，泄漏增大，以致影响系统的工作性能。从压力损失计算公式可以看出，减小流速，缩短管路长度，减少管路截面的突变，提高管路内壁的加工质量等，都可以使压力损失减小。其中以流速的影响为最大，故液体在管路系统中的流速不应过高。

§2.5　液体流经小孔和缝隙的流量

液压传动中常利用液体流经阀的小孔或缝隙来控制流量和压力，以达到调速和调压的目的。液压元件的泄漏也属于缝隙流动。因此，讨论小孔或缝隙的流量计算，了解其影响因素，对于合理设计液压系统，正确分析液压系统的工作性能是很有必要的。

2.5.1 液体流经小孔的流量

小孔结构形式一般可以分为三种：当小孔的管路长度 l 和圆管内径 d 之比(即长径比) $l/d \leqslant 0.5$ 时，称为薄壁小孔；当 $l/d>4$ 时，称为细长孔；当 $0.5<l/d\leqslant 4$ 时，称为短孔。

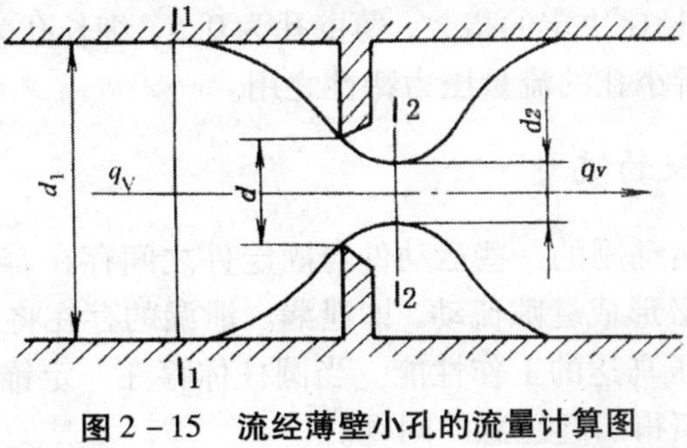

图2-15　流经薄壁小孔的流量计算图

图2-15所示为进口边做成锐缘的典型薄壁孔口。由于惯性作用，液流通过小孔时要发

生收缩现象，在靠近孔口的后方出现收缩最大的过流断面。现列出前通道断面 1－1 和收缩断面 2－2 之间的伯努利方程为

$$p_1+\rho g h_1+\frac{1}{2}\rho\alpha_1 {v_1}^2=p_2+\rho g h_2+\frac{1}{2}\rho\alpha_2 {v_2}^2+\Delta p_w \tag{2-29}$$

式(2－29)中，$h_1=h_2$；因 v_1 比 v_2 小得多，可以忽略不计；收缩断面的流速分布均匀，$\alpha_2=1$；而仅为局部损失，即 $\Delta p_w=\xi\frac{\rho v^2}{2}$。代入上式后可得

$$v_2=\frac{1}{\sqrt{1+\xi}}\sqrt{\frac{2}{\rho}(p_1-p_2)}=C_V\sqrt{\frac{2}{\rho}\Delta p} \tag{2-30}$$

式中：Δp——小孔前后压力差 $\Delta p=p_1-p_2$(MPa)；

C_V——速度系数 $C_V=\frac{1}{\sqrt{1+\xi}}$；

ξ——收缩断面处的局部阻力系数。

因而，可以得到通过薄壁小孔的流量公式为

$$q_V=A_2v_2=C_VC_CA_T\sqrt{\frac{2}{\rho}\Delta p}=C_qA_T\sqrt{\frac{2}{\rho}\Delta p} \tag{2-31}$$

式中：C_q——流量系数，$C_q=C_VC_C$；

C_C——收缩系数，$C_C=A_2/A_T$；

A_2——收缩断面的面积(m^2)；

A_T——小孔过流断面的面积(m^2)。

C_C、C_q、C_v 的数值可由实验确定。

薄壁孔由于流程很短，流量对油液温度的变化不敏感，因而流量稳定，宜做节流器用。但薄壁孔加工困难，实际应用较多的是短孔。短孔的流量公式依然是上式，但流量系数 C_q 不同。

流经细长孔的液流，由于粘性而流动不畅，故多为层流。其流量计算可以作为圆管层流流量推导出来。

最后，我们可以归纳出一个通用公式

$$q_V=CA_T\triangle p^{\varphi} \tag{2-32}$$

式中：A_T、Δp——分别为小孔的过流断面面积和两端压力差(MPa)；

C——由孔的形状、尺寸和液体性质决定的系数；

φ——由孔的长径比决定的指数，薄壁孔为0.5，细长孔为1。

式(2－32)常作为分析小孔的流量压力特性之用。

2.5.2 液体流经缝隙的流量

在液压元件中，构成运动副的一些运动件与固定件之间存在着一定缝隙，而当缝隙两端的液体存在压力差时，势必形成缝隙流动，即泄漏。泄漏的存在将严重影响液压元件的工作性能，特别是液压泵和液压马达的工作性能。当圆柱体存在一定锥度时，其缝隙流动还可能导致卡紧现象，这是一个值得引起注意的问题。

1. 液体流经平行平板缝隙的流量

(1)流过固定平行平板缝隙的流量

图 2-16 所示为液体在两固定平行平板缝隙内的流动状态，间隙两端亦压力差 $\Delta p = p_1 - p_2$ 的作用，故属于压差流动。若缝隙高度为 h，宽度为 b，长度为 l，经理论推导可得

$$q = \frac{bh^3}{12\mu l}\Delta p \tag{2-33}$$

式中：μ——为油液的动力粘度。

从上式可知，在压差作用下，流过固定平行平板缝隙的流量与缝隙高度 h 的三次方成正比，这说明液压元件内缝隙的大小对其泄漏量的影响是很大的，因此，在要求密封的地方应尽可能缩小缝隙，以便减小泄漏。

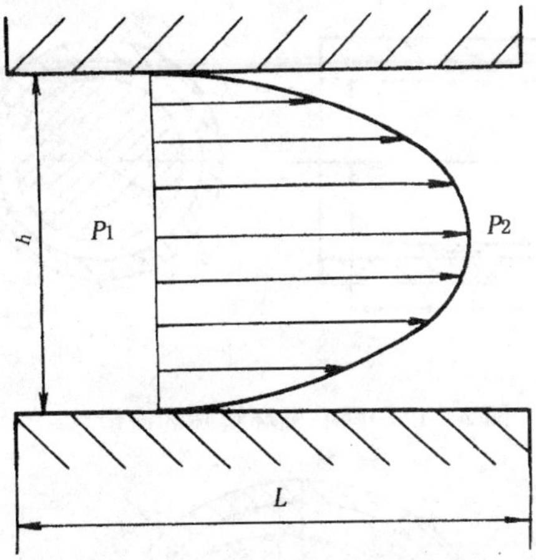

图 2-16　流过固定平行平板缝隙的流量

(2)流过相对运动平行平板缝隙的流量

由图 2-1 可知，当一平板固定，另一平扳以速度 u_0 作相对运动时，由于液体存在粘性，紧贴在动平板的油液以速度 u_0 运动，紧贴在固定平行的油液则保持静止，中层各液层液体的流速呈线性分布，即液体做剪切流动。因为液体的平均速度 $v = u_0/2$，故由于平板相对运动而使液体流过缝隙的流量为

$$q = vA = \frac{u_0}{2}bh \tag{2-34}$$

式(2-34)为液体在平行平板缝隙中作剪切流动时的流量。

在一般情况下，相对运动平行平板缝隙既有压差流动，又有剪切力流动。因此，流过相对运动平行平板缝隙的流量为压差流量和剪切流量二者的代数和

$$q = \frac{bh^3}{12\mu l}\Delta p \pm \frac{u_0}{2}bh \tag{2-35}$$

式中：u_0 为平行平板间的相对运动速度。“ ± ”号的确定方法如下：当长平板相对短平板移动的方向和压差方向相同时取“ + ”号，方向相反时取“ - ”号。

2. 环缝隙的流量

在液压元件中，液压缸的活塞和缸孔之间，液压阀的阀芯和阀孔之间，都存在圆环缝隙。圆环缝隙有同心和偏心的两种情况，它们的流量公式是有所不同的。

(1)同心圆环缝隙的流量

图2－17所示为同心圆环缝隙的流动。该圆柱体的直径为d，缝隙厚度为h，缝隙长度为l。如果将圆环缝隙沿圆周方向展开，就相当于一个平行平板缝隙。因此，只要用πd替代式(2－35)中的b，就可以得到内外圆表面之间有相对运动的同心圆环缝隙流量公式

$$q=\frac{\pi dh^3}{12\mu l}\Delta p \pm \frac{\pi dhu_0}{2} \tag{2-36}$$

当相对速度$u_0=0$时，即为内外表面之间无相对运动的同心圆环缝隙流量公式

$$q=\frac{\pi dh^3}{12\mu l}\Delta p \tag{2-37}$$

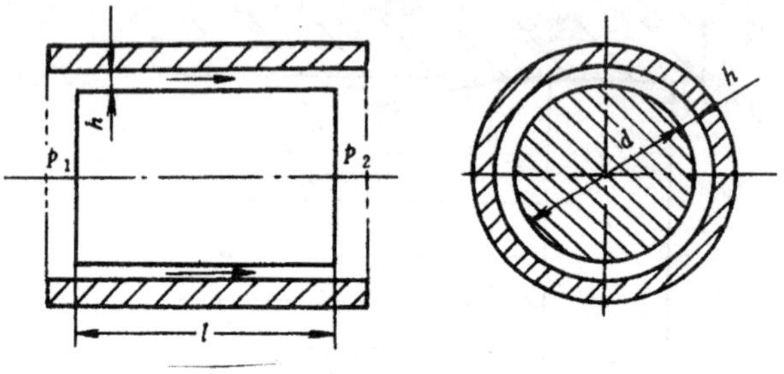

图2－17　同心圆环缝隙的流量

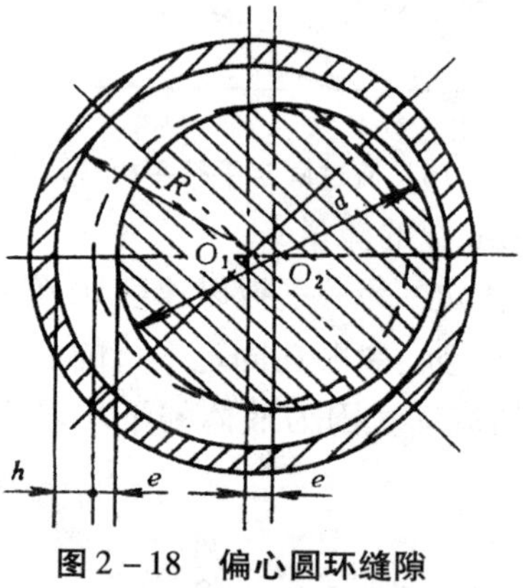

图2－18　偏心圆环缝隙

(2)偏心圆环缝隙的流量

若圆环的内外圆不同心，偏心距为e(见图2－18)，则形成偏心圆环缝隙。其流量公式为

$$q=\frac{\pi dh^3\Delta p}{12\mu l}(1+1.5\varepsilon^2)\pm\frac{\pi dhu_0}{2} \tag{2-38}$$

式中：h——内外圆同心时的缝隙厚度；

ε——相对偏心率，即二圆偏心距e和同心环缝隙厚度h的比值($\varepsilon=e/h$)。

由式(2－38)可以看到，当$\varepsilon=0$时，它就是同心圆环缝隙的流量公式；当$\varepsilon=1$时，即在最大偏心情况下，其压差流量为同心圆环缝隙压差流量的2.5倍。由此可见，在液压元件中，为了减少圆环缝隙的泄漏，应使相互配合的元件尽量处于同心状态。

§2.6　液压冲击和气穴现象

在液压传动中，液压冲击和气穴现象都会给液压系统的正常工作带来不利影响，因此需要了解这些现象产生的原因，并采取相应的措施以减少其危害。

2.6.1 液压冲击

在液压系统中，因某种原因造成液体压力在瞬时突然升高时，就会产生一个很高的压力峰值，这种现象称为液压冲击。

1. 产生液压冲击的原因和危害

液压系统中的液压冲击按其产生的原因有：

①当液流通路迅速关闭或液流迅速换向使液流速度的大小或方向发生突然变化时，由液流的惯性引起的液压冲击。如图2－19所示，具有一定容积的容器（畜能器或液压缸）中的液体沿长度为l、直径为d的管路经出口处的阀门以速度u_0流出，若将阀门突然关闭，则靠近阀门处B点的液体立即停止运动，液体的动能立即转换为压力能，B点的压力迅速升高，接着后面的液体分层依次停止运动，动能依次转换为压力能，形成压力波，并以速度C由B向A传播，到A点后，又反向向B点传播。于是，压力冲击波以速度C这在管道的A、B两点间往复传播，在系统内形成压力振荡。实际上由于管道变形和液体粘性损失需要消耗能量，因此振荡过程会逐渐衰减，最后趋于稳定。

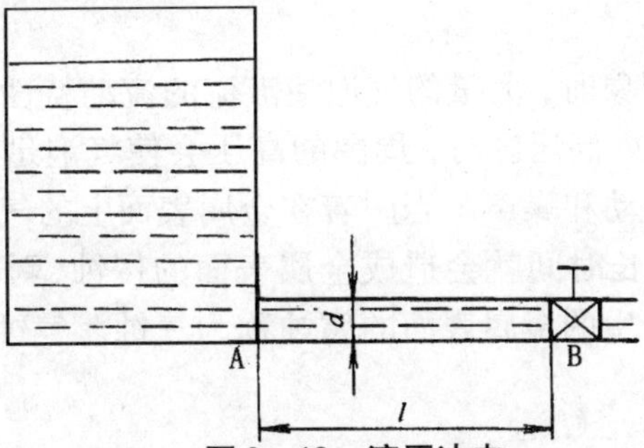

图2－19　液压冲击

②当液压系统中的运动的工作部件突然制动或换向时，由工作部件的惯性引起的液压冲击。如换向阀突然关闭液压缸的回油通道使运动部件制动时，这一瞬间运动的动能就会转换为被封闭油液的压力能，压力急剧上升，出现液压冲击。

③当液压系统中的某些部件反应不灵敏时，也可能造成液压冲击。如系统压力突然升高时，溢流阀不能迅速打开溢流阀阀口，或限压式变量泵不能及时自动减少输出流量等，都会导致液压冲击。

在液压系统中产生液压冲击时，产生的压力峰值往往比正常工作压力高好几倍，这种瞬间冲击不仅引起振动和噪声，而且会损坏液压系统内的密封装置、管路和液压元件，有时还会使某些液压元件（如压力继电器、顺序阀等）产生误动作，甚至造成事故。

2. 减小液压冲击的措施

通过分析液压冲击的影响因素，可以归纳出减小液压冲击的主要措施有：

①延长阀门关闭和运动部件制动换向的时间。可采用换向时间可调的换向阀。实验证明当换向时间大于0.3s时，液压冲击就大大减少。

②限制管路内液体的流速及运动部件的速度。一般在液压系统中将管路流速控制在4.5m/s以内，运动部件的速度一般小于10.0m/min，并且当运动部件的质量越大，则其运动速度就应该越小。

③适当增大管径。这样不仅可以降低流速，而且可以减小压力冲击波传播速度。

④尽量缩小管道长度，可以减小压力波的传播时间。

⑤用橡胶软管或在冲击源处设置畜能器，以吸收冲击的能量;也可以在容易出现液压冲击的地方，安装限制压力升高的安全阀。

2.6.2 气穴现象

1. 气穴现象的机理及危害

气穴现象又称为空穴现象。在液压系统中，如果某点处的压力低于液压油液所在温度下的空气分离压时，原先溶解在液体中的空气就会分离出来，使液体中迅速出现大量气泡，这种现象叫做气穴现象。当压力进一步减小而低于液体的饱和蒸气压时，液体将迅速汽化，产生大量蒸气气泡，使气穴现象更加严重。

气穴现象多发生在阀门和液压泵的吸油口处。在阀口处，一般由于通流截面较小而使流速很高，根据伯努利方程可知，该处的压力会很低，从而导致产生气穴。在液压泵的吸油过程中，吸油口的绝对压力会低于大气压力，如果液压泵的安装高度太大，再加上受到吸油口处过滤器和管道阻力，以及油液粘度等因素的影响，液压泵入口处的真空度会很大，也会产生气穴。

当液压系统中出现气穴现象时，大量的气泡使液流的流动特性变坏，造成流量和压力的不稳定，当带有气泡的液流进入高压区时，周围的高压会使气泡迅速崩溃，使局部产生非常高的温度和冲击压力，引起振动和噪声。当附着在金属表面上的气泡破灭时，局部产生的高温和高压会使金属表面疲劳，长时间就会造成金属表面的侵蚀、剥落，甚至出现海绵状的小洞穴。这种由于气穴现象而产生的金属表面的腐蚀称为气蚀。气蚀会缩短元件的使用寿命，严重时会造成故障。

2. 减少气穴现象的措施

为减少气穴现象和气蚀的危害，一般采取如下一些措施：

①减小阀孔或其他元件通道前后的压力降。

②降低液压泵的吸油高度，采用内径较大的吸油管，并尽量少用弯头，吸油管端的过滤器容量要大，以减小管路阻力，必要时对大流量泵采用辅助泵供油。

③各元件的连接处要密封可靠，以防止空气进入。

④整个系统管路应尽可能直，避免急弯和局部狭窄等。

⑤提高元件的抗气蚀能力。对容易产生气蚀的元件，如泵的配油盘等，要采用抗腐蚀能力强的金属材料，增强元件的机械强度。

▲ 思考题

2-1 压力有哪几种表示方法？液压系统的压力与外负载有什么关系？表压力是指什么压力？

2-2 解释下述概念：理想液体、恒定流动、层流、紊流和雷诺数。

2-3 理想伯努利方程的物理意义是什么？

2-4 什么是粘性？液体粘性的大小用粘度来表示，常用的粘度有哪三种？它们的表示符号和单位各是什么？

2-5 液体在水平放置的变径管内流动时，为什么其管道直径越细的部位其压力越小？(可用理想液体的伯努利方程进行解释)

2-6 管道中压力损失有哪几种？对各种压力损失影响最大的因素(参数)是什么？

2-7 液压系统工作时，在什么情况下会引起液压冲击？应如何避免或减小液压冲击？

2-8 若活塞与液压缸的内孔不同轴，或液压阀芯与阀体孔不同轴，那么通过其偏心环缝隙的漏油量最多是其同轴时漏油量的多少倍？

2-9 现有一桶机械用油，但不知油的牌号。若从桶中取出200mL，并在40℃时令其从恩氏粘度计的小孔中流出，测出其所用的时间为230s。试计算该油的动力粘度和运动粘度的数值，并判断油的牌号。

2-10 如图2-20所示液压千斤顶，柱塞的直径D=34mm，活塞的直径d=13mm，杠杆的长度如图所示。试求当操作者在杠杆端所施加的力F=200N时，在柱塞缸处所产生的起重力有多少？

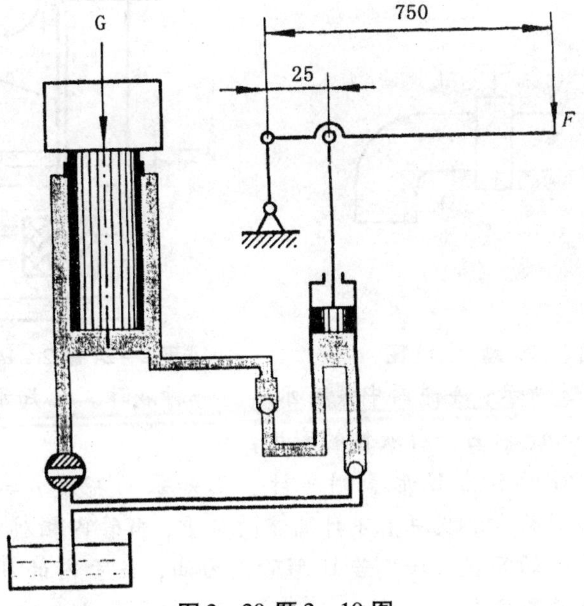

图2-20 题2-10图

2-11 液压缸直径D=150mm，柱塞直径d=100mm，液压缸中充满油液。如果在柱塞上(如图2-21(a)所示)和缸体上(如图2-21(b)所示)的作用力F=50000N，不计油液自重所产生的压力，求液压缸中液体的压力。

2－12　如图 2－22 所示，一管路输送密度 $\rho=900\text{kg/m}^3$ 液体，$h=15\text{mm}$。测得压力如下：(1)点 1、2 处的压力分别是 $p_1=0.45\text{MPa}$、$p_2=0.45\text{MPa}$；(2) $P_1=0.45\text{MPa}$，$p_2=0.25\text{MPa}$。试确定液流的方向。

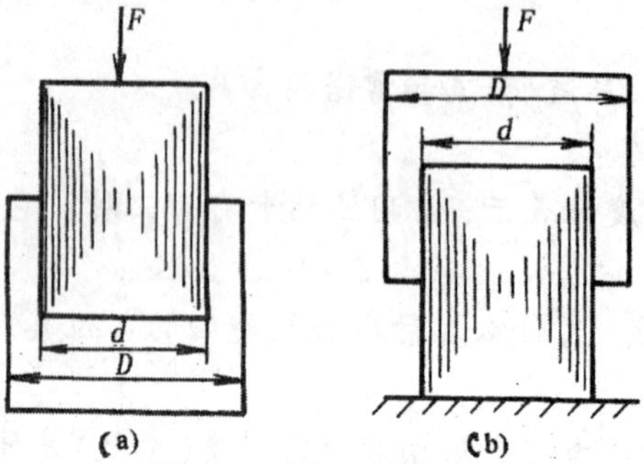

图 2－21 题 2－11 图

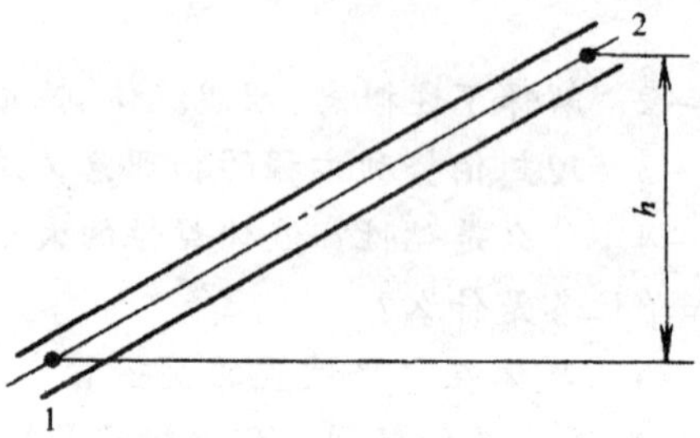

图 2－22 题 2－12 图

2－13　如图 2－23 所示，当阀门关闭时压力表的读数为 0.25MPa；阀门打开时压力表的读数为 0.06MPa。如果 $d=12\text{mm}$，$\rho=900\text{kg/m}^3$，不计液体流动时的能量损失，求阀门打开时的液体的流量 q。

2－14　如图 2－24 所示，某一液体泵从油箱中吸油，若吸油管直径 $d=60\text{mm}$，流量 $q=150\text{L/min}$，油液的运动粘度 $\nu=30\times10^{-6}\text{m}^2/\text{s}$，$\rho=900\text{kg/m}^3$，弯头处的局部损失系数 $\xi=0.2$，吸油口粗滤器网上的压力损失 $\Delta p=0.02\text{MPa}$。若希望液压泵吸油口处的真空度不大于 0.04MPa，求液压泵的安装(吸油)高度(吸油管侵入油液部分的沿层损失可忽略不计)。

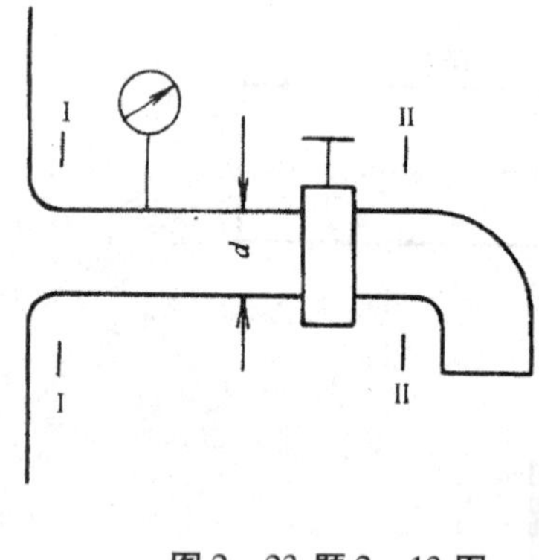

图 2－23 题 2－13 图

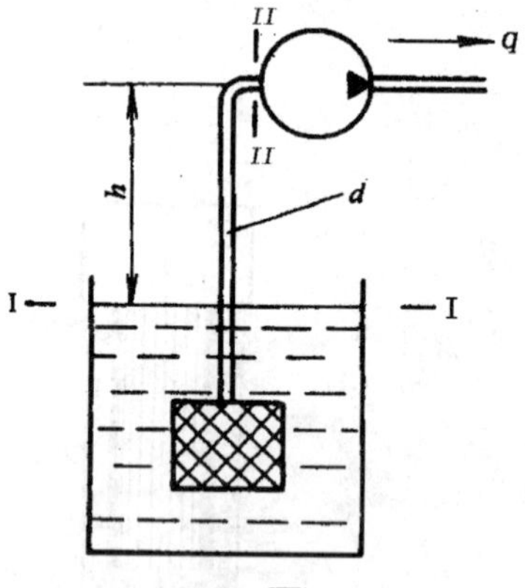

图 2－24 题 2－14 图

2－15　如图 2－25 所示，连通器中装有水和另一种液体。已知水的密度 $\rho_s=1\times10^3\text{kg/m}^3$，$h_1=60\text{cm}$，$h_2=75\text{cm}$，求另一种液体的密度 $\rho=$？

2－16　如图 2－26 所示为 U 形管测压计。已知汞的密度 $\rho=13.6\times10^3\text{kg/m}^3$，油的密度 $\rho=900\text{kg/m}^3$。若 U 形管内为汞，不计油液的自重，当管内相对压力为一个标准大气压(0.101325MPa)时，汞柱的高度 $h=$？若 U 形管内为油，当管内的压力为一个工程大气压(0.0981MPa)时，油柱的高度 $h=$？

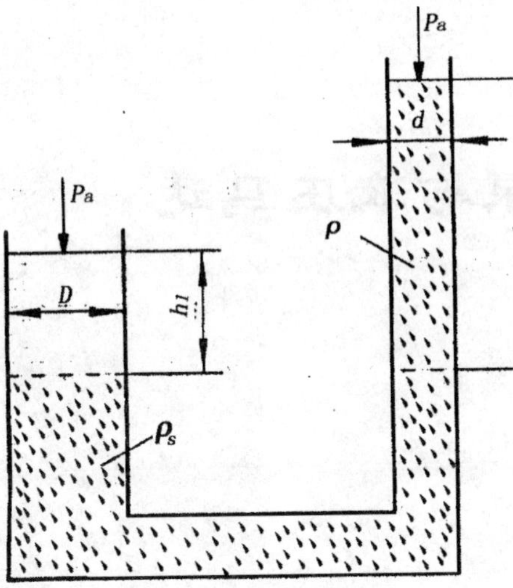

图2－25 题2－15图

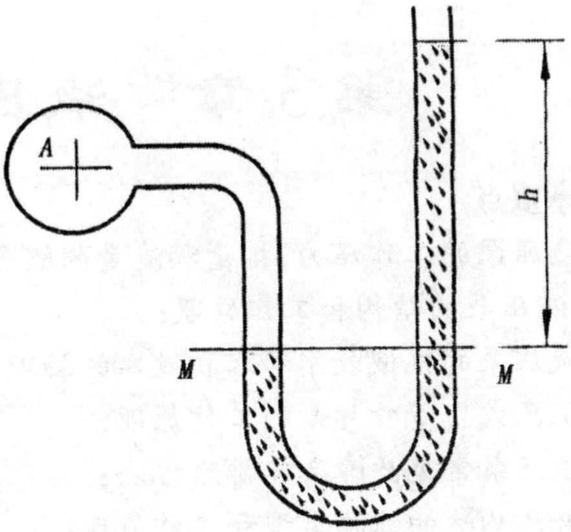

图2－26 题2－16图

2－17　液压油有哪些主要品种？液压油的牌号与粘度有什么关系？如何选用液压油？

2－18　液压油的粘度是怎样随温度的变化而变化的？举例说明。

2－19　什么是液体的静压力？液体的静压力有哪些特性？压力是怎么传递的？

2－20　空穴现象是怎么产生的？有什么危害？如何防止？

第3章 液压泵与液压马达

- **本章重点**

1. 液压泵的工作压力、排量和流量的概念;
2. 液压泵的结构和工作原理;
3. 液压泵的机械效率和容积效率的物理意义;
4. 限压式变量叶片泵的工作原理;
5. 液压泵常见故障及其排除方法;
6. 液压马达的结构类型和工作原理;
7. 液压马达的性能参数物理意义;
8. 液压马达常见故障及其排除方法。

- **本章难点**

1. 液压泵的功率和效率及其计算方法;
2. 齿轮泵的困油现象;
3. 液压泵常见故障及其排除方法;
4. 液压马达常见故障及其排除方法。

§3.1 液压泵与液压马达的概述

3.1.1 液压泵和液压马达的作用和分类

1. 液压泵的作用和分类

在液压传动系统中，液压泵是液压传动系统的动力元件，它是将原动机(如:电动机)输入的机械能转换成液体压力能的能量转换装置。在液压传动系统中属于动力元件，是液压传动系统的重要组成部分，其作用是向液压系统提供压力油。

液压泵的种类很多，按其结构形式的不同，可分为齿轮式、叶片式、柱塞式和螺杆式等类型;按泵的排量能否改变，可分为定量泵和变量泵;按泵的输出油液方向能否改变，可分为单向泵和双向泵。工程上常用的液压泵有齿轮泵、叶片泵和柱塞泵;齿轮泵包括外啮合齿轮泵和内啮合齿轮泵;叶片泵包括双作用叶片泵和单作用叶片泵;柱塞泵包括轴向柱塞泵和径向柱塞泵。

2. 液压马达的作用和分类

在液压传动系统中，液压马达是液压传动系统的执行装置，它将液体的压力能转换成机械能，也是液压传动系统的重要组成部分。

液压泵与液压马达在结构和类型上十分相似。液压马达按照转速的不同，液压马达可分为高速液压马达和低速液压马达两大类。高速液压马达的转子转动惯量小、反应迅速、动作快，但输出的转矩相对较小；这类液压马达有齿轮式、叶片式、柱塞式等类型。低速液压马达可以在转速很低，甚至为零的情况下工作，其转矩很大；其基本形式为径向柱塞式。按照排量可否调节，液压马达可分为定量马达和变量马达两大类；变量马达又可分为单向变量马达和双向变量马达。另外，还有摆动液压马达。

3.1.2 液压泵和液压马达的工作原理

在液压传动中，液压泵都是靠密封的工作容积发生变化而进行工作的，所以都属于容积式泵。

液压泵的工作原理如图3－1所示。柱塞2在弹簧的作用下紧压在偏心轮1上，偏心轮1转动时，柱塞便作往复运动。柱塞向右移动时，密封腔6因容积增大而形成一定真空，在大气压力的作用下通过单向阀4从油箱中吸入油液。这时单向阀5将压油口封闭，以防止系统油液回流；柱塞向左移动时，密封腔的容积减小，将已吸入的油液通过单向阀5压出，这时单向阀4将吸油口封闭，以防止油液回流到油箱中。如果偏心轮1不停地转动，泵就不断地进行吸油和压油过程。由此可见，液压泵是靠密封容积变化进行工作的，故常称其为容积式液压泵。单向阀4和5是保证液压泵正常吸油和压油所必须的配油装置。

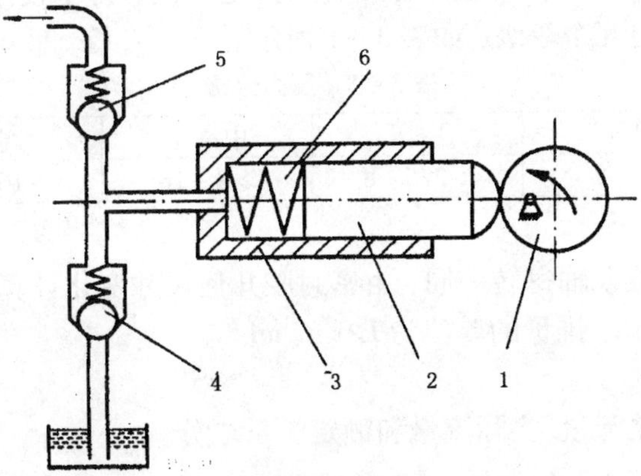

1. 偏心轮；2. 柱塞；3. 泵体；4、5. 单向阀；6. 密封腔

图3－1　单柱塞液压泵的工作原理

液压泵的图形符号如图3－2所示，图3－2(a)为液压泵的一般符号，图3－2(b)为单向定量泵，图3－2(c)为单向变量泵。

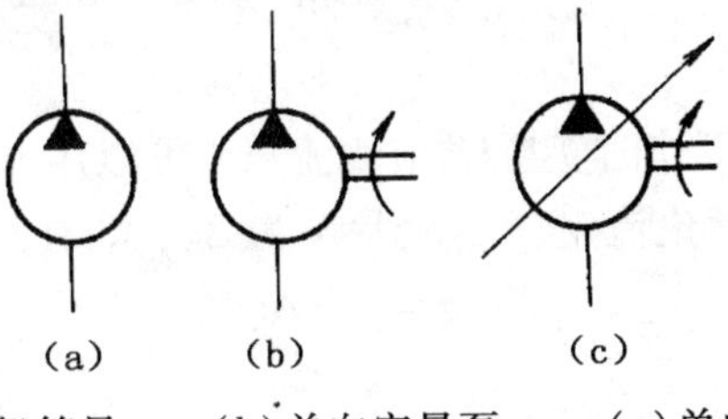

(a)一般符号　(b)单向定量泵　(c)单向变量泵

图3－2　液压泵的图形符号

由图3－1可以看出，无论液压泵的具体结构如何，它都必须满足三个工作条件：第一，必须有密闭而且可以变化的容积，以便完成吸油和排油过程；第二，必须有配流装置，以便将吸油和排油分开；第三，油箱必须于大气相通，以便在形成压力差，有利于吸油。

液压马达也是依靠密封容积的变化来进行工作的。液压马达的工作原理在理论上与液压泵具有可逆性，它们的结构也基本相同；但是，由于它们的工作任务和具体要求不同，所以在实际结构上只有少数泵能做到马达使用。

3.1.3 液压泵与液压马达的性能参数

1. 液压泵的压力

液压泵的压力参数主要指工作压力和额定压力。

(1)工作压力 p

液压泵的工作压力是指泵工作时输出液体的实际压力。其大小是由外负载决定，当负载增加时，液压泵的工作压力升高；当负载减少时，液压泵的工作压力下降。

(2)额定压力 p_n

液压泵的额定压力是指泵在正常工作时允许达到的最大工作压力。正常工作时不允许超过液压泵的额定压力，超过此值即为过载；液压泵的最大工作压力受泵零件结构强度和泄漏程度的限制。

由于液压传动的用途不同，系统所需要的压力也不同，为了便于液压元件的设计、生产和使用，将压力分为以下几个等级，如表3－1所示。

表3－1　压力分级

压力等级	低压	中压	中高压	高压	超高压
压力 p(MPa)	≤2.5	>2.5～8	>8～16	>16～32	>32

2. 液压泵的排量

液压泵的排量是指按泵轴每转一周，由密封腔几何尺寸变化计算而得出的排出液体的体积。排量可以用 V 来表示。排量的单位为L/r或mL/r。

3. 液压泵的流量

液压泵的流量有理论流量、实际流量和额定流量之分。

(1) 理论流量 q_t

液压泵的理论流量是指泵在单位时间内由密封腔几何尺寸变化计算而得出的排出液体的体积。理论流量用 q_t 表示，它于液压泵的工作压力无关，它等于泵的排量 V 与其转速 n 的乘积，即

$$q_t = Vn \tag{3-1}$$

(2)实际流量 q

液压泵的实际流量是指泵工作时实际输出的流量，可以用 q 来表示。由于泵存在泄漏问题，所以其实际流量总是小于理论流量。若泄漏量为 Δq，则有

$$q = q_t - \Delta q \tag{3-2}$$

(3)额定流量 q_n

液压泵的额定流量是指泵在正常工作条件下，试验标准规定必须保证的输出流量。

4. 液压泵的功率

液压泵输入的是原动机的机械能，表现为转矩 T 和转速 n；其输出的是液体压力能，表现为压力 p 和流量 $q_t(q_t = Vn)$。当用液压泵输出的压力能驱动液压缸克服负载阻力 F，并以速度 v 作匀速运动时(若不考虑能量损失)，则液压泵和液压缸的理论功率相等，即

$$P_t = T_t 2\pi n = Fv = pAv = pVn = pq_t \tag{3-3}$$

于是

$$T_t = \frac{pV}{2\pi} \tag{3-4}$$

式中：n——液压泵的转速；

T_t——驱动液压泵的理论转矩；

p——液压泵的工作压力；

V——液压泵的排量；

A——液压缸的有效工作面积。

如果用驱动液压泵的实际转矩 T 代替式中理论转矩 T_t，则可得到液压泵的实际输入功率 P_i；用液压泵的实际流量 q 代替式中理论流量 q_t，可以得到液压泵的实际输出功率 P_0。

(1)泵的输入功率 P_i

$$P_i = T2\pi n \tag{3-5}$$

(2)泵的输出功率 P_0

$$P_0 = pq \tag{3-6}$$

5. 液压泵的效率

液压泵的输出功率总是小于输入功率，两者之差即为功率损失。功率损失又可分为容积损失(泄漏造成的流量损失)和机械损失(摩擦造成的转矩损失)。通常容积损失用容积效率 η_V 来表示，机械损失用机械效率 η_m 来表示。

容积效率是指液压泵的实际流量与理论流量比值，即

$$\eta_V = \frac{q}{q_t} \tag{3-7}$$

液压泵的泄漏量随压力升高而增大，相应其容积效率也随压力升高而降低。机械效率是指驱动液压泵的理论转矩与实际转矩的比值，即

$$\eta_m = \frac{T_t}{T} \tag{3-8}$$

由于 $T_t = pV/2\pi$，代入式(3-8)中，则有

$$\eta_m = \frac{pV}{2\pi T} \tag{3-9}$$

液压泵的总效率 η 为其实际输出的功率 P_0 和实际输入功率 P_i 的比值，即

$$\eta = \frac{P_0}{P_i} = \frac{pq}{2\pi nT} = \frac{pVn}{2\pi nT}\frac{q}{Vn} = \eta_m \eta_V \tag{3-10}$$

6. 液压马达的容积效率和转速

在液压马达的各项性能参数中，压力、排量、流量等参数与液压泵同类参数有相似的含义，其原则差别在于：在泵中它们是输出参数，在马达中则是输入参数。

在不考虑泄漏的情况下，液压马达每转所需要输入的液体体积称为液压马达的排量 V_M，在不考虑泄漏的情况下，单位时间所需输入的液体体积称为液压马达的理论流量 q_{tM}。即真正转换成输出转速所需的流量。则

$$q_{tM} = V_M n_M \tag{3-11}$$

但由于液压马达存在泄漏，故实际所需流量应大于理论流量。设液压马达的泄漏量为 Δq，则实际供给液压马达的流量为

$$q_M = q_{tM} + \Delta q \tag{3-12}$$

液压马达的容积效率 η_{VM} 为理论流量 q_{tM} 比实际流量 q_M，即

$$\eta_{VM} = \frac{q_{tM}}{q_M} = \frac{V_M n_M}{q_M} \tag{3-13}$$

液压马达的转速 n_M 公式为

$$n_M = \frac{q_M}{V_M}\eta_{VM} \tag{3-14}$$

衡量液压马达转速性能好坏的一个重要指标是最低稳定转速，它是指液压马达在额定负载下不出现爬行(抖动或时转时停)现象的最低转速。在实际工作中，一般都希望最低稳定转速越小越好，这样就可以扩大马达的变速范围。

7. 液压马达的机械效率和转矩

因液压马达存在摩擦损失，使液压马达输出的实际转矩 T_M 小于理论转矩 T_{tM}，设由摩擦造成的转矩损失为 ΔT_M，则 $T_M = T_{tM} - \Delta T_M$，液压马达的机械效率 η_{mM} 为实际输出转矩 T_M 与理论转矩 T_{tM} 的比值，即

$$\eta_{mM} = \frac{T_M}{T_{tM}} \tag{3-15}$$

则液压马达的输出转矩表达式为

$$T_M = T_{tM}\eta_{mM} = \frac{\Delta p V_M}{2\pi}\eta_{mM} \tag{3-16}$$

式中:Δp 是液压马达进、出口处的压力差。

8. 液压马达的总效率

液压马达的总效率为液压马达的输出功率 P_{oM} 与液压马达的输入功率 P_{iM} 之比，即

$$\eta_M = \frac{P_{oM}}{P_{iM}} = \frac{T2\pi n_M}{pq} = \eta_{VM}\eta_{mM} \tag{3-17}$$

由上式可知，液压马达的总效率等于液压马达的容积效率 η_{VM} 与液压马达的机械效率 η_{mM} 的乘积。

§3.2 齿轮泵

齿轮泵在液压系统中应用十分广泛，按其结构形式可分为外啮合式和内啮合式两种。对于外啮合式齿轮泵，由于其结构简单、制造方便、价格低廉、工作可靠、维修方便，因此已广泛应用于低压系统中。

3.2.1 外啮合式齿轮泵的工作原理

齿轮泵的工作原理图如图 3－3 所示。在泵体内有一对外啮合齿轮，齿轮两端面靠盖板

密封，这样泵体、盖板和齿轮的各齿槽就形成多个密封腔，轮齿啮合线又将左右两密封腔隔开而形成吸、压油腔。当齿轮按图3－3所示方向旋转时，吸油腔(右侧)内的轮齿不断脱开啮合，使其密封容积不断增大而形成一定真空，在大气压力作用下油箱中的油液进入吸油腔;随着齿轮的旋转，齿槽内的油液被带到压油腔(左侧)，压油腔内的轮齿不断进入啮合，使其密封容积不断减小，油液被压出。随着齿轮不停地转动，齿轮泵就不断地吸油和压油。

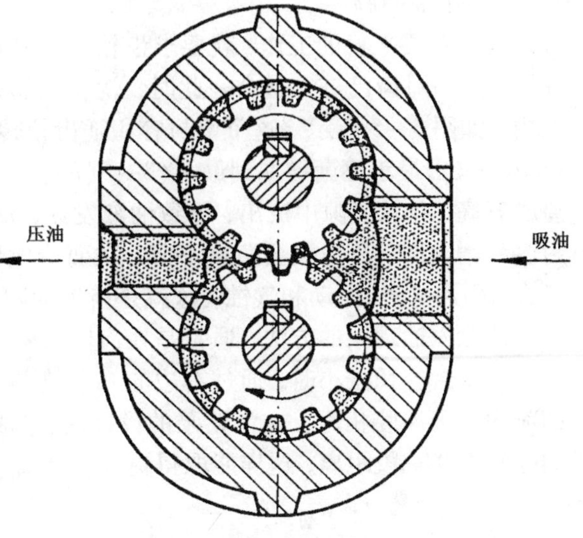

图3－3　外啮合齿轮的工作原理图

3.2.2 外啮合齿轮泵的结构

CB－B型齿轮泵的结构，如图3－4所示。该泵采用了泵体4与前、后盖板1、5三片式结构。两盖板与泵体4用定位销8和螺钉2联接。这种结构便于制造和维修时控制齿轮端面和盖板间的端面间隙(小流量泵间隙为0.025～0.04mm，大流量泵间隙为0.04～0.06mm)。一对齿数相同互相啮合的齿轮3装在泵体内，两齿轮分别用键联接在由滚针轴承10支撑的主动轴7和从动轴9上。该泵采用了内部泄油方式，从压油腔泄漏到滚针轴承的油液可通过泄油通道a、b、c流回吸油腔，以保证冷却的油液对轴承进行循环润滑;同时，也降低了对堵头11和骨架式密封圈6处的密封要求。为防止油液从泵体与盖板的结合面处向外泄漏和减小螺钉2的拉力，在泵体两端面上开有封油卸荷槽d，使渗入泵体和盖板接合面间的液压油引回吸油腔。

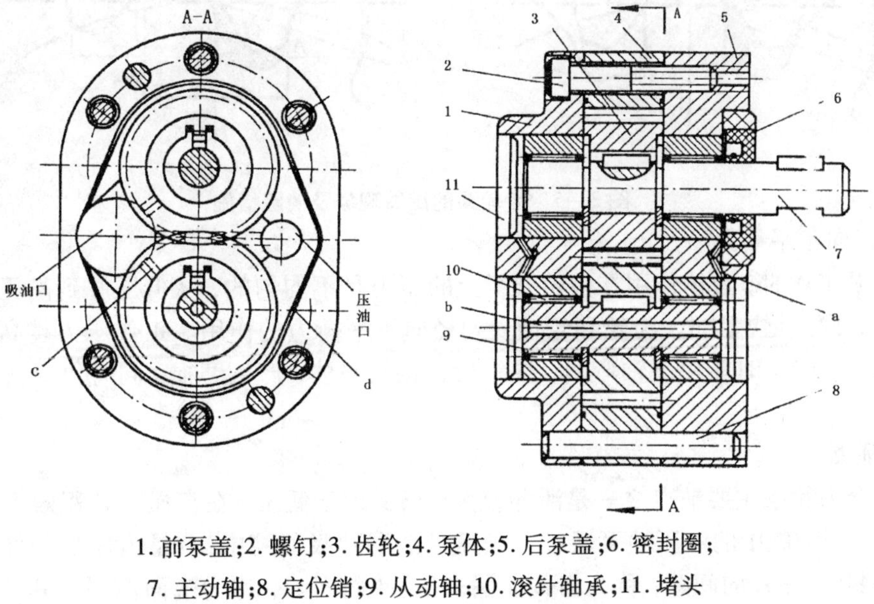

1.前泵盖;2.螺钉;3.齿轮;4.泵体;5.后泵盖;6.密封圈;

7.主动轴;8.定位销;9.从动轴;10.滚针轴承;11.堵头

图3－4　CB－B型齿轮泵的结构

外啮合齿轮泵结构上存在的几个问题：

(1)困油问题

齿轮泵要平稳的工作，就要求齿轮啮合的重合度应大于1，也就是一对轮齿的啮合尚未脱开，另一对齿已进入啮合。此时，就有一部分油液被围困在两对啮合齿轮所形成的密封腔之内，如图3-5所示。这个密封容积随齿轮转动先由最大(3-5(a))逐渐减小到最小(3-5(b))，又由最小逐渐增加到最大(3-5(c))。当密封容积减小时，被困油液受到挤压，压力急剧升高，并从缝隙中流出，导致油液发热，轴承等机件也受到附加的不平衡负载作用；当密封容积增大时，压力又会急剧下降，从而造成局部真空，使溶于油中的气体分离出来，产生气穴，引起噪声、振动和气蚀，这就是齿轮的困油现象。

消除困油现象的方法，通常是在齿轮的两端盖板上开卸荷槽，如图3-5(d)中的虚线所示。当密封容积减小时，通过右边的卸荷槽与压油腔相通；当密封容积增大时，通过左边的卸荷槽与吸油腔相通。在齿轮泵的设计时，两槽并不对称于齿轮中心线分布，而是整个向吸油腔侧平移一段距离，这样能取得更好的卸荷效果。

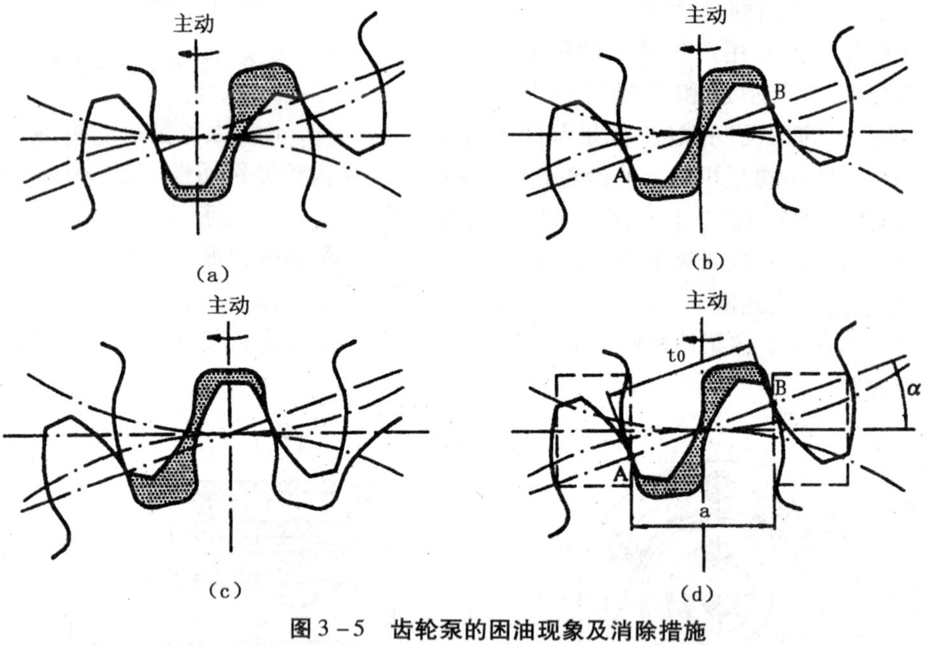

图3-5　齿轮泵的困油现象及消除措施

(2)径向不平衡力

齿轮泵工作时，液体作用在齿轮外缘上的压力是不均匀的，从低压腔到高压腔，压力沿齿轮旋转方向递增，因此，齿轮和轮轴受到径向不平衡力的作用。工作压力越高，径向不平衡力也越大，严重时能使泵轴弯曲，导致齿顶接触泵体，产生磨损，同时也降低轴承的使用寿命。

(3)泄漏

外啮合齿轮泵主要缺点之一是泄漏较大，只适用于低压，在高压下容积效率太低。在齿轮泵内部，压油腔中的液压油可通过三条途径泄漏到吸油腔中：一是齿轮啮合处的间隙，称为啮合泄漏；二是径向间隙，称为齿顶泄漏；三是端面间隙，称为端面泄漏。其中，通过端面间隙的端面泄漏量最大，约占总泄漏量的75%～80%。因此要提高齿轮泵的压力和容积效率，就必须对端面间隙进行自动补偿，以减小端面间隙泄漏量。

3.2.3 高压齿轮泵的结构特点

由于一般齿轮泵泄漏量大，而且存在径向不平衡力，因而限制了压力的提高。高压齿轮泵针对上述问题采取了一系列措施。通常采用的端面间隙自动补偿装置有浮动轴套式、浮动侧板式和挠性侧板式等几种类型。其原理都是引入液压油使轴套或侧板紧贴于齿轮端面，实现自动补偿端面间隙。

浮动轴套结构示意图如图3－6所示。浮动轴套1在泵体内稍有轴向浮动，其左端面的A腔和泵的压油腔相通，但对应于吸油腔处设有卸压片和弓形密封圈(图中未画出)，使浮动轴套的该区域和吸油腔相通(同时也和A腔分隔)。当泵工作时，浮动轴套受A腔油液压力作用而向右移动，使齿轮2的两端面紧贴浮动轴套1右端面和固定轴套3左端面，保证端面间隙只有一层油膜厚度。在泵起动时，靠弓形密封圈的预紧力消除端面间隙。这种结构，可使齿轮和轴套端面磨损均匀，且磨损间隙能得到自动补偿。采用这种补偿装置的高压齿轮泵，最大工作压力可达10～16MPa，容积效率不低于0.9。

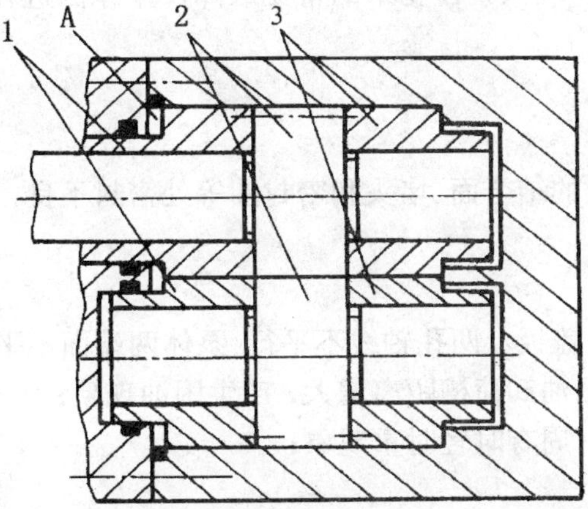

图3－6　浮动轴套结构示意图

3.2.4 内啮合齿轮泵的工作原理

内啮合齿轮泵有渐开线齿轮泵和摆线齿轮泵(又称摆线转子泵)两种，如图3－7所示。它们也是利用齿间密封容积变化实现吸、压油的。图中双点划线所示1为吸油腔，2为压油腔，内啮合齿轮泵中小齿轮是主动轮。在渐开线齿形的内啮合齿轮泵中，小齿轮和内啮合齿轮之间装有一个月牙形隔板将吸油腔隔开(如图3－7(a)所示)。对于摆线齿形的内啮合齿轮泵，由于小齿轮(又称内转子)和内齿轮(又称外转子)只相差一齿，故不需设置隔板(如图3－7(b)所示)。内啮合齿轮泵的结构紧凑、尺寸小、重量轻、运转平稳、流量脉动小、噪声小，在高转速下工作时有较高的容积效率。由于齿轮转向相同，因此齿轮间相对滑动速度小、磨损小、使用寿命长。但齿形复杂，加工困难，价格较外啮合齿轮泵高。

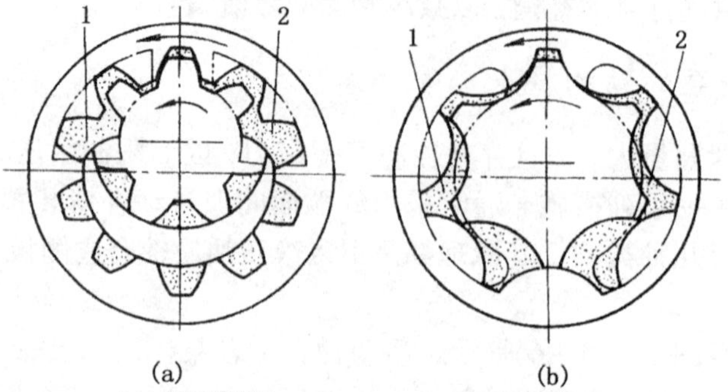

(a)设置隔板　　(b)没有隔板

1. 吸油腔;2. 压油腔

图3-7　内啮合齿轮泵结构示意图

3.2.5 齿轮泵的常见故障及排除方法

齿轮泵在使用过程中，产生的故障较多，原因也很复杂，有时是几种因素联系在一起产生故障，要逐个分析才能解决。现仅就齿轮泵的常见故障产生原因进行分析，并指出排除方法。

1. 齿轮泵噪声大

(1)故障产生原因

①吸油管接头、泵体与盖板的结合面、堵头和密封圈等处密封不良，有空气被吸入；

②齿轮齿形精度太低；

③端面间隙过小；

④齿轮内孔与端面不垂直、盖板上两孔轴线不平行、泵体两端面不平行等；

⑤两盖板端面修磨后，两困油卸荷槽距离增大，产生困油现象；

⑥装配不良，如主动轴转一周有时轻时重现象；

⑦滚针轴承等零件损坏；

⑧泵轴与电机不同轴；

⑨出现空穴现象。

(2)排除方法

①用涂脂法查出泄漏处。更换密封圈;用环氧树脂粘结剂涂敷堵头配合面再压进;用密封胶涂敷管接头并拧紧;修磨泵体与盖板结合面保证平面度不超过0.005mm;

②配研(或更换)齿轮;

③配磨齿轮、泵体与盖板端面，保证端面间隙;

④拆检、配研(或更换)有关零件;

⑤修磨困油卸荷槽，保证两槽距离;

⑥拆检，装配调整;

⑦拆检，更换损坏零件;

⑧调整联轴器，使同轴度小于ϕ 0.1mm;

⑨检查吸油管、油箱、过滤器、油位及油液粘度等，排除空穴现象。

2. 齿轮泵的容积效率低、压力提不高

(1)故障产生原因

①端面间隙和径向间隙过大;

②各连接处泄漏;

③油液粘度太大或太小;

④溢流阀失灵;

⑤电机转速过低;

⑥出现空穴现象。

(2)排除方法

①配磨齿轮、泵体与盖板端面，保证端面间隙;将泵体相对于两盖板向压油腔适当平移，保证吸油腔处径向间隙，再拧紧螺钉，试验后，重新钻、铰销孔，用圆锥销定位;

②紧固各连接处;

③测定油液粘度，按说明书要求选用油液;

④拆检，修理(或更换)溢流阀;

⑤检查转速，排除故障根源;

⑥检查吸油管、油箱、过滤器、油位及油液粘度等，排除空穴现象。

3. 齿轮泵的堵头和密封圈有时被冲掉

(1)故障产生原因

①堵头将泄漏通道堵塞;

②密封圈与盖板孔配合过松;

③泵体装反;

④泄漏通道被堵塞。

(2)排除方法

①将堵头取出涂敷上环氧树脂粘结剂后，重新压进;

②更换密封圈;

③纠正装配方向;

④清洗泄漏通道。

§3.3　叶片泵

叶片泵在机床液压系统中应用最为广泛。它具有结构紧凑、体积小、运转平稳、噪声小、使用寿命较长等优点，但也存在着结构复杂、吸油性能较差、对油液污染比较敏感等缺点。一般叶片泵工作压力为7MPa，高压叶片泵可达14MPa，随着结构和工艺材料的不断改进，叶片泵也逐渐向中、高压方向发展，现有产品的额定压力高达28MPa。按叶片泵输出流量是否可变，可分为定量叶片泵和变量叶片泵;按每转吸、压油次数和轴、轴承等零件所承受的径向液压力，又分为单作用叶片泵(变量叶片泵)和双作用叶片泵(定量叶片泵)。

3.3.1 双作用叶片泵

1. 双作用叶片泵的工作原理

图3－8所示为双作用叶片泵的工作原理图。该泵由定子1、转子2、叶片3、配油盘和泵体等组成。定子1与转子2的中心重合，定子内表面由两段半径为R的大圆弧和两段半径为r的小圆弧以及它们之间的四段过渡曲线组成。在配油盘上对应于定子四段过渡曲线的位置开有四个配油窗口，其中两个窗口a与吸油口相通，称为吸油窗口。另外两个窗口b与压油口相通，称为压油窗口。转子上开有均布的径向槽，叶片3装在槽内，并可在槽内滑动。转子按图3－8中所示方向旋转时，叶片在离心力和根部液压油(叶片根部与压油腔相通)的作用下紧贴在定子内表面上，在配油盘、定子、转子和两相邻叶片间形成密封腔。转子转动过程中使叶片由小半径向大半径处滑移时，两叶片间的密封容积逐渐增大，形成局部真空而吸油；叶片由大半径向小半径处滑移时，因两叶片间的密封容积逐渐减小而压油。转子每旋转一周，叶片在槽内往复运动两次，完成两次吸油和压油，故称为双作用式叶片泵。由于这种泵的排量不可调，故它是定量泵。

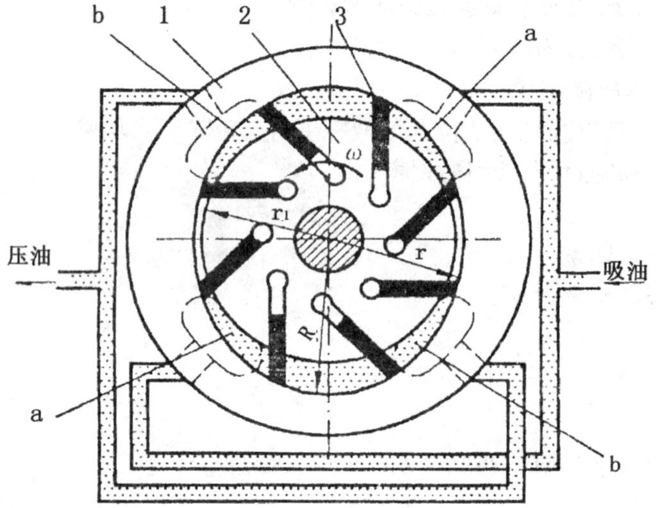

1. 定子；2. 转子；3. 叶片

图3－8　双作用叶片泵的工作原理图

由于双作用式叶片泵的两个吸油窗口和两个压油窗口呈对称分布，径向受力是平衡的，因此这种叶片泵又称为卸荷式叶片泵，也叫平衡式叶片泵。

2. YB_1 型叶片泵的结构

YB_1 型双作用叶片泵是我国自行设计生产的中压泵，额定压力为6.3MPa。图3－9所示为 YB_1 型叶片泵的结构图。为了便于装配和使用，用两个螺钉13将左配油盘1、右配油盘5、定子4、转子12和叶片11连成一个组件，保证左右配油盘的吸、压油窗口与定子内表面的过渡曲线相对应；长螺钉的头部插入后泵体6的定位孔内，保证吸、压油窗口与泵的吸、压油窗口相对应。转子通过内花键与由两个向心球轴承2和8支撑的传动轴3连接。端盖10上的骨架式密封圈9，可防止油液泄漏和空气进入泵内。右配油盘的右侧面与压油腔相通，在液压力作用下配油盘会紧贴定子端面，从而消除端面间隙。在泵起动时，右配油盘与前泵体7间的端面O形密封圈可提供初始预紧力，以保证配油盘与定子端面紧密贴合。

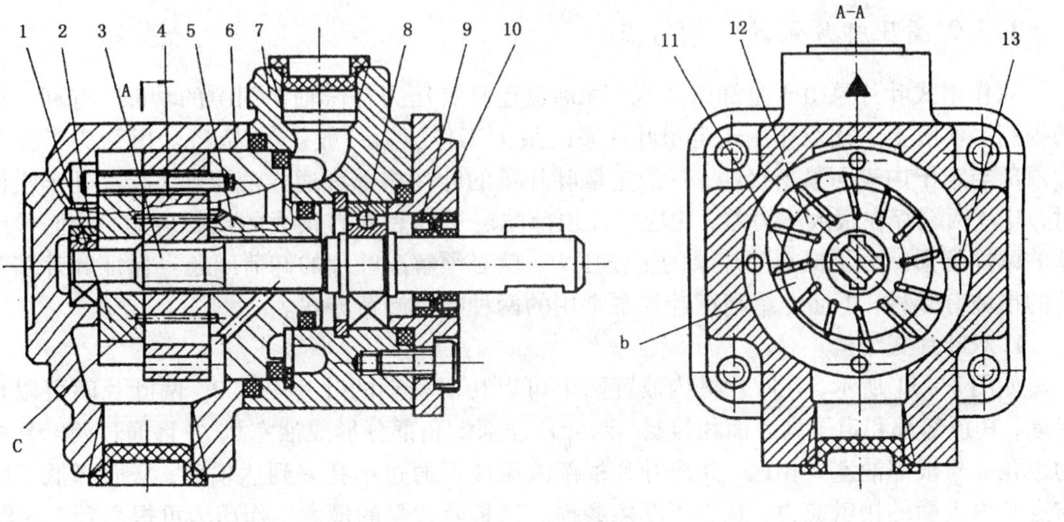

1. 左配油盘;2、8. 向心球轴承;3. 传动轴;4. 定子;5. 右配油盘;
6. 后泵体;7. 前泵体;9. 密封圈;10. 端盖;11. 叶片;12. 转子;13. 螺钉

图 3－9　YB_1 型叶片泵的结构图

双作用叶片泵在结构上有两个显著特点:一是为了使叶片顶部与定子内表面紧密接触,在叶片底部通液压油,使叶片充分伸出,顶在定子内表面上;二是为了减小叶片在伸缩时与叶片槽之间的摩擦力,将叶片相对于转动方向为前倾安装。因此,在安装双作用叶片泵时,必须让电动机的旋转方向为规定的方向,如果电动机反转,则叶片相对于转动方向不仅不是前倾,反而成为后倾,将极大地增加叶片伸缩时的摩擦力,使之损坏。

在左、右配油盘对应于叶片根部位置开有环行槽 c,右配油盘(如图 3－10 所示)的环形槽 c 内有两个通入液压油的小孔 d,液压油经小孔 d 和槽 c 进入叶片根部保证叶片顶部与定子内表面间的可靠密封。左、右配油盘上都开有吸、压油窗口各两个,如右配油盘的上、下两缺口 b 即是吸油窗口,两个腰形孔 a 即为压油窗口。在腰形孔端部开有三角形小槽 e(称为卸荷槽),这个槽的主要作用是避免产生振动和噪声,从而减轻密封腔油液从吸油区(或压油区)向压油区(或吸油区)过渡时的压力突变。右配油盘上的 f 为泄漏油孔,它可将泄漏至向心球轴承 8(如图 3－9 所示)处的油液引入到吸油口中,以保证冷却的油液循环润滑向心球轴承 8。

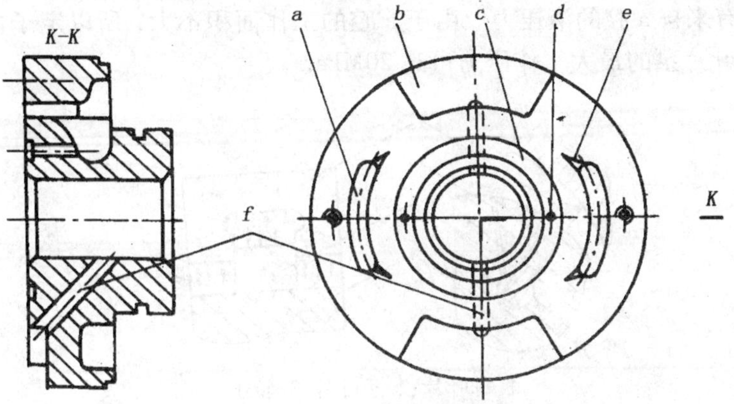

图 3－10　叶片泵的配油盘

3.3.2 高压叶片泵的结构特点

双作用式叶片泵由于是卸荷式泵，配油盘还具有压力补偿轴向间隙的功能，有利于压力的提高。实际上上述双作用式定量叶片泵的最大工作压力一般仅为 7MPa。因为为了保证叶片顶部与定子内表面紧密接触，一般定量叶片泵的叶片根部都通入液压油，叶片处于吸油区时，叶片两端存在很大压力差，相应叶片顶部与定子内表面有很大的接触应力，从而导致强烈的摩擦磨损。为了提高叶片泵的工作压力，就必须解决叶片的卸荷问题。保证叶片实现卸荷的措施有多种，下面介绍高压叶片泵常用的两种叶片卸荷方式。

1. 双叶片式结构

如图 3－11 所示，在叶片槽内放置两个可以相对移动的叶片 1 和 2，两叶片间可以相对滑动，其顶部都和定子内表面相接触，两叶片顶部倒角部分形成油室 a，并且通过两叶片中间的小孔 c 与根部油室 b 相通，相应叶片根部液压油可通过小孔 c 到达顶部，从而降低了叶片与定子内表面的接触应力，减小了摩擦磨损。这种叶片泵的最大工作压力可提高到 17MPa。

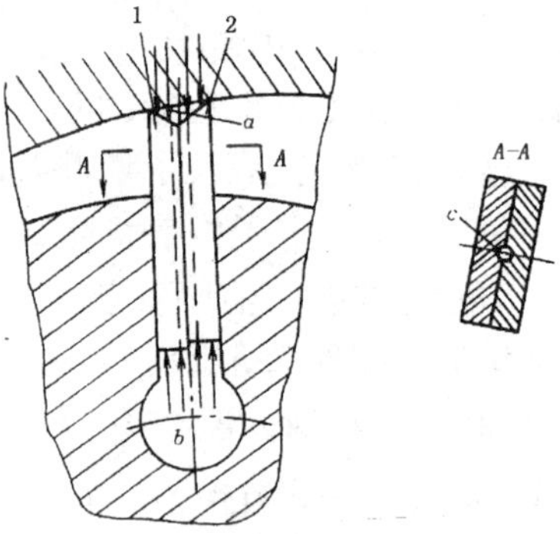

1. 叶片；2. 叶片

图 3－11　双叶片式结构

2. 母子叶片式结构

母子叶片式又称复合叶片式，如图 3－12 所示。叶片分为母叶片 1 和子叶片 2 两部分。通过配油盘使母、子叶片间的小腔 a 总是与液压油相通。而母叶片根部 c 腔，则经转子 3 上虚线所示的小孔 b 始终和叶片顶部的油腔相通。当叶片在吸油区工作时，使叶片根部不受高压油作用，只受 a 腔的高压油作用而压向定子。所以推动母叶片压向定子内表面的力，除了有离心力外，只有来自 a 腔的液压力。由于 a 腔的工作面积不大，所以定子内表面所受的压力也不大。这种叶片泵的最大工作压力可达 20MPa。

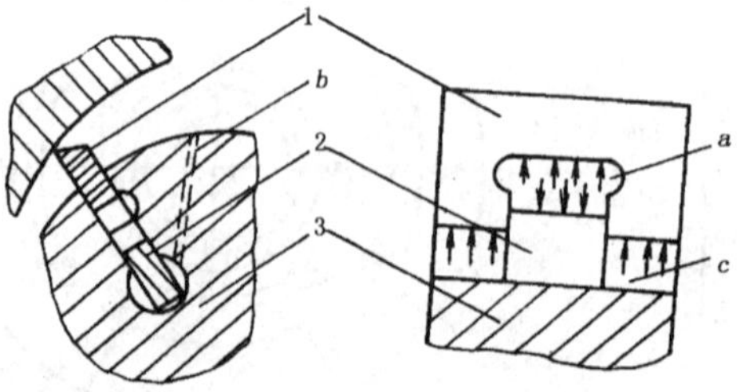

1. 母叶片；2. 子叶片；3. 转子

图 3－12　母子叶片式结构

3.3.3 单作用式叶片泵

1. 单作用式叶片泵的工作原理

图3-13所示为单作用式叶片泵的工作原理图。与双作用式叶片泵显著不同之处是，定子1的内表面是光滑圆柱面，转子2与定子间有一偏心距e，两端的配油盘上只开有一个吸油窗口和一个压油窗口。转子旋转时，叶片3依靠离心力使其顶部与定子内表面相接触。因此，必须保证单作用叶片泵转动时，叶片相对于转动方向为后倾。由于配油盘上开有吸、压油窗口各一个，那么，转子旋转一周，叶片在转子槽内往复运动一次，每相邻两叶片间的密封容积产生一次增大和减小的变化，并完成一次吸油、压油过程，故称为单作用式叶片泵。又因为转子、轴和轴承等零件承受的径向液压力不平衡，因此这类泵又称为非卸荷式叶片泵，其额定压力不超过7Mpa。

对于单作用式叶片泵，只要改变其偏心距e的大小，就可改变泵的排量和流量，故单作用式叶片泵常做成变量泵。

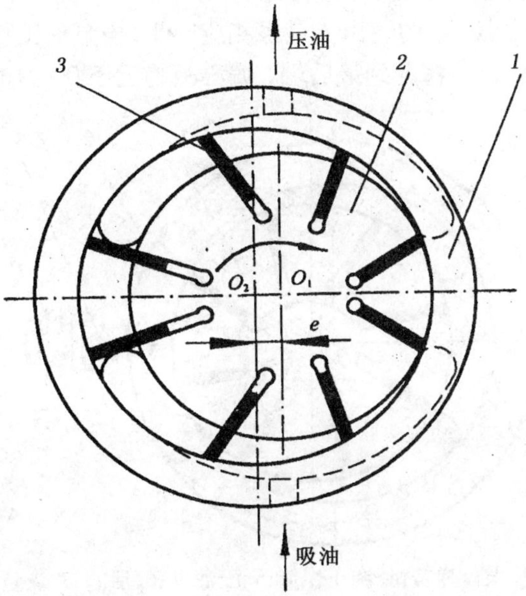

1. 定子;2. 转子;3. 叶片

图3-13　单作用式叶片泵的工作原理图

2. 单作用叶片泵的结构特点

(1)定子和转子偏心安装

移动定子位置以改变偏心距，就可以调节泵的流量。偏心反向时，吸油压油方向也相反。

(2)叶片后倾

为了减小叶片与定子间的磨损，叶片底部油槽采用在压油区通压力油、在吸油区与吸油腔相通的结构形式，因而，叶片的底部和顶部所受的液压力是平衡的。这样，叶片仅靠旋转时所受的离心力作用向外运动顶在定子内表面。根据力学分析，叶片后倾一个角度更有利于叶片向外伸出，通常后倾角为24°。

(3)径向液压力不平衡

由于转子及轴承上承受的径向力不平衡，所以，该泵不易用于高压，其额定压力不能超过7MPa。

3. 外反馈限压式变量叶片泵工作原理

单作用式叶片泵的变量方法是改变其偏心距e的大小，偏心距可通过手动调节，也可自动调节。自动调节的变量泵可根据其工作特性的不同分为限压式、恒压式和恒流量式三类，其中以限压式应用较多。

限压式变量叶片泵是利用其工作压力的反馈作用实现变量的，常用的是外反馈式变量叶片泵。如图3-14所示，转子1的中心O_1是固定的，定子2可以左右移动，在右端限压弹簧3的作用下，定子2与反馈液压缸中的活塞6紧密靠在一起，这时定子中心O_2和转子中心O_1之间产生一个初始偏心距e_0，它决定泵需要输出的最大流量。泵工作时，反馈液压缸对定子施加向右的作用力为pA，当泵的工作压力达到调定压力p_B时，定子所受反馈力与弹簧预紧力平衡，即$p_BA=kx_0$；当泵的工作压力$p<p_B$时，$pA<kx_0$，定子保持不动，初始偏心距e_0不变，泵的输出流量最大且保持基本不变；当泵的工作压力$p>p_B$时，$pA>kx_0$，限压弹簧被压缩，定子向右移动，偏心距减小，泵的输出流量也相应减小；当泵的工作压力达到某一极限值时，限压弹簧被压缩至最小，定子移动到最后端，偏心距趋近于0，这时泵的输出流量为0。

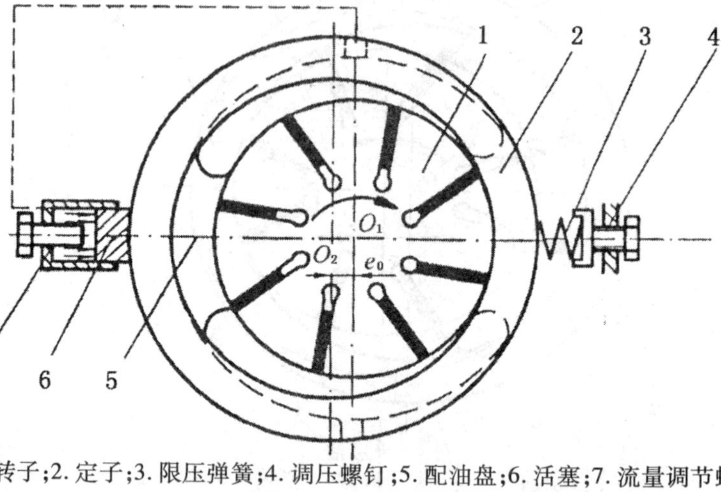

1. 转子；2. 定子；3. 限压弹簧；4. 调压螺钉；5. 配油盘；6. 活塞；7. 流量调节螺钉

图3-14　外反馈限压式变量叶片泵工作原理图

限压式变量叶片泵也适用于对执行机构有快、慢速要求的液压系统。快速时需要叶片泵低压大流量，慢速时需要高压小流量。它与采用一个高压大流量定量泵相比，可以降低功率损耗，减少油液发热；与采用双联泵相比，可以简化系统，节省液压元件。

4. YBX型限压式变量叶片泵的结构

如图3-15所示为YBX型限压式变量叶片泵的结构图。转子7固定在传动轴2上，轴2支撑在两个滚针轴承1上作逆时针方向回转。转子7的中心是不变的，定子6可以上下移动。滑块8用来支撑定子6，并承受压力油对定子的作用力。当定子移动时，滑块8随定子一起移动。为了提高定子对油压变化时反应的灵敏度，滑块支撑在滚针9上。在限压弹簧4的作用下，通过弹簧座5将定子推向下面，紧靠在活塞10上，使定子中心和转子中心之间有一个偏心距e。偏心距的大小可用流量调节螺钉11调节。螺钉11调定后，在这一工作条件下，定子的偏心距数值为最大，则液压泵输出流量最大。液压泵出口的压力油经孔 a 引到活塞 10 的下端，使其产生一个改变偏心量 e 的反馈力。通过调压螺钉 3 可调节限压弹簧对定子的作用力，从而改变液压泵的限定工作压力 p_B。

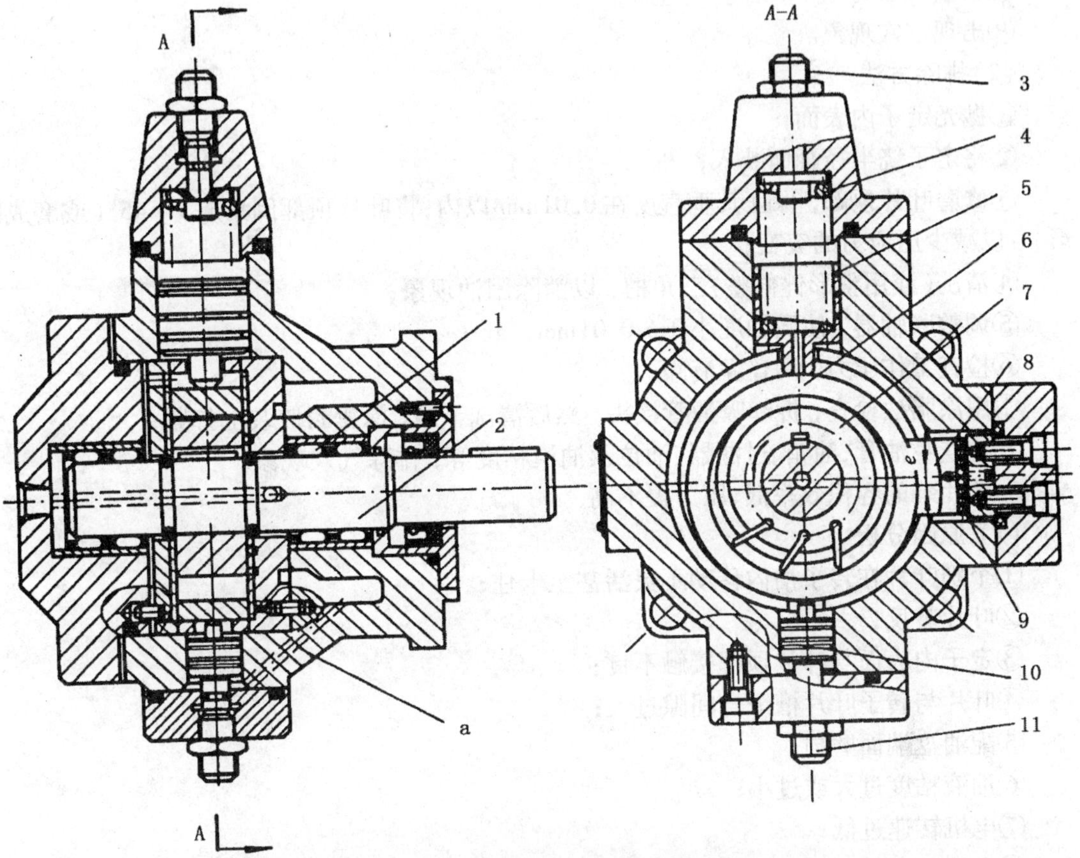

1. 滚针轴承；2. 传动轴；3. 调压螺钉；4. 限压弹簧；5. 弹簧座；
6. 定子；7. 转子；8. 滑块；9. 滚针；10. 活塞；11. 流量调节螺钉

图 3－15 YBX 型限压式变量叶片泵的结构图

单作用变量叶片泵也有一个倾角，但方向与双作用定量叶片泵恰好相反。变量叶片泵中，叶片上下的液压力是平衡的，叶片向外运动主要靠叶片旋转时离心力的作用。叶片相对转子旋转方向向后倾斜一角度（倾角为 24°），更有利于保证叶片甩出。

3.3.4 叶片泵的常见故障及排除方法

叶片泵在工作时，抗油液污染能力差，叶片与转子槽配合精度也较高，因此故障较多，叶片泵常见故障产生的原因分析及排除方法如下。

1. 叶片泵噪声大

（1）原因分析

①定子内表面拉毛；

②吸油区定子过渡表面轻度磨损；

③叶片顶部与侧部不垂直或顶部倒角太小；

④配油盘压油窗口上的三角槽堵塞或太短、太浅，引起困油现象；

⑤泵轴与电机轴不同轴；

⑥超过额定压力下工作；

⑦吸油口密封不严，有空气进入；

⑧出现空穴现象。

(2)排除方法

①抛光定子内表面；

②将定子绕半径翻面装入；

③修磨叶片顶部，保证其垂直度在0.01mm以内；将叶片顶部倒角成1×45°(或磨成圆弧形)，以减少压应力的突变；

④清洗(或用整形锉修整)三角槽，以消除困油现象；

⑤调整联轴器，使同轴度小于ϕ 0.01mm；

⑥检查工作压力，调整溢流阀；

⑦用涂脂法检查，拆卸吸油管接头，然后清洗干净，涂密封胶装上拧紧；

⑧检查吸油管、油箱、过滤器、油位及油液粘度等，排除气穴现象。

2. 叶片泵的容积效率低、压力提不高

(1) 原因分析

①个别叶片在转子槽内移动不灵活甚至卡住；

②叶片装反；

③定子内表面与叶片顶部接触不良；

④叶片与转子叶片槽配合间隙过大；

⑤配油盘端面磨损；

⑥油液粘度过大或过小；

⑦电机转速过低；

⑧吸油口密封不严，有空气进入；

⑨出现空穴现象。

(2)排除方法

①检查配合间隙(一般为0.01~0.02mm)，若配合间隙过小应单槽研配；

②纠正装配方向；

③修磨工作面(或更换配油盘)；

④根据转子叶片槽单配叶片，保证配合间隙；

⑤修磨配油盘端面(或更换配油盘)；

⑥测定油液粘度，按说明书选用油液；

⑦检查转速，排除故障根源；

⑧用涂脂法检查，拆卸吸油管接头，清洗干净，涂密封胶装上拧紧；

⑨检查吸油管、油箱、过滤器、油位及油液粘度等，排除气穴现象。

§3.4 柱塞泵

柱塞泵是依靠柱塞在缸体的柱塞孔内作往复运动时，使密封容积发生变化来实现泵的吸油和压油的。由于柱塞与柱塞孔的表面均为圆柱表面，因此加工方便，配合精度高，密封性能好，泄漏小，在高压状况下工作时仍有较高的容积效率。只要改变柱塞的工作行程就能改变泵的排量，容易实现单向或双向变量。柱塞泵与齿轮泵和叶片泵相比，柱塞泵具有压力高，结构紧凑，流量调节方面等优点，它常用于高压大流量和流量需要调节的液压系统中，如某些工程机械、液压机、龙门刨床等液压系统。

按柱塞排列方向不同，柱塞泵可分为径向柱塞泵和轴向柱塞泵两大类。

3.4.1 径向柱塞泵的工作原理

如图3－16所示为径向柱塞泵的工作原理图。这种泵是由定子2、转子1(缸体)、配油轴5、衬套4和柱塞3等主要零件组成。转子1上有按径向排列沿圆周均匀分布的柱塞孔，柱塞3安装在柱塞孔中，衬套4以过盈配合的方式安装在转子孔内，随转子一起旋转，而配油轴5是固定不动的。当转子按图3－16中所示方向旋转时，柱塞在离心力(或低压油)作用下压紧在定子2的内表面上。由于转子和定子间有一偏心距e，因此，当柱塞随转子转到上半周并向外伸出时，柱塞底部径向孔内的密封容积逐渐增大而产生局部真空，经固定配油轴上的窗口a吸油；柱塞随转子转到下半周时则被向里推入，密封容积逐渐减小，经固定配油轴的窗口b压油。转子每转一周，每个柱塞各实现一次吸、压油过程。这就是径向柱塞泵的工作原理。

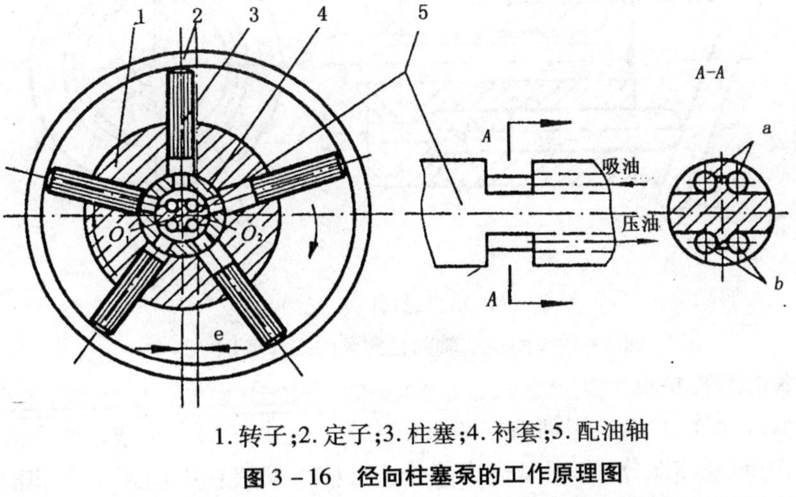

1. 转子；2. 定子；3. 柱塞；4. 衬套；5. 配油轴

图3－16 径向柱塞泵的工作原理图

通过移动定子可以改变偏心距e的大小，进而泵的排量也就得以改变。当移动定子使偏心距e从正值变为负值时，泵的吸、压油口发生互换，可实现双向变量，故这种泵亦可作为双向变量泵。

由于径向柱塞泵的径向尺寸大、结构复杂、自吸能力差，且因配油轴受到径向不平衡液压力作用而易出现磨损，这些因素均限制了径向柱塞泵转速和压力的提高，因此近年来对径向柱塞泵的应用开始减小，已逐渐被轴向柱塞泵所代替。

3.4.2 轴向柱塞泵的工作原理

1. 斜盘式轴向柱塞泵的工作原理

轴向柱塞泵是指柱塞在缸体内呈轴向排列并沿圆周均匀分布，柱塞的轴线平行于缸体旋转轴心线。

轴向柱塞泵的工作原理如图 3－17 所示。它主要由柱塞 2、缸体 3、配油盘 4 和斜盘 1 等零件组成。在缸体 3 上沿圆周均匀分布着几个轴向柱塞孔，柱塞 2 可在其中滑动。斜盘 1 的法线与缸体轴心成 γ 角。斜盘 1 和配油盘 4 固定，传动轴带动缸体和柱塞一起转动。柱塞在根部弹簧(或液压油)的作用下，而保持其头部与斜盘紧密接触。当传动轴按图 3－17 中所示方向旋转时，由于斜盘和弹簧的共同作用，使柱塞产生往复运动，各柱塞与缸体间的密封腔容积便发生增大或缩小的变化，通过配油盘上的窗口吸油和压油。当柱塞自最低位置向前上方转动时，柱塞转角在 $0\to\pi$ 范围内，柱塞逐渐向左伸出，使缸体柱塞孔内密封容积增大而产生局部真空，经配油盘上的窗口 a 吸油；当柱塞转角在 $\pi\to2\pi$ 范围内(柱塞在自上最高位置向后下方的半周内)，柱塞则被斜盘向里推移，使密封容积不断减小，通过配油盘向的压油窗口 b 压油。缸体每旋转一周，每个柱塞往复运动一次，完成一次吸、压油动作。如果改变斜盘倾角 γ 的大小，就能改变柱塞行程 h，进而也就改变了泵的排量；若改变斜盘倾角 γ 的方向，就能改变吸油和压油方向，而使其成为双向变量泵。

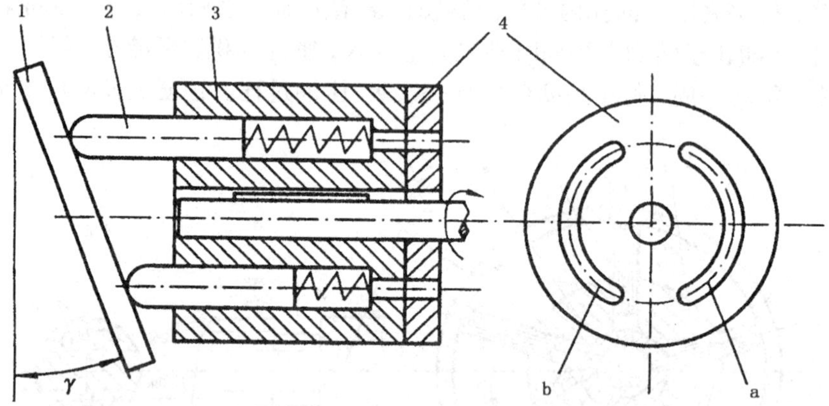

1. 斜盘；2. 柱塞；3. 缸体；4. 配油盘

图 3－17　斜盘式轴向柱塞泵的工作原理

2. 轴向柱塞泵的结构特点

图 3－18 所示为 SCY14－1B 型轴向柱塞泵结构图。它由两部分组成，即主体部分(可再分为前泵体部分、中间泵体部分)和变量机构部分。缸体 5 安装在中间泵体 1 和前泵体 7 内，并由传动轴 8 通过花键带动旋转。在缸体的七个柱塞孔内分别装有柱塞 9。柱塞的球形头部装在滑履 12 的孔内，并可作相对滑动。中心弹簧 3 通过内套 2、钢球 13 和回程盘 14 将滑履 12 紧紧地压在倾斜盘 15 上，同时中心弹簧 3 又通过外套 10 将缸体 5 压向配油盘 6。缸体外镶有钢套 4，支撑在圆柱滚子轴承 11 上使压盘对缸体的径向分力由圆柱滚子轴承来承受，而避免传动轴和缸体承受弯矩作用。缸体柱塞孔中的液压油经柱塞和滑履的中心小孔，送至滑

履与倾斜盘的接触平面间，形成静压润滑油膜，以减少摩擦磨损。缸体作用在配油盘的压力，除中心弹簧的作用力外，还有缸体柱塞孔底部台阶面上所受的液压力，此力比弹簧力要大得多，而且随泵的工作压力升高而增大，使缸体和配油盘保持良好贴合，使磨损间隙能得到自动补偿，因此泵具有较高的容积效率。

当缸体由传动轴带动旋转时，柱塞相对缸体做往复运动，于是容积发生变化，这时油液可通过缸孔底部月牙形的通油孔、配油盘6上的配油窗口和前泵体7的进、出油孔等，完成吸、压油工作。

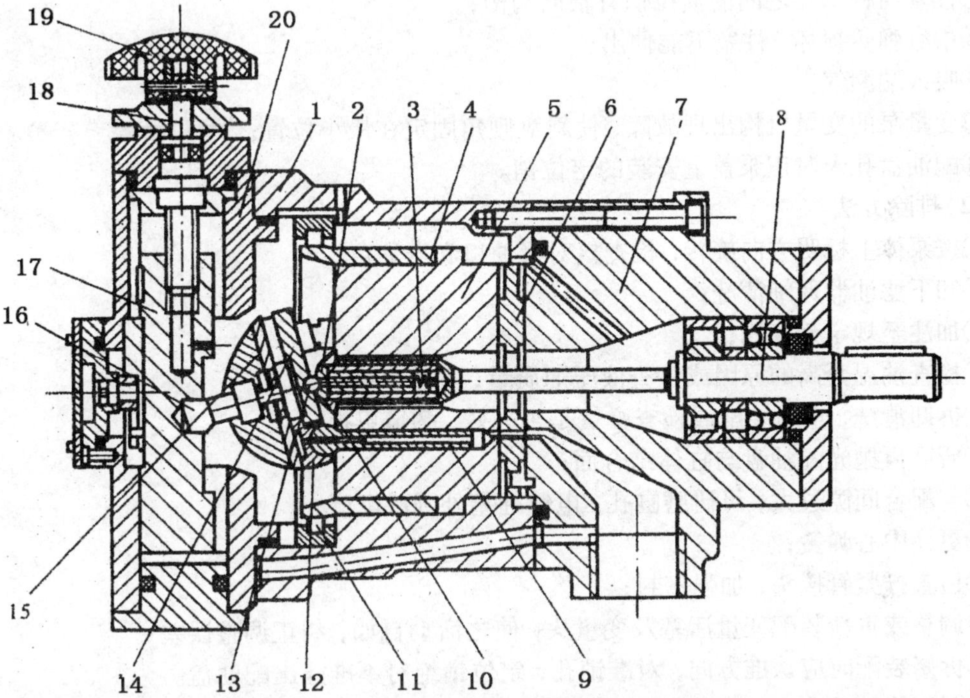

1. 中间泵体；2. 内套；3. 中心弹簧；4. 钢套；5. 缸体；6. 配油盘；7. 前泵体；8. 传动轴；9. 柱塞；10. 外套；11. 轴承；12. 滑履；13. 钢球；14. 回程盘；15. 倾斜盘；16. 轴销；17. 变量活塞；18. 丝杠；19. 手轮；20. 变量机构壳体

图3－18 SCY14－1B型轴向柱塞泵

轴向柱塞泵的最大优点就是，只要改变倾斜盘的倾角就能改变其排量。若转动手轮19使丝杆18发生转动，在导向键的作用下，变量活塞17便上下移动，轴销16则使支撑在变量壳体上的倾斜盘绕钢球的中心转动，从而使倾斜盘的倾角发生改变，相应也就改变了泵的排量。当泵流量达到使用要求时，可通过锁紧螺母得以锁紧。这种变量机构的结构简单，但操纵力较大，通常只能在停机或工作压力较低的情况下操纵。

轴向柱塞泵除了有手动变量外，还有液动伺服变量、压力补偿变量、电动变量、恒压变量、零位对中式变量等。SCY14－1B型轴向柱塞泵的主体部分是通用部件，只要安装上不同变量机构，就可组成不同的变量泵。

3.4.3 轴向柱塞泵的常见故障及排除方法

1. 不能排油或流量不足，压力偏低

(1)故障原因分析

①转向不对或进出口接反;

②吸油管滤油器堵塞;

③油箱内液压油面过低;

④油温太高或油液粘度太低;

⑤配油盘与缸体之间有赃物或配油盘与缸体之间接触不良;

⑥配油盘与缸体结合面拉毛、拉有沟槽;

⑦柱塞与柱塞孔之间磨损拉伤有轴向沟槽;

⑧中心弹簧损坏,柱塞不能伸出;

⑨吸入端漏气;

⑩变量泵的变量机构出现故障,使斜盘倾角固定在最小位置;

⑪配油盘孔未对正泵盖上安装的定位销。

(2)排除方法

①按泵体上标明方向旋转,检查核对吸油口和压油口;

②卸下滤油器仔细清洗;

③加注至规定刻度线;

④检查油温升高的原因或检查液压油质量,酌情更换;

⑤拆卸清洗,重新装配或检查弹簧是否失效,酌情更换;

⑥研磨再抛光配油盘与缸体结合面;

⑦若配合间隙过大,可研磨缸孔,电镀柱塞外圆并配磨;

⑧更换中心弹簧;

⑨检查拧紧管接头,加强密封;

⑩调整或重新装配变量活塞及变量头,使之活动自如,纠正调整误差;

⑪拆修装配时应认准方向,对准销孔,定位销绝对不准露出配油盘。

2. 泵不能转动

(1)原因分析

①柱塞因污染物或油温变化太大卡死在缸体内;

②滑履与柱塞球头卡死或滑履脱落;

③柱塞球头因上述原因折断。

(2)排除方法

①查明污染物产生原因并更换新油;

②更换或重新装配滑履;

③更换柱塞。

3. 变量机构或压力补偿变量机构失灵

(1)原因分析

①单向阀弹簧折断;

②斜盘与变量壳体上的轴瓦圆弧面之间磨损严重,转动不灵活;

③控制油管道被污染物阻塞;

④伺服活塞或变量活塞卡死;

⑤伺服阀芯对差动活塞内油口遮盖量不够；

⑥伺服阀芯端部拉断。

(2) 排除方法

①更换弹簧；

②磨损轻微可刮削后再装配，若严重，则应更换；

③拆开清洗，并用压缩空气吹干净；

④应设法使伺服活塞或变量活塞灵活，并注意装配间隙是否合适；

⑤检查伺服阀芯对差动活塞内油口遮盖量并调整合适；

⑥更换伺服阀芯。

§3.5　液压马达

3.5.1 叶片液压马达

常用的叶片液压马达为双作用式，现以双作用式叶片液压马达来说明其工作原理，如图 3－19 所示。当压力油从进油口进入压油腔时，工作区段的叶片 1、3 和 5、7 之间充满压力油，其中叶片 2、6 两侧均受液压油的作用但不产生转矩，而在叶片 1、3 和 5、7 上，一面作用有高压油，一面则为低压油，由于叶片 3、7 受力面积小于叶片 1、5，从而由叶片受力差构成的力矩推动转子和叶片作顺时针方向旋转。由图 3－19 可以看出，当改变进油方向时，即高压油进入叶片 3、5 之间和叶片 1、7 之间时，叶片将带动转子沿逆时针方向转动。

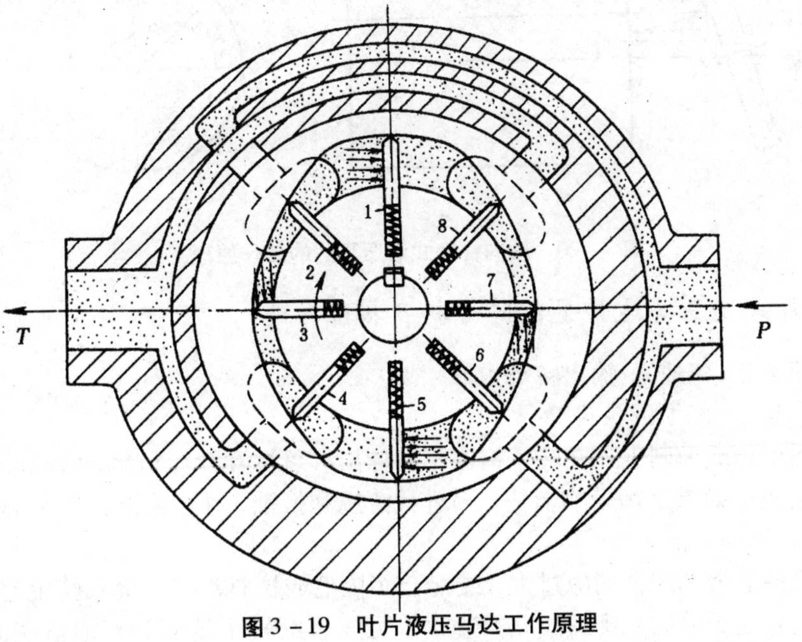

图 3－19　叶片液压马达工作原理

叶片液压马达的排量公式与双作用叶片泵的排量公式是相同的。为了满足马达正反转要求，叶片液压马达的叶片呈径向放置；为了使叶片始终贴紧定子内表面，叶片底部始终通入高压油，在高、低油腔通入叶片底部的通路上装有单向阀；为了保证叶片液压马达在液压油通入后，高、低压腔不致穿透且能正常起动，在叶片底部设置了预紧弹簧。

叶片液压马达具有体积小、转动惯量小、反应灵敏、能适应较高频率的换向等优点，但泄漏较大，低速运转时不够稳定。它适用于转矩小、转速高、动作要求灵敏、机械性能要求不严格的场合。

3.5.2 轴向柱塞式液压马达

图3－20是轴向柱塞式液压马达的工作原理图。当压力油经配油盘通入柱塞底部孔时，柱塞受压力油作用向外伸出，并压紧在斜盘上，这时斜盘对柱塞产生一反作用力 F。由于斜盘倾斜角为 γ，所以 F 可分解为两个分力：一个分力为 F_x，它和作用在柱塞上的液压作用力相平衡；另一个分力 F_y，它使缸体产生转矩。设柱塞和缸体的垂直中心线成 φ 角，此柱塞产生的转矩为

$$T_i = F_y a = F_y R\sin\varphi = F_x R\tan\gamma\sin\varphi \qquad (3-18)$$

式中：R 为柱塞在缸体中的分布圆半径。液压马达输出的转矩应是处于高压腔柱塞产生的转矩的总和。即

$$T = \Sigma F_x R\tan\gamma\sin\varphi \qquad (3-19)$$

由于柱塞的瞬时方位角 φ 是变量，柱塞产生的转矩也发生变化，故液压马达产生的总转矩也是脉动的。

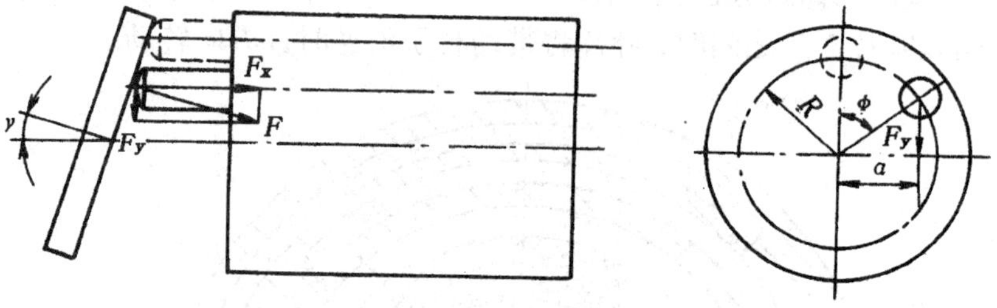

图3－20 轴向柱塞式液压马达的工作原理

3.5.3 叶片式液压马达常见故障分析及排除

1. 输出转速不够(欠速)，输出转矩也低

(1)液压马达本身的原因及排除

①叶片因污染物或毛刺卡死在转子槽内不能伸出。可拆开叶片马达，清除叶片棱边及叶片转子槽上的毛刺。如果是污染物卡住，则进行清洗和换油，并适当配研叶片和叶片槽之间的间隙(0.03～0.04mm)。

②转子与配油盘滑动配合间隙过大，或配合面拉毛或拉有沟槽。磨损拉毛轻微者，可研磨抛光转子端面和定子端面。磨损拉伤严重时，可先平磨转子端面和配油盘端面，再抛光。注意此时叶片和定子也应磨去相应尺寸，并保证转子与配油盘之间的滑动配合间隙在0.02～0.03mm 的范围内。

③定子内曲线表面磨损拉伤，造成进油腔与回油腔部分串通。可用天然圆形油石或金相砂纸磨定子内表面曲线。当拉伤的沟槽较深时，根据情况更换定子或翻转180°使用。

④马达内单向阀座与钢球磨损，或者因单向阀流道被污染物严重堵塞，使叶片底部无压力油推压叶片(特别是速度较低时)，使其不能牢靠在定子的内曲面上。此时应修复单向阀，确认叶片底部的压力油能可靠推压叶片顶在定子内曲面上。

⑤推压配油盘的弹簧疲劳或折断，可更换弹簧。

⑥马达各连接面处贴合或紧固不良，引起泄漏，此时应仔细检查各连接面处，拧紧螺钉，消除泄漏。

(2)液压泵供给液压马达的流量不足检查液压泵并排除其故障。

(3)供给液压马达的压力油压力不够

检查液压泵与控制阀(如溢流阀)是否存在问题并排除;检查液压系统是否存在密封不良并排除。

(4)其它原因

①油温过高或油液粘度选用不当，应尽量降低油温，减少泄漏，减少油液粘度过高或过低对系统的不良影响，减少内外泄漏。

②滤油器堵塞造成输入液压马达的流量不足。

2.负载增大时，转速下降很多

(1)同上述原因。

(2)液压马达出口背压过大，可检查背压压力。

(3)进油压力低，可检查进口压力，采取对策。

3.噪声大、振动严重(马达轴)

(1)联轴器及皮带轮同轴度超差过大，或者外来振动。可校正联轴器，修正皮带轮内孔与外三角皮带槽的同轴度，保证不超过0.1mm，并设法消除外来振动，如液压马达安装支座应牢固。

(2)液压马达内部零件磨损及损坏。例如:滚动轴承保持架断裂，轴承磨损严重，定子内曲面拉毛等，可拆检液压马达内部零件，修复或更换易损零件。

(3)叶片底部的扭力弹簧过软或断裂。此时可更换合格的扭力弹簧，但扭力弹簧弹力不应太强，否则会加剧定子与叶片接触处的磨损。

(4)定子内表面拉毛或刮伤。此时应修复或更换定子。

(5)叶片两侧面及顶部磨损及拉毛。此时应对叶片进行修复或更换。

(6)油液粘度过高，液压泵吸油阻力增大，油液不干净，污染物进入液压马达内，可根据实际情况处理。

(7)空气进入液压马达，可根据实际情况采取防止空气进入的措施。

(8)液压马达安装螺钉或支座松动引起噪声和振动，可拧紧螺钉，支座采取防振措施。

(9)液压泵工作压力调整过高，使液压马达超载运转，此时可适当减少液压泵工作压力和调低溢流阀的压力。

4.内泄漏大

(1)输出轴轴端油封失效。例如:油封唇部拉伤卡紧弹簧脱落;与输出轴相配面磨损严重等。

(2)前盖等处O形密封圈损坏，造成外泄漏严重，或者压紧螺钉未拧紧。此时可更换O形密封圈拧紧螺钉。

(3)油管接头未拧紧，因松动产生外漏。此时可拧紧接头及改进接头处的密封状况。

(4)配油盘平面度超差或者使用过程中的磨损拉伤，造成内泄漏大。

(5)轴向装配间隙过大，内泄漏，修复后其轴向间隙应保证在0.04~0.05mm之内。

(6)油液温升过高，油液粘度过低，铸件有裂纹，此时须酌情处理。

5. 低速时，转速颤动，产生爬行

(1)液压马达内进了空气，必须予以排除。

(2)液压马达回油背压太低，一般液压马达回油背压不得小于0.15MPa。

(3)内泄漏量较大，减少内泄漏可提高低速稳定性能。

(4)装入适当容量的蓄能器，利用蓄能器的吸振吸收脉动压力的作用，可明显降低液压马达的转速脉动变化量。

§3.6 液压泵与液压马达的选用

3.6.1 液压泵的选用

液压泵的选用包括确定液压泵的类型、规格和型号。首先，根据液压传动系统主机的工况、功率大小和系统对工作性能的要求等条件确定液压泵的类型；然后，按系统所要求的压力、流量大小确定其规格与型号。常用液压泵的性能见表3-2，可供选用时参考。

表3-2 **常用液压泵的性能比较及应用**

项目	外啮合齿轮泵	双作用叶片泵	限压式变量叶片泵	轴向柱塞泵	径向柱塞泵	螺杆泵
工作压力(MPa)	<20	6.3~21	≤7	20~35	10~20	<10
转速范围(r/min)	300~7000	500~4000	500~2000	600~6000	700~1800	1000~18000
容积效率	0.75~0.95	0.80~0.95	0.80~0.90	0.90~0.98	0.85~0.95	0.75~0.95
总效率	0.60~0.85	0.75~0.85	0.70~0.85	0.85~0.95	0.75~0.92	0.70~0.85
功率质量比	中等	中等	小	大	小	中等
流量脉动率	大	小	中等	中等	中等	很小
自吸特性	好	较差	较差	较差	差	好
对油的污染敏感度	不敏感	敏感	敏感	敏感	敏感	不敏感
噪声	大	小	较大	大	大	很小

续表

项目	外啮合齿轮泵	双作用叶片泵	限压式变量叶片泵	轴向柱塞泵	径向柱塞泵	螺杆泵
寿命	较短	较长	较短	长	长	很长
单位功率造价	最低	中等	较高	高	高	较高
应用范围	机床、工程机械、农机、航空、船舶、一般机械	机床、注塑机、起重运输机械、工程机械、飞机	机床、注塑机	工程机械、锻压机械、起重机械、矿山机械、冶金机械、船舶、飞机	机床、液压机、船舶机械	精密机械、精密机床、食品机械、化工机械、石油机械、纺织机械等

一般来讲负载小、功率小的液压设备，可用齿轮泵，双作用叶片泵；精度较高的机械设备(磨床)，可用双作用叶片泵，螺杆泵；负载较大有快速和慢速工作行程的机械设备(组合机床)，可选用限压变量叶片泵和双联叶片泵；负载大、功率大的设备(刨床、拉床、压力机)可选用柱塞泵；机械设备的辅助装置如送料、夹紧等不重要场合，可选用价格廉的齿轮泵。

3.6.2 液压马达的选用

由于液压马达和液压泵在结构上很相似，因此，上述关于泵的选用原则也适用于液压马达。一般来说，齿轮马达的结构简单，价格便宜，常用于负载转矩不大、速度平稳性要求不高的场合，如研磨机、风扇等。叶片马达具有转动惯量小、动作灵敏等优点，但容积效率不高、机械特性软，适用于中高速以上、负载转矩不大，要求频繁起动和换向的场合，如磨床工作台、机床操作系统等。轴向柱塞马达具有容积效率高、调速范围大，且低速稳定性好等优点，适用于负载转矩较小，有变速要求的场合，如起重机械、内燃机车和数控机床等。

思考题

3-1　什么是液压泵的排量、理论流量、实际流量、机械效率和容积效率？

3-2　液压泵的排量、流量各决定哪些参数？理论流量和实际流量有什么区别？

3-3　简述液压泵的工作原理。

3-4　液压泵完成吸油和压油必须具备什么条件？

3-5　简述外啮合齿轮泵的工作原理。

3-6　某液压泵的工作压力为10.0MPa，转速为1450.0r/min，排量为46.2mL/r，容积效率为0.95，总效率为0.9。求泵的实际输出功率和驱动该泵所用电动机的功率。

3-7　齿轮泵的压力提高主要受到哪些因素影响？可以采用哪些措施来提高齿轮泵的压力？

3-8　已知液压泵的额定压力为p_n，额定流量为q_n，如不计管路压力损失，试确定在图3-21所示各工况下，泵的工作压力p(压力表读数)各为多少？

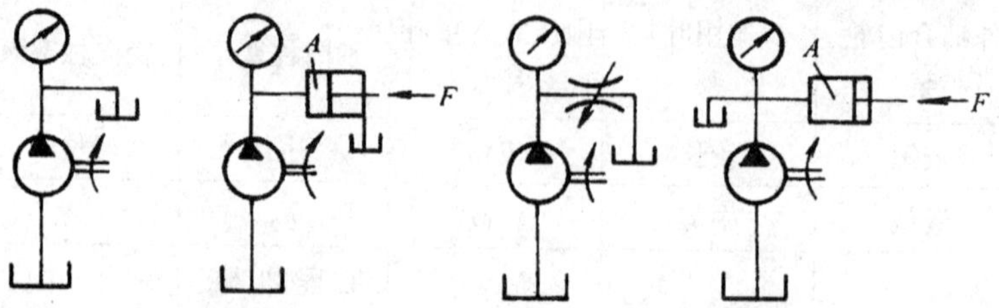

(a) (b) (c) (d)

图3－21 题3－8图

3－9 双作用叶片泵的叶片底部为什么要通入液压油？液压油是如何引入到叶片泵的底部的？

3－10 双作用叶片泵的叶片在转子上是如何安装的？为什么要这么安装？在安装双作用叶片泵时，如果让电动机的转向相反，会产生什么后果？

3－11 如何分析液压泵的故障？

3－12 选用液压泵应遵循什么原则？

3－13 轴向柱塞泵是如何实现双向变量泵功能的？

3－14 什么是液压泵的困油现象？有何危害？如何解决？

3－15 从能量的观点看，液压泵与液压马达有什么区别？

3－16 为什么轴向柱塞泵使用于高压？

第4章　液压缸

液压缸既是液压传动系统中常用的执行元件，也是一种实现能量转换的元件，它可以将油液的压力能转换为机械能，从而实现执行机构的往复直线运动或摆动，输出力或扭矩。

- **本章重点**

1. 液压缸的主要类型及典型结构；
2. 单杆双作用液压缸的工作特点和运动速度以及推力的计算；
3. 差动液压缸的工作特点和运动速度以及推力的计算；
4. 液压缸常见故障及其排除方法。

- **本章难点**

1. 差动液压缸的工作原理及其计算；
2. 液压缸常见故障及其排除方法。

§4.1　液压缸的类型及特点

液压缸有多种类型，按其结构形式可分为活塞缸、柱塞缸和摆动缸三类；按作用方式不同又可分为单作用式和双作用式两种。单作用式液压缸中液压力只能使活塞（或柱塞）单方向运动，反方向运动必须靠外力（如弹簧力或自重等）实现；双作用式液压缸可由液压力实现两个方向的运动。由于液压缸结构简单、工作可靠，除可单独使用外，还可以通过多缸组合或与杠杆、连杆、齿轮齿条、轮爪等机构组合起来完成某种特殊功能，因此液压缸的应用十分广泛。

4.1.1 活塞式液压缸

活塞式液压缸通常有双杆式和单杆式两种结构形式；按安装方式不同分为缸筒固定式和活塞杆固定式两种。

1. 双杆活塞式液压缸

图4－1所示为双杆活塞式液压缸的工作原理，活塞两侧都有活塞杆伸出。

图4－1(a)所示为缸筒固定式，它的进、出油口布置在缸筒两侧，活塞通过活塞杆带动工作台移动。当缸的左腔进油，右腔回油时，活塞带动工作台向右移动；反之，右腔进油，左腔回油时，活塞带动工作台向左运动。由图可见，当活塞的有效行程为 l 时，整个工作台的运动范围为活塞有效行程 l 的三倍，所以占地面积较大，一般适用于小型液压设备。

图4－1(b)所示为活塞杆固定式，它的缸体与工作台相连，活塞杆通过支架固定在床身

上，动力由缸体传出，其进、出油口设置在固定的空心活塞杆的两端，使油液从活塞杆中进出（也可设置在缸体的两端，但必须使用柔性连接）。由图可见，当活塞的有效行程为 l 时，工作台的运动范围为 $2l$，即只等于液压缸有效行程的 2 倍，因此其占地面积小，适用于大型机床及工作台行程要求较长的场合。

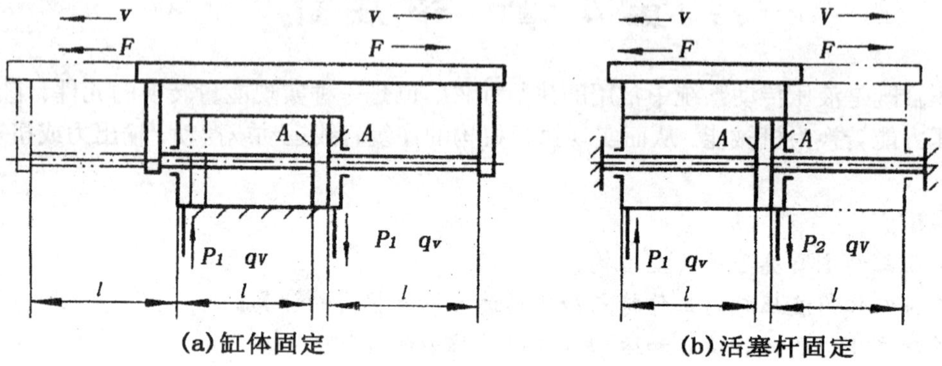

图 4－1　双杠活塞式液压缸

当两活塞杆直径相同时，液压缸两腔活塞的有效作用面积也相等，若供油压力和流量不变时，液压缸在两个方向上的运动速度和推力都相等，若活塞的直径为 D，活塞杆的直径为 d，活塞的有效面积为 A，液压缸进、出油腔的压力为 p_1 和 p_2，输入流量为 q_v 时，推力 F 和速度 v 分别为

$$F = A(p_1 - p_2) = \frac{\pi}{4}(D^2 - d^2)(p_1 - p_2) \tag{4-1}$$

$$v = \frac{q_v}{A} = \frac{4q_v}{\pi(D^2 - d^2)} \tag{4-2}$$

2. 单杆活塞式液压缸

图 4－2 所示为单杆活塞式液压缸的工作原理。单杆活塞式液压缸也有缸体固定式和活塞杆固定式两种，它们的工作台移动范围都是活塞有效行程的 2 倍。

单杆活塞式液压缸的活塞两端有效面积不等，如果液压油的压力和流量不变，则推力与进油腔的有效面积成正比，速度与进油腔的有效面积成反比。

如图 4－2(a)所示，当无杆腔进油时，若输入流量为 q_v，液压缸进、出油口的压力分别为 p_1 和 p_2，则液压缸产生的推力 F_1 和速度 v_1 为

$$F_1 = p_1A_1 - p_2A_2 = \frac{\pi}{4}[D^2p_1 - (D^2 - d^2)p_2] \tag{4-3}$$

$$v_1 = \frac{q_v}{A_1} = \frac{4q_v}{\pi D^2} \tag{4-4}$$

如图 4－2(b)所示，当有杆腔进压力油时，无杆腔回油时，液压缸产生的推力 F_2 和速度 v_2 为

$$F_1 = p_1A_2 - p_2A_1 = \frac{\pi}{4}[(D^2 - d^2)p_1 - D^2p_2] \tag{4-5}$$

$$v_2 = \frac{q_v}{A_2} = \frac{4q_v}{\pi(D^2 - d^2)} \tag{4-6}$$

由于 $A_1 > A_2$，所以 $F_1 > F_2$，$v_1 < v_2$，即无杆腔进油工作时，推力大而速度低；有杆腔进油工作时，推力小而速度高。因此，单杆活塞式液压缸常用于一个方向有较大负载但运行速度较低，另一个方向为空载快速退回运动的设备。如各种金属切削机床、压力机、起动机等的液压系统常使用单杆活塞式液压缸。

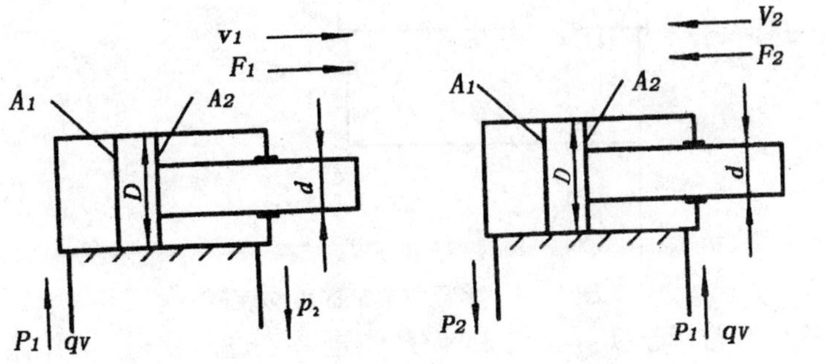

（a）无杆腔进油　　（b）有杆腔进油

图4－2　单杆活塞式液压缸

液压缸往复运动的速度 v_2、v_1 之比，称速度比 λ_v，即

$$\lambda_v = \frac{v_2}{v_1} = \frac{D^2}{D^2 - d^2} \tag{4-7}$$

可见，活塞杆直径越小，速度比就越接近于1，液压缸在两个方向上运动速度的差值越小。在已知 D 和 λ_v 的情况下，可较方便地确定 d。

单杆活塞式液压缸差运动连接时，如图4－3所示。当液压缸左右两腔同时通入液压油时，由于无杆腔的有效作用面积大于有杆腔的有效作用面积，可得活塞向右的作用力大于向左的作用力，因此，活塞向右运动，活塞杆向外伸出；同时，又将有杆腔的油液挤出，使其流进无杆腔，从而加快了活塞杆的伸出速度。差动连接时液压缸的推力 F_3 和运动速度 v_3 为

$$F_3 = p_1(A_1 - A_2) = p_1 \frac{\pi}{4} d^2 \tag{4-8}$$

$$v_3 = \frac{q_1}{A_1} = \frac{q + q_2}{A_1} = \frac{q + \frac{\pi}{4}(D^2 - d^2)v_3}{\frac{\pi}{4}D^2}$$

上式整理后，可得：

$$v_3 = \frac{4q}{\pi d^2} \tag{4-9}$$

由式(4－8)、式(4－9)可知，液压缸差动连接时的推力比非差动连接时的小，但速度比非差动连接时的大。在实际生产中，在不加大油源流量的情况下，经常利用这一点可获得比较快的运动速度。

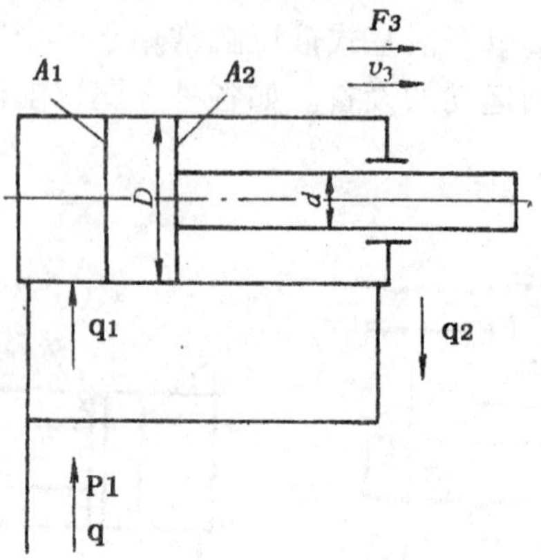

图 4-3　单杆活塞缸的差动连接

单杆活塞式液压缸常用于实际工作中具有"快进→工进→快退"工作循环的机械设备上，"快进"由差动连接方式完成，"工进"由无杆腔进油方式完成，而"快退"则由有杆腔进油方式完成。当要求"快进"和"快退"的速度相等时，即使 $v_3 = v_2$，则由式(4-6)、(4-9)可得

$$D = \sqrt{2}d \tag{4-10}$$

4.1.2 柱塞式液压缸

活塞式液压缸的应用非常广泛，但在对加工精度要求很高时，特别是当行程较长时，活塞式液压缸的加工难度较大，制造成本较高。在这样的情况下，常采用柱塞缸来代替活塞式液压缸。

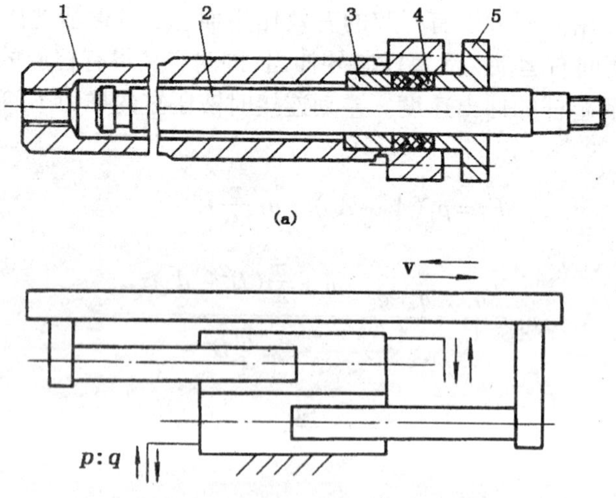

1. 缸筒;2. 柱塞;3. 导向套;4. 密封圈;5. 端盖

图 4-4　柱塞式液压缸

图 4-4(a)所示，柱塞式液压缸由缸筒、柱塞、密封圈和端盖等零部件相连接，缸筒固定在机体上。柱塞式液压缸只能实现单向运动，当液压油进入缸筒时油液推动柱塞运动部件移动，但反向退回时，必须靠其他外力(如弹簧)或自重(立式缸)来驱动。为了实现双向运动，

柱塞缸常成对使用，如图4-4(b)所示。例如在龙门刨床、导轨磨床、大型拉床等大行程设备的液压系统中，为了使工作台得到双向运动，柱塞缸常成对使用。

如果柱塞的直径为 d，输入油液的流量为 q，压力为 p 时，柱塞上产生的推力 F 和速度 v 为

$$F = pA = p\frac{\pi}{4}d^2 \tag{4-11}$$

$$v = \frac{q}{A} = \frac{4q}{\pi d^2} \tag{4-12}$$

为了保证柱塞缸有足够的推力和稳定性，柱塞一般都比较粗，重量较大。如果柱塞缸水平安装时，易产生单边磨损，故柱塞缸适宜于垂直安装使用。当水平安装时，为了减轻柱塞的重量，防止柱塞因自重而下垂，常制成空心柱塞并设置支撑套和托架。

柱塞式液压缸结构简单，制造方便。由于柱塞和缸筒内壁不接触，因此缸筒内壁不需要精加工，故工艺性好，成本低，特别适合于工作行程较长的场合。

4.1.3 摆动液压缸

摆动缸用于将油液的压力能转变为叶片及输出轴往复摆动的机械能。它有单叶片和双叶片两种形式。图4-5(a)、(b)为其工作原理图。它们有缸体1、叶片2、定子块3、摆动输出轴4、两端支撑盘及端盖等零件组成。定子块固定在缸体上，叶片与输出轴连为一体。当两油口交替通入压力油(交替接通油箱)时，叶片即带动输出轴作往复摆动。

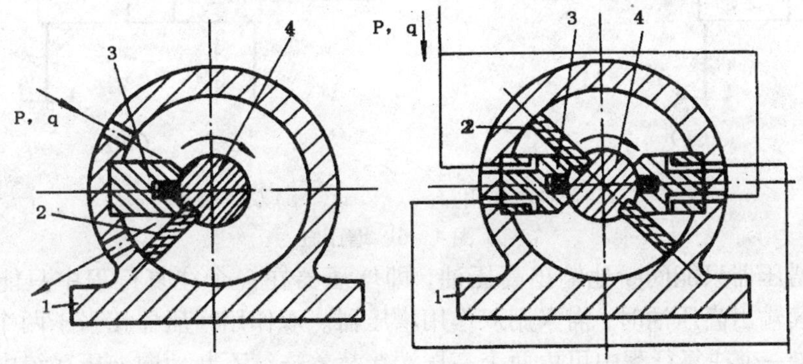

(a)单叶片　　(b)双叶片

1. 缸体;2. 叶片;3. 定子块;4. 摆动输出轴

图4-5　摆动缸

如果叶片的宽度为 b，缸的内径为 D，输出轴直径为 d，叶片数为 Z，在进油压力为 p、流量为 q，且不计回油腔压力时，摆动缸输出的转矩 T 和回转角速度 ω 为

$$T = Zpb\frac{(D-d)}{2}\cdot\frac{(D+d)}{4} = \frac{Zpb(D^2-d^2)}{8} \tag{4-13}$$

$$\omega = \frac{pq}{T} = \frac{8q}{Zb(D^2-d^2)} \tag{4-14}$$

单叶片缸的摆动角度一般不超过300°，双叶片缸当其它结构尺寸相同时，其输出的转矩是单叶片缸的两倍，而摆动角度为单叶片缸的一半(一般不超过150°)。

摆动缸常用于机床的送料装置、间歇进给机构、回转夹具、工业机器人手臂和手腕的回转装置及工程机械回转机构的液压系统中。

4.1.4 其他液压缸

1. 增压缸

增压缸又叫增压器。增压器是将输入的低压油转变为高压油，供液压系统中的高压支路使用。增压器有单作用（如图4－6(a)所示）和双作用（如图4－6(b)所示）两种型式。它由有效作用面积 A_1 的大液压缸和有效作用面积 A_2 的小液压缸串接组合而成。大缸为原动缸，输入压力为 p_1；小缸为输出缸，输出压力为 p_2。若不计摩擦损失，根据受力平衡关系可得

$$A_1p_1 = A_2p_2$$

即：

$$p_2 = \frac{A_1}{A_2}p_1 = Kp_1 \tag{4-15}$$

式中：$K = A_1/A_2$，称为增压比，它表征增压器的增压能力。显然，增压能力是在降低有效流量的基础上得到的，增压能力越强，其输出的流量越小。

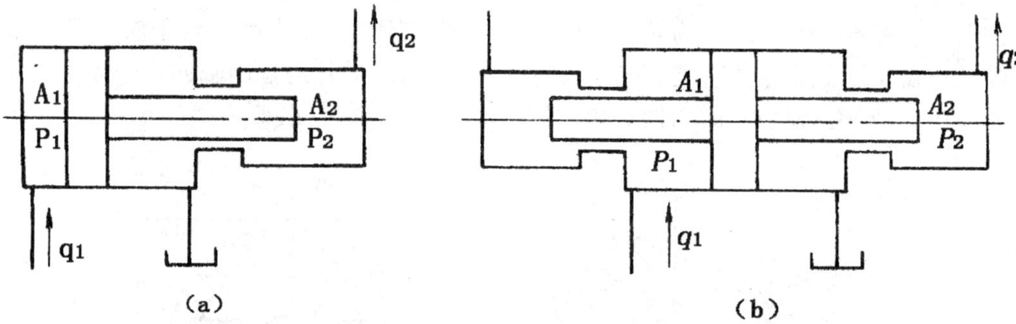

(a)单作用　　(b)双作用

图4－6　增压缸

单作用增压器只能间断地输出高压油，即增压器在一个往复行程中只能单向输出高压油。若需连续输出高压油时，需采用双作用增压器。双作用增压器相当于两个单作用增压器的组合，它在一个往复行程中可由两个高压端接替着连续不断地向液压系统中供油。

应该指出，增压缸只能将高压端输出的油通入其它液压缸以获取大的推力，其本身不能直接作为执行元件。所以安装时应尽量使它靠近执行元件。

增压缸常用于压铸机、造型机等设备的液压系统中。

2. 伸缩缸

伸缩缸由两级或多级活塞式液压缸套装而成，前一级活塞缸的活塞是伸缩缸的缸筒，伸缩缸又称为多级缸。伸出时可获得较长的工作行程。

如图4－7所示。前一级缸的活塞就是后一级缸的缸筒，活塞伸出的顺序的从大到小，相应的推力也是由大变小，而速度则由慢变快。空载缩回的顺序一般的从小到大。

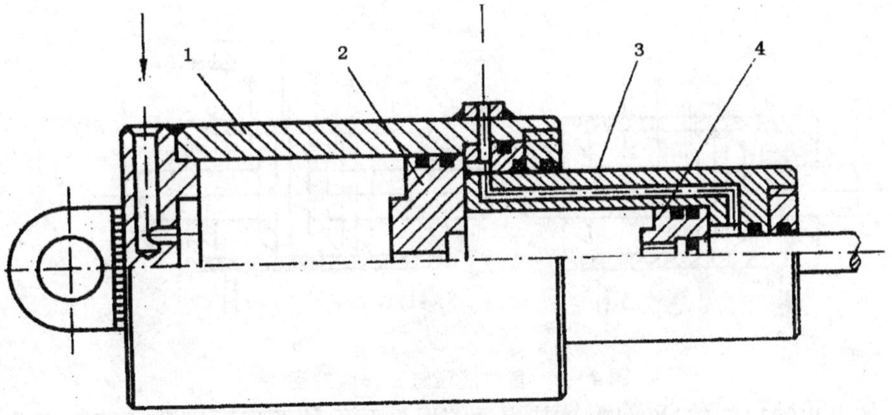

1. 一级缸筒；2. 一级活塞；3. 二级缸筒；4. 二级活塞

图4－7　伸缩缸

伸缩缸活塞杆伸出时行程大，而收缩时结构尺寸小。适用于起重运输车辆等需要占空间小的机械上。例如，起重机伸缩臂缸、自卸汽车举升缸等。

3. 齿条活塞缸

齿条活塞缸由带有齿条杆的双活塞缸和齿轮齿条机构组成，如图4－8所示，当液压油推动活塞左右往复运动时，齿条就推动齿轮往复转动，从而驱动工作部件作周期性的往复回转运动。齿条活塞缸多用于机械手、磨床的进给机构、回转工作台的转位机构和回转夹具等。

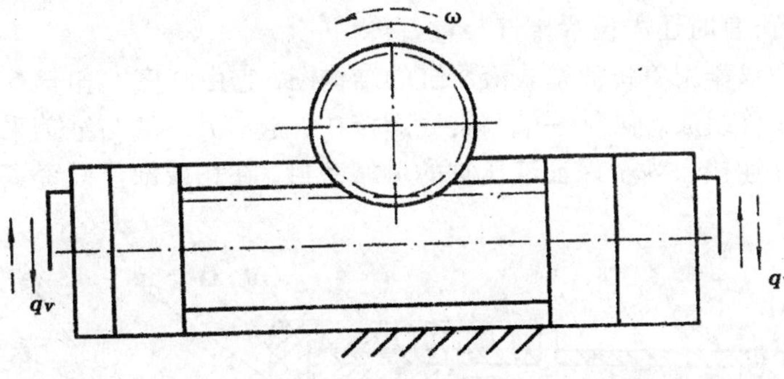

图4－8　齿条活塞缸

4. 多位液压缸

多位液压缸通常为杆径相等的双杆活塞缸，如图4－9所示。缸的两端有进油口a、b，缸筒沿轴线方向有多个出油孔，如c_1、c_2、c_3、c_4、c_5。每个出油孔都有管道与一控制阀相连，可使出油口关闭，也可使其与油箱连通（图中未画出）。当a、b同时通入压力相等的液压油，而且所有出油口关闭时，由于活塞两端受力相等，故保持原位不动（如图4－9(a)）。若a、b通入压力相等的液压油，而某一出油口的控制阀开启，使其与油箱相通，例如c_4与油箱相通，则缸右油腔油压降低，活塞右移，直到活塞将c_4油口关闭，缸两腔的压力又相等时，活塞停止在该位置上（图4－9(b)）。

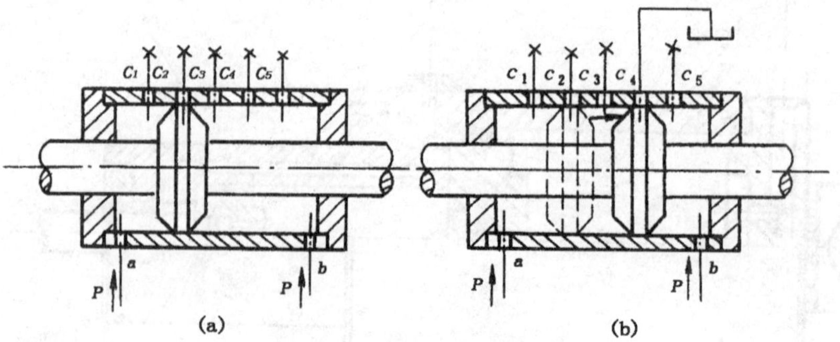

图 4－9　多位液压缸工作原理图

由于缸体上出油口的数量、间距及其出油管道上开关的开启顺序均可按需要设计，所以这种液压缸多用于位置精度要求不很高的多工位、不等送进距离的送料装置。

§4.2　液压缸的结构

液压缸由后端盖、缸筒、活塞、活塞杆、前端盖等主要部件组成。为防止油液向外泄漏或由高压腔向低压腔泄漏，在缸筒与端盖、活塞与活塞杆、活塞与缸筒、活塞杆与前端盖之间均设置有密封装置，在前端盖外侧还装有防尘装置；为防止活塞快速移动时撞击缸盖，液压缸端部还设置有缓冲装置；有时还需设置排气装置。

图 4－10 所示为双作用单杆活塞式液压缸的结构图，它由缸底 1、缸筒 6、缸盖 10、活塞 4、活塞杆 7 和导向套 8 等组成。缸筒一端与缸底焊接在一起，另一端与缸盖采用螺纹联接。活塞与活塞杆采用半环连接。为了保证液压缸的可靠密封，在相应部位设置了密封圈 3、5、9、11 和防尘圈 12。

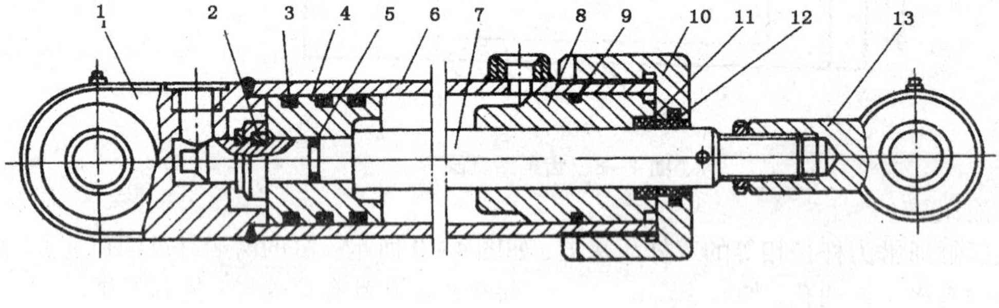

1. 缸底；2. 卡键；3、5、9、11. 密封圈；4. 活塞；6. 缸筒；7. 活塞杆；8. 导向套；
10. 缸盖；12. 防尘圈；13. 耳轴

图 4－10　双作用单杆活塞式液压缸的结构图

4.2.1 缸筒与缸盖的连接

缸体组件与活塞组件构成密封的容腔，承受油压的作用，因此缸体组件要有足够的强度，较高的表面精度和可靠的密封性。缸筒与缸盖的连接方式很多。常见的连接方式如图 4－11 所示。

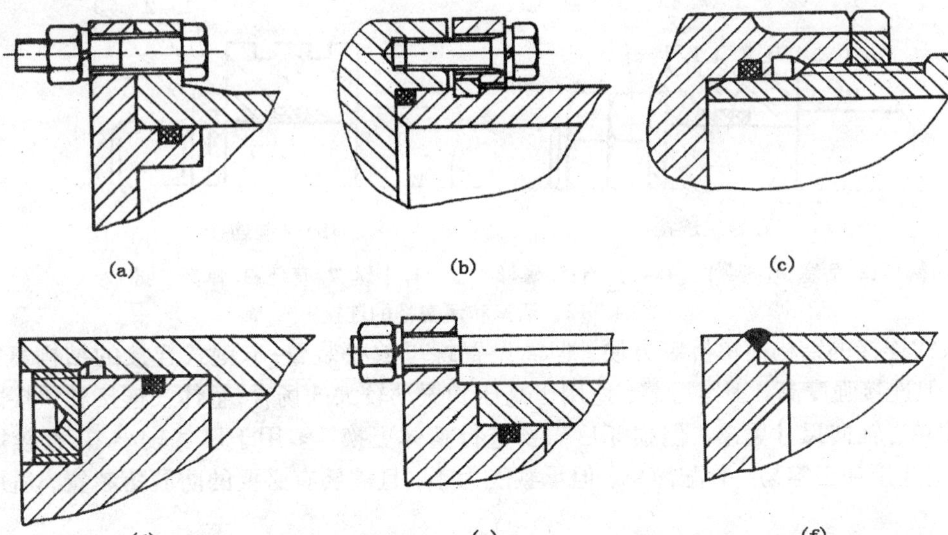

(a)法兰式连接;(b)半环式连接;(c)外螺纹式连接;
(d)内螺纹式连接;(e)拉杆式连接;(f)焊接式连接

图4－11　缸筒与缸盖的连接方式

1. 法兰式连接

法兰式连接如图4－11(a)所示。法兰式连接结构简单、加工方便、连接可靠，但要求缸筒端部有足够的壁厚，用以安装螺栓或旋入螺钉。缸筒端部一般用铸造、镦粗或焊接方式制成粗大的外经。法兰式连接是常用的一种连接形式。

2. 半环式连接

半环式连接如图4－11(b)所示。半环式连接的特点是体积小、重量轻、结构紧凑，但须在缸筒上加工环形槽，削弱缸筒的强度，为此有时要加厚缸壁。

3. 拉杆式连接

拉杆式连接如图4－11(e)所示。拉杆式连接结构简单，工艺性好，加工和装配方便，通用性强，但缸盖的外廓尺寸和重量较大，拉杆受力后会拉伸变长，影响密封效果，这种连接方式只适用于液压缸长度较小的中、低压液压缸。

4. 螺纹式连接

螺纹式连接如图4－11(c)、(d)所示螺纹式连接有外螺纹联接和内螺纹联接两种，其特点是体积小、重量轻、结构紧凑，但缸筒端部的结构较复杂，装拆时需要专门的工具，拧紧时有可能将密封圈拧扭。这种连接形式一般用于要求外形尺寸小、重量轻的场合。

5. 焊接式连接

焊接式连接如图4－11(f)所示。焊接式连接的特点是结构简单，机械强度高，但焊接后易引起缸筒产生变形，且不易加工，故使用较少。

4.2.2 活塞和活塞杆的连接

活塞组件由活塞、活塞杆和连接件组成。活塞与活塞杆的连接形式很多，常见的连接形式有螺纹式连接和卡键式连接，如图4－12所示。此外还有整体式、焊接式和锥销式等结构。

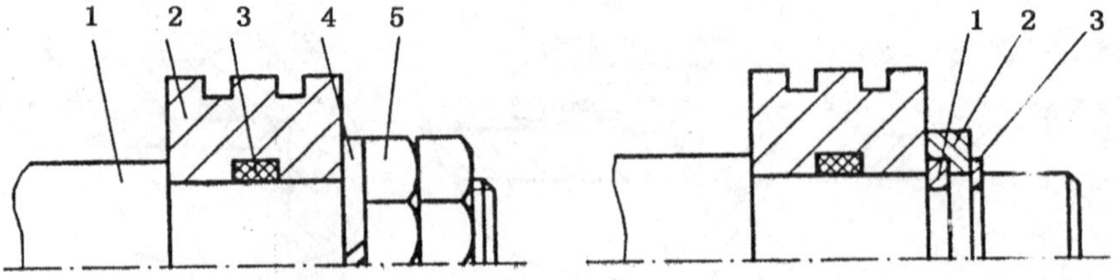

(a) 螺纹连接　　(b) 卡键连接

1. 活塞杆;2. 活塞;3. 密封圈;4. 弹簧圈;5. 螺母　　1. 卡键;2. 套环;3. 弹簧卡圈

图 4－12　活塞和活塞杆的连接

螺纹式连接的结构简单拆装方便，但需设置螺母放松装置;卡键式连接的结构复杂，拆装不便，但连接强度高，工作可靠，适用于高压和振动较大的场合;整体式连接和焊接式连接的结构简单，轴向尺寸紧凑，但损坏后需要进行整体更换，多用于尺寸较小、行程较短的场合;锥销式连接加工容易，装配简单，但承载能力小，且需要有必要的防脱落装置，适用于轻载的场合。

4.2.3 液压缸的缓冲装置

当液压缸所驱动的工作部件质量较大，运动速度较高时，一般应在液压缸中设置缓冲装置，必要时还需要在液压系统中设置缓冲回路，以避免在行程终端使活塞与缸盖发生撞击，造成液压冲击和噪声。虽然液压缸中的缓冲装置有多种结构形式，但是它们的工作原理都是相同的，即当活塞行程到终端而接近缸盖时，增大液压缸的回油阻力，使回油腔中产生足够大的缓冲压力，使活塞减速，从而防止活塞撞击缸盖。液压缸中常见的缓冲装置如图 4－13 所示。

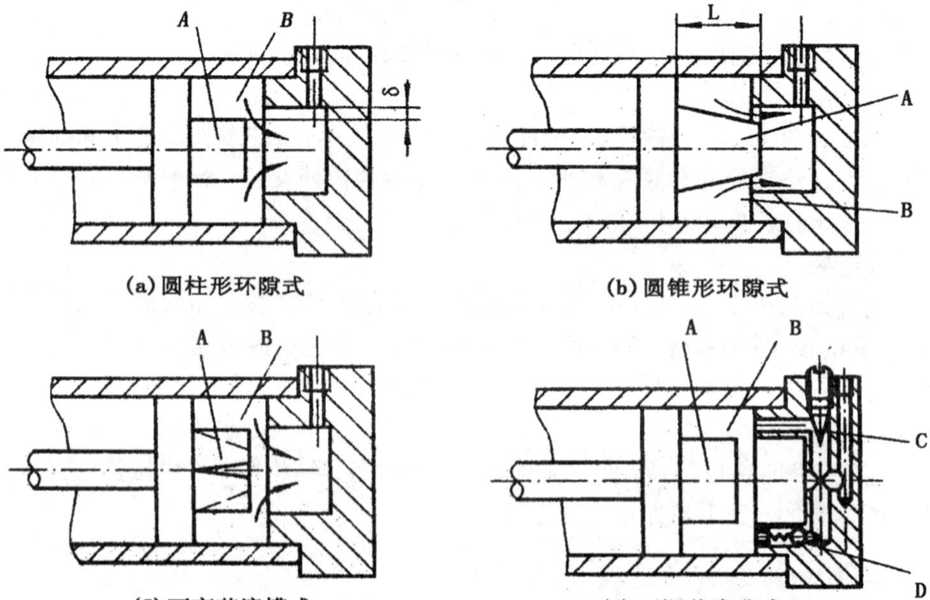

(a) 圆柱形环隙式　　(b) 圆锥形环隙式

(C) 可变节流槽式　　(d) 可调节流孔式

图 4－13　液压缸的缓冲装置

1. 圆柱形环隙式缓冲装置

图4－13(a)所示为圆柱形环隙式缓冲装置。当缓冲柱塞A进入缸盖上的内孔时，缸盖和缓冲柱塞间形成缓冲油腔B，被封闭在缓冲油腔中的油液只能从环形间隙δ排出，产生缓冲压力，从而实现减速缓冲。这种装置在缓冲过程中，由于回油通道的节流面积不变，故缓冲开始时产生的缓冲制动力很大，其缓冲效果很差，液压冲击较大，且实现减速所需时间较长，但这种装置结构简单，便于设计和降低成本，所以在一般系列化的成品液压缸多采用这种缓冲装置。

2. 圆锥形环隙式缓冲装置

图4－13(b)所示为圆锥形环隙式缓冲装置。由于缓冲柱塞A为圆锥形，所以环形间隙δ随位移量的变化而变化，即节流面积随缓冲行程的增大而缩小，对机械能的吸收较均匀，缓冲效果较好，但仍有液压冲击。

3. 可变节流槽式缓冲装置

图4－13(c)所示为可变节流槽式缓冲装置。在缓冲柱塞A上开有由浅入深的三角形节流槽，节流面积随着缓冲行程的增大而逐渐减小，缓冲压力变化平缓。

4. 可调节流孔式缓冲装置

图4－13(d)所示为可调节流孔式缓冲装置。当缓冲柱塞A进入缸盖内孔时，回油口被柱塞堵住，只能通过节流阀C回油，调节节流阀的开度，可以控制回油量，从而控制活塞的缓冲速度。当活塞反向运动时，压力油通过单向阀D很快进入到液压缸内，并作用在活塞的整个有效面积上，故活塞不会因推力不足而产生启动缓慢现象。这种缓冲装置可以根据负载情况调整节流阀开度的大小，改变缓冲压力的大小，因此适用范围较广。

4.2.4 排气装置

液压传动系统中往往会混入空气，使系统工作不稳定，产生振动、噪声、爬行或前冲等现象，严重时会使系统不能正常工作，因此设计液压缸时必须考虑排除空气。

对于要求不高的液压缸，往往不设置专门的排气装置，而是将油口布置在缸筒两端的最高处，这样也能使空气随油液排往油箱，再从油箱溢出。对于速度稳定性要求较高的液压缸和大型液压缸，通常在液压缸的最高处设置专门的排气装置，如排气塞、排气阀等。如图4－14所示为两种排气塞。当松开排气塞或排气阀的锁紧螺钉后，让液压缸全行程空载(低压)往复运动几次，带有气泡的油液就会排出；空气排完后再拧紧螺钉，液压缸便可正常工作了。

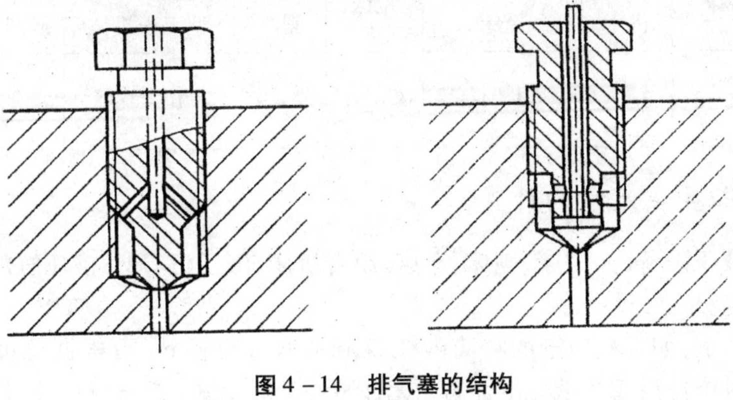

图4－14　排气塞的结构

§4.3 液压缸的设计计算

一般来说，液压缸都是标准件，但有时也需要自行设计。液压缸的设计计算是在对所设计的液压系统进行工况分析、负载计算和确定了工作压力的基础上进行的。首先根据使用要求确定液压缸的类型，再按负载和运动要求确定液压缸的主要尺寸，必要时需进行强度验算，最后进行结构设计。本节主要介绍液压缸主要尺寸的计算及对其强度、刚度的验算方法。

4.3.1 液压缸工作压力的确定

液压缸的推力 F 是由油液的工作压力 p 和活塞的有效的工作面积 A 来确定的，而活塞的运动速度是由输入缸的液压油的流量 q 和活塞的有效工作面积 A 确定的，即

$$F=Ap \tag{4-16}$$

$$v=\frac{q}{A} \tag{4-17}$$

由以上两式可见，当缸的推力 F 一定时，工作压力 p 取的值高，活塞的有效面积 A 就小，缸的结构就紧凑，但液压元件的性能及密封要求相应提高；压力 p 取的值低，活塞的有效面积 A 就大，缸的结构尺寸就大，要使工作机构得到同样的速度就要求有较大的流量，这将使有关的泵、阀等液压元件的规格相应增大，有可能导致整个液压系统的结构庞大。

设计时，液压缸的工作压力可按负载大小由表 4－1 确定，也可按液压设备类型参考表 4－2 来确定。

表 4－1　液压缸负载与工作压力之间关系

负载 F(N)	<5000	5000～10000	10000～20000	20000～30000	30000～50000	>50000
缸工作压力 p(MPa)	<0.8～1	1.5～2	2.5～3	3～4	4～5	≥5～7

表 4－2　各类液压设备常用的工作压力

设备类型	磨床	组合机床	车床、铣床、镗床	拉床	龙门刨床	农业机械、小型工程机械	液压机、重型机械、起重运输机械
工作压力 p (MPa)	0.8～2	3～5	2～4	8～10	2～8	10～16	20～32

4.3.2 液压缸主要尺寸的计算

动力较大的液压设备（如拉床、刨床、车床、组合机床、液压机等），液压缸的内径常根据液压缸的负载来确定。

其计算推导如下：如果液压缸的缸筒内径 D 和活塞杆直径 d，可根据总负载和选取的工作压力来确定。对单杆活塞式液压缸而言，无杆腔进油时由式(4－3)可得缸筒内径 D 为

$$D=\sqrt{\frac{4F_1}{\pi(p_1-p_2)}-\frac{d^2p_2}{p_1-p_2}} \tag{4-18}$$

有杆腔进油时由式(4－5)可得缸筒内径D为

$$D=\sqrt{\frac{4F_2}{\pi(p_1-p_2)}+\frac{d^2p_1}{p_1-p_2}} \tag{4-19}$$

一般情况下，常初步选取回油背压 $p_2=0$，这时，上面两式可简化为无杆腔进油时

$$D=\sqrt{\frac{4F_1}{\pi p_1}} \tag{4-20}$$

有杆腔进油时

$$D=\sqrt{\frac{4F_2}{\pi p_1}+d^2} \tag{4-21}$$

式(4－21)中活塞杆的直径d可根据工作压力选取，见表4－3。

表4－3　液压缸工作压力与活塞杆直径

活塞杆受力情况	受拉伸	受压缩、工作压力(MPa)		
		$p_1\leqslant5$	$5\leqslant p_1<7$	$p_1>7$
活塞杆直径d	(0.3～0.5)D	(0.5～0.55)D	(0.6～0.7)D	0.7D

当对液压缸往复运动的速度比有一定要求时，由式(4－7)可得活塞杆的直径d为

$$d=D\sqrt{\frac{\lambda_v-1}{\lambda_v}} \tag{4-22}$$

液压缸往复运动的速度比见表4－4。

表4－4　液压缸往复运动的速度比推荐值

工作压力 p(MPa)	≤10	10～20	>20
往复速度比 λ_v	1.33	1.46，2	2

通过计算所得的液压缸内径D和活塞杆直径d应圆整为标准系列，参见《液压工程手册》。

液压缸的缸筒长度由活塞最大行程、活塞长度、活塞杆导向套长度、活塞杆密封长度和有特殊要求的其他部件的长度确定，其中活塞长度为(0.6～1.0)D；导向套长度为(0.6～1.5)d。为减少加工难度，一般液压缸缸筒的长度应不大于内径的20～30倍。

4.3.3 液压缸的校核

液压缸的校核主要有强度校核和稳定性校核。对于液压缸的缸筒壁厚 δ、活塞杆直径 d 和缸盖处固定螺钉的直径，在高压系统中，也必须进行强度校核。在中、低压液压系统中，缸筒壁厚往往由结构工艺要求决定，一般不要求进行强度校核。当活塞杆受轴向压缩负载时，其压力值超过某一临界值时，就会失去稳定性，因此，必须进行活塞杆稳定性校核。

1. 缸筒壁厚 δ 的验算

中、高压液缸一般用无缝钢管作缸筒，且大多属薄壁筒，即当 $D/\delta\geqslant10$ 时，此时，可根据

据材料力学中薄壁圆筒的计算公式来验算缸筒的壁厚，即

$$\delta \geqslant \frac{p_y D}{2[\sigma]} \tag{4-23}$$

当液压缸采用铸造缸筒时，其壁厚应用铸造工艺确定，这时可按厚壁圆筒公式来验算。当 $D/\delta < 10$ 时，可用下式校核缸筒的壁厚

$$\delta \geqslant \frac{D}{2}\left(\sqrt{\frac{[\sigma]+0.4p_y}{[\sigma]-1.3p_y}}-1\right) \tag{4-24}$$

式中D－缸筒内径；

δ－缸筒壁厚；

p_y－试验压力，比最大工作压力大20%～30%；

$[\sigma]$－缸筒材料的许用应力。铸铁$[\sigma]=60\sim70$MPa；铸钢、无缝钢管$[\sigma]=100\sim110$ MPa；锻钢$[\sigma]=110\sim120$ MPa。

2. 液压缸稳定性的验算

只有当液压缸的长度 $l \geqslant 10d$ 时（l 为计算长度），才进行液压缸纵向稳定性的验算。验算方法可按材料力学有关公式进行。

§4.4 液压缸常见的故障及排除方法

液压缸常见故障及排除方法见表4－5。

表4－5　液压缸常见的故障及排除方法

故障现象	原因分析	排除方法
爬行	1. 混入空气。 2. 运动密封件装配过紧。 3. 活塞杆与活塞不同轴。 4. 导向套与缸筒不同轴。 5. 活塞杆弯曲。 6. 液压缸安装不良，其中心线与导轨不平行。 7. 缸筒内径圆柱度超差。 8. 缸筒内孔锈蚀、拉毛。 9. 活塞杆两端螺母拧得过紧，使同轴度降低。 10. 活塞杆刚度差。 11. 液压缸运动件之间间隙过大。 12. 导轨润滑不良。	1. 排除空气。 2. 调整密封圈，使之松紧适当。 3. 校正、修整或更换。 4. 修正调整。 5. 校直活塞杆。 6. 重新安装。 7. 镗磨修复，重配活塞或增加密封件。 8. 除去锈蚀、毛刺或重新镗磨。 9. 调整螺母的松紧度，使活塞杆处于自然状态。 10. 加大活塞杆直径。 11. 减小配合间隙。 12. 保持良好润滑。
冲击	1. 缓冲间隙过大。 2. 缓冲装置中的单向阀失灵。	1. 减小缓冲间隙。 2. 修理或更换单向阀。

续表

故障现象	原因分析	排除方法
推力不足或工作速度下降	1. 缸体和活塞的配合间隙过大，或密封件损坏，造成内泄漏。 2. 缸体和活塞的配合间隙过小，密封过紧，运动阻力大。 3. 运动零件制造存在误差和装配不良，引起不同心或单面剧烈摩擦。 4. 活塞杆弯曲，引起剧烈摩擦。 5. 缸体内孔拉伤与活塞咬死，或缸体内孔加工不良。 6. 液压油中杂质过多，使活塞或活塞杆卡死。 7. 液压油温度过高，加剧泄漏。	1. 修理或更换不合乎精度要求的零件，重新装配、调整或更换密封件。 2. 增加配合间隙，调整密封件的压紧程度。 3. 修理误差较大的零件重新装配。 4. 校直活塞杆。 5. 镗磨、修复缸体或更换缸体。 6. 清洗液压系统，更换液压油。 7. 分析温升原因，改进密封结构，避免温升过高。
外泄漏	1. 密封件咬边、拉伤或破坏。 2. 密封件方向装反。 3. 缸盖螺栓未拧紧。 4. 运动零件之间有纵向拉伤和沟痕。	1. 更换密封件。 2. 改正密封件的装配方向。 3. 拧紧缸盖螺钉。 4. 修理或更换零件。

思考题

4－1　什么叫液压执行元件？有哪些类型？它的用途如何？

4－2　活塞式液压缸有几种结构形式？各有何特点？它们分别用在什么场合？

4－3　如果要使机床工作往复运动速度相同，应采用什么类型的液压缸？

4－4　以单杆活塞式液压缸为例，说明液压缸的一般结构形式。

4－5　液压缸的哪些部位需要密封，常见的密封方法有哪些？

4－6　液压缸工作时，为什么会产生推力不足或速度下降现象？如何解决？

4－7　液压缸如何实现排气？

4－8　液压缸如何实现缓冲？

4－9　已知单杆活塞式液压缸的内径 D＝50mm，活塞杆的直径 d＝35mm，泵的流量为 $\frac{4}{3}\times10^{-1}$L/s。试求：

(1)液压缸差动连接时的运动速度。

(2)若液压缸在差动阶段所能克服的外负载为 F＝1000N，无杆腔内油液的压力该有多大(不计管路压力损失)？

4－10　如图4－15所示，两个结构相同的液压缸相互串联，无杆腔的面积 $A_1=100\times10^{-4}m^2$，有杆腔的面积 $A_2=80\times10^{-4}m^2$，液压缸1输入压力 $p_1=9MPa$，输入流量 $q_1=0.2L/$

s，不计损失和泄漏，求：

(1)当两个液压缸承受相同负载($F_1=F_2$)时，该负载的数值及两液压缸的运动速度。

(2)液压缸2的输入压力是液压缸1的一半($p_2=0.5p_1$)时，两液压缸各能承受的负载有多大？

(3)液压缸1不承受负载($F_1=0$)时，液压缸2所能承受的负载是多少？

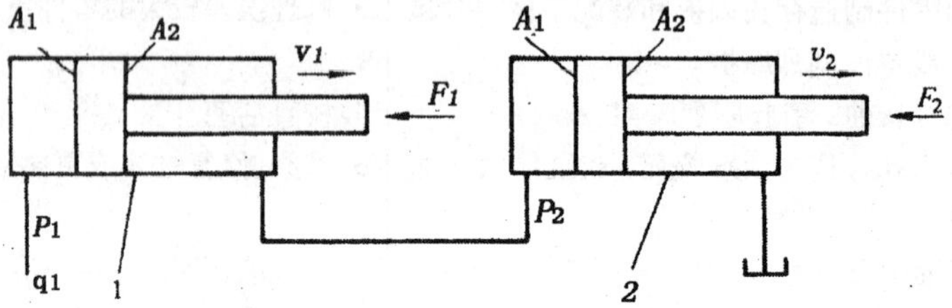

图4-15 题4-10图

4-11　如图4-16所示的增压缸，设活塞的直径D=60mm，活塞杆的直径d=20mm，当输入压力为$p_1=50\times10^5$Pa时，求输出压力p_2为多少？

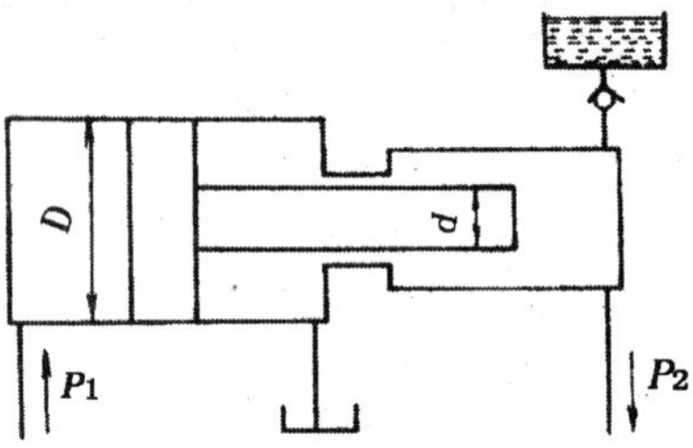

图4-16 题4-11图

4-12　如图4-17所示，三个液压缸的缸筒和活塞直径都是D和d，当输入流量都是q时，试说明各液压缸的运动速度、移动方向和活塞杆的受力情况。

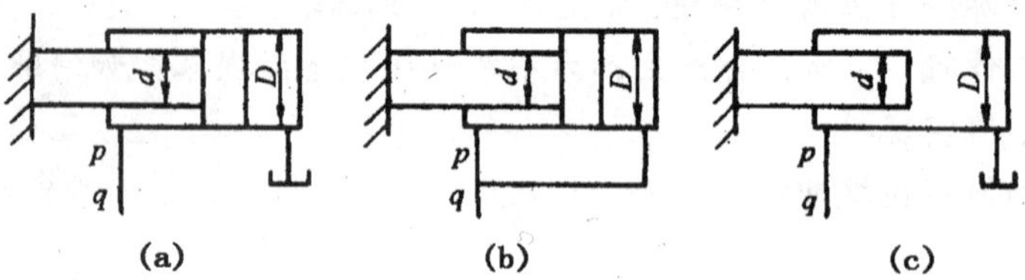

图4-17 题4-12图

4-13　在液压缸结构设计时，通常要考虑哪几个问题？

4-14　缸筒和缸盖连接方式有几种？各自的特点如何？

4-15　活塞和活塞杆连接方式有哪几种？

第5章　液压辅助元件

液压系统中的辅助元件主要包括油管、管接头、蓄能器、过滤器、油箱、密封元件、热交换器等。这些元件对液压系统的性能、效率、温升、噪声和寿命有很大的影响。因此，在选择和使用液压系统时，对辅助元件必须予以足够的重视。

● **本章重点**

1. 蓄能器的工作原理、功用及应用；
2. 过滤器的工作原理及应用；
3. 油箱功用及油箱的设计；
4. 密封元件的工作机理及应用。

● **本章难点**

1. 蓄能器的应用及容量选择；
2. 密封元件的工作机理。

§5.1　油管与管接头

液压系统通过传送工作液体，用管接头把油管与元件连接起来。油管和管接头应有足够的强度、良好的密封性能，并且压力损失要小、拆装方便。

5.1.1 油管

1. 油管的种类

(1)硬管

①钢管。价格低廉、耐高压、耐油、抗腐、钢性好，但装配时不易弯曲。常在装拆方便处用作压力管道。常用钢管有冷拔无缝钢管和有缝钢管(焊接钢管)两种。中压以上条件下采用无缝钢管，高压的条件下可采用合金钢管，低压条件下采用焊接钢管。

②紫铜管。紫铜管易弯曲成形，安装方便，管壁光滑，摩擦阻力小，但价格高，耐压能力低，抗振能力差，易使油液氧化，只用于仪表装配不便处。

(2)软管

①橡胶管。用于柔性连接，分高压和低压两种。高压胶管由耐油橡胶夹钢丝编织网制成，用于压力管路，钢丝网层数越多，耐压能力越高，最高的使用压力可达40MPa;低压胶管由耐油橡胶夹帆布制成，用于回油管路。

②塑料管。耐油、价格低、装配方便，长期使用易老化，只适用于压力低于0.5MPa的回

油管与泄油管。

③尼龙管。是一种新型材料，乳白色半透明，可观察液体流动情况，将在液压行业得到日益广泛的应用。加热后可任意弯曲成形和扩口，冷却后即定形。一般应用在承压能力为2.5～8MPa的液压系统中。

④金属波纹软管。金属波纹软管由极薄不锈钢无缝管作管坯，外套网状钢丝组合而成。管坯为环状或螺旋状波纹管。与耐油橡胶相比，金属波纹管价格较贵，但其重量轻，体积小，耐高温，清洁度好。金属波纹管的最高工作压力可达40MPa，目前仅限于小通径管道。

2. 油管的安装技术要求

(1)硬管安装的技术要求

①硬管安装时，对于平行或交叉管道，相互之间要有10mm以上的空隙，以防止干扰和振动，也便于安装管接头。在高压大流量场合，为防止管道振动，需每隔1m左右用标准管夹将管道固定在支架上，以防止振动和碰撞。

②管道安装时，路线应尽可能的短，应横平竖直，布管要整齐，尽量减少转弯，直角转弯要尽量避免。若需要转弯，其弯曲半径应大于管道外径的3～5倍，弯曲后管道的椭圆度小于10%，不得有波浪状变形、凹凸不平及压裂与扭转等不良现象。

③在安装前应对钢管内壁进行仔细检查，看其内壁是否存在锈蚀现象。一般应用20%的硫酸或盐酸进行酸洗，酸洗后用10%的苏打水中和，再用温水洗净、干燥、涂油，进行静压试验，确认合格后再安装。

(2)软管安装的技术要求

①软管弯曲半径应大于软管外径的10倍。对于金属波纹管，若用于运动连接，其最小弯曲半径应大于内径的20倍。

②耐油橡胶软管和金属波纹管与管接头成套供货。弯曲时耐油橡胶软管的弯曲处距管接头的距离至少是外径的6倍;金属波纹管的弯曲处距管接头的距离应大于管内径的2～3倍。

③软管在安装和工作中不允许有拧、扭现象。

④耐油橡胶软管用于固定件的直线安装时要有一定的长度余量(一般留有30%左右的余量)，以适应胶管在工作时-2%～+4%的长度变化(油温变化、受拉、振动等因素引起)的需要。

⑤耐油橡胶软管不能靠近热源，要避免与设备上的尖角部分相接触和摩擦，以免划伤管子。

5.1.2 管接头

管接头是油管与油管，油管与液压元件之间的可拆卸连接。它应满足连接牢固，密封可靠，液阻小，结构紧凑，拆装方便等要求。

管接头的形式很多，按接头的通路方向，有直通、直角、三通、四通、铰接等形式;按其与油管连接方式分，有管端扩口式、卡套式、焊接式、扣压式等。管接头与机体的连接常用圆锥螺纹和普通细牙螺纹。用圆锥螺纹连接时，应外加防漏填料;用普通细牙螺纹连接时，应采用组合密封垫(熟铝合金与耐油橡胶组合)，且应在被连接件上加工出一个小平面。

1. 管端扩口式管接头

管端扩口式管接头工作原理如图5-1所示，它适合于铜管和薄壁钢管之间的连接。接管2先扩成喇叭口(约74°~90°)，再用接头螺母3把导套4连同接管2一起压紧在接头体1上形成密封。装配时的拧紧力通过接头螺母3转换成轴向压紧力，由导套4传递给接管的管口部分，使扩口锥面与接头体1密封锥面之间获得接触比压。在起刚性密封的同时，也起到连接作用并承受由管内流体压力所产生的接头体与接管之间的轴向分力。这种管接头的最高压力一般小于16MPa。

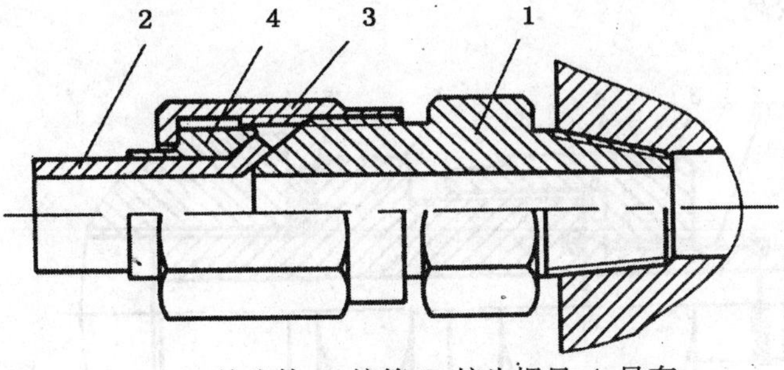

1. 接头体;2. 接管;3. 接头螺母;4. 导套

图5-1 管端扩口式管接头

2. 卡套式管接头

如图5-2所示，卡套式管接头的基本结构由接头体1、卡套4和螺母3这三个基本零件组成。卡套是一个在内圆端部带有锋利刃口的金属环，装配时因刃口切入被连接的油管而起到连接和密封的作用。

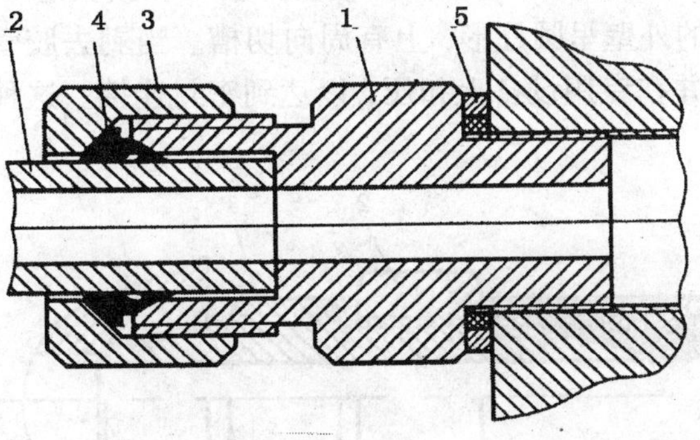

1. 接头体;2. 接管;3. 螺母;4. 卡套;5. 组合密封垫

图5-2 卡套式管接头

装配时首先把螺母3和卡套4套在接管2上，然后把油管插入接头体1的内孔(靠紧)，把卡套安装在接头体内锥孔与油管中的间隙内，再把螺母3旋紧在接头体1上，旋至螺母90°与卡套尾的86°锥面充分接触为止。在用板手紧固螺母之前，务必使被连接的油管端面与接头体止推面相接触，然后一面旋紧螺母一面用手转动油管，当油管不能转动时，表明卡套在螺母推动和接头锥面的挤压下已开始卡住油管，继续旋紧螺母1~4/3圈使卡套的刃口切入油管，形成卡套与油管之间的密封，卡套前端外表面与接头体内锥面间所形成的球面接触密封为另一密封面。

卡套式管接头所用油管外径一般不超过42mm，使用压力可达40MPa，工作可靠，拆装方便，但对卡套的制造工艺要求较高。

3. 焊接式管接头

如图 5－3 所示，焊接管接头是将管子的一端与管接头上的接管 2 焊接起来后，再通过管接头上的螺母 3、接头体 1 等与其它管子式元件连接起来的一类管接头。接头体 1 与接管 2 之间的密封可采用图 5－3 所示的 O 形密封圈来密封。除此之外，还可采用球面压紧的方法或加金属密封垫圈的方法加以密封。

焊接式钢管接头结构简单，制造方便，耐高压(32MPa)，密封性能好。缺点是对钢管与接管的焊接质量要求较高。

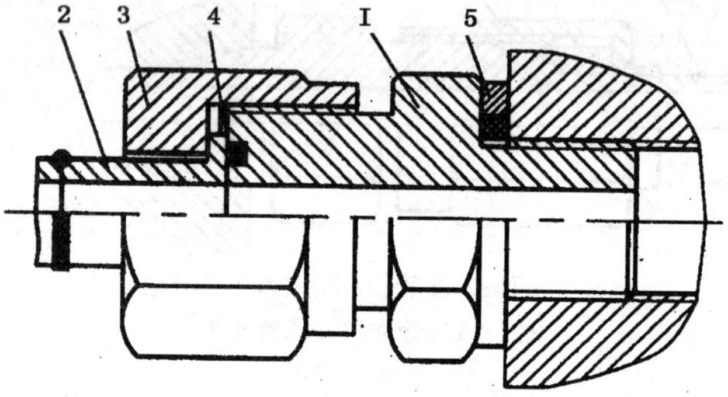

1. 接头体；2. 接管；3. 螺母；4. O 形密封圈；5. 组合密封垫

图 5－3　焊接式管接头

4. 扣压式管接头

如图 5－4 所示是扣压式管接头，它主要由接头外套 2 和接头芯 1 组成。接头外套的内壁开有环形切槽，接头芯的外壁呈圆柱形，上有周向切槽。当剥去胶管的外胶层，将其套入接头芯时，拧紧接头外套并在专用设备上扣压，以达到密封连接。这种管接头的最高工作压力可达 40MPa。

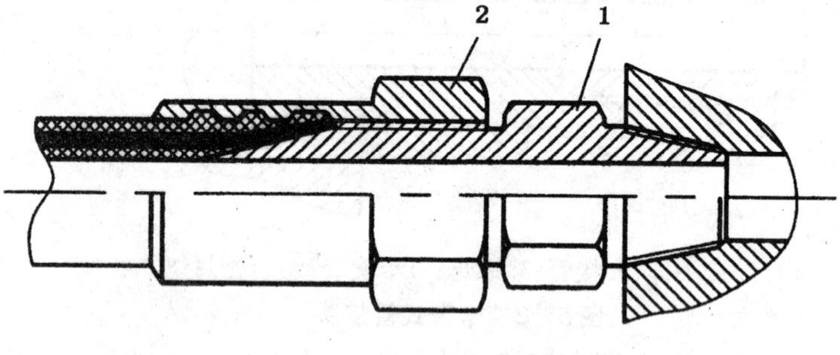

1. 接头芯；2. 接头外套

图 5－4　扣压式管接头

5. 快速接头

快速接头是一种不需要任何工具，能实现迅速连接或断开的油管接头，适用于需要经常拆卸的液压管路。

当液压系统中某一局部不经常需要液压油源，或一个液压油源要间断地分别供给几个局部时，为了减少控制阀和复杂的管路安装，有时可采用快速接头与胶管配合使用。快速接头的结构如图 5－5 所示。图中各零件的位置为油路接通时的位置，外套 5 把钢球 4 压入槽底使外接头体 2 和内接头体 6 连接起来，单向阀阀芯 1 和 7 互相挤紧顶开使油路接通。

当需要断开油路时，可用力把外套5向左推，同时拉出外接头体2，油路即可断开。与此同时，单向阀阀芯1和7分别在各自的弹簧的作用下外伸，顶在内接头体6和外接头体2的阀座上，使两侧管子内的油封闭在管中不至流出，弹簧3则使用外套5回到原位。

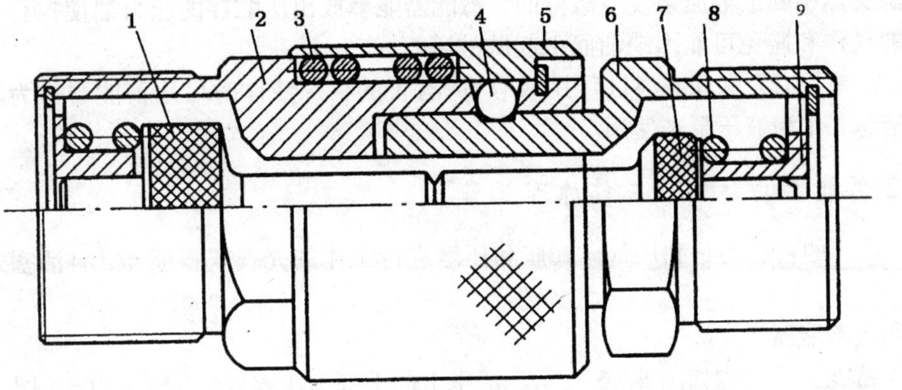

1、7. 单向阀阀芯；2. 外接头体；3、8. 弹簧；4. 钢球；5. 外套；6. 内接头体；9. 弹簧座

图5－5 快速接头

§5.2 蓄能器

在液压系统中，蓄能器用来储存和释放液体的压力能。它的基本作用是，当系统压力高于蓄能器内液体的压力时，系统中的液体充进蓄能器中，直至蓄能器内、外压力保持相等；反之，当蓄能器内液体的压力高于系统压力时，蓄能器中的液体将流到系统中去，直至蓄能器内、外压力平衡。

5.2.1 蓄能器的功用

蓄能器可以在短时间内向系统提供具有一定压力的液体，也可以吸收系统的压力脉动和减小压力冲击等。其功用主要有以下几个方面：

1. 作辅助动力源

当执行元件间歇运动或只作短时高速运动时，可利用蓄能器在执行元件不工作时贮存压力油，而在执行元件需快速运动时，由蓄能器与液压泵同时向液压缸供给压力油。这样就可以用流量较小的泵使运动件获得较快的速度，不但可较少功率损耗，还可以降低系统的温升。

2. 系统保压

当执行元件在较长时间内停止工作且需要保持一定压力时，可利用蓄能器贮存的液压油来弥补系统的泄漏，从而保持执行元件工作腔的压力不变。这时，既降低了能耗，又使液压泵卸荷而延长其使用寿命。

3. 吸收压力冲击和脉动

在控制阀快速换向、突然关闭或执行件的运动突然停止时都会产生液压冲击，齿轮泵、柱塞泵、溢流阀等元件工作时也会使系统产生压力和流量脉动的变化，严重时还会引起故障。

因此，当液压系统的工作平稳性要求较高时，可在冲击源和脉动源附近设置蓄能器，以起缓和冲击和吸收脉动的作用。

4. 用作应急油源

当电源突然中断或液压泵发生故障时，蓄能器能释放出所贮存的压力油使执行元件继续完成必要的动作和避免可能因缺油而引起的故障。

另外，在输送对泵和阀有腐蚀作用或有毒、有害的特殊液体时可用蓄能器作为动力源吸入或排出液体，作为液压泵来使用。

5.2.2 蓄能器的结构及工作原理

目前，常用的蓄能器是利用气体膨胀和压缩进行工作的充气式蓄能器，有活塞式和气囊式两种。

1. 活塞式蓄能器

活塞式蓄能器的结构如图 5－6 所示。活塞 1 的上部为压缩空气，气体由气门 3 充入，其下部经油孔 a 通入液压系统中，气体和油液在蓄能器中由活塞 1 隔开，利用气体的压缩和膨胀来贮存、释放压力能。活塞随下部液压油的贮存和释放而在缸筒内滑动。

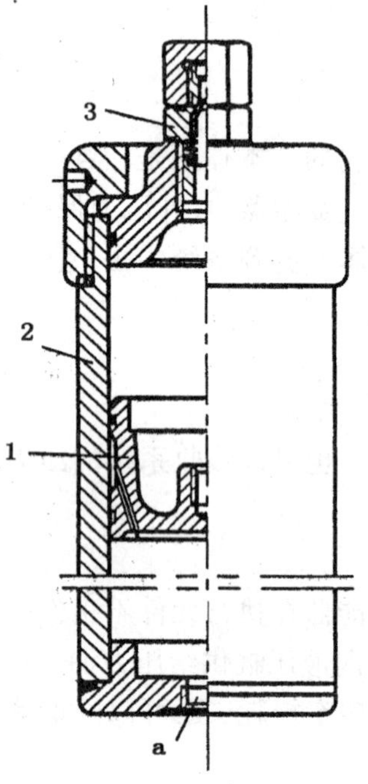

1. 活塞;2. 缸体;3. 气门

图 5－6　活塞式蓄能器

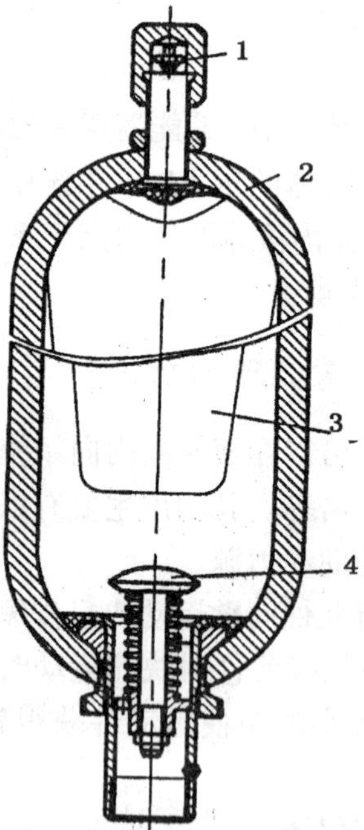

1. 充气阀;2. 壳体;3. 气囊;4. 提升阀

图 5－7　气囊式蓄能器

这种蓄能器的结构简单，工作可靠，安装容易，维护方便，使用寿命长，但是因为活塞有一定的惯性及受到摩擦力作用，反应不够灵敏，所以不宜用于缓和冲击、脉动以及低压系统中。此外，密封件磨损后会使气液混合，也将影响液压系统的工作稳定性。

2. 气囊式蓄能器

气囊式蓄能器的结构如图 5－7 所示。气囊 3 用耐油橡胶制成，固定在耐高压的壳体 2

上部。气囊 3 内充有惰性气体，利用气体的压缩和膨胀来贮存、释放压力能。壳体 2 下端的提升阀 4 是用弹簧加载的菌形阀，由此通入液压油。该结构气液密封性能十分可靠，气囊惯性小，反应灵敏，容易维护，但工艺性较差，气囊及壳体制造困难。

此外还有重力式、弹簧式、气瓶式、隔膜式蓄能器等。

5.2.3 蓄能器的安装及使用

在安装及使用蓄能器时应注意以下几点：

①气囊式蓄能器中应使用惰性气体（一般为氮气）。蓄能器绝对禁止使用氧气，以免引起爆炸。

②蓄能器是压力容器，搬运和拆装时应将充气阀打开，排出充入的气体，以免因振动或碰撞而发生意外事故。

③应将蓄能器的油口向下竖直安装，且有牢固的固定装置。

④液压泵与蓄能器之间应设置单向阀，以防止液压泵停止工作时，蓄能器内的液压油向液压泵中倒流；应在蓄能器与液压系统的连接处设置截止阀，以供充气、调整或维修时使用。

⑤蓄能器的充气压力应为液压系统最低工作力的 90% ~25%；而蓄能器的容量，可根据其用途不同，可参考相关液压系统设计手册来确定。

⑥不能在蓄能器上进行焊接、铆接及机械加工。

⑦不能在充油状态下拆卸蓄能器。

⑧蓄能器属于压力容器，必须有生产许可证才能生产，所以一般不要自行设计、制造蓄能器，而应该选择专业生产厂家的定型产品。

§5.3　过滤器

液压传动系统中所有的液压油将不可避免地含有一定量的某种杂质。例如：有残留在液压系统中的机械杂质；有经过加油口、防尘圈等处进入的灰尘；有工作过程中产生的杂质，如密封件受液压作用形成的碎片、运动件相互摩擦产生的金属粉末、油液氧化变质产生的胶质、沥青质、炭渣等。这些杂质混入液压油中以后，随着液压油的循环作用，会导致液压元件中相对运动部件之间的间隙、节流孔和缝隙堵塞或运动部件的卡死；破坏相对运动部件之间的油膜，划伤间隙表面，增大内部泄漏，降低效率，增加发热，加剧油液的化学作用，使油液变质。根据实际统计数字可知，液压系统中 75% 以上的故障是由于液压油中混入杂质造成的。因此，维护油液的清洁，防止油液的污染，对液压系统是十分重要的。

5.3.1 对过滤器的基本要求

过滤器是由滤芯和壳体组成的。过滤器就是靠滤芯上面的微小间隙或小孔来阻隔混入油液中杂质的。对过滤器的基本要求主要以下几点。

1. 满足液压系统对过滤精度的要求

过滤器的过滤精度是指油液通过过滤器时，滤芯能够滤除的最小杂质颗粒度的大小，以其直径 d 的公称尺寸来表示。一般用过滤器分为 4 类：粗过滤器（$d \geqslant 0.1$mm）、普通过滤器（d

≈0.01 ~0.1mm)、精密过滤器(d≈0.005 ~0.01mm)、特精密过滤器(d≈0.001 ~0.005mm)。

2. 满足液压系统对过滤能力的要求

过滤器的过滤能力是指在一定压力差作用下允许通过过滤器的最大流量的大小，一般用过滤器的有效滤油面积来表示。

3. 过滤器应具有一定的机械强度

制造过滤器所采用材料应保证在一定的工作压力下，不会因液压力的作用而受到破坏。

5.3.2 过滤器的类型及特点

过滤器按滤芯的材料和结构形成可分为网式、线隙式、纸芯式、磁性式及烧结式等。

1. 网式过滤器

如图 5 -8 所示，网式过滤器由一层或两层铜丝网 3 包围着四周开有很大窗口的金属或塑料圆筒 2 构成。它一般安装在液压系统的液压泵的吸油口上，对油液进行粗过滤，以保护液压泵。其特点是结构简单，通油性能好，清洗方便，压力损失较小;但是它的过滤精度较低，使用时铜质滤网会使油液氧化过程加剧，因此需要经常清洗。

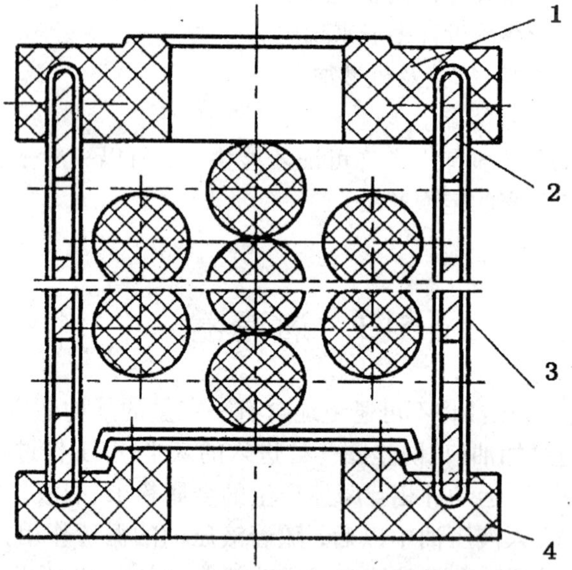

1. 上盖;2. 圆筒;3. 铜丝网;4. 下盖

图 5 -8 网式过滤器

2. 线隙式过滤器

如图 5 -9 所示为线隙式过滤器。线隙式过滤器的滤芯由铜丝绕成，依靠铜丝间的间隙起到滤除混入油液中杂质的作用。它分为压油管路用过滤器和吸油管路用过滤器两种。用于吸油管路时，可将滤芯部分直接侵入油液中，其特点是结构简单，通油能力大，过滤精度比网式过滤器高，缺点是不易清洗。因此，线隙式过滤器常用于低压系统的吸油管路(<2.5MPa)。

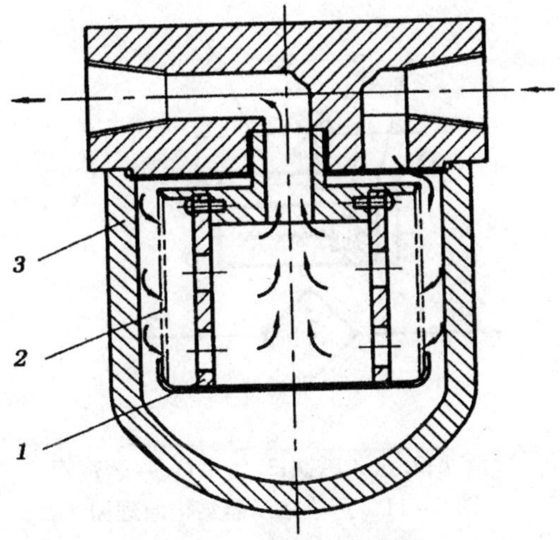

1. 芯架;2. 滤芯;3. 壳体

图5-9 线隙式过滤器

3. 纸芯式过滤器

如图5-10所示为纸芯式过滤器。它的结构与线隙式过滤器的结构基本相同，只是滤芯材料和结构不同。纸芯式过滤器的滤芯由平纹或皱纹的酚醛树脂或木浆微孔滤纸组成，滤芯围绕在骨架上。为了提高滤芯的强度，一般的滤芯可分为三层:滤芯外层2采用粗眼钢板网;滤芯中层3为折叠成W形的滤纸;滤芯内层4由金属丝网与滤纸一并折叠在一起。滤芯的中央还装有支承弹簧5。其特点是过滤精度高、结构紧凑、质量轻、通油能力大，工作压力可达38MPa;缺点是滤芯不能清洗，需要经常更换滤芯。常用于过滤精度要求较高的精密机床、数控机床、伺服机构、静压支承等系统中。

多数纸芯式过滤器上设置了污染指示器，其结构原理如图5-11所示。当滤芯堵塞严重时，油液流经过滤器时产生的压力差达到规定值时，活塞和永久磁铁即向右移动，把感簧管的触点吸合，就接通电路，发出电信号，提醒工作人员更换滤芯，或实现自动停机保护。

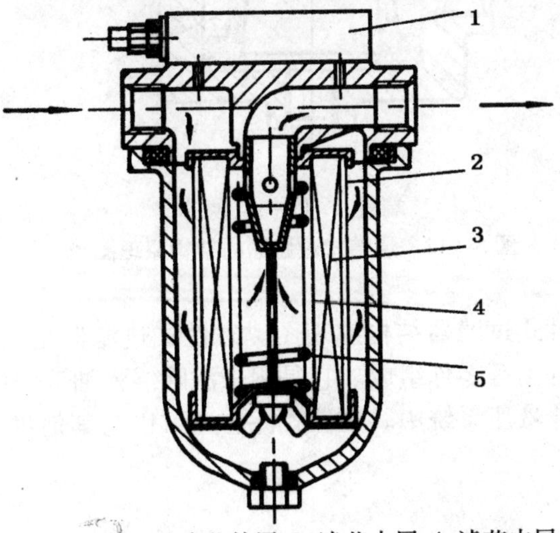

1. 堵塞状态发讯装置;2. 滤芯外层;3. 滤芯中层;4. 滤芯内层;5. 支承弹簧

图5-10 纸芯式过滤器结构原理图

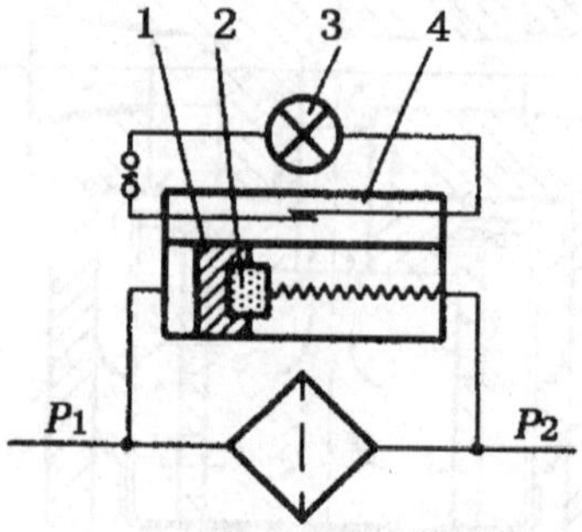

1. 活塞;2. 永久磁铁;3. 指示灯;4. 感簧管

图 5－11　污染指示器结构原理图

4. 烧结式过滤器

如图 5－12 所示是烧结式过滤器的结构原理图。烧结式过滤器的滤芯由青铜颗粒粉末压制成型后，通过粉末冶金烧结工艺，高温烧结而成。它利用颗粒间的微孔滤除油液中的杂质。它的压力损失一般为 0.03～0.2MPa。它的主要特点是过滤精度较高（10～100μm），强度大，承受热应力和冲击性能好，能在较高温度下工作，有良好的抗腐蚀性，性能稳定。其缺点是易堵塞，难清洗，使用中烧结颗粒容易脱落。

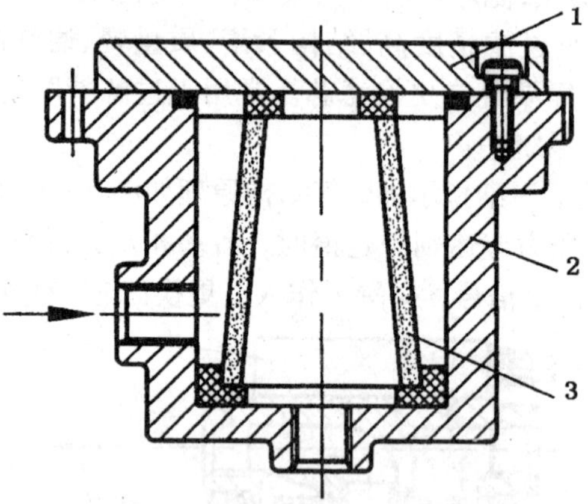

1. 端盖;2. 壳体;3. 滤芯

图 5－12　烧结式过滤器的结构原理图

5. 磁性式过滤器

如图 5－13 所示为磁性式过滤器结构原理图。磁性式过滤器是由圆筒式永久磁铁 3、非磁性罩 2 及罩外的多个铁环 1 等零件组成。它是用来滤除混入油液中的铁磁性杂质的，特别适用于经常加工铸件的机床液压系统中。磁性式滤芯还可以与其他过滤材料（如滤纸、铜网）构成组合滤芯。

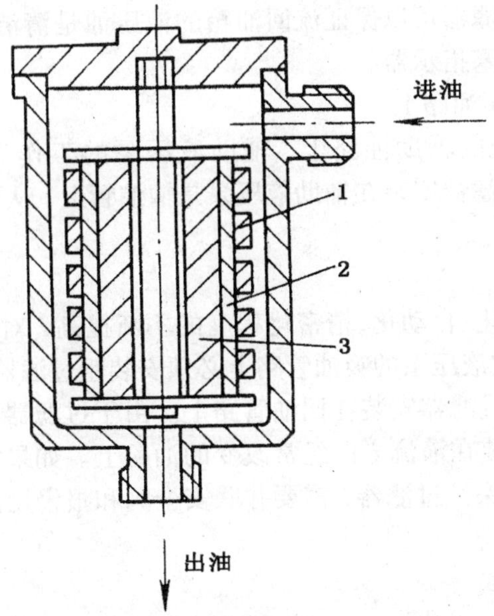

1. 铁环；2. 非磁性罩；3. 永久磁铁

图5－13　磁性式过滤器结构原理图

5.3.3 过滤器在液压系统中的安装位置及使用与维护

1. 过滤器的图形符号

过滤器可以安装在液压系统的不同位置，过滤器的图形符号如图5－14(a)、(b)、(c)所示。

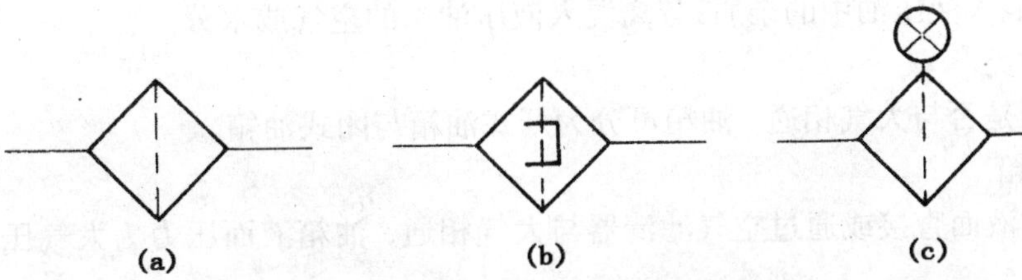

(a)一般符号；(b)带磁性滤芯的滤油器；(c)带堵塞指示器的滤油器

图5－14　过滤器的图形符号

2. 过滤器安装位置

(1)安装在液压泵在吸油管路上

粗过滤器(网式或线隙式过滤器)一般安装在液压泵的吸油管路上，主要是保护液压泵免遭较大颗粒杂质的直接伤害。为了不影响液压泵的吸有能力，其通油能力应大于液压泵流量的2倍。

(2)安装在压油管路上

在压油管路上安装各种形式的精过滤器，是用来保护除液压泵以外的其他液压元件。这样安装的过滤器，因为是在高压下工作，所以要求过滤器要有一定的强度，且最大压力降不能超过0.35MPa，为防止过滤器出现堵塞现象，可并联一安全阀或堵塞指示器。

(3)安装在回油路上

安装在回油路上的过滤器可以保证流回油箱的液压油是清洁的。为了防止过滤器堵塞，也要并联一个安全阀和堵塞指示器。

(4)安装在辅助泵的输油路上

在一些闭式液压系统的辅助油路上，辅助液压泵的工作压力不高，一般只有0.5～1.5MPa。因此，可将精过滤器安装在辅助液压泵是输油管上，从而保证杂质不会进入主油路的各液压元件中。

3. 过滤器使用与维护

随着液压装置的大型化、自动化、精密化程度的不断提高，对过滤器的要求也不断提高。过滤器使用要求是：一般在液压泵的吸油管路上必须安装粗过滤器；除在重要液压元件前安装精过滤器外，一般应将精过滤器安装在回油管路上。由于过滤器只能单方向使用，因此必须注意的是，过滤器不要安装在液流方向经常改变的油路上。如果需要这样设置时，应适当加设过滤器和单向阀。为了保护过滤器，需要并联安全阀和报警用的过滤器堵塞指示器，还要经常观察、定期清洗过滤器。

§5.4　油箱

5.4.1 油箱的功用和种类

1. 油箱的功用

油箱在液压系统中的功用主要有：贮存液压系统所需要的液压油；散发液压系统产生的一部分热量；沉淀混入液压油中的杂质；分离混入液压油中的空气或水分。

2. 油箱的种类

按油箱液面是否与大气相通，油箱可分为开式油箱与闭式油箱。

(1)开式油箱

开式油箱的液面直接或通过空气滤清器与大气相通，油箱液面压力为大气压，常用于一般的液压系统中。

(2)闭式油箱

闭式油箱完全封闭，由空气机向气罐充气，再由充气罐经滤清、干燥、减压(表压力0.05～0.15MPa)后通往油箱液面之上，使液面压力大于大气压，从而改善液压泵的吸油性能，减少气蚀和噪声。常用于对工作稳定性、噪声有严格要求的液压系统中。

5.4.2 油箱的容量

油箱的容积必须保证在设备停止运转时，系统中的油液在自重作用下能全部返回液压油油箱。油箱的有效容积(液面高度只占液压油油箱高度80%时的油箱容积)一般要大于泵每分钟流量的3倍(行走装置1.5～2倍)。通常低压系统中，油箱有效容积取为每分钟流量的2～4倍，中高压系统为每分钟流量的5～7倍。若是高压闭式循环系统，其油箱的有效容积应由所需外循环油或补充油油量的多少而定。对工作负载大，并长期连续工作的液压系统，油箱的容量需按液压系统的发热量，通过计算来确定。

5.4.3 液压油箱的结构

如图5-15所示为开式液压油箱的结构示意图。图中1为油面指示器，2为空气滤清器，3为上盖，4为隔板，5为侧盖，6为放油塞。要求较高的油箱还设有加热器、冷却器和油温测量装置。

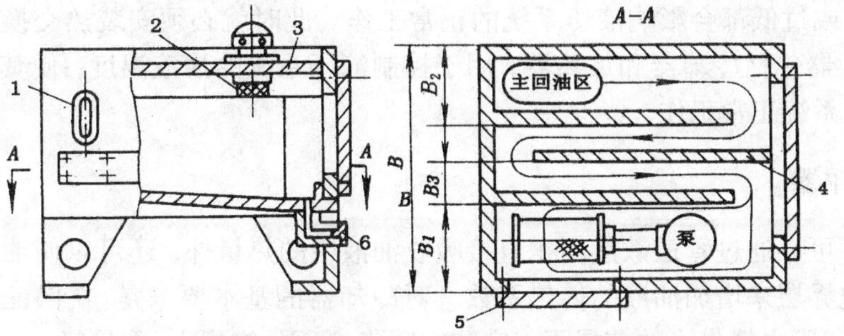

1. 油面指示器；2. 空气滤清器；3. 上盖；4. 隔板；5. 侧盖；6. 放油塞

图5-15 开式液压油箱的结构示意图

1. 基本结构

油箱外形以立方体或长六面体为宜。最高油面只允许达到箱内高度的80%。油箱内壁需经喷丸、酸洗和表面清洗。液压泵、电动机和阀的集成装置等直接固定顶盖上，亦可安装在专门设计的安装板上。安装板与顶盖间应垫上橡胶板，以缓冲振动。油箱底脚高度应为150mm以上，以便散热、搬运和放油。

2. 油管的设置

液压泵的吸油管与液压系统回油管之间的距离应尽可能远些，管口插入规定的最低油面以下，但离油箱底要大于管径的2~3倍，以免吸入空气和飞溅起泡。回油管口截成45°斜角且面向箱壁以增大通流截面，有利于散热和沉淀杂质。吸油管端部装有过滤器，并离油箱壁有3倍管径的距离，以便从四面都能进油。阀的泄油管口应在液面之上，以免产生背压。液压马达和液压泵的泄油管则应插入液面以下，以免产生气泡。

3. 隔板的设置

设置隔板是将吸、回油区分开，迫使油液循环流动，以利散热和杂质沉淀。隔板高度可接近最高液面。如图5-15所示。通过设置隔板可以获得较大的流程，且与四壁保持接触，散热效果会更佳。

4. 空气滤清器及液位计的设置

空气滤清器的作用是使油箱与大气相通，保证液压泵的吸油能力，除去空气中的灰尘兼作加油口，一般将其布置在顶盖靠近油箱边处。液位计用于监测油的高度，其窗口尺寸应能满足对最高和最低液位的观察。

5. 放油口与清洗窗的设置

油箱底面做成双斜面，或向回油侧倾斜的单斜面。在最低处设置放油口。大容量油箱为便于清洗，常在侧壁上设置清洗窗。

§5.5 热交换器

液压系统的正常工作温度保持在40~60℃的范围内，最低不得低于15℃，最高不超过65℃，油温过高或过低都会影响液压系统的正常工作。此时就必须安装热交换器来控制油液的温度。热交换器包括冷却器和加热器，用于控制液压系统的油液温度，使其处于正常工作范围，保证液压系统正常工作。

5.5.1 冷却器

冷却器除了可以通过管道散热面积直接吸收油液中的热量外，还可以使油液流动出现紊流时通过破坏边界层来增加油液的传热系数。对冷却器的基本要求是:在保证散热面积足够大、散热效率高和压力损失小的前提下，应结构紧凑、坚固、体积小、重量轻，最好有自动控制油温装置，以保证油温控制的准确性。冷却器根据冷却介质的不同，分为水冷式和风冷式。

1. 水冷式冷却器

水冷式冷却器的主要形式为多管式、板式和翅片式。

多管式冷却器的典型结构如图5－16所示。工作时，冷却水从管内通过，高温油液从壳体内管间流过实现热交换。为提高散热效果，用隔板将铜管分成两部分，冷却水流经一部分铜管后再流经另一部分铜管。冷却器内还安装有挡板，挡板与铜管垂直放置。因采用强制对流(油液与冷却水同时反向流动)方式，所以这种冷却器传热效率高，冷却效果好。

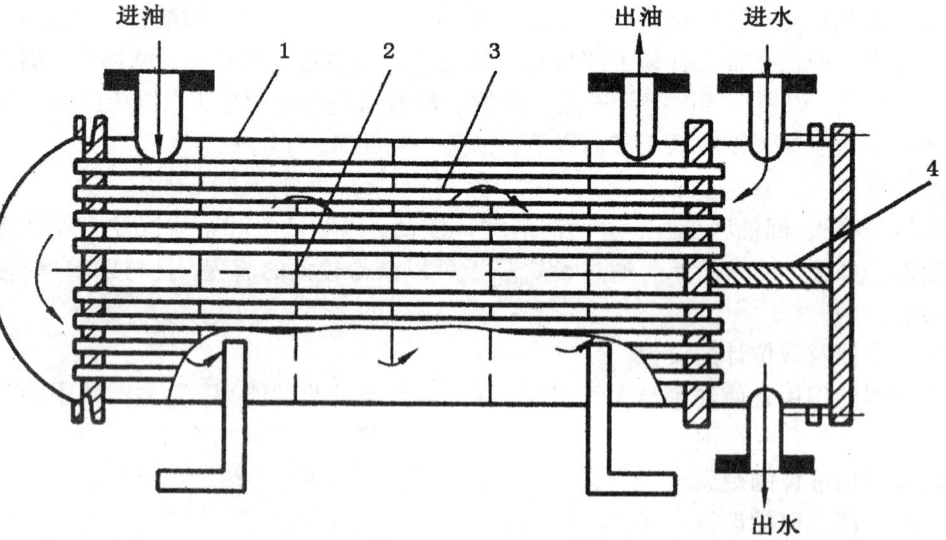

1. 外壳;2. 挡板;3. 铜管;4. 隔板

图5－16 多管式冷却器

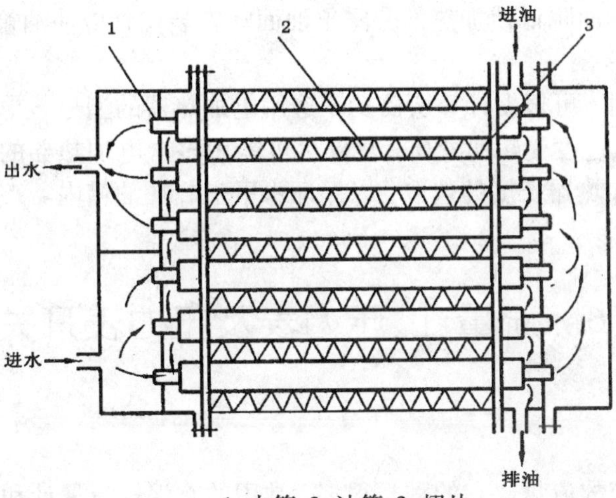

1. 水管;2. 油管;3. 翅片

图5-17 翅片式冷却器

如图5-17所示为翅片式冷却器。

为增强油液的传热效果和散热面积，油管的外面加装有横向或纵向的散热翅片(厚度为0.2~0.3mm的铝片或铜片)。由于带有翅片式的冷却器散热面积是光油管散热面积的8~10倍，因此翅片式冷器不仅冷却效果好，而且体积小、重量轻。

2. 风冷式冷却器

风冷式冷却器多采用自然通风冷却，常用有翅管式和翅片式。

翅管式风冷式冷却器的油管外壁绕焊有铝或铜的翅片，其传热系数比光油管提高两倍以上。

翅片式风冷式冷却器的结果原理与翅片式水冷式冷却器(图5-17)相似。若采用强制通风冷却，冷却效果会更好。

5.5.2 加热器

油箱的温度过低时(<15℃)，因油液粘度较高，不利于液压泵吸油和启动，因此需要加热将油液温度提高到15℃以上。液压系统油液预加热的方法主要以下几种。

1. 利用流体阻力损失加热

一般先启动一台泵，让其全部油液在高压下经溢流阀流回油箱，泵的驱动功率完全转化为热能，使油温升高。

2. 采用蛇形管蒸气加热

设置一独立的循环回路，油液流经蛇形管经蒸气加热。此时应注意的是：高温介质的温度不得超过120℃，被加热油液应有足够的流速，以免油液被烧焦。

3. 利用电加热器加热

电加热器有定型产品可供选用，一般水平安装在油箱内(如图5-18所示)，其加热部分全部浸入油中，

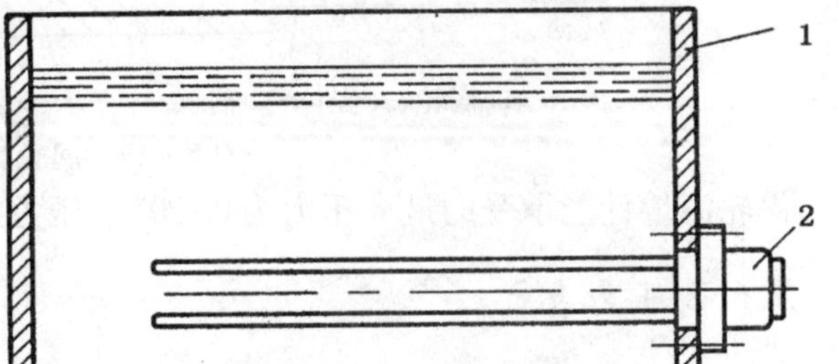

1. 油箱;2. 电加热器

图5-18 电加热器

严防因油液的蒸发导致油面降低使加热部分露出油面。安装位置应使油箱中的油液形成良好的自然对流。

采用电加热器加热时，可根据计算所需功率选用电加热器的型号。单个加热器的功率不能太大，以免其周围油液过度受热而变质，建议尽可能用多个电加热器的组合形式以便于分级加热。同时要注意电加热器长度的选取，以保证水平安装在油箱内。

§5.6 流量计、压力表及压力表开关

5.6.1 流量计

流量计用以观察系统的流量。它的种类很多，常用的有涡轮流量计和椭圆齿轮流量计。

图 5－19 所示为涡轮流量计的结构图。它由涡轮 1、壳体 2、轴承 3、支承 4、导流器 5、磁电传感器 6 等组成。导磁的不锈钢涡轮 1 装在不导磁壳体 2 中心的轴承 3 上，它有 4 ~8 片螺旋形叶片。当流体流过流量计时，涡轮即以一定的转速旋转。这时在壳体外的非接触式磁电转速传感器 6 则输出脉冲信号，信号频率与涡轮的转速成正比，也就与通过的流量成正比，因此可以测定液体的流量。也可以采用积算器由指针式仪表显示流量数值，并由机械式计算器累计输出信号的脉冲数，即显示通过流量计液体的总体积。

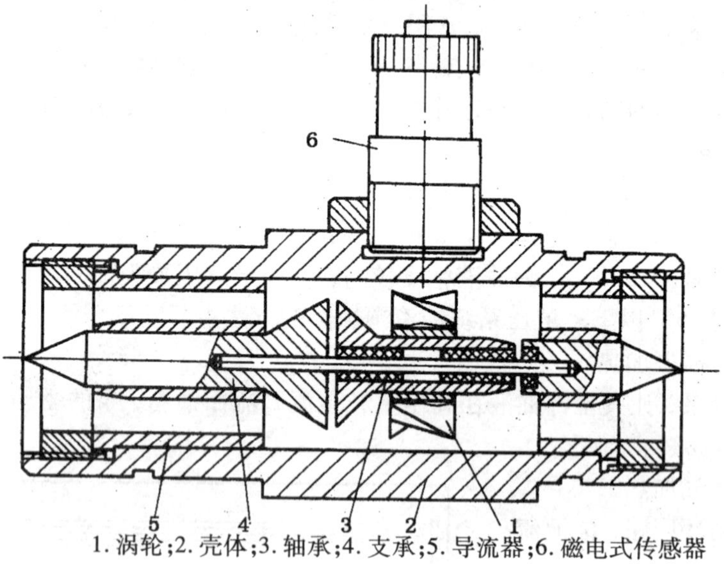

1. 涡轮；2. 壳体；3. 轴承；4. 支承；5. 导流器；6. 磁电式传感器

图 5－19 涡轮流量计

涡轮流量计能承受的最大压力为 25MPa，压力损失为 0.25MPa，有多种规格可供选用。

5.6.2 压力表

液压系统各部位的压力可通过压力表观测，以便调整和控制。压力表的种类很多，最常用的是弹簧管式压力表，如图 5－20 所示。

压力油进入扁截面金属弹簧弯管 1，弯管变形使其曲率半径加大，端部的位移通过杠杆 4

使齿扇5摆动。于是与齿扇5啮合的小齿轮6带动指针2转动，这时即可由刻度盘3上读出压力值。

压力表有多种精度等级。普通精度的有1、1.5、2.5、……级；精密型的有0.1、0.16、0.25、……级。精度等级的数值是压力表最大误差占量程表的测量范围的百分数。例如，2.5级精度，量程为6MPa的压力表，其最大误差为6×25% MPa（即0.15MPa）。一般机床的压力表用2.5~4级精度即可。

用压力表测量压力时，被测压力不应超过压力表量程的3/4。压力表必须直立安装，压力表接入压力管道时，应通过阻尼小孔，以防止被测压力突然升高而将表冲坏。

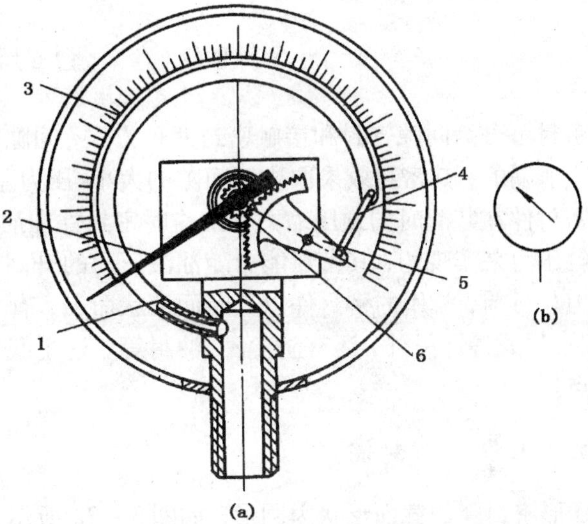

1. 弹簧弯管；2. 指针；3. 刻度盘；4. 杠杆；5. 齿扇；6. 小齿轮

图5-20 弹簧管式压力表

5.6.3 压力表开关

压力油路与压力表之间须装一压力表开关。实际上它是一个小型的截止阀，用以接通或断开压力表与油路的通道。压力表开关有一点、三点、六点等。多点压力表开关，可使压力表油路分别与几个被测油路相连通，因而一个压力表可检测多点处的压力。

如图5-21所示为六点压力表开关，图示位置为非测量位置，此时压力表油路经沟槽a、小孔b与油箱连通。若将手柄向右推进去，沟槽a将把压力表油路与检测点处的油路连通，并将压力表油路与通往油箱的油路断开，这时便可测出该测量点的压力。如将手柄转到另一个测量点位置，则可测量出其相应压力。压力表中的过油通道很小，可防止表针的剧烈摆动。

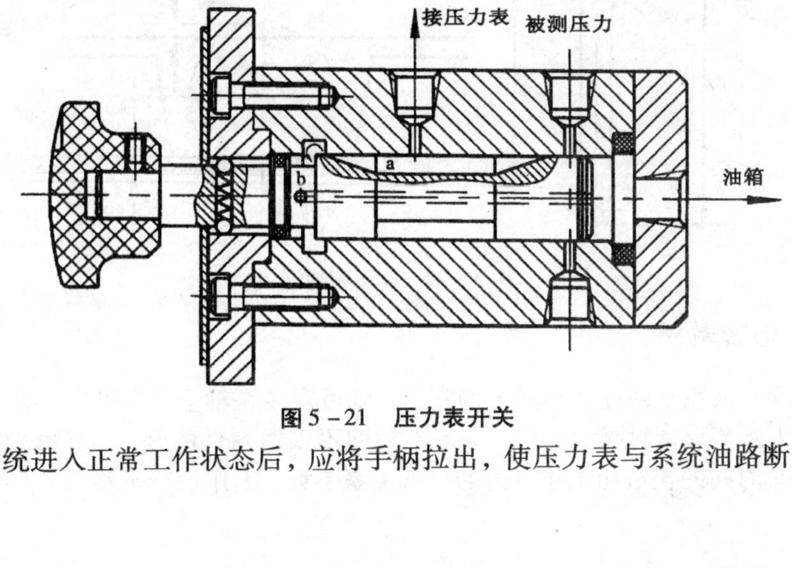

图5-21 压力表开关

当液压系统进入正常工作状态后，应将手柄拉出，使压力表与系统油路断开，以保护压力表并延长其使用寿命。

§5.7 密封装置

密封可分为间隙密封和接触密封两种方式，间隙密封是依靠相对运动零件配合面的间隙来防止泄漏的，其密封效果取决于间隙的大小、压力差、密封长度和零件表面质量。接触密封是靠密封件在装配时的预压缩力和工作时密封件在油液压力作用下发生弹性变形所产生的弹性接触压力来实现的，其密封能力随油液压力的升高而提高，并在磨损后具有一定的自动补偿能力。目前，常用的密封件以其断面形状命名，有O形、Y形、V形等密封圈，其材料为耐油橡胶、尼龙等。另外，还有防尘圈、油封等。这里我们重点介绍接触密封的典型结构及其使用特点。

5.7.1 O形密封圈

O形密封圈的截面形状为圆形，如图5－22所示，一般采用耐油橡胶制成。O形密封圈在安装时要有合理的预压缩量 δ_1 和 δ_2，如图5－22所示。它在沟槽中受到油压作用而变形，会紧贴槽侧及配合件的壁，所以其密封性能可随压力的增加而提高。但其压缩量必须合适，过小不能密封，过大会增大摩擦力，易损坏。因此，安装密封的沟槽尺寸和表面质量必须按照有关手册给出的数据严格保证。在动密封时，当系统的工作压力超过10MPa时，为防止压力油将密封圈挤入间隙而损坏，应在O形密封圈的低压侧设置聚四氟乙烯挡圈，其厚度为1.2～1.5mm，双向受压时，两侧都要加挡圈。

O形密封圈的特点是结构简单、安装沟槽尺寸小、使用非常方便、摩擦阻力较小、制造容易、价格低。其工作压力可达70MPa，工作温度可为－40～＋120℃。它应用十分广泛，既可用作直线往复运动和回转运动的动密封，又可用于静密封；既可用于外径密封，又可用于内径密封和端面密封。

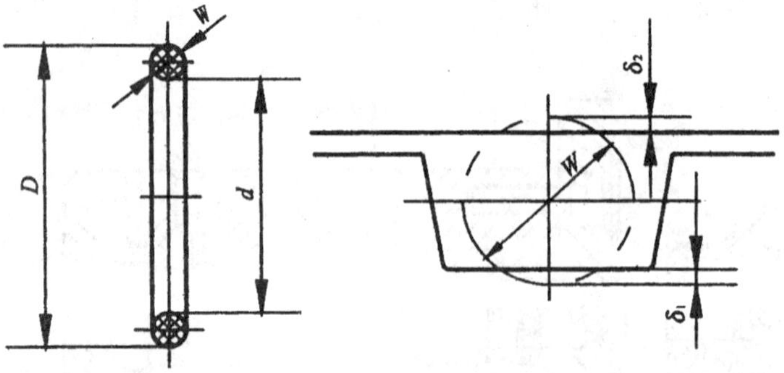

图5－22 O形密封圈

5.7.2 Y形密封圈

Y形密封圈一般用于圆柱环形间隙的密封，既可安装在轴上，也可安装在孔槽内。如图5－23所示为几类Y形密封圈示意图。Y形密封圈不仅密封性能好，而且摩擦阻力小，启动摩擦阻力与停车时间的长短和工作压力的高低关系不大，工作运行平稳。Y形密封圈适合在工作压力≤20MPa，工作温度为-30～+100℃，运动速度为≤0.5m/s的条件下的矿物油中工作。当工作压力超过20MPa时，应施加挡圈，当工作压力有较大波动时要加支承环。

Y_x形密封圈的截面宽而薄，且内、外唇边不相等，分孔用(图5-23(b))和轴用(图5-23(c))两种。其特点是固定边长(以增加支承)，滑动唇边短(能减少摩擦)。它用聚氨脂橡胶制成，其密封性、耐磨性和耐油性都比普通Y形密封圈好，工作压力可达32MPa，最高使用温度可达100℃。因而Y_x形密封圈的使用日趋广泛。

5.7.3 V形密封圈

V形密封圈的材料可以是橡胶或夹织物橡胶。V形密封圈是由压环1、密封环2和支承环3组成的，如图5-24所示。其中压环和支承环的材料可以是金属、夹布橡胶和合成树脂。密封环的个数视工作压力的大小选取，并通过调整压紧力达到最佳密封效果。夹织物橡胶密封环的最高压力可达50MPa。

V形密封圈可以在活塞承受偏心载荷或在偏心状态下运动时很好地密封，但运动摩擦阻力及结构尺寸较大，不宜用于耦合件相对运动速度较大的场合。此外，为保证良好的密封性能，对压环和支承环的制造精度和强度要求较高，对支承环与缸体孔的间隙及缸体孔的表面粗糙度要求较高。

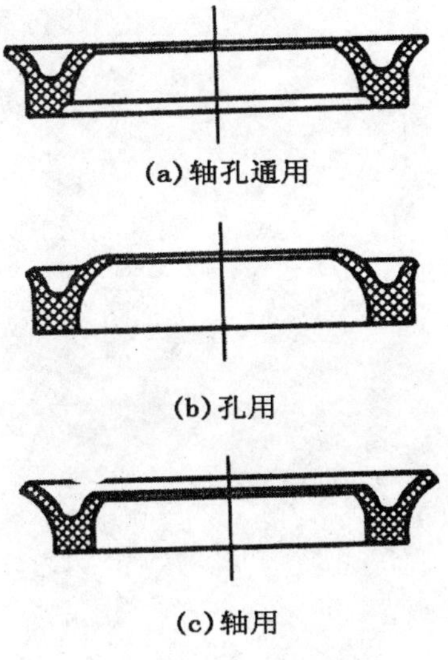

图5-23 Y形密封圈

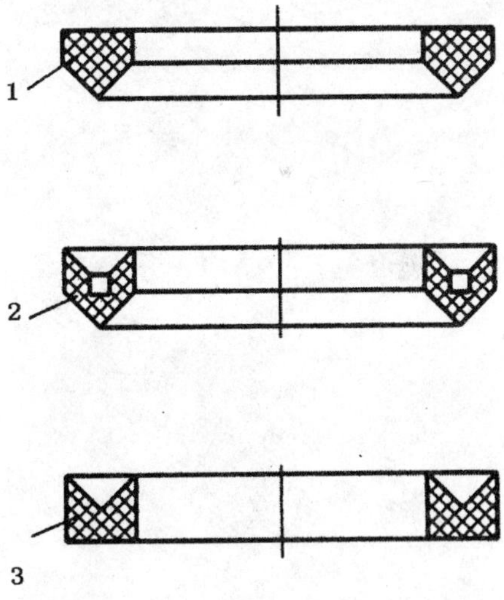

1. 压环;2. 密封环;3. 支承环

图5-24 V形密封圈

V形密封圈的密封长度大，密封性能好，但其摩擦阻力较大。它主要用于压力较高、移动速度较低的场合。例如液压压力机中，高压大直径活塞(或柱塞)与其缸筒间的密封。

思考题

5-1 蓄能器有哪些用途？安装使用时应注意哪些问题？

5-2 常用的油管的接头形式有哪些？各适用在什么场合？

5-3 油管安装时应注意哪些问题？

5-4 常用的油管有哪些？各适用的场合有哪些？

5-5 在设计开式液压油油箱结构时应考虑哪些因素？

5-6 各种密封各有何特点？失效原因是什么？

5-7 选用和安装压力表有何要求？

5-8 过滤器有哪几种？各有何特点？适用于什么地方？

5-9 对过滤器的基本要求有哪些？不同类型过滤器之间是否可以替用？

第6章　液压控制阀

液压控制阀在液压系统中被用来控制液流的压力、流量和方向，从而对执行元件的启动、停止、运动方向、速度、动作顺序和克服负载的能力进行调节与控制。

● **本章重点**

1. 三位阀的中位机能及电液换向阀的工作原理；
2. 先导式溢流阀的工作原理及溢流阀的应用；
3. 调速阀的工作原理及应用；
4. 液压控制元件的常见故障及其排除方法。

● **本章难点**

1. 电液换向阀的工作原理；
2. 调速阀的工作原理；
3. 液压控制元件的常见故障及其排除方法。

§6.1　液压控制元件概述

液压控制阀是液压系统的控制元件，其作用是控制和调节液压系统中液体流动的方向、压力的高低和流量的大小，以满足执行元件的工作要求。

6.1.1 液压阀的分类

1. 按结构形式划分

(1)滑阀

滑阀的阀芯为圆柱形，阀芯上有台肩；与进出油口对应的阀体上开有沉割槽，一般为全圆周；阀芯在阀体孔内中做相对运动，开启或关闭阀口。

(2)锥阀

滑阀阀芯的半锥角一般12°~20°。阀口关闭时为线密封，不仅密封性好，而且开启阀口时无死区，阀芯稍有位移即开启，动作很灵敏。

(3)球阀

球阀的性能与锥阀相同。

2. 按用途划分

液压阀可分为方向控制阀、压力控制阀和流量控制阀。

(1)压力控制阀

压力控制是用来控制或调节液压系统液流压力，以及利用压力作为信号控制其他元件的阀。如溢流阀、减压阀、顺序阀等都是压力控制阀。

(2)流量控制阀

流量控制阀是用来控制或调节液压系统液流流量的阀。如节流阀、调速阀、二通比例流量阀、溢流节流阀等都是流量控制阀。

(3)方向控制阀

方向控制阀是用来控制和改变液压系统中液流方向的阀。如单向阀、液控单向换向阀等都是方向控制阀。

3. 按控制原理划分

液压阀可分为开关阀、比例阀、伺服阀和数字阀。开关阀是指被控制量为定值或阀口启闭控制液流通路的阀类，包括普通控制阀、插装阀、叠加阀。本章重点介绍这一使用最为普遍的阀类。比例阀和伺服阀能根据输入信号连续或按比例地控制系统的参数，数字阀则用数字信息直接控制阀的动作。

4. 按安装连接形式划分

(1)管式连接

管式连接又称为螺纹连接，阀体进出油口由螺纹或法兰直接与油管连接，安装方式简单，但元件布置较为分散，对这种连接的装卸与维修不太方便。

(2)板式连接

板式连接的阀各油口均布置在同一安装面上，且为光孔。它用螺钉固定在与阀各油口有对应螺纹孔的连接板上，再通过板上的孔道或与板连接的管接头和管道同其他元件连接。这样，阀体进出油口通过连接板与油管连接或安装在集成块侧面，并通过集成块沟通阀与阀之间的油路，同时外接液压泵、液压缸、油箱。这种连接形式，液压元件布置的较为集中，进而对其操纵、调整、维护都比较方便。在拆卸时，无需拆卸与之相连接的其他元件，故这种安装连接方式应用较广。

(3)叠加式连接

阀的上、下面均为安装面，阀的进出油口分别设置在这两个安装面上，且同规格阀的油口连接尺寸相同。使用时，相同通径、功能各异的阀通过螺栓串联叠加的方式安装在底板上，对外连接的进出油口由底板引出，因为无需管道连接，故结构紧凑，压力损失很小。

(4)插装式连接

这类阀无单独的阀体，由阀芯、阀套等组成的单元体被插装在插装块体的预制孔中，用连接螺纹或盖板固定，并通过块内通道把各插装式阀连通后组成回路，使插装块体起到阀体和管路的作用。它是适应液压系统集成化而发展起来的一种新型安装连接方式。

6.1.2 对液压控制元件的基本要求

(1)密封性能好，内泄漏少，无外泄漏；

(2)结构简单紧凑、体积小；

(3)动作灵敏，使用可靠；

(4)油液通过液压阀时压力损失小；

(5)安装、维护、调整方面，通用性好。

6.1.3 液压阀的基本结构与原理

所有液压阀都是由阀体、阀芯和驱动阀芯动作的元件组成。阀体上除有与阀芯配合的阀体孔或阀座孔外，还有外接油管的进出油口。阀芯的主要形式有滑阀、锥阀和球阀。驱动装置可以是手调机构，也可以是弹簧、电磁铁或液压油。液压阀是利用阀芯在阀体内的相对运动来控制阀口的通断及开口大小，来实现压力、流量和方向控制的。液压阀的开口大小、进出口间的压力差以及通过阀的流量之间的关系都符合孔口流量公式，只是各种阀控制的参数各不相同。

6.1.4 液压阀的基本性能参数

液压阀的基本性能参数是对阀进行评价和选用的依据。它反映了阀的规格大小和工作特性。其主要基本性能参数有阀的规格、额定压力和额定流量。

1. 公称通径（名义通径）

阀的公称通径是表征阀的规格大小的性能参数。高压系列的液压阀常用公称通径 D_g（单位 mm）来表示。公称通径表征阀的通流能力和所配管道的尺寸规格。D_g 是阀进、出油口的名义尺寸，它和实际尺寸不一定完全相同。如公称通径为 20mm 的电液换向阀，其进出油口的实际尺寸是ϕ 21mm；公称通径为 32mm 的溢流阀，其进出油口的实际尺寸为ϕ 28mm 等等。所以在给液压阀配管时，可参考液压手册中所规定的液压阀的公称通径与连接钢管和通过油液流量、流速的推荐值。

此外，我国中低压（≤6.3MPa）液压阀系列规格，未采用公称通径表示法，而是根据通过阀的公称流量来表示的。

2. 额定压力

液压阀连续工作所允许的最高压力称为额定压力。压力控制阀的实际最高压力有时与阀的调压范围有关。对于不同类型的阀，还有不同的参数来表征其不同的工作性能，如压力流量限制值，以及压力损失、开启压力、允许背压、最小稳定流量等。

3. 液压阀的额定流量

国产中低压（≤6.3MPa）液压阀，常用额定流量来表示阀的通流能力，额定流量是指液压阀在额定工作状态下的名义流量。阀工作时的实际流量应小于或等于它的额定流量，最大不得超过额定流量的 1.1 倍。

§6.2　方向控制阀

方向控制阀是用来控制液压系统中油液流动的方向或液流的通与断，它包括单向阀和换向阀两类。

6.2.1 单向阀

1. 普通单向阀

普通单向阀简称单向阀，其作用是只允许液流沿一个方向通过，而反向液流被截止。按进出油液流向的不同可分为直通式和直角式两种结构，如图 6－1 所示。普通单向阀是由阀体 1、阀芯 2、弹簧 3 等零件组成。图 6－1(a)为管式单向阀，属于直通式；图 6－1(b)为板式单向阀，属于直角式。压力油从进油口 P_1 流入，作用于锥形阀芯 2 上，当克服弹簧 3 的弹力时，顶开阀芯 2，经过环形阀口(对于图 6－1(a)还要经过阀芯上的四个径向孔)从出油口 P_2 流出。当液流反流时，在弹簧和油液压力作用下，阀芯锥面紧压在阀体的阀座上，则油液不能通过。图 6－1(c)为单向阀的图形符号。

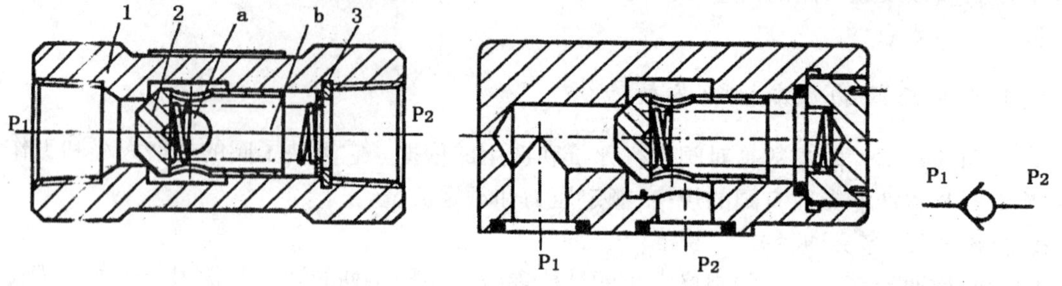

(a)管式　(b)板式　(c)图形符号

1. 阀体；2. 阀芯；3. 弹簧

图 6－1　单向阀

单向阀要求正向液流通过时压力损失小，反向截止时密封性能好。因此，单向阀中的弹簧仅用于使阀芯在阀座上就位，刚度较小，开启压力约为 0.035～0.05MPa，当通过额定流量时的压力损失一般不超过 0.1～0.3MPa。如果当背压阀使用时可更换硬弹簧使其开启压力达到 0.2～0.6MPa。单向阀常安装在泵的出口，一方面可防止系统的压力冲击影响泵的正常工作，另一方面在泵不工作时又可以防止系统的油液倒流回油箱。单向阀还被用来分割油路以防止干扰，或与其它阀并联组成复合阀，如单向减压阀、单向节流阀等。

2. 液控单向阀

液控单向阀是一种既可以正向导通，当通入控制液压油时反向也可以导通的单向阀。它由单向阀和液控装置两部分组成，如图 6－2 所示。

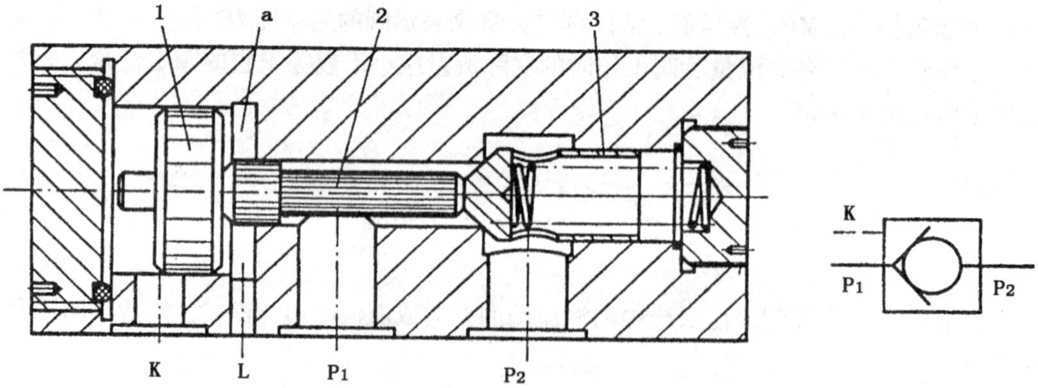

(a)结构原理图　(b)图表符号

1. 活塞；2. 顶杆；3. 阀芯

图 6－2　液控单向阀

图6－2(a)是液控单向阀结构原理图，当控制口K不通入液压油时，其作用与普通单向阀相同，正向流通，反向截止。当控制口K通入液压油后，控制活塞1通过顶杆2把单向阀的锥形阀芯3顶离阀座，使 P_2 和 P_1 接通，油液正反向均可自由流动。为了减小活塞1的移动阻力，设有一个外泄油口L。图6－2(b)为液控单向阀的图形符号。

液控单向阀具有良好的反向密封性能，常用于执行元件需要长时间保压、锁紧的场合和平衡回路。

6.2.2 换向阀

1. 换向阀的分类

换向阀按结构类型及运动方式可分为滑阀式、转阀式和锥阀式；按阀的安装方式可分为管式、板式、法兰式等；按阀体连通的主油路数可分为二通、三通、四通等；按阀芯在阀体内的工作位置可分为二位、三位、四位等；按操纵阀芯运动的方式可分为手动、机动、电磁动、液动、电液动等；按阀芯的定位方式可分为钢球定位和弹簧复位两种。其中，滑阀式换向阀在液压系统应用广泛，因此本节主要介绍滑阀式换向阀。

2. 换向阀的工作原理

换向阀的工作是利用阀芯与阀体的相对工作位置改变，使油路连通、断开或变换油流的方向，从而控制执行元件的启动、停止或换向。换向阀的工作原理如图6－3所示。当液压缸两腔不通液压油，活塞处于停机状态。若使换向阀的阀芯1左移，阀体2上的油口P和A连通、B和T连通。这时，液压油经P、A进入液压缸左腔，右腔油液经B、T回油箱，活塞向右运动。反之，若使阀芯右移，则P和B连通，A和T连通，活塞便向左运动。

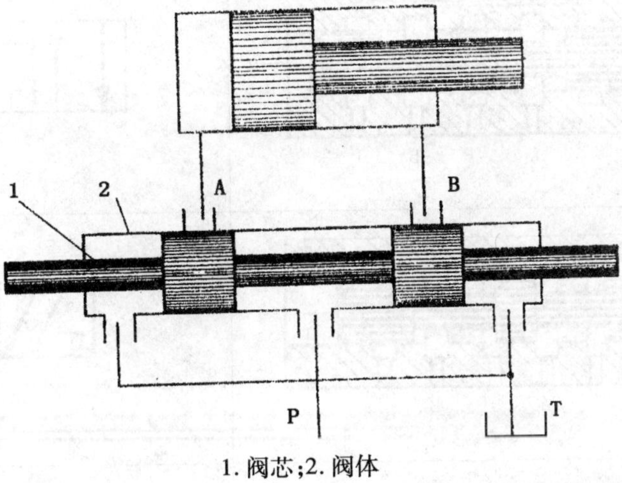

1. 阀芯；2. 阀体

图6－3　换向阀的工作原理图

3. 换向阀的图形符号

表6－1列出了几种常见的滑阀式换向阀的结构原理以及与之相对应的图形符号。

表 6－1　　常见换向阀的结构原理和图形符号

名　称	结 构 原 理 图	图 形 符 号
二位二通	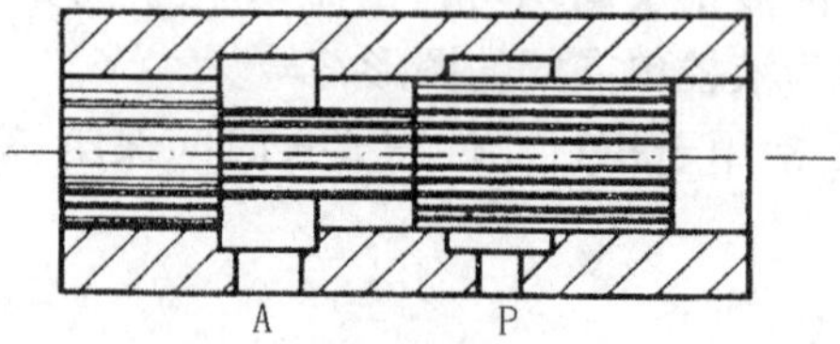	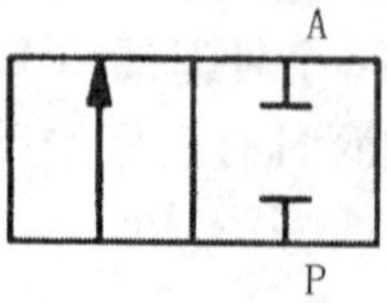
二位三通	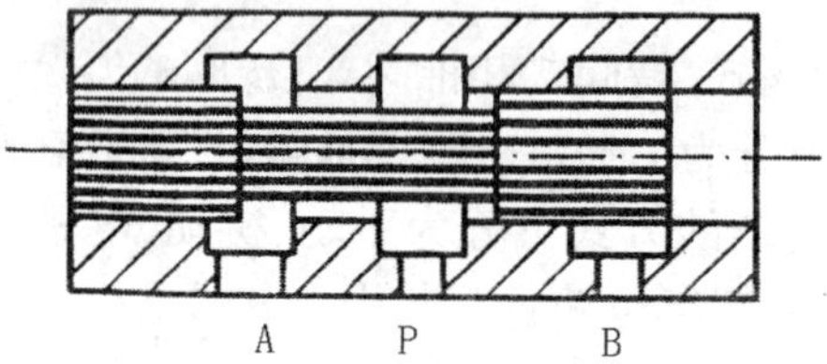	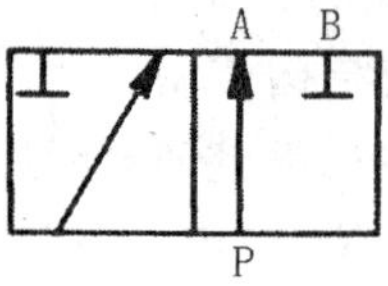
二位四通	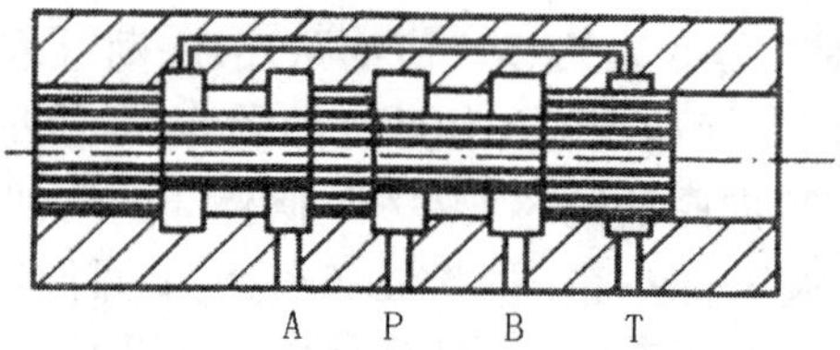	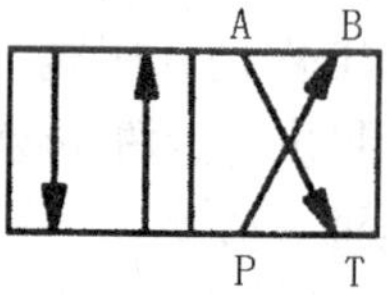
三位四通	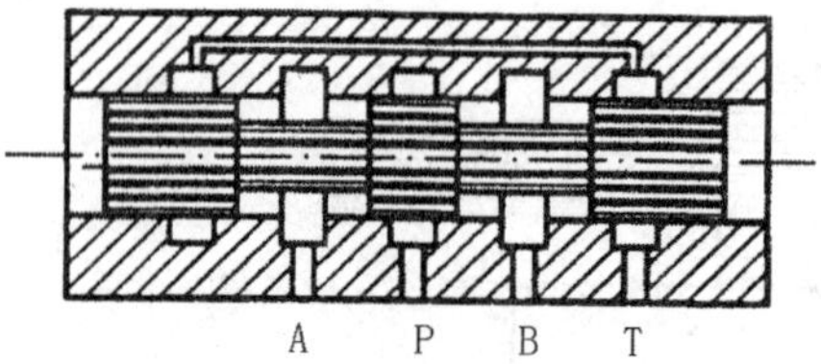	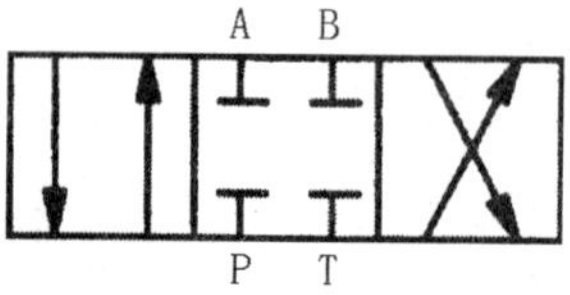
二位五通	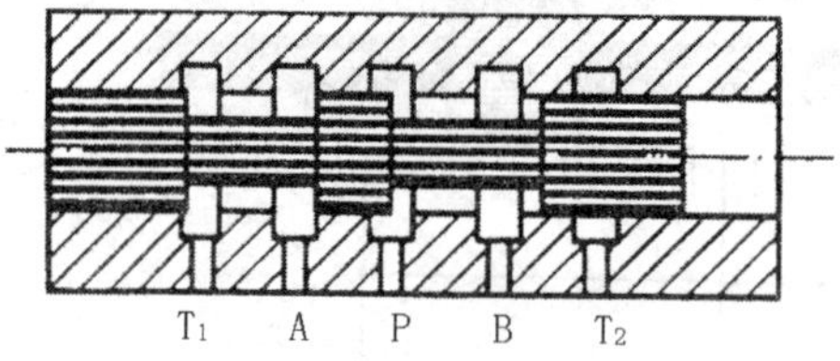	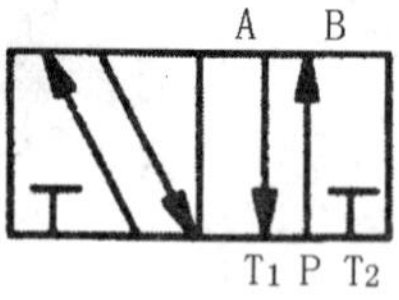
三位五通	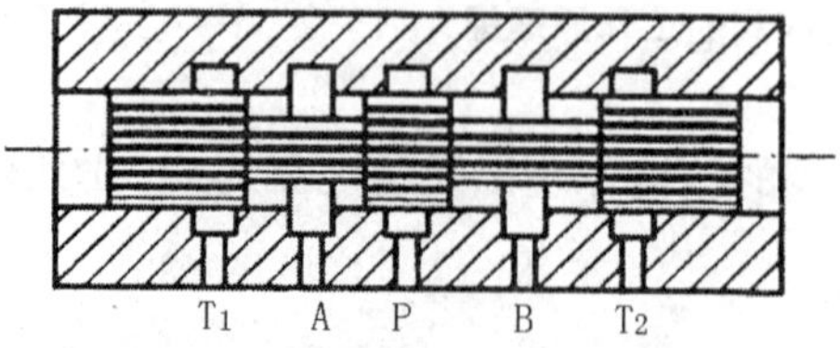	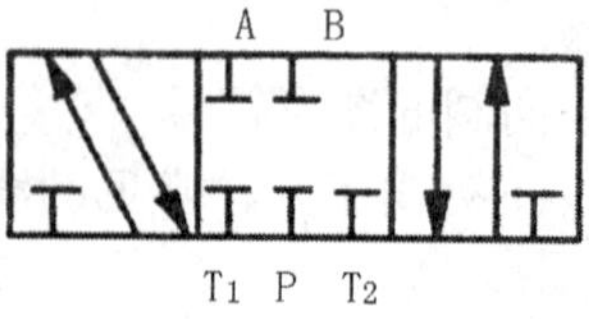

一个换向阀完整的图形符号应表示出其操纵方式、复位方式和定位方式等内容，现对换向阀的图形符号含义作以下说明：

①用方格数表示阀的工作位置数，有几个方格表示几“位”。

②在一个方格内，箭头或堵塞符号“⊥”与方格的交点数为油口通路数；箭头表示两油口相通，并不一定表示实际液流方向，“⊥”表示油口截止。

③P 表示进油口，T 表示回油口，A 和 B 表示连接其他两个工作油路的油口。

④控制方式和复位弹簧的符号画在方格的两侧。

⑤三位阀的中位和二位阀靠近弹簧的那一位为常态位。

4. 换向阀的常态和中位机构

当换向阀没有操纵力的作用处于静止状态时称为常态。

对于二位换向阀靠近弹簧的那一位为常态。二位二通换向阀有常开型和常闭型之分，常开型的常态位是连通的，常闭型的常态位是截止的。在液压系统图中，换向阀的图形符号与油路的连接应画在常态位上。

对于三位的换向阀，其常态为中间位置，各油口的连通方式体现了换向阀的不同控制机能，称之为中位机能。三位换向阀的中位有多种机能，以满足执行元件处于非运动状态时系统的不同要求。表 6－2 列出了常见的中位机能的结构原理、机能代号、图形符号及机能特点和应用。

不同中位机能有不同特点，设计液压系统时若能正确选择中位机能，则可用较少的元件实现回路所需要的功能。

表 6－2　　三位四通换向阀的中位机能

代号	结构简图	中位符号	中位油口状态和特点
O	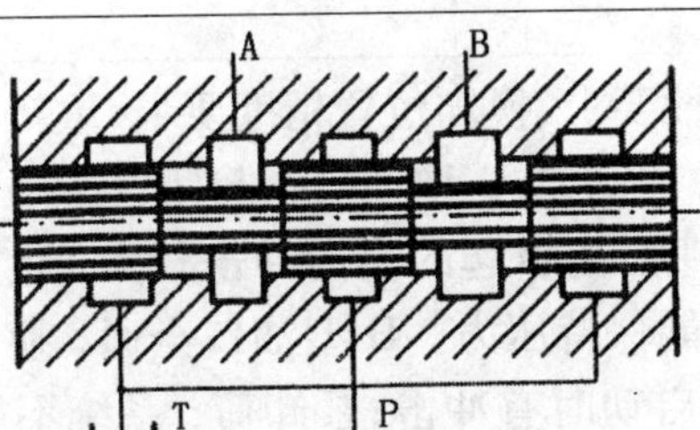	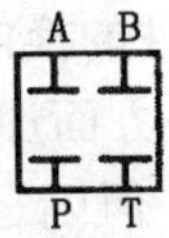	各油口全封闭，换向精度高，但有冲击，缸被锁紧，泵不卸荷，并联缸可运动
H	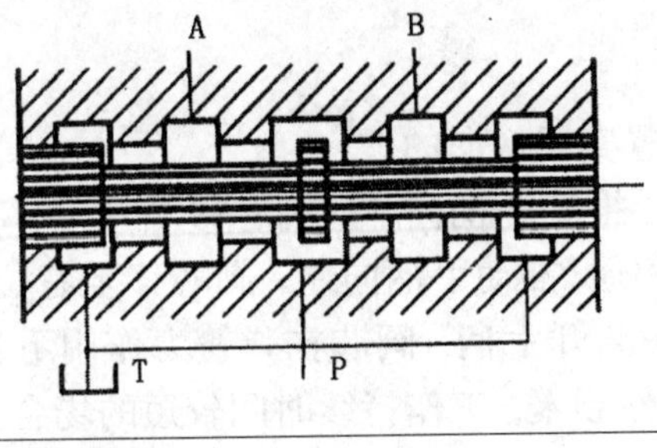	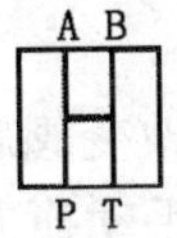	各油口全通，换向平稳，缸浮动，泵卸荷，其他缸不能并联使用

（续表）

Y	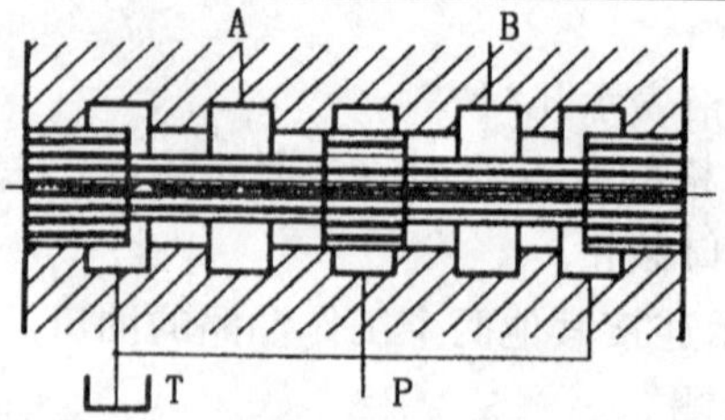		P 口封闭，A、B、T 口相通，换向较平稳，缸浮动，泵不卸荷，并联缸可运动
P	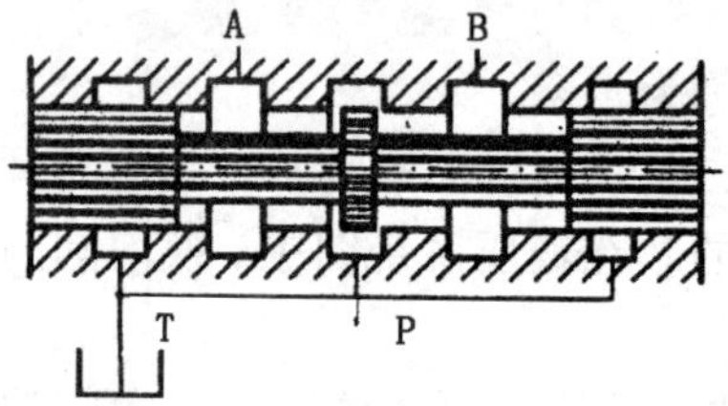		T 口封闭，P、A、B 口相通，换向最平稳，双杆缸浮动，单杆缸差动，泵不卸荷，并联缸可运动
M	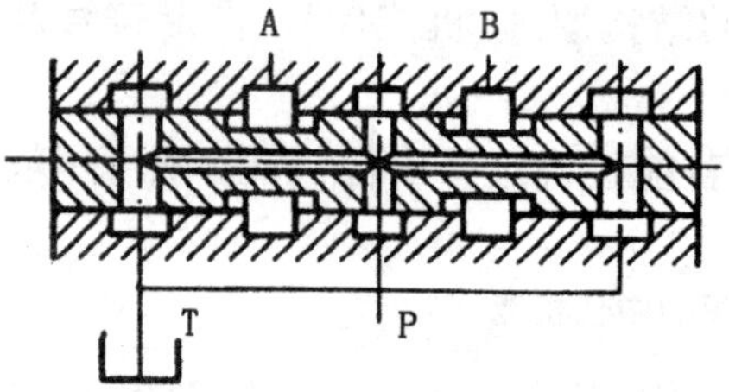	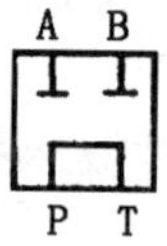	P、T 口相通，A、B 口封闭，换向精度高，但有冲击，缸被锁紧，泵卸荷，其他缸不能并联使用

对中位机能的选用应从执行元件的换向平稳性要求、换向位置精度要求、重新启动时能否允许有冲击、是否需要卸荷和保压等方面加以考虑。例如：O 型油口全封闭，执行元件可在任意位置上被锁住，换向位置精度高，但因运动部件惯性引起的换向冲击较大；重新启动时因两腔充满油液，故启动平稳；泵不能卸荷，但系统能保持压力。H 型油口全通，换向平稳，但冲击量大，换向位置精度差；执行元件浮动，重新启动时有冲击；泵卸荷，系统不能保压。其余型式的性能依次类推。

5. 几种常见的换向阀

（1）手动换向阀

手动换向阀是利用操纵手柄来改变阀芯位置实现换向的。

图 6－4（a）所示为自动复位式手动换向阀，推动手柄向右，阀芯移至左位，P 口与 A 口相通，B 口与 T 口经阀芯内的径向孔和轴向孔相通；推动手柄向左，阀芯移至右位，P 口与 B 口相通，A 口与 T 口相通，从而实现换向。手一离开手柄，阀芯在弹簧力作用下自动复位到中位，油口 P、A、B、T 全部封闭。该阀适用于动作频繁，工作持续时间较短的场合。操作较安全，常用于工程机械中。

图 6－4（b）所示为钢球定位式换向阀定位部分结构原理图。其定位槽数由阀的工作位数决定，当手柄扳动阀芯时，阀芯可借助弹簧和钢球保持在左、中、右任何一个位置上定位。当松开手柄后，阀芯仍保持在所需要的工作位置上，该阀应用于液压机、船舶等需要工作状态

时间较长的场合。

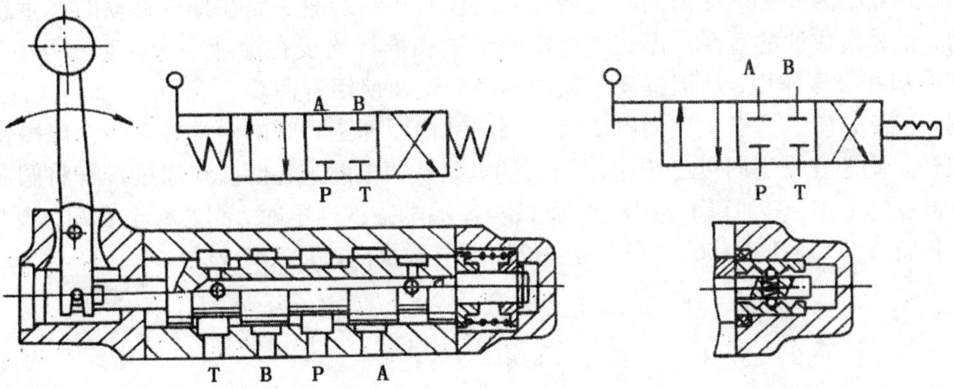

(a)自动复位式 (b)钢球定位式

图6-4 三位四通手动换向阀

(2)机动换向阀

机动换向阀是通过安装在液压设备运动部件上的挡块或凸轮推动阀芯实现换向的。机动机动换向阀通常是弹簧复位式的二位阀，它的结构简单，动作可靠，换向位置精度高。图6-5所示为二位二通机动换向阀结构及图形符号。在常位态时，P口与A口不通；当固定在运动部件上的挡块压下滚轮体时，阀芯向右移动，P口与A口相通，阀芯2上的轴向孔是泄漏通道。

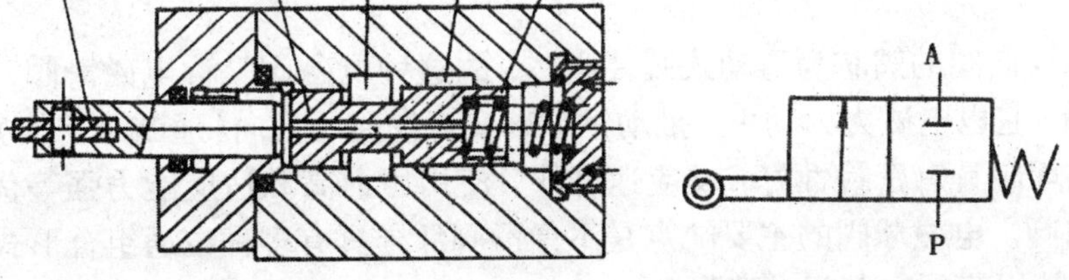

(a)结构 (b)图形符号

1. 滚轮；2. 阀芯；3. 弹簧

图6-5 机动换向阀

(3)电磁换向阀

电磁换向阀是利用电磁铁的推力使阀芯移动实现换向的。电磁换向阀操纵方便，布局灵活，有利于提高设备的自动化程度，因而应用十分广泛。电磁铁按使用的电源不同，可分为交流和直流两种。交流电磁铁的使用电压为220V或380V。优点是电磁吸力大，不需要专门的电源，换向时间短(0.01~0.03s)，换向迅速；缺点是启动电流大，在阀芯被卡住或电源电压下降15%以上电磁铁吸力不够时，电磁铁线圈易被烧毁，换向冲击大，噪声大，发热多，换向频率不能太高(换向频率一般为30次/分左右)。直流电磁铁的使用电压为24V或36V，优点是工作可靠，换向冲击小，噪声小，发热少，使用寿命长，允许使用的换向频率可达120次/分；其缺点是需要直流电源，成本较高，起动力小，换向时间较长(0.05~0.08s)。

电磁铁按衔铁工作腔是否有油液，又可分为“干式”和“湿式”。干式电磁铁不允许油液流入电磁铁内部，因此必须在滑阀和电磁铁之间设置密封装置，而在推杆移动时产生较大的摩擦阻力，也易造成油的泄漏。湿式电磁铁的衔铁和推杆均浸在油液中，运动阻力小，且油还能起到冷却和吸振作用，从而提高了换向的可靠性及使用寿命。

如图 6 –6(a)所示为三位四通电磁换向阀的结构原理图。阀的两端各有一个电磁铁和一个对中弹簧。阀芯在常态时处于中位。当右端电磁铁通电时，右衔铁 6 通过推杆将阀芯 4 推至左端，阀右位工作，其油口 P 通 B，A 通 T；当左端电磁铁通电时，阀芯移至右端，阀左位工作，油口 P 通 A，B 通 T。图 6 –6(b)为三位四通电磁换向阀的图形符号。

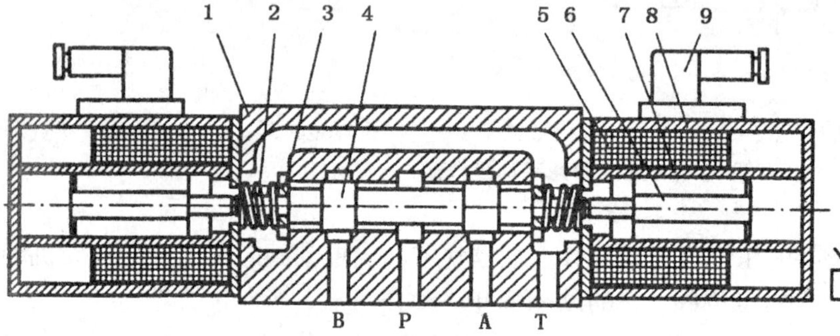

(a)结构原理图

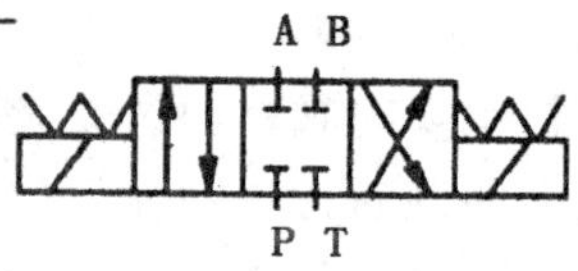

(b)图形符号

1. 阀体；2. 弹簧；3. 弹簧座；4. 阀芯；5. 线圈；6. 衔铁；7. 隔套；8. 壳体；9. 插头组件

图 6 –6　三位四通电磁换向阀

前述电磁换向阀的阀芯为滑动式圆柱阀芯，故这种电磁阀又称电磁滑阀，近年来出现了一种电磁球阀，它以电磁力为动力，推动钢球来实现油路的换向(通断和切换)。与电磁滑阀相比较，电磁球阀具有密封性好，反应速度快，使用压力高和适应能力强等优点，是一种颇具特色的换向阀。电磁球阀的主要缺点是不像滑阀那样具有多种位通组合形式和多种中位机能，故目前在使用范围方面还受到限制。

(4)液动换向阀

电磁阀布置灵活，易于实现自动化，但电磁铁的吸力有限，难于切换大的流量。当阀的通径大于 10mm 时，常用液压油操纵阀芯进行换位。这种利用控制油路的压力油推动阀芯改变位置的阀，即为液动换向阀。

图 6 –7(a)所示为三位四通液动换向阀的结构原理图。当其两端控制油口 K_1 和 K_2 均不通压力油时，阀芯在两端弹簧的作用下处于中位(图示位置)；当 K_1 进压力油，K_2 接油箱时，阀芯移至右端，阀左位工作，其通油状态为 P 通 A，B 通 T；反之，K_2 进压力油，K_1 接油箱时，阀芯移至左端，阀右位工作，其通油状态为 P 通 B，A 通 T。图 6 –7(b)所示为三位四通液动换向阀的图形符号。

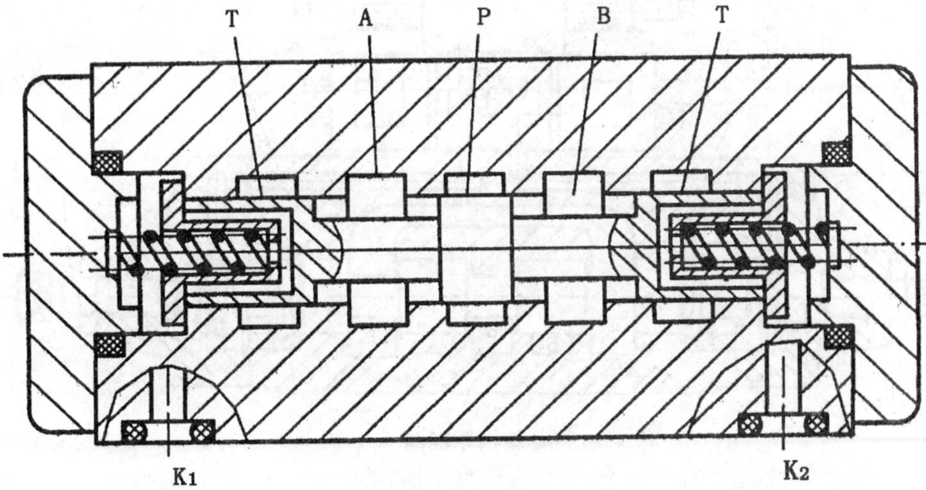

(a)结构原理图

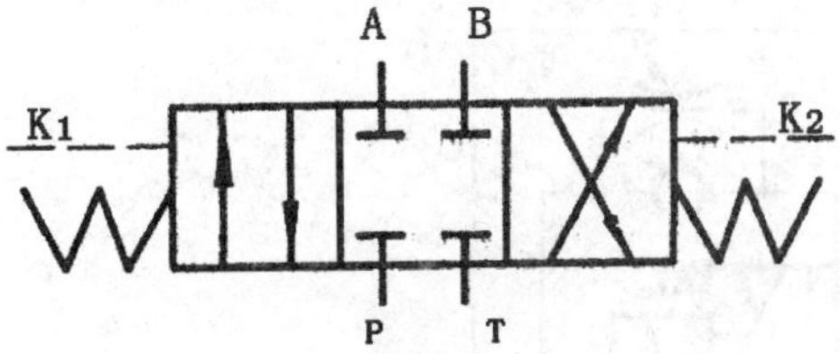

(b)图形符号

图6-7　三位四通液动换向阀

(5)电液换向阀

电液换向阀由电磁换向阀和液动换向阀组合而成。其中，液动换向阀实现主油路的换向，称为主阀;电磁换向阀改变液动换向阀的控制油路的方向，称为先导阀。如图6-8(a)所示为三位四通电液换向阀的结构原理图。其工作原理可用详细图形符号加以说明，如图6-8(b)所示。图6-8(c)为电液换向阀的简化符号。

当电磁先导阀的电磁铁不通电时，先导阀处于中位，液动主阀芯两端控制油腔同时与油箱相通，主阀芯在两端对中弹簧的作用下亦处于中位，此时主油路中，A、B、P、T油口均不相通。若电磁先导阀右端电磁铁通电时，则先导阀右位工作，控制液压油K将经过电磁先导阀右位，然后经单向阀进入液动主阀芯的右端控制油腔，而左端控制油腔的油液则经过阻尼孔、电磁先导阀右位油口回油箱，于是液动主阀芯向左移动，从而主阀的右位工作，主油路的P与B连通、A与T连通。反之，电磁先导阀左端电磁铁通电，液动主阀则左位工作，主油路的P与A连通、B与T连通。

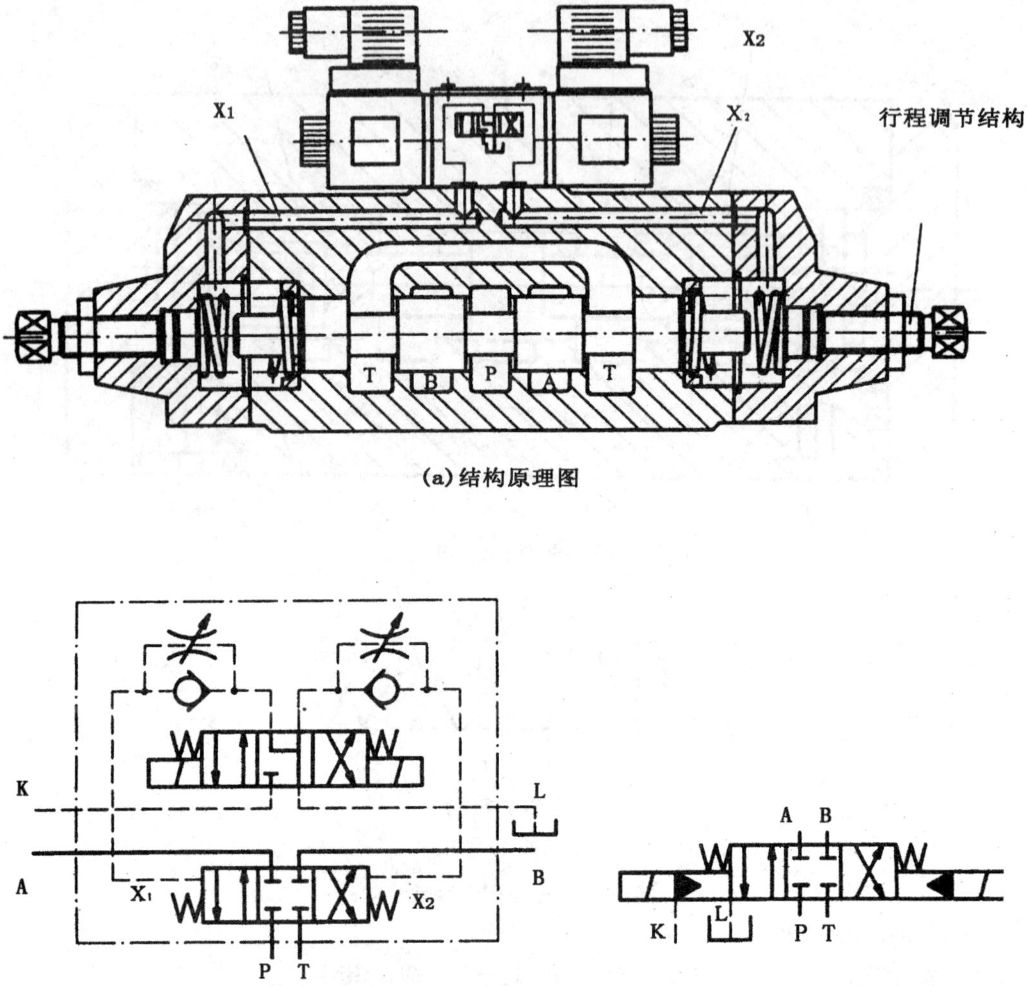

(a) 结构原理图

(b) 详细符号

(c) 简化符号

图 6-8　三位四通电液换向阀

若在液动换向阀的两端盖处加调节螺钉，则可调节液动换向阀阀芯移动的行程和各主阀口的开度，从而改变通过主阀的流量，对执行元件起粗略的速度调节作用。

6.2.3 方向控制阀的常见故障及排除方法

表 6-3 列出了换向阀常见故障与排除方法。

表 6-3　　换向阀常见故障与排除方法

故障现象	原因分析	排除方法
阀芯不动或不到位	1. 滑阀卡住 ①滑阀(阀芯)与阀体配合间隙过小，阀芯在孔中容易卡住不能动作或动作不灵活。 ②滑阀(阀芯)或阀体碰伤，油液被污染。 ③阀芯几何形状超差。阀芯与阀孔装配不同心，产生轴向液压卡紧现象。 2. 液动换向阀控制油路有故障 ①油液控制压力不够，滑阀不动，不能换向或换向不到位。 ②节流阀关闭或堵塞。 ③滑阀两端卸油口没有接回油箱或卸油管堵塞。 3. 电磁铁故障 ①因滑阀卡住，交流电磁铁的铁芯吸不大到底面而烧毁。 ②漏磁、吸力不足。 ③电磁铁接线焊接不良，接触不好。 4. 弹簧折断、漏装、太软，都不能使滑阀恢复中位，因而不能换向。 5. 电磁换向阀的推杆磨损长度不够或行程不正确，使阀芯移动过小或过大，都会引起换向不灵或不到位。	1. 检修滑阀 ①检查间隙情况，研修或更换阀芯。 ②检查、修磨或重配阀芯。必要时，更换新油。 ③检查、修正几何偏差及同心度，检查液压卡紧情况，并修复。 2. 检查控制油路 ①提高控制油压，检查弹簧是否过硬，以便更换。 ②检查、清洗节流口。 ③检查，并接通回油箱。清洗回油路，使之畅通。 3. 检查并修复 ①检查滑阀卡住故障，并更换电磁铁。 ②检查漏磁原因，更换电磁铁。 ③检查并重新焊接。 4. 检查、更换或补装。 5. 检查并修复，必要时可更换推杆。
换向冲击与噪声	1. 控制流量过大，滑阀移动速度太快，产生冲击。 2. 单向节流阀阀芯与阀孔配合间隙过大，单向阀弹簧漏装，阻尼失效，产生冲击。 3. 电磁铁的铁芯接触面不平或接触不良。 4. 滑阀时卡时动或局部摩擦力过大。 5. 固定电磁铁的螺栓松动而产生振动。	1. 调小单向节流阀节流口，减慢滑阀移动速度。 2. 检查、修整(修复)到合理间隙，补装弹簧。 3. 清除异物，并修整电磁铁的铁芯。 4. 研磨修整或更换滑阀。 5. 紧固螺栓，并加防松垫圈。

§6.3　压力控制阀

通过控制油液压力高低或利用压力变化来实现某种动作的阀通称为压力控制阀。这类阀的共同特点是利用阀芯上液体压力与弹簧力相平衡的原理来进行工作的。常见的压力控制阀按用途不同可分为溢流阀、减压阀、顺序阀和压力继电器等。

6.3.1 溢流阀

1. 溢流阀的结构和工作原理

溢流阀按结构型式可分为直动式和先导式。它旁接在液压泵的出口，保证系统压力恒定或限制其最高压力；有时也旁接在执行元件的进口，对执行元件起安全保护作用。一般情况下，直动式用于低压系统，先导式用于中、高系统。

(1) 直动式溢流阀

图 6－9(a) 所示为直动式溢流阀的结构原理图。图 6－9(b) 所示为直动式溢流阀的图形符号，也是溢流阀的一般符号。来自进油口 P 的压力油经阀芯 3 上的径向孔和阻尼孔 a 通入阀芯的底部，阀芯的下端便受到压力为 p 的油液的作用，如果作用面积为 A，则压力作用于该面上的力为 pA。调压弹簧 2 作用在阀芯上的预紧力为 F_s。当进油口压力 p 不高时 ($pA < F_s$)，阀芯 3 处于下端 (如图所示) 位置，将进油的阀口 P 和回油口 T 隔开，即不溢流。当进口 P 油压升高到能克服弹簧阻力 (即 $pA > F_s$) 时，便推开阀芯上移使阀口打开，油液就从进油口 P 流入，再从回油口 T 流回油箱。

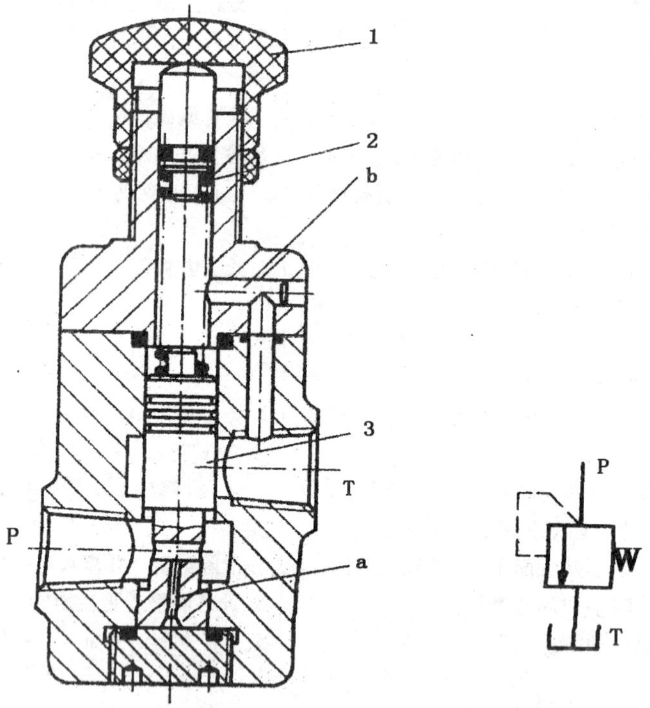

(a) 结构原理图　　(b) 图形符号

1. 调节螺母；2. 调压弹簧；3. 阀芯

图 6－9　直动式溢流阀

拧动调节螺母 1 改变弹簧预压缩量，便可调整溢流阀的溢流压力。阻尼孔 a 的作用是增加液阻以减少阀芯的振动。泄油口可将泄漏到弹簧腔的油引到回油口 T。这种溢流阀因液压油直接作用于阀芯，故称为直动式溢流阀。直动式溢流阀一般只能用于低压小流量的场合，当控制较高压力或大流量时，需要安装刚度较大的硬弹簧，不但手动调节困难，而且溢流阀口开度略有变化便引起较大的压力变化。直动式溢流阀的最大调整压力为2.5MPa。系统压力较高时就需要采用先导式溢流阀。

(2)先导式溢流阀

如图6－10(a)所示是先导式溢流阀的结构原理图。它们由先导阀和主阀两部分组成。压力油从进油口(图中没有表示出来)进入进油腔P后，经主阀芯5的轴向孔f进入主阀芯下端的控制油腔，同时油液又经阻尼孔e进入主阀芯上端的弹簧腔，再经孔c和b作用于先导阀的锥阀芯3上，此时远程控制口K不接通。当系统压力较低时，先导阀关闭，主阀芯两端压力相等，主阀芯在平衡弹簧4的作用下处于最下端(图示位置)，主阀溢流口封闭。当系统压力升高时，主阀上腔的压力也随之升高，直至大于先导阀调压弹簧2的调定压力时，先导阀被打开，主阀上腔的压力油经锥阀阀口、小孔a、油腔T流回油箱。由于阻尼孔e的作用，在主阀芯两端形成的一定压力差的作用下，克服平衡弹簧的弹力而上移，主阀溢流阀口开启，P和T接通实现溢流作用。调节螺母1即可调节调压弹簧2的预压缩量，从而调整系统压力。

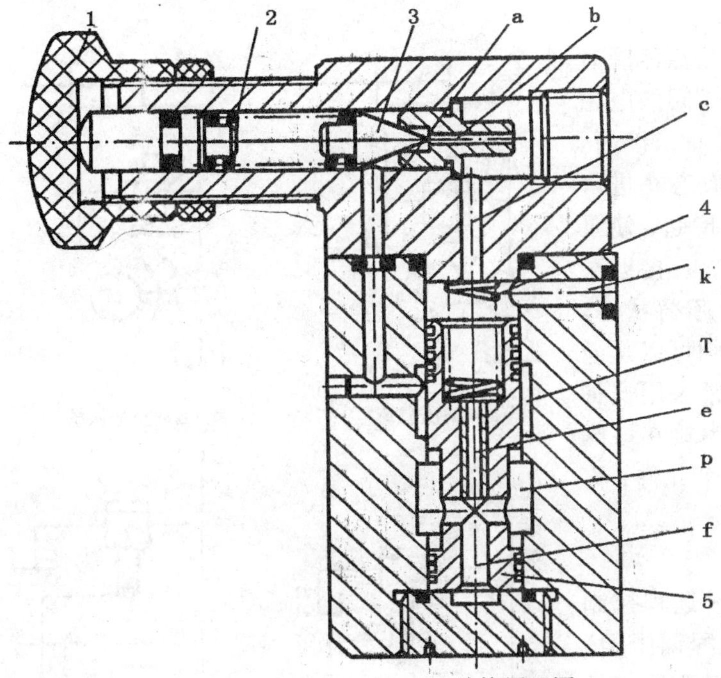

(a)结构原理图

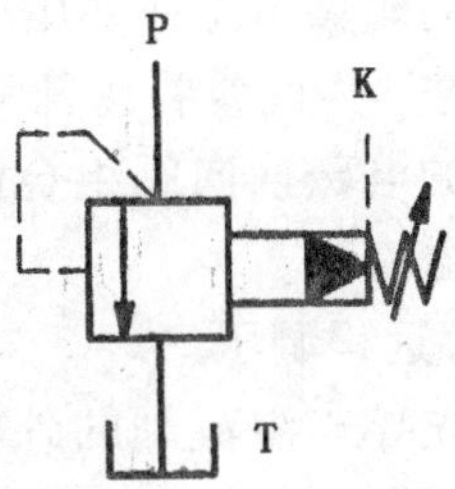

(b)图形符号

1.调整螺母;2.调压弹簧;3.锥阀芯;4.平衡弹簧;5.主阀芯

图6－10 先导式溢流阀

在先导式溢流阀中，先导阀用于控制和调节溢流压力，主阀通过控制溢流口的启闭而稳定压力。由于需要通过先导阀的流量较小，锥阀的阀孔尺寸也较小，调压弹簧的刚度也就不大，因此调压比较轻便。主阀芯因两端均受油液压力作用，平衡弹簧只需很小刚度。当溢流量变化而引起主阀平衡弹簧压缩量变化时，溢流阀所控制的压力变化也就较小，故先导式溢流阀稳定性能优于直动式溢流阀。但先导式溢流阀必须在先导阀和主阀都动作后才能起控制压力作用，因此不如直动式溢流阀反应快。远程控制口 K 在一般情况下是不用的，若 K 口接远程调压阀，就可以对主阀进行远程控制。K 口接二位二通阀，通油箱，可使泵卸荷。图 6 - 10(b) 为先导式溢流阀的图形符号。

2. 溢流阀的应用

(1) 调压溢流

在采用定量泵供油的液压系统中，溢流阀通常并联在液压泵的出口处，在其进油路或回油路上设置节流阀或调速阀，使泵油的一部分进入液压缸工作，而多余的油须经溢流阀流回油箱，溢流阀处于其调定压力下的常开状态。调节弹簧的压紧力，也就调节了系统的工作压力。因此，在这种情况下，溢流阀的作用即为调压溢流。如图 6 - 11(a) 所示。

(2) 安全保护

液压系统采用变量泵供油时，系统内没有多余的油需要溢流，其工作压力由负载决定。这时与泵并联的溢流阀只有在过载时才需打开，以保障系统的安全。因此，这种系统中的溢流阀又称为安全阀，它是常闭的，如图 6 - 11(b) 所示。

(3) 使泵卸荷

如图 6 - 11(c) 所示，先导型溢流阀对泵起调压溢流作用。当二位二通阀的电磁铁通电后，溢流阀的外控口与油箱接通。此时，由于主阀弹簧很软，主阀芯在进口压力很低的情况下，即可迅速抬起，使泵卸荷，以减少能量消耗。此时，泵接近于空载运转，功耗很小，即处于卸荷状态。这种卸荷方法所用的二位二通阀可以是通径很小的阀。由于在实用中经常采用这种卸荷方法，为此常将溢流阀和串接在该阀外控口的电磁换向阀组合成一个元件，称为电磁溢流阀。

(4) 远程调压

当先导式溢流阀的外控口（远程控制口）与调压较低的溢流阀（或远程调压阀）连通时，其主阀芯上腔的油压只要达到低压阀的调整压力，主阀芯即可抬起溢流（其先导式溢流阀不再起调压作用），即实现远程调压。如图 6 - 11(d) 所示，当电磁阀的电磁铁不通电时，电磁阀的右位工作，将先导式溢流阀的外控油口与低压调压阀连通，实现远程调压。

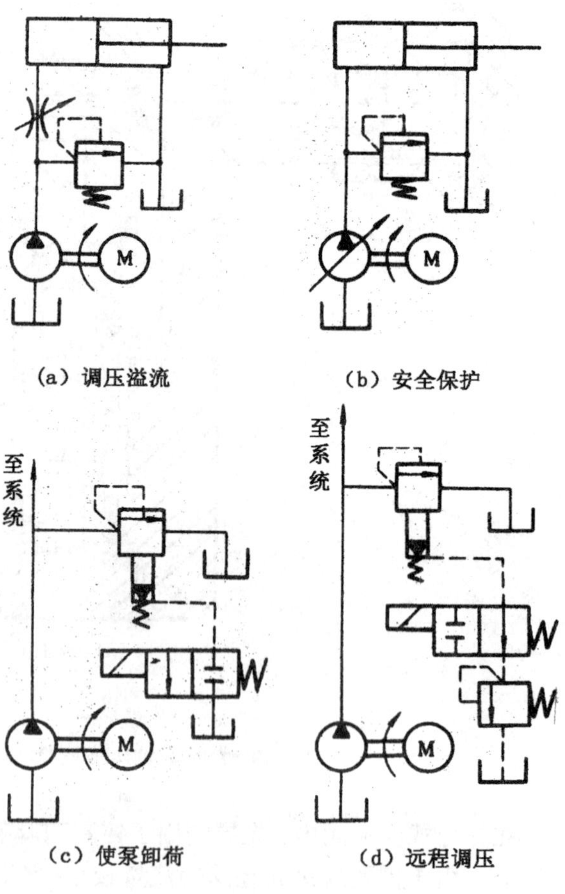

图 6 - 11　溢流阀的作用

6.3.2 顺序阀

顺序阀是利用液压系统中的压力变化来控制油路的通断，从而实现多个液压元件按一定的顺序动作。顺序阀按结构分为直动式和先导式；按控制液压油来源又有内控式和外控式之分。

1. 顺序阀的结构和工作原理

顺序阀的工作原理和溢流阀相似，其主要区别是溢流阀的出口接油箱，而顺序阀的出口接执行元件。顺序阀的内泄漏油不能用通道与出油口相连，而必须用专门的泄漏口接通油箱。

图 6－12(a)所示为直动式顺序阀的结构原理图。液压油由进油口 P_1 经阀体 3 和下盖 1 的小孔流到控制活塞 2 的下方，使阀芯 4 受到一个向上的推力作用。当进口油压较低时，阀芯在弹簧 5 的作用下处于下部位置，这时进、出油口 P_1、P_2 不通。当进口油压增大到预调的数值以后，阀芯底部受到的推力大于弹簧力，阀芯上移，进、出油口 P_1、P_2 连通，液压油就从顺序阀流过。顺序阀的开启压力可以通过调压螺钉来调节。在此阀中，控制活塞的直径很小，因而阀芯受到的向上推力不大，所用的平衡弹簧就不需太硬，这样，可以使阀在较高的压力下工作。在这种顺序阀结构中，由于控制液压油直接引自进油口，故称为内控外泄式顺序阀。其图形符号如图 6－12(b)所示。

若将图 6－12(a)中的下盖 1 旋转 90°或 180°安装，切断原控油路，将外控口 K 的螺塞取下，接通控制油路，则阀的开启由外部压力控制，便构成外控外泄式顺序阀。其图形符号如图 6－12(c)所示。若将上盖 6 旋转 180°安装，并将外泄口 L 堵塞，则弹簧腔与出油口相通，构成外控内泄式顺序阀，图形符号如图 6－12(d)所示。

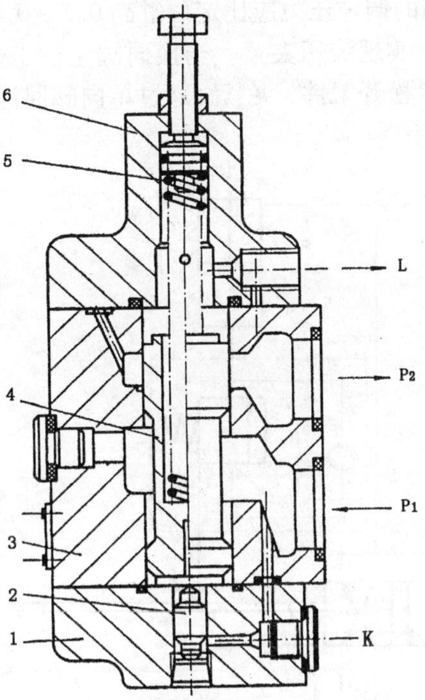

(a) 结构原理图

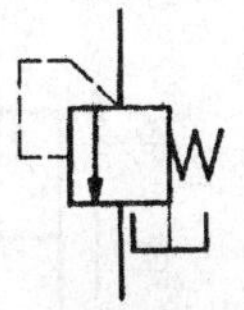

(b) 内控外泄式图形符号

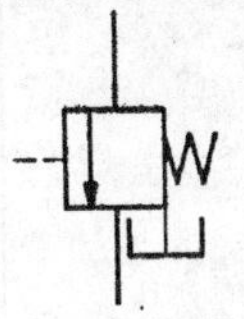

(c) 外控外泄式图形符号

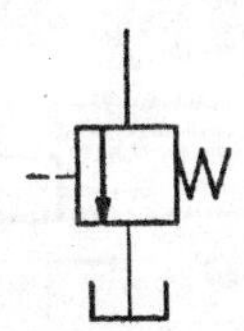

(d) 外控内泄式图形符号

1. 下盖；2. 控制活塞；3. 阀体；4. 阀芯；5. 弹簧；6. 上盖

图 6－12　直动式顺序阀

现将顺序阀的特点归纳如下：

①外泄顺序阀与溢流阀的相同点是阀口常闭，由进口压力控制阀口的开启。它们之间的区别是内控外泄顺序阀靠出口液压油来工作，当因负载建立的出口压力高于阀的调定压力时，阀的进口压力等于出口压力，作用在阀芯上的液压力大于弹簧力和液动力，阀口全开；当负载所建立的出口压力，低于作用在阀芯上的调定压力时，阀的进口压力等于调定压力，作用在阀芯上的液压力、弹簧力、液动力保持平衡，阀开口的大小一定，满足压力流量方程。因阀的出口压力不等于0，故弹簧腔的泄漏油需单独引回油箱。

②内控内泄顺序阀的图形符号和动作原理与溢流阀相同，但实际使用时，内控内泄顺序阀串联在液压系统的回油路中使回油具有一定的压力，而溢流阀则旁接在主油路中，如泵的出口、液压缸的进口。因为它们在性能要求上存在一定的差异，所以二者不能混用。

③外控内泄顺序阀在功能上等同与液动二位二通阀，其出口接回油箱，因作用在阀芯上的液压力为外力，而且大于阀芯的弹簧力，因此工作时阀口处于全开状态，用于双泵供油回路时可使大泵卸载。

④外控外泄顺序阀除可作为液动开关阀外，还可用于变重力负载系统中，称之为限速锁。

2．顺序阀的应用

(1)顺序动作动作回路

如图6－13所示为机床夹具上用顺序阀实现工件先定位后夹紧的顺序动作回路，当换向阀右位工作时，压力油首先进入定位缸下腔，完成定位动作后，系统压力升高，达到顺序阀调定压力(为保证工作压力可靠，顺序阀的调定压力应比定位缸高0.5～0.8MPa)时，顺序阀打开，压力油经顺序阀进入夹紧缸下腔，实现液压夹紧。当换向阀左位工作时，压力油同时进入定位缸和夹紧缸上腔，拔出定位销，松开工件，夹紧缸通过单向阀回油。

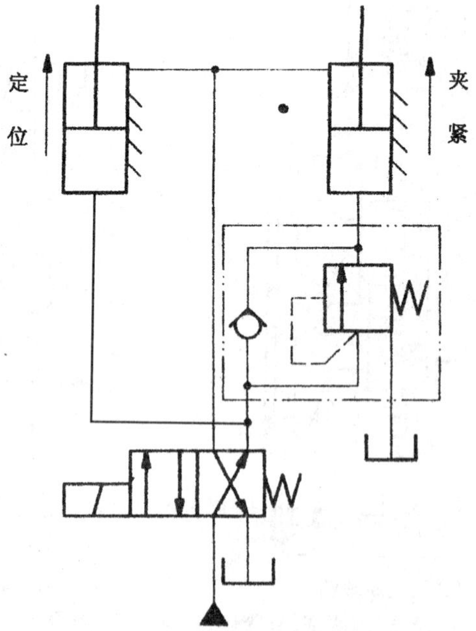

图6－13　顺序阀的顺序动作回路

(2)平衡回路

为了保持垂直放置的液压缸不因自重而自行下落，可将单向阀与顺序阀并联构成的单向顺序阀接入油路，如图6－14(a)所示此单向顺序阀又称为平衡阀。这里，顺序阀的开启压力要足以支撑运动部件的自重。当换向阀处于中位时，液压缸即可悬停。

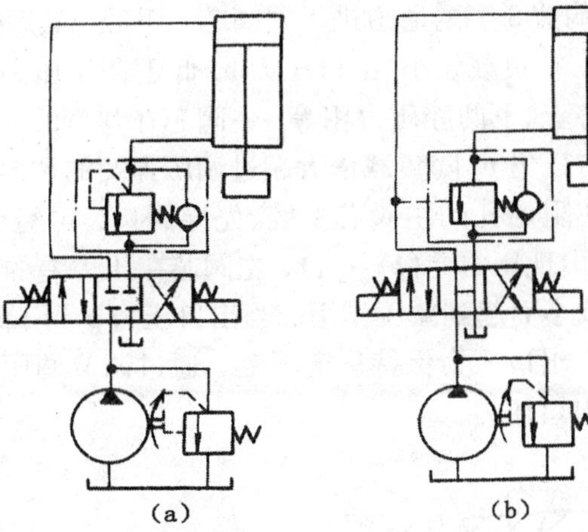

(a)用单向顺序阀的平衡回路；(b)用液控顺序阀的平衡回路

图6－14　平衡回路

回路的特点及应用：顺序阀的压力调定后，若工作负载变小，系统的功率损失将增加；由于顺序阀和换向阀存在泄漏，活塞不可能长时间停在任意位置上。该回路适用于工作负载固定且活塞锁紧精度要求不高的场合。

如图6－14(b)所示为用液控顺序阀的平衡回路。当电磁阀处于左位时，压力油进入液压缸上腔，并进入液控顺序阀的控制口，打开顺序阀使背压消失。当电磁阀处于中位时，液压缸上腔卸压，使液控顺序阀迅速关闭，以防止活塞和工作部件因自重下降，并锁紧。

回路特点及应用：液控顺序阀的启闭取决于控制口的油压，回路的效率较高；当只有液压缸上腔进油时，活塞才下行，比较可靠；活塞下行时平稳性较差，其原因是，当由于运动部件重量作用而下降过快时，系统压力下降，使液控顺序阀关闭，活塞停止下行，使缸上腔油压升高，又打开液控顺序阀，因此液控顺序阀始终工作在启闭的过渡状态，因而影响工作的平稳性。此回路适用于运动部件重量不很大，停留时间较短的系统。

6.3.3 减压阀

减压阀是一种利用液流流过缝隙时液阻产生的压力损失使出口压力低于进口压力的压力控制阀。按调节要求不同有：用于保证出口压力使其为定值的定值减压阀；用于保证进、出口压力差不变的定差减压阀；用于保证进、出口压力成比例的定比减压阀。其中定值减压阀应用最广，这里只介绍定值减压阀。

1. 减压阀的结构及工作原理

定值减压阀分为直动式和先导式两种，其中先导式减压阀应用较广。图6－15所示为先导式减压阀的结构原理和图形符号。减压阀的主要组成部分与溢流阀相同，外形也十分相似。其不同点是：主阀芯结构不同，溢流阀主阀芯有两个台肩，而减压阀主阀芯有三个台肩；在常态，溢流阀进、出油口是常闭的，减压阀是口常开的；控制阀口开启的油液：来源不同，溢流阀是来自进口油压，保证进口压力恒定，减压阀来自出口油压，保证出口压力恒定；溢流阀弹簧腔的油液在阀体内引至回油口(内泄式)，减压阀其出口油液通执行元件，因此泄漏油单独引回油箱(外泄式)。

如图6－15(a)所示，进口液压油经主阀阀口(减压缝隙)流至出口时，压力为p_2。与此同时，出口液压油经阀体6、端盖8上的通道进入主阀芯7下腔，然后经主阀芯上的阻尼孔到主阀芯上腔和先导阀的前腔。在负载较小、出口压力p_2低于调压压力时，先导阀关闭，主阀芯阻尼孔无液流通过，主阀芯上、下两腔压力相等，主阀芯在弹簧的作用下处于最下端，阀口全开，不起减压作用。若出口压力p_2随负载增大超过调压弹簧的调定压力时，先导阀阀口开启，主阀出口液压油经主阀芯阻尼孔到主阀芯上腔、先导阀口，再经泄油回油箱。因阻尼孔的阻尼作用，主阀上、下两腔出现压力差(p_2-p_3)，主阀芯在压力差的作用下克服上端弹簧的阻力向上运动，因主阀阀口减小而起到减压作用。当出口压力p_2下降到调定值时，先导阀芯和主阀芯同时处于受力平衡，出口压力保持稳定不变。通过调节调压弹簧的预压缩量，即调节弹簧力的大小可改变阀的出口压力。

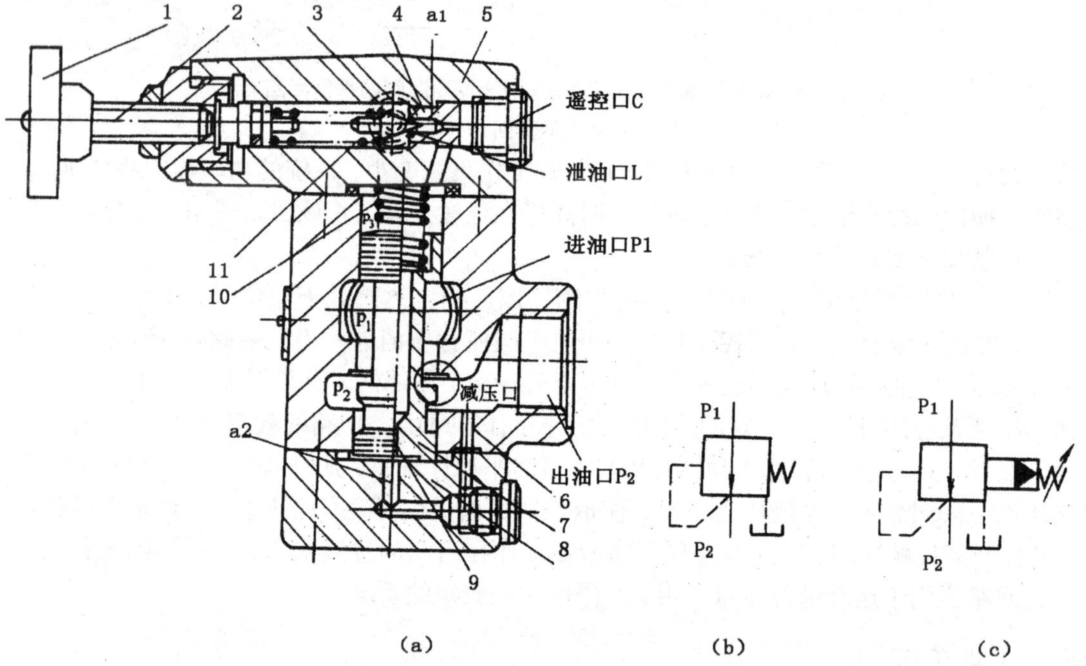

(a)结构原理图；(b)直动式图形符号；(c)先导式图形符号

1. 调压手轮；2. 调节螺钉；3. 锥阀；4. 锥阀座；5. 阀盖；6. 阀体；7. 主阀芯；8. 端盖；9. 阻尼孔；10. 主阀弹簧；11. 调压弹簧

图6－15　先导式减压阀

2. 减压阀的应用

减压阀在夹紧油路、控制油路和润滑油路中应用较多。图6－16是减压阀用于夹紧油路的原理图，液压泵除供给主油路压力油外，还经分支路上的减压阀为夹紧缸提供较泵油压力低的稳定压力油，其夹紧力大小由减压阀来调节控制。

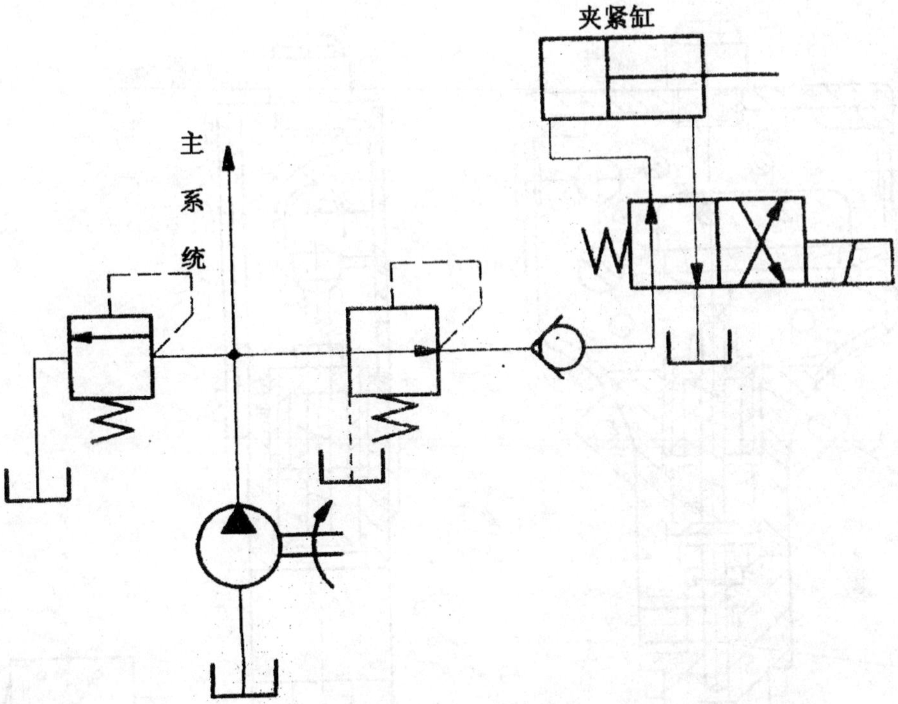

图 6-16　减压阀的应用

6.3.4 压力继电器

压力继电器是一种将油液的压力信号转换为电信号的电液信号转换元件。当液压油的压力达到压力继电器的调定值时，使电气开关发出电信号来控制电气元件动作，实现泵的加载或卸载、执行元件开始顺序动作、系统出现安全保护和元件动作连锁等。任何压力继电器都是由压力与位移动转换装置和微动开关两部分组成的。按压力与位移转换装置的结构划分，有柱塞式、弹簧管式、膜片式和波纹管式四类，其中以柱塞式最常用。

图 6-17 所示为单柱塞式压力继电器的工作原理图和图形符号。液压油从油口 P 通入后作用在柱塞 1 的底部，若其压力已达到弹簧的调定值，它便克服弹簧的阻力和柱塞表面的摩擦力推动柱塞上升，通过顶杆 2 触动微动开关 4 发出电信号。调节螺钉 3 可改变弹簧的压缩量，相应就调节了发出电信号时的控制油压力。当系统压力较低时，在弹簧力的作用下，柱塞下移，压力继电器复位切断电信号。

压力继电器发出电信号时的压力称为开启压力，切断电信号时的压力称为闭合压力。开启时，柱塞、顶杆移动时所受到的摩擦力的方向与压力的方向相反；闭合时，柱塞、顶杆移动时所受到的摩擦力的方向与压力的方向相同。故开启压力比闭合压力大。两者之差称为通断调节区间。通断调节区间要有足够大，否则，系统压力脉动变化时，压力继电器发出的电信号会时断时续。

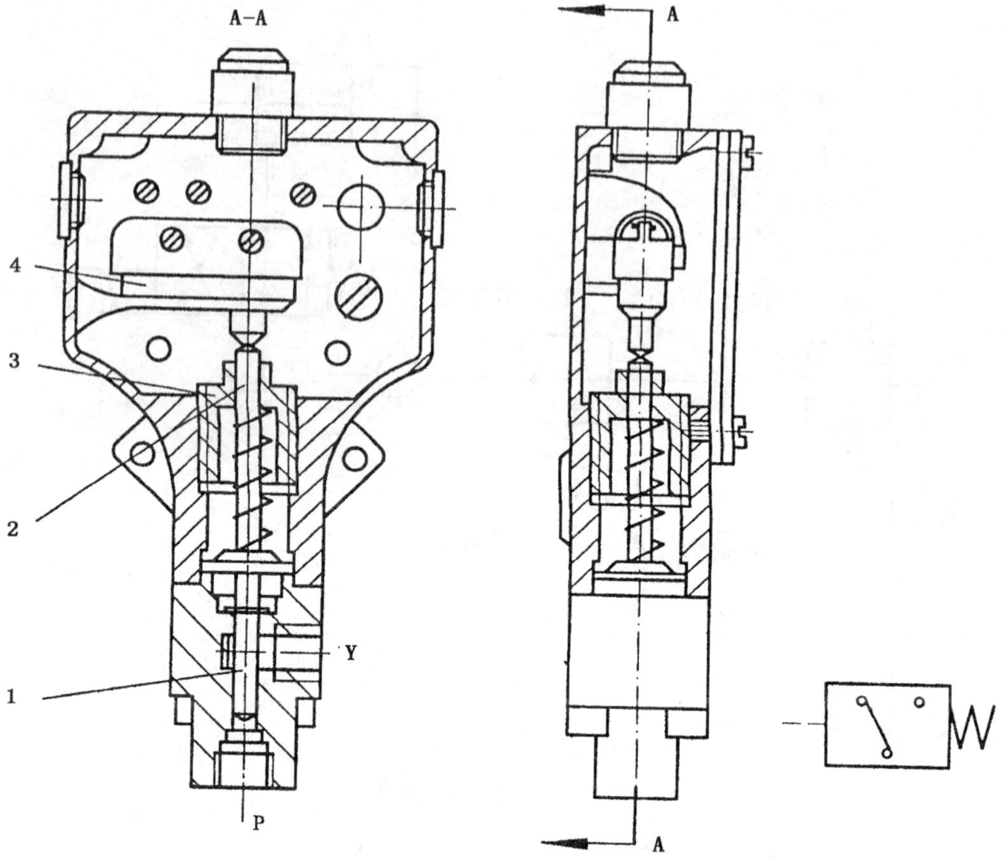

（a）结构原理图　　（b）图形符号

1. 柱塞；2. 顶杆；3. 调节螺钉；4. 微动开关

图 6－17　单柱塞式压力继电器

6.3.5 压力控制阀的常见故障及排除方法

各种压力控制阀的结构和原理十分相似，在结构上仅有局部不同，有的是进出油口连接差异，有的是阀芯结构形状做局部改变，所以仅把溢流阀和减压阀常见故障及排除方法列举出来。在实际工作中，对于其它的压力控制阀常见故障及排除方法，可以参考溢流阀和减压阀。

1. 溢流阀的常见故障及排除方法

溢流阀的常见故障及排除方法见表 6－4。

表6-4 溢流阀的常见故障及排除方法

故障现象	产生原因	排除方法
压力上不去，达不到调定压力，溢流阀提前开启。	1. 主阀芯与滑套配合间隙内有污物或主阀芯卡死在打开位置。 2. 主阀芯阻尼小孔内有污物堵塞。 3. 主阀芯弹簧漏装或折断。 4. 先导阀(针形)与阀座之间有污物粘附，不能密合。 5. 先导阀(针形)与阀座之间密合处产生磨损;针形阀有拉伤、磨损环状凹坑或阀座成锯齿状甚至有缺口。 6. 调压弹簧失效。 7. 调压弹簧压缩量不够。 8. 远控口未堵住。(对安装在多路阀内的溢流阀，若需要溢流阀卸荷，其远控口是由其它方向阀的阀杆移动堵住的。)	1. 拆卸清洗;用尼龙刷等清除主阀芯卸荷槽尖棱边的毛刺;保证阀芯与阀套配合间隙在0.008~0.015mm之间内灵活运动。 2. 清洗主阀芯，并用φ0.8mm细钢丝通小孔，或用压缩空气吹通。 3. 加装主阀芯弹簧或更换主阀芯平衡弹簧。 4. 清洗先导阀。 5. 更换针形阀与阀座。 6. 更换失效弹簧。 7. 重调弹簧，并拧紧紧固螺母。 8. 查明原因，保证泵不卸荷，远控口与油箱之间堵死。
当进口压力超过调定压力时，溢流阀也不能开启。	1. 由于主阀芯与阀套配合间隙内卡有污物或主阀芯有毛刺，使主阀芯卡死在关闭位置上。 2. 调压弹簧失效。 3. 主阀芯液压卡紧。 4. 主阀芯弹簧与调压弹簧装反或主阀芯弹簧误装成较硬弹簧。 5. 调压弹簧腔的泄油孔通道有污物堵塞。	1. 拆卸清洗;用尼龙刷等清除主阀芯卸荷槽尖棱边的毛刺;保证阀芯与阀套配合间隙在0.008~0.015mm之间内灵活运动。 2. 更换弹簧。 3. 恢复主阀精度，补卸荷槽;更换主阀芯。 4. 检查更正重装。 5. 清洗，并用压缩空气吹净。
压力振摆大，噪声大。	1. 主阀芯弹簧腔内积存空气。 2. 主阀芯与阀套间有污物、或主阀芯有毛刺、配合间隙过大、过小，使主阀芯移动不规则。 3. 先导阀(针形)与阀座之间密合处产生磨损;针形阀有拉伤、磨损环状凹坑或阀座成锯齿状甚至有缺口。 4. 主阀芯阻尼孔时堵时通。 5. 主阀芯弹簧或调压弹簧失去弹性，使阀芯运动不规则。 6. 主阀芯弹簧与调压弹簧装反或主阀芯弹簧误装成较硬弹簧。 7. 二级同心的溢流阀同心度不够。	1. 使溢流阀在高压下开启低压开关反复数次。 2. 拆卸清洗;用尼龙刷等清除主阀芯卸荷槽尖棱边的毛刺;保证阀芯与阀套配合间隙在0.008~0.015mm之间内灵活运动。 3. 更换针形阀与阀座。 4. 清洗，并酌情更换变质的液压油。 5. 检查更换。 6. 检查更正重装。 7. 更换不合格产品。

2. 减压阀的常见故障及排除方法

减压阀的常见故障及排除方法见表6-5。

表6-5 减压阀的常见故障及排除方法

故障现象	产生原因	排除方法
不起减压作用，出油口几乎等于进油口压力。	1. 主阀芯与阀体孔之间间隙里有污物，主阀芯与阀体孔的形位公差超差产生液压卡紧；主阀芯或阀体棱边上有毛刺没除去，造成主阀芯卡死在全开位置。 2. 主阀芯表面或阀孔拉毛、配合间隙过小。 3. 主阀芯短阻尼孔堵塞。 4. 泄油孔油塞未拧出。 5. 拆修后顶盖方向装错，使输出油孔与泄油孔打通。	1. 分别拆卸检查清洗；修复达到精度；去毛刺。 2. 研磨阀孔，再配阀芯；配合间隙一般为0.007~0.015mm。 3. 清洗，并用钢丝通孔或用压缩空气吹通。 4. 应拧出泄油塞，使该孔与油箱接通，并保持泄油管畅通。 5. 检查调整。
输出压力达不到调定压力。	1. 先导锥阀与阀座密合不良。 2. 调压弹簧疲劳变软或折断。 3. 主阀和先导阀结合面之间漏油。 4. 调压手轮（螺钉）螺纹拉伤，不能调压。	1. 更换或研配。 2. 更换。 3. 检查O型密封圈若失效应更换；拧紧螺钉。 4. 更换。
不稳定有时噪声也大。	1. 先导阀与阀座配合不好，或有污物或损伤造成密合不良。 2. 调压弹簧失效，造成锥阀时开时闭，振荡。 3. 泄油口或泄油管时堵时通。 4. 主阀芯阻尼孔时堵时通。 5. 主阀芯弹簧变形或失效，使主阀芯失去移动调节作用。 6. 主阀芯与阀孔的圆度超过规定。 7. 油液中混入空气。	1. 研磨修配或更换。 2. 更换。 3. 检查清洗。 4. 检查疏通阻尼孔；换油。 5. 更换主阀芯弹簧。 6. 研磨修配阀孔，修配滑阀。 7. 采取措施排除空气。

§6.4 流量控制阀

流量控制阀通过改变阀口通流面积来调节输出流量，从而控制执行元件的运动速度。常用的流量阀有节流阀和调速阀两种。

6.4.1 流量控制阀的特性

1. 节流口的流量特性公式

流量阀的输出流量与节流口的结构形式有关，实用的节流口都介于理想薄壁孔和细长孔之间，故其流量特性可用小孔流量通用公式 $q_v = CA_T\Delta p^{\varphi}$ 来描述。当 C、Δp 和 φ 一定时，只要改变节流口 A_T，就可调节通过节流口的流量 q_v。

如果我们希望节流阀的阀口面积 A_T 调定以后，通过其流量 q_v 即不再发生变化，以使执行元件的速度保持稳定不变，但实际上是做不到的。其主要原因是：液压系统负载一般情况下不为定值，负载变化后，执行元件的工作压力也随之变化；与执行元件相连的节流阀，其前后压力差 Δp 发生变化后，流量也就变化。另外，油温变化时引起油的粘度发生变化，小孔流量通用公式中的系数 C 值就发出变化，从而使流量发生变化。

另外，油液中的杂质及因氧化而产生的胶质和沥青等胶状物质也会堵塞节流口或积聚在节流口上，积聚物有时又会被高速液流冲掉，使节流口面积时常变化而影响流量稳定性。通流面积越大，水力直径越大，节流通道越短，节流口就越不容易堵塞，流量稳定性也就越好。流量控制阀有一个保证正常工作的最小流量限制值，称为最小稳定流量。

2. 节流口的形式

图 6－18 是常用的三种节流口形式。图 6－18(a)为针阀式节流口，针阀做轴向移动，改变通流面积，以调节流量，其结构简单，但流量稳定性差，一般用于要求不高的场合。图 6－18(b)为偏心式节流口，阀芯上开有截面为三角形或矩形的偏心槽，转动阀芯就可改变通流面积以调节流量，其阀芯受径向不平衡力，适用于压力较低的场合。图 6－18(c)为轴向三角槽式节流口，阀芯端部开有一个或两个斜三角槽，在轴向移动时，阀芯就可改变通流面积的大小，其结构简单，可获得较小的稳定流量，应用较广泛。

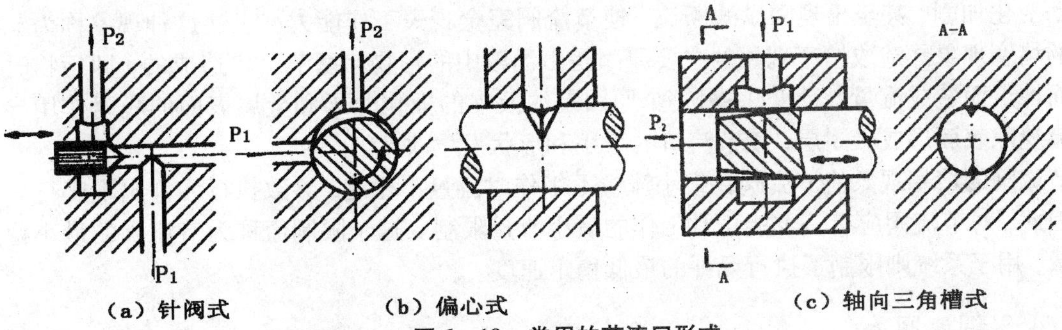

图 6－18　常用的节流口形式

6.4.2 节流阀的结构及特点

如图 6－19 所示为节流阀的结构及图形符号。液压油从进油口 P_1 流入，经孔 a、阀芯 1 左端的轴向三角槽、孔 b 和出油口 P_2 流出。阀芯 1 在弹簧力的作用下始终紧贴在推杆 2 的端部。节流口所在阀芯 1 的锥部通常开有二个或四个三角槽。调节手轮 3，可使推杆沿轴向移动，从而改变进、出油口之间通流面积，即可调节流量。

节流阀的结构简单、体积小、使用方便、成本低。这种节流阀的阀口的调节范围大，流量与阀口前后的压力差成线性关系，有较小的稳定流量，但流道有一定长度，流量易受温度和负载影响。因此只适用于温度和负载变化不大或速度稳定要求不高的液压系统。

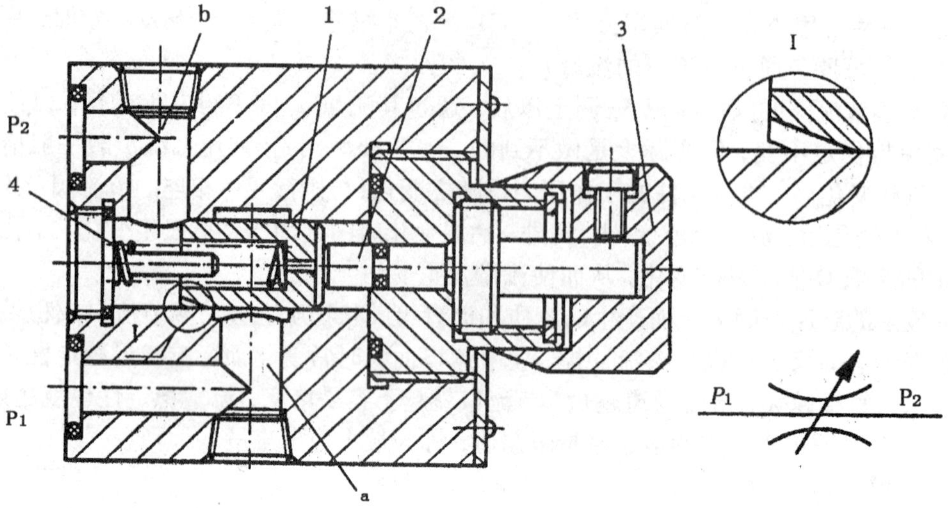

(a)结构原理图　　(b)图形符号

1. 阀芯;2. 推杆;3. 手轮;4. 弹簧

图 6－19　节流阀的结构及图形符号

实验表明，当节流阀在小开口面积下工作时，虽然阀的前后压力差 Δp 和油液粘度 μ 均保持不变，但流经阀的流量 q_v 会出现时多时少的周期性脉动现象，随着开口的逐渐减小，流量脉动变化加剧，甚至出现间歇式断流，使节流阀完全丧失工作能力。上述这种现象称为节流阀的堵塞现象。造成堵塞现象的主要原因是由油液中的污物堵塞节流口造成的，即污物时堵时而冲走而造成流量脉动变化;另一个原因是油液中的极化分子和金属表面的吸附作用导致节流缝隙表面形成吸附层，使节流口的大小和形状发生改变。

节流阀的堵塞现象使节流阀在很小流量下工作时流量不稳定，导致执行元件出现爬行现象。因此，对节流阀应有一个能正常工作的最小流量限制。这个限制值称为节流阀的最小稳定流量，用于系统则限制了执行元件的最低稳定速度。

6.4.3 调速阀

1. 调速阀的工作原理

调速阀是由定差减压阀与节流阀串联而成的组合阀，结构原理及图形符号如图 6－20 所示。节流阀用来调节通过的流量，定差减压阀则自动补偿负载变化的影响，使节流阀前后的压力差为定值，以消除负载变化对流量的影响。如图 6－20(a)所示，定差减压阀 1 与节流阀 2 串联，定差减压阀左右两腔也分别与节流阀前后端沟通。设定差减压阀的进口压力为 p_1，油液经减压后的出口压力为 p_2，通过节流阀又降至 p_3 后进入液压缸。p_3 的大小由液压缸的负载 F 决定。负载 F 变化，则 p_3 和调速阀两端压力差(p_1-p_3)随之变化，但节流阀两端压力差(p_2-p_3)却保持不变。例如:F 增大使 p_3 增大，减压阀阀芯弹簧腔的液压作用力也增大，阀芯左移，减压口开度 x 增大，减压作用减小使 p_2 有所增加，结果压力差(p_2-p_3)保持不变;反之亦然。通过调速阀的流量因此就保持恒定不变了。在调速阀阀体中，减压阀和节流阀一般为相互垂直安置。节流阀部分设有流量调节手轮，而减压阀部分附有行程限位器。

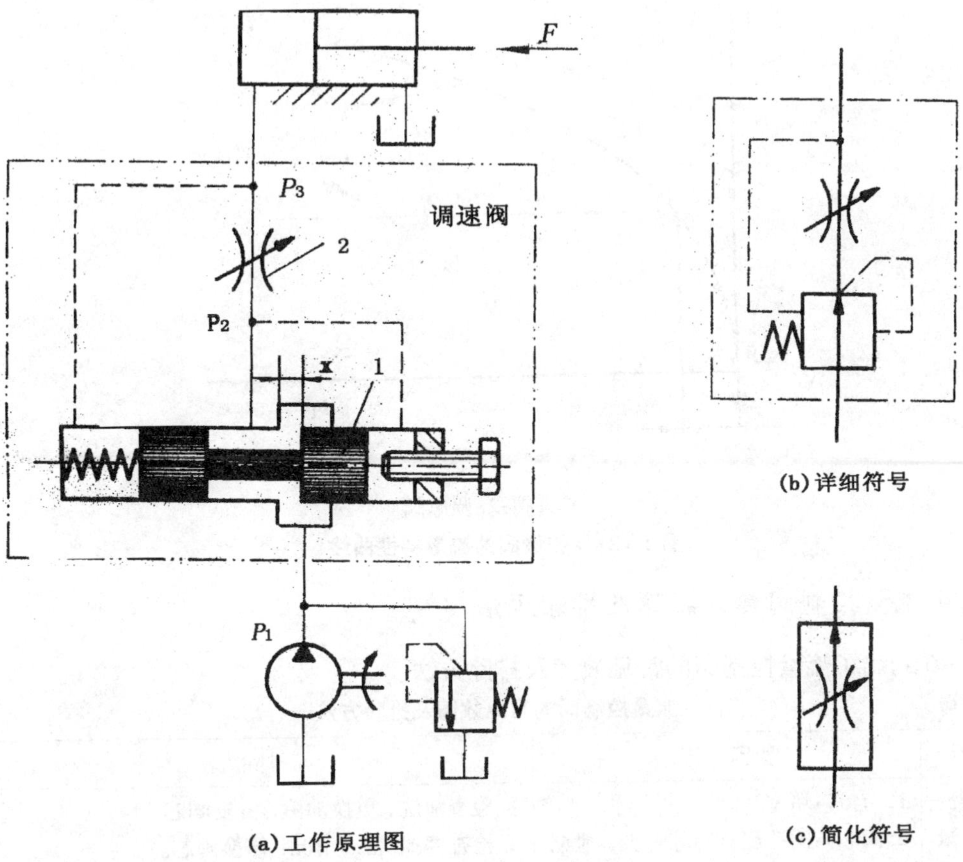

1. 定差减压阀;2. 节流阀

图 6 - 20　调速阀的工作原理及图形符号

2. 调速阀的流量特性

在调速阀中，节流阀既是一个调节元件，又是一个检测元件。当阀的开口面积调定之后，它一方面能够控制流量的大小，一方面用于检测流量信号并将其转换为阀口前、后压力差，再反馈作用到定差减压阀阀芯的两端与弹簧力相比较。当检测的压力差值偏离预定值时，定差减压阀阀芯产生相应的位移，改变减压缝隙的大小以进行压力补偿，进而保证节流阀前后压力差基本保持不变。然而，定差减压阀阀芯的位移势必引起弹簧力和液动力的波动，因此，节流阀前、后压力差只能是基本不变，即流经调速阀的流量基本稳定。

调速阀的流量特性曲线如图 6 - 21 所示。由图可见，当调速阀前、后两端的压力差超过最小值 Δp_{min} 以后，流量是稳定的。而在 Δp_{min} 以内，流量随压力差的变化而变化，其变化规律与节流阀相一致。这是因为当调速阀的压差过低时，将导致其内的定差减压阀阀口全部打开，减压阀处于非工作状态，只剩下节流阀在起作用，故此段曲线和节流阀曲线基本一致。

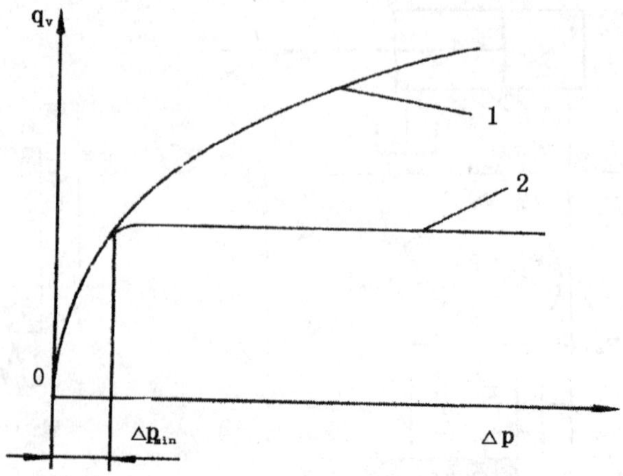

1. 节流阀;2. 调速阀

图 6－21　流量阀的流量特性曲线

6.4.4 流量控制阀常见故障及排除方法

表 6－6 列出了流量控制阀的常见故障及排除方法。

表 6－6　流量控制阀的常见故障及排除方法

故障现象	原因分析	排除方法
无流量流过或流量极少。	1. 节流口堵塞。 2. 阀芯与阀孔配合间隙过大，泄漏大。	1. 检查清洗，更换油液，修复阀芯。 2. 检查磨损、密封情况，修换阀芯。
流量不稳定。	1. 油中杂质粘附在节流口边缘上，通流截面减少，速度减慢。 2. 节流阀内、外泄漏大，流量损失大，不能保证运行所需要的流量。	1. 拆洗节流阀，清除污物，更换滤油器或更换油液。 2. 检查阀芯与阀体之间的间隙及加工精度，超差零件修复或更换。检查有关连接部位的密封情况或更换密封件。

§6.5　插装阀与叠加阀

6.5.1 插装阀

插装阀也叫逻辑阀，是一种较新型的液压元件。它的特点是通流能力大、密封性能好、动作灵敏，并且结构简单。因而，插装阀主要用于流量较大的系统或对密封性能要求较高的系统中。

1. 二通插装阀的结构和工作原理

插装阀的基本结构及图形符号如图 6－22 所示。它由控制盖板 1、插装单元（由阀套 2、弹簧3、阀芯4及密封件组成)、插装块体5和先导控制阀(置于控制盖板上,图中没有画出)组成。插装单元采用插装式连接,阀芯为锥形。根据不同需要,阀芯的锥端可开阻尼孔或节流三角槽,也可以是圆柱形阀芯。

盖板将插装单元封装在插装块体内,并沟通先导阀和主阀。通过主阀阀芯的开启,可对主油路的通断起控制作用。使用不同的先导阀可构成压力控制、方向控制或流量控制,并可组成复合控制。若干个不同控制功能的二通插装阀组装在一个或多个插装块体内便组成液压回路。

由于这种阀的插装单元在回路中主要起通、断作用,故又称二通插装阀。二通插装阀的工作原理相当于一个液控单向阀。图6-22中A和B为主油路中仅有的两个工作油口,X为控制油口(与先导阀相接)。当X口无液压力作用时,阀芯受到的向上的液压力大于弹簧力,阀芯开启,A与B相通,至于液流的方向,视A、B口压力的大小而定。反之,当X口有液压力作用时,且X口的油液压力大于A和B口的油液压力,才能保证A与B之间处于关闭状态。

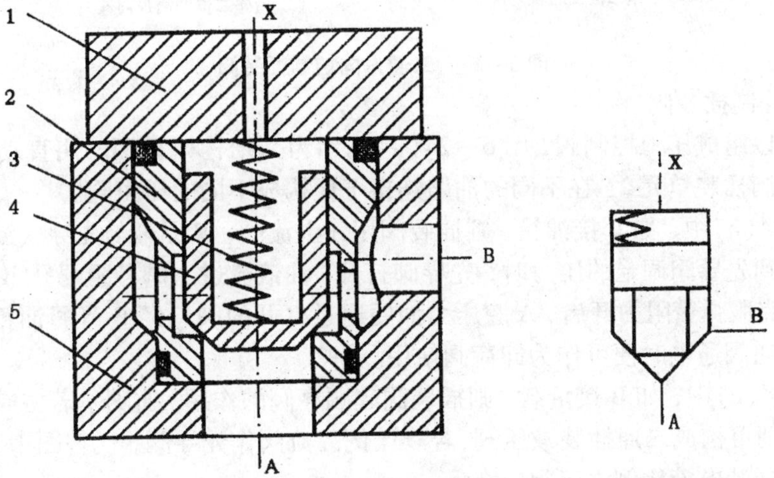

(a)结构原理图　　(b)图形符号

1.控制盖板;2.阀套;3.弹簧;4.阀芯;5.插装块体

图6-22　二通插装阀

2.二通插装阀的应用

(1)二通方向控制插装阀

插装阀可以组成各种方向控制阀,如图6-23所示。图6-23(a)为单向阀,设A和B两腔的压力分别为p_A和p_B,当$p_A>p_B$时,阀芯关闭,A与B油路不通;而当$p_B>p_A$时,阀芯开启,油液从B流向A。图6-23(b)为二位二通阀,在图示状态下,电磁阀断电,阀芯开启,A和B腔相通;当二位三通电磁阀通电时,且$p_A>p_B$,阀芯关闭,A与B油路切断。图6-23(c)为二位三通阀,当二位四通电磁阀断电时,A与T接通,A与P断开;当电磁阀通电时,A与P接通,A与T断开。图6-23(d)为二位四通阀,当电磁阀断电时,P与B接通,A与T接通;当电磁阀通电时,P与A接通,B与T接通。用多个先导阀(如上述各电磁阀)和多个主阀相配,可构成复杂位通组合的二通插装换向阀。这是普通换向阀做不到的。

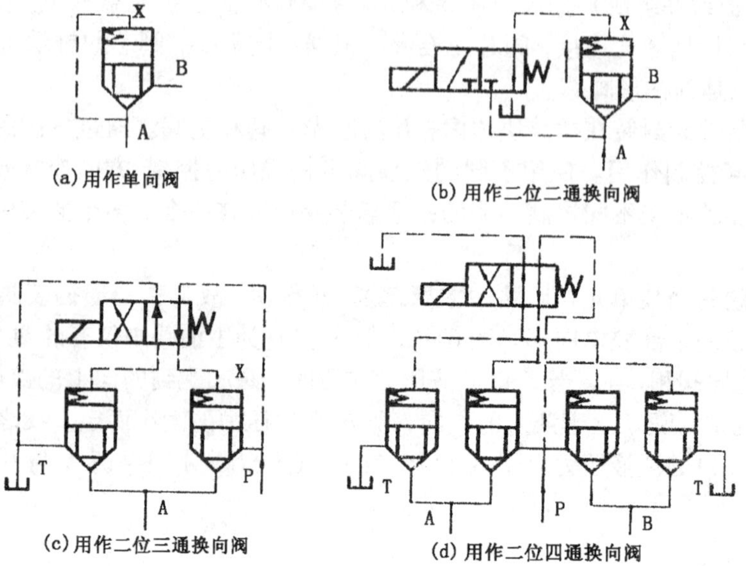

(a)用作单向阀　(b)用作二位二通换向阀　(c)用作二位三通换向阀　(d)用作二位四通换向阀

图6－23　二通方向控制插装阀

(2)压力控制插装阀

插装阀可以组成压力控制阀，图6－24(a)所示为其结构原理图。用直动式溢流阀1作为先导阀来控制插装单元2，在不同的油路连接下便构成不同的压力阀。

在图6－24(b)中，如B接油箱，则插装阀用作溢流阀，其原理与先导式溢流阀相同。当A腔油压升高到先导阀调定的压力时，先导阀打开，油液流过主阀芯阻尼孔R时造成两端压差，使主阀芯克服弹簧阻力开启，A腔压力油便通过打开的阀口经B流回油箱，实现溢流稳压。当二位二通阀通电时便可作为卸荷阀使用。

在图6－24(c)中，如B接负载，则插装阀起顺序阀的作用。此外，若主阀采用油口常开的圆锥阀芯，则可构成二通插装减压阀；若以比例溢流阀作先导阀，代替图中直动式溢流阀，则可构成二通插装电液比例溢流阀。

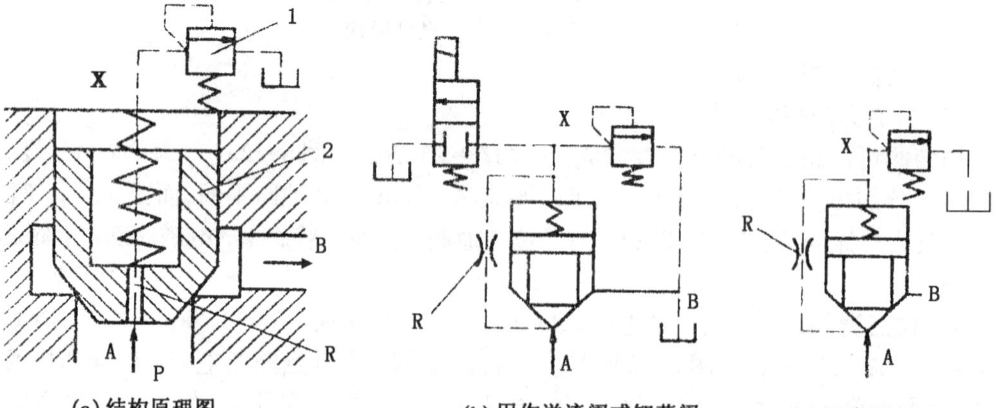

(a)结构原理图　(b)用作溢流阀或卸荷阀　(c)用作顺序阀

1.先导阀；2.主阀；R.阻尼孔

图6－24　二通压力控制插装阀

(3)流量控制插装阀

在二通插装方向控制阀的盖板上增加阀芯行程调节器以调节阀芯的开度，这个方向阀就兼具了可调节流阀的功能，即构成二通插装节流阀，二通插装节流阀图形符号如图6－25所示。若在二通插装阀前串联一个定差减压阀，则可组成二通插装调速阀。

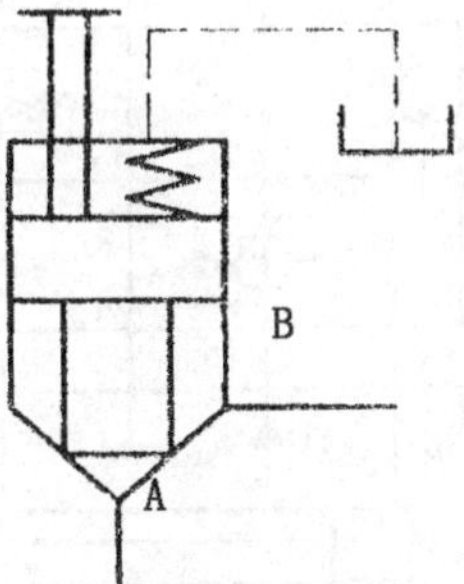

图6－25 二通插装节流阀的图形符号

6.5.2 叠加阀

叠加阀早期用来作插装阀的先导阀，后来发展成为一种全新的阀类。它以板式阀为基础，单个叠加阀的工作原理与普通阀完全相同，所不同的是每个叠加阀都有四个油口P、A、B、T，且上下贯通。它不仅可以起到单个阀的功能，而且还能沟通阀与阀之间的流道。对于某一规格的叠加阀，其连接、安装尺寸应与同一规格的电磁换向阀或电液换向阀一致。用叠加阀组成回路时，换向阀应安装在最上方，所有对外连接的油口开在最下边的底板上，其它的阀通过螺栓联接在换向阀和底板之间。图6－26所示为叠加式液压装置图。图6－27为叠加阀组成的系统图。由叠加阀组成的系统具有结构紧凑、体积小、重量轻、配置灵活、占地面积小、三化(标准化、通用化、集成化)程度高、振动和噪声小、动作平稳、使用安全可靠、维修容易、系统设计及制造周期短等特点，是一种很有发展前途的液压控制阀类。

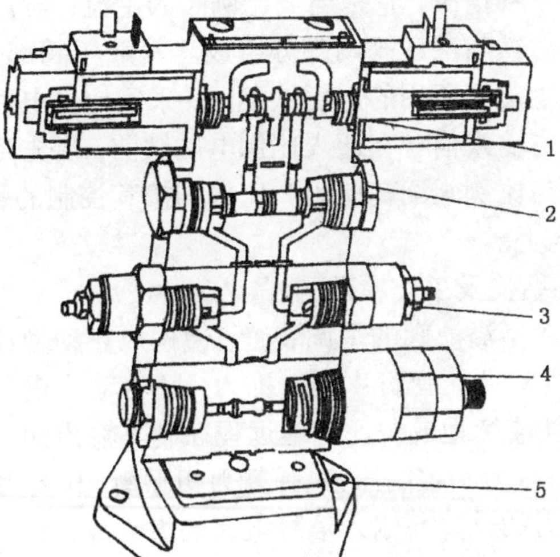

1. 三位四通电磁换向阀;2. 叠加式双向液压锁;3. 叠加式双口进油路单向节流阀;
4. 叠加式减压阀;5. 底板

图6－26 叠加式液压装置图

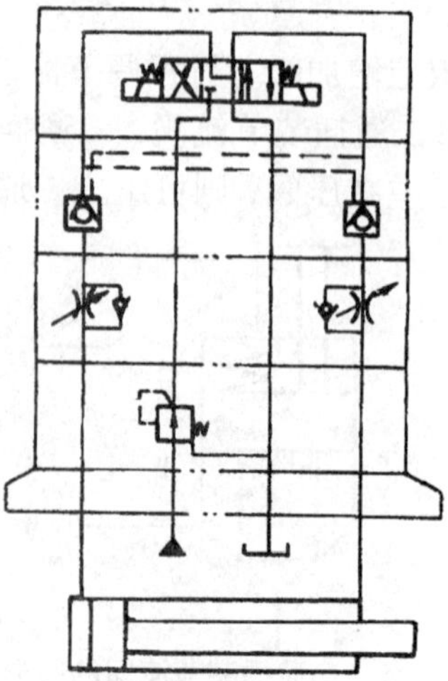

图 6－27　叠加阀组成的系统图

§6.6　电液比例控制阀、电液伺服阀

6.6.1 电液比例控制阀

1. 电液比例控制阀的概述

电液比例控制阀简称比例阀，它是一种把输入的电信号按比例地转换成力或位移，从而对压力、流量等参数进行连续控制的一种液压阀。它的产生：一类是由电液伺服阀简化结构、降低精度发展而来的；另一类是以比例电磁铁取代普通液压阀的手调装置或普通电磁铁而发展起来的。下面仅介绍后一种情况，它是当今比例阀的主流，与普通液压阀可以进行互换。

比例阀由直流比例电磁铁与液压阀两部分组成。其液压阀部分与一般液压阀差别不大，而直流比例电磁铁和一般电磁阀所用的电磁铁不同，采用比例电磁铁可得到与给定电流成比例的位移输出和吸力输出。输入信号在通入比例电磁铁前，要先经电放大器处理和放大。电放大器多制成插接式装置与比例阀配套使用。比例阀按其控制的参量可分为：比例压力阀、比例流量阀、比例方向阀三大类。

2. 电液比例控制阀的结构及工作原理

用比例电磁铁取代直动型溢流阀的手调装置，便构成直动型比例溢流阀。如图 6－28 所示，比例电磁铁 1 的推杆 3 对调压弹簧 4 施加推力，随着输入电信号强度的变化，便可改变调压弹簧的压缩量，该阀便连续地或按比例地远程控制其输出油液的压力。从溢流阀主阀芯 6 上受力分析可知，进油口压力和控制压力、弹簧力相平衡（其受力情况与普通溢流阀相似），因此比例溢流阀进油口压力的升降与输入信号电流的大小成比例。在图中，比例电磁铁的前端附有位移传感器，它能准确地测定比例电磁铁的形程，并向电放大器发出电反馈信号。电放大器将输入信号和反馈信号加以比较后，再向电磁铁发出纠正信号以补偿误差。这样既能消除动力等干扰因素，又能保持准确的阀芯位置或节流口面积。

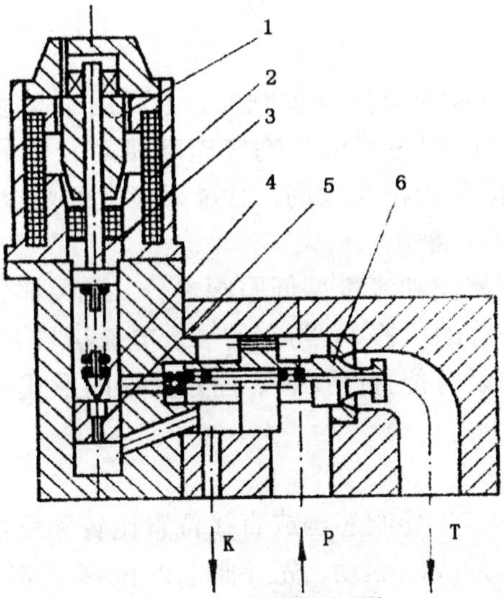

(a)结构原理图

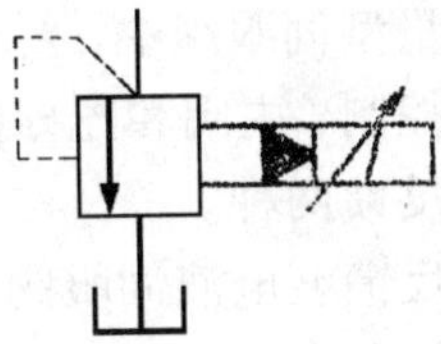
(b)图形符号

1. 比例电磁铁;2. 线圈;3. 推杆;4. 调压弹簧;5. 先导阀座;6. 主阀芯

图6－28　比例溢流阀

3. 比例阀的应用举例

图6－29(a)所示为利用比例溢流阀调压的多级调压回路，图中1为比例溢流阀，2为电子放大器。改变输入电流I，即可控制系统获得多级工作压力。它比利用普通溢流阀多级调压回路所用液压元件少，回路简单，且能对系统压力进行连续控制。

图6－29(b)所示为采用比例调速阀的调速回路。改变比例调速阀输入电流即可使液压缸获得所需要的运动速度。比例调速阀可在多级调速回路中代替多个调速阀，也可用于远距离速度控制。

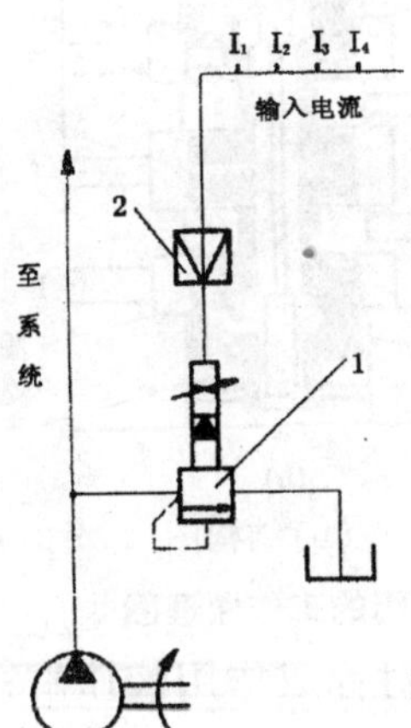

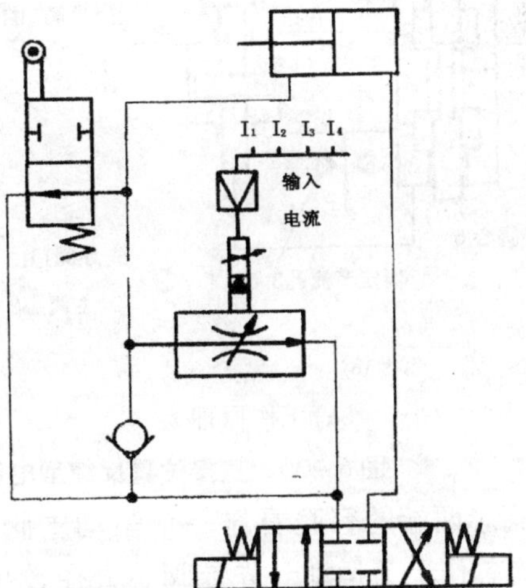

1. 比例溢流阀;2. 电子放大器

图6－29　比例阀的应用

6.6.2 电液伺服阀

电液伺服阀的输出流量或压力是由输入的电信号控制的，主要用于高速闭环液压系统中，用以实现位置、速度和力的控制等；而比例阀多用于响应速度相对较低的开环控制系统中。伺服阀具有精度高、响应快等优点，但其价格也较高，对过滤精度的要求也很高。目前，伺服阀广泛应用于高精度控制的自动控制设备中。

电液伺服阀多为两级阀，有压力型伺服阀和流量型伺服阀之分，绝大部分伺服阀为流量型伺服阀。在流量型伺服阀中，要求主阀芯的位移Xp与它的输入电流信号I成正比，为了保证主阀芯的定位控制，主阀和先导阀之间设有位置负反馈，位置反馈的形式主要有直接位置反馈和位置－力反馈两种。

1. 直接位置反馈型电液伺服阀

直接位置反馈型电液伺服阀的主阀芯与先导阀芯构成直接位置比较和反馈，其工作原理如图6－30所示。先导阀由动圈式力马达的线圈驱动，先导阀芯的位移x与输入电流I大小成比例，其运动方向与电流的方向保持一致。先导阀芯的直径小，无法控制系统中的大流量；主阀芯的阻力很大，力马达的推力又不足以驱动主阀芯。其解决的办法是，先用力马达驱动直径较小的先导阀芯，然后用直接位置反馈（位置随动）的办法让主阀芯等量跟随先导阀运动，以达到用小信号控制系统中的大流量的目的。

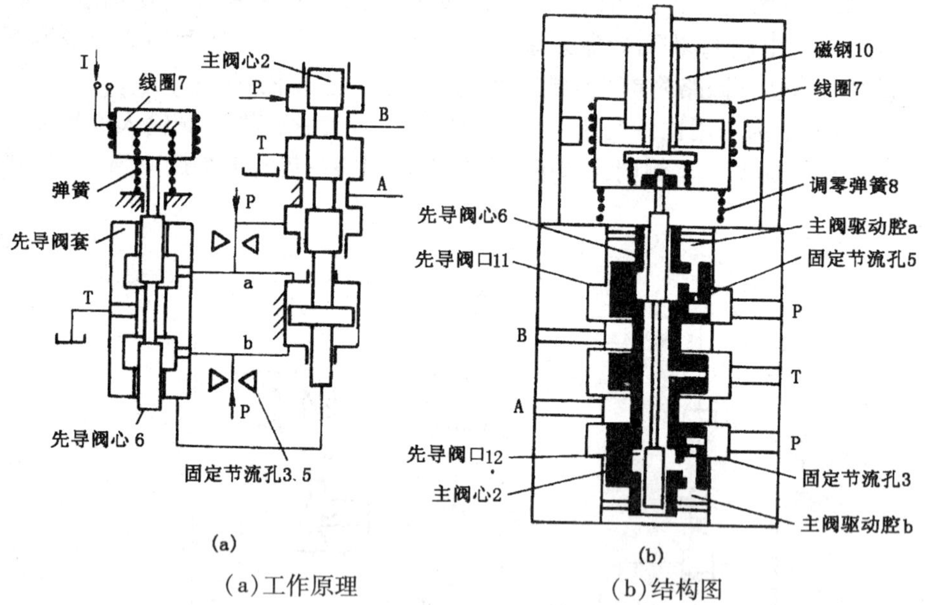

（a）工作原理　　（b）结构图

图6－30　直接位置反馈型电液伺服阀的工作原理图

我们将主阀芯两端的容腔看作一个驱动主阀芯的对称双作用液压缸，该缸由先导阀供油，以控制主阀芯作上下运动。先导阀芯直径较小，为了降低加工难度，通常用两个固定的节流孔代替先导阀上用于控制主阀芯上下两腔的进油阀口。为了实现直接位置反馈，将主阀芯、驱动液压缸、先导阀阀套三者做成一体，因此主阀芯的位移x_p（被控位移）被反馈到先导阀上，且与先导阀套的位移$x_{套}$相等。当先导阀芯在力马达的驱动下向上运动而产生位移$x_{心}$时，先导阀芯与阀套之间产生的开口量为$x_{心}-x_{套}$，此时，主阀芯上腔的回油口打开，压力差驱动主阀芯自下而上运动，同时先导阀口在反馈的作用下逐渐关小。当导阀口完全关闭时，主阀停止运动且主阀芯的位移 $x_p = x_{套} = x_{心}$。反向运动亦然。在这种反馈中，主阀芯等量跟随先导阀运动，故称为直接位置反馈。

图6-31(a)所示为DY系列直接位置反馈型电液伺服阀的结构图。上部为动圈式力马达，下部是两级滑阀装置。液压油由P口进入，A、B口接执行元件，T口接回油。由线圈(动圈)7带动的先导阀6与空心主滑阀4的内孔配合，动圈与先导阀之间为固定连接，并用两个弹簧8、9定位对中。先导阀上的两条控制边与主滑阀上的两个横向孔形成两个可变节流口11、12。由P口来的液压油除流经主控油路外，还要流经固定节流口3、5和可变节流口11、12，先导阀的环形槽和主滑阀中部的横向孔至回油口的油路，形成前置液压放大器的油路(如图6-31(b)所示)。显然，前置级液压放大器是由具有两个可变节流口11、12和固定节流口3、5组合而成的。油路中固定节流口与可变节流口的连接节点a、b分别与主滑阀上、下两个台肩的端面连通，主滑阀可在节点处液流压力的作用下运动；当达到平衡位置时，节点a、b的压力相同，主滑阀保持不动。如果先导阀在线圈的作用下向上运动，节流口11加大，12减小，a点压力降低，b点压力上升，主滑阀随之向上运动。由于主滑阀又兼作先导阀的阀套(位置反馈)，故当主滑阀向上移动的距离与先导阀一致时，停止运动。同样，在先导阀向下运动时，主滑阀也随之向下移动相同的距离。所以称其为直接位置反馈系统。

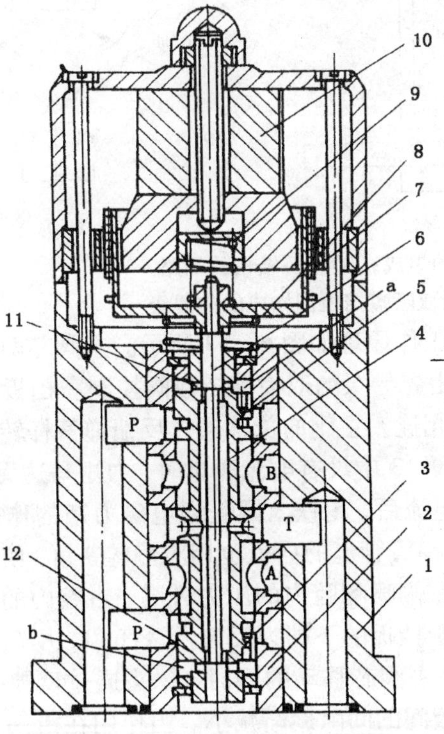

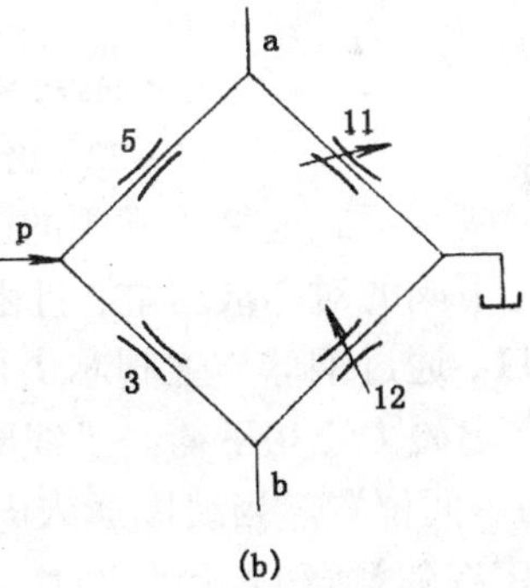

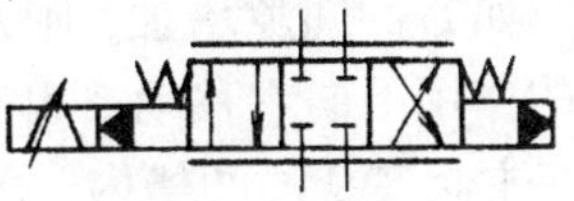

(a)结构图；(b)前置级放大器油路；(c)电液伺服阀符号

1. 阀体；2. 阀座；3、5. 固定节流口；4. 主滑阀；6. 先导阀；7. 线圈(动圈)；

8. 下弹簧；9. 上弹簧；10. 磁钢(永久磁铁)；11、12. 可变节流口

图6-31 DY型电液伺服阀

2. 喷嘴当板式力反馈电液伺服阀

喷嘴挡板式电液伺服阀由电磁和液压两部分组成。电磁部分是一个动铁式力矩马达。液压部分为两级:第一级是双喷嘴挡板阀，被称为前置级(先导级);第二级是四边滑阀，被称为功率放大级(主阀)。

由双喷嘴挡板阀构成的前置级如图 6－32 所示，它由两个固定节流孔、两个喷嘴和 1 个挡板组成。两个对称配置的喷嘴共用一个挡板，挡板和喷嘴之间形成可变节流口，挡板一般由扭轴或弹簧支撑，可绕支撑点偏转，挡板的转动由力矩马达驱动。挡板上没有输入信号时，挡板处于中间位置(即零位)，与两喷嘴之间的距离均为 x_0，此时两喷嘴控制腔内的压力 p_1 与 p_2 相等。当挡板转动时，两个控制腔内的压力一边升高，另一边降低，就有负载压力 p_L ($p_L=p_1-p_2$)输出。双喷嘴挡板阀有四个通道(一个供油口，一个回油口和两个负载口)，有四个节流口，是一种全桥结构。

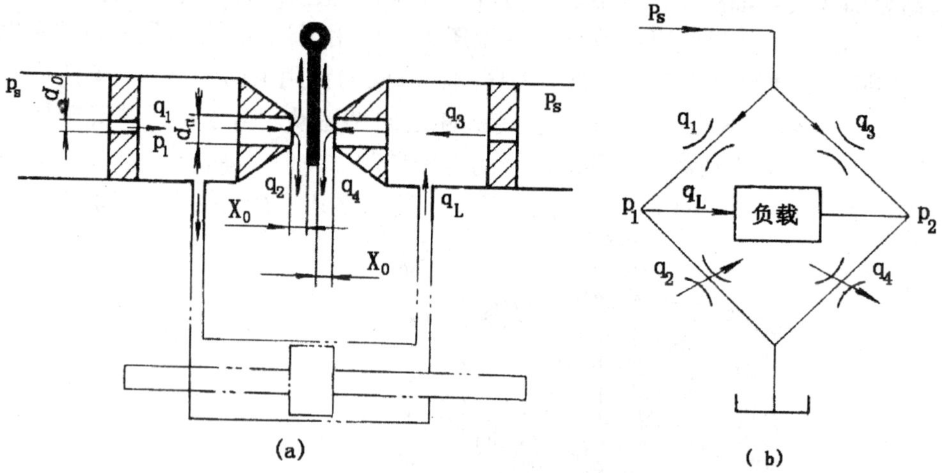

(a)前置级的组成;(b)全桥结构的油路

图 6－32 由双喷嘴挡板阀构成的前置级

力反馈型喷嘴挡板式电液伺服阀的工作原理如图 6－33 所示。主阀芯两端的容腔可以看成是一个驱动主滑阀的对称液压缸，且由先导级的双喷嘴挡板阀控制。挡板 5 的下部延伸一个反馈弹簧杆 11，通过钢球与主阀芯 9 相连。主阀的位移通过反馈弹簧杆转化为弹性变形力作用在挡板上与电磁力矩相平衡。当线圈 13 中没有电流通过时，力矩马达无力矩输出，挡板 5 处于两喷嘴的中间位置。当线圈通入电流后，衔铁 3 因受到电磁力矩的作用偏转的角度为 θ，由于衔铁固定在弹簧管 12 上，此时，弹簧管上的挡板也相应偏转 θ 角，使挡板与两喷嘴间的间隙发生改变，如右侧间隙增加，则左侧喷嘴腔内的压力升高，右腔内的压力降低，主阀芯 9 在此压力差的作用下向右移动。由于挡板的下端为反馈弹簧杆 11，反馈弹簧杆的下端是球头，球头嵌放在主阀芯 9 的凹槽内，在主阀芯移动的同时，球头通过反馈弹簧杆带动上部的挡板一起向右移动，使右侧喷嘴与挡板间的间隙逐渐减小。当作用在衔铁－挡板组件上的电磁力矩与作用在挡板下端因球头移动而产生的反馈弹簧杆变形力矩(反馈力)达到平衡时，滑阀便不再移动，并使其阀口一直保持在这一开度上。该阀通过反馈弹簧杆的变形将主阀芯的位移反馈到衔铁－挡板组件上，并与电磁力矩进行比较而构成反馈，故称之为力反馈式电液伺服阀。

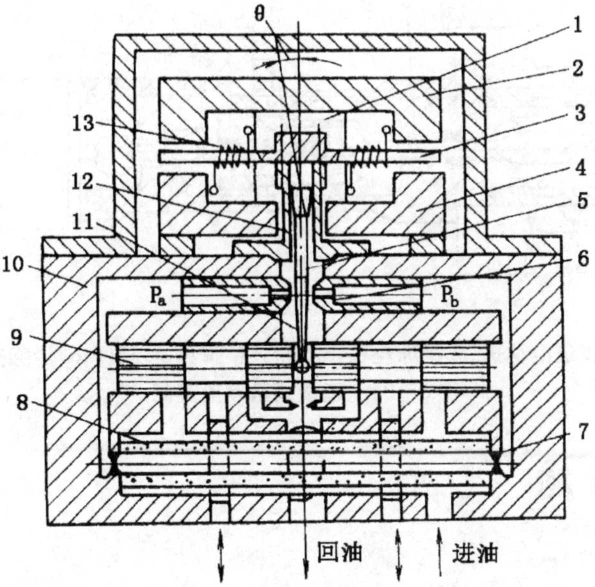

1. 永久磁铁;2、4. 导磁体;3. 衔铁;5. 挡板;6. 喷嘴;7. 固定节流孔;
8. 滤油器;9. 主阀芯;10 阀体;11. 反馈弹簧杆;12. 弹簧管;13. 线圈

图6-33　喷嘴挡板式电液伺服阀

通过线圈的控制电流越大，使衔铁偏转的转矩、挡板的挠曲变形、滑阀两端的压力差以及滑阀的位移量越大，伺服阀输出的流量也就越大。

§6.7　数字阀简介

这种用计算机对电液系统进行控制的技术是今后技术发展的必然趋势。但电液比例阀或伺服阀接受的信号是电压或电流，而计算机的指令是数字信号，接受计算机数字控制的方法有多种，当今较成熟的技术是增量式数字阀，即用步进电动机驱动的液压阀。步进电动机接受计算机发出的经驱动电源放大的脉冲信号，每接受一个脉冲信号便转动一定的角度，并通过凸轮或丝杠等机构转换成直线位移量，以推动阀芯或压缩弹簧，实现液压阀对方向、流量或压力的控制。

图6-34所示为增量式数字流量阀。计算机发出脉冲信号后，步进电动机1发生转动，通过滚珠丝杠2将其转化为轴向位移，进而带动节流阀的阀芯3开始移动。该阀有两个节流口，阀芯移动时首先打开右边的非全周节流口，此时流量较小;若阀芯继续移动后，则打开左边的第二个全周节流口，流量增大。阀的流量通过阀芯3、阀套4及阀杆5的相对膨胀取得温度补偿，以维持流量恒定。该阀无反馈功能，但装有零位移传感器6，在每个控制周期终了时，阀芯都可在它控制下回到零位。这样就保证每个工作周期都在相同的位置开始，使阀有较高的重复精度。

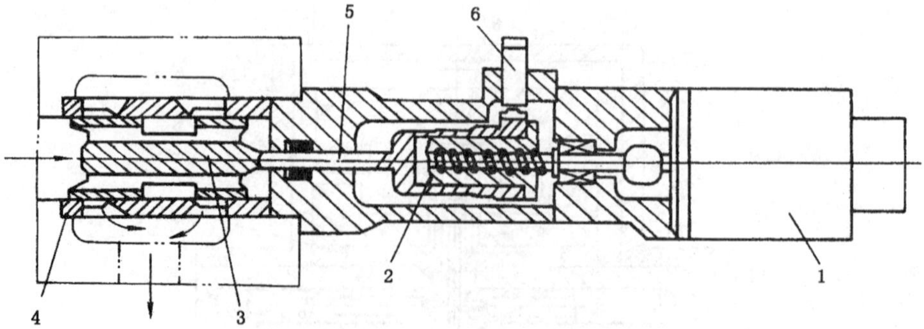

1. 步进电动机；2. 滚珠丝杠；3. 阀芯；4. 阀套；5. 阀杆；6. 传感器

图 6－34　增量式数字流量阀

思考题

6－1　选择换向阀时应考虑哪些问题？

6－2　分别说明 O 型、M 型、P 型和 H 型三位四通换向阀在中间位置时的性能特点。并指出它们各适用什么场合？

6－3　溢流阀、减压阀和顺序阀各有什么作用？它们在原理上、结构上和图形符号上有何异同？

6－4　先导式溢流阀的阻尼小孔起什么作用？若将其堵塞或加大会出现什么情况？

6－5　在系统中有足够负载的情况下，先导式溢流阀、减压阀及调速阀的进、出油口反接会出现什么现象？

6－6　背压阀的作用是什么？哪些阀可以做背压阀？

6－7　如图 6－35 所示，两液压系统中溢流阀的调整压力分别为 $p_A=4MPa$，$p_B=3MPa$，$p_C=3MPa$，当系统的负载为无穷大时，泵的出口压力各为多少？

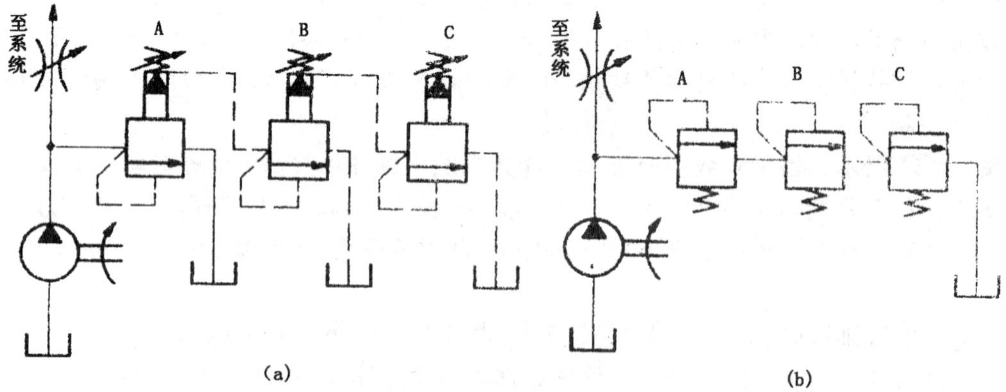

图 6－35　题 6－7 图

6－8　一夹紧回路，如图 6－36 所示。若溢流阀的调定压力 5MPa，减压阀的调定压力 2.5MPa。试分析活塞快速运动时和工件夹紧后，A、B 两点的压力各为多少？

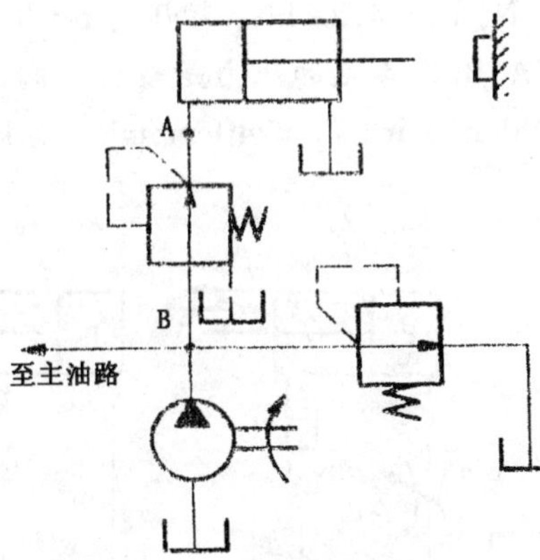

图6-36 题6-8图

6-9 插装阀由哪几部分组成？与普通阀相比有何优点？

6-10 如图6-37所示，两个减压阀的调定压力不同，当两阀串联时，出口压力决定于哪个减压阀？当两个阀并联时，出口压力决定于哪个减压阀？为什么？

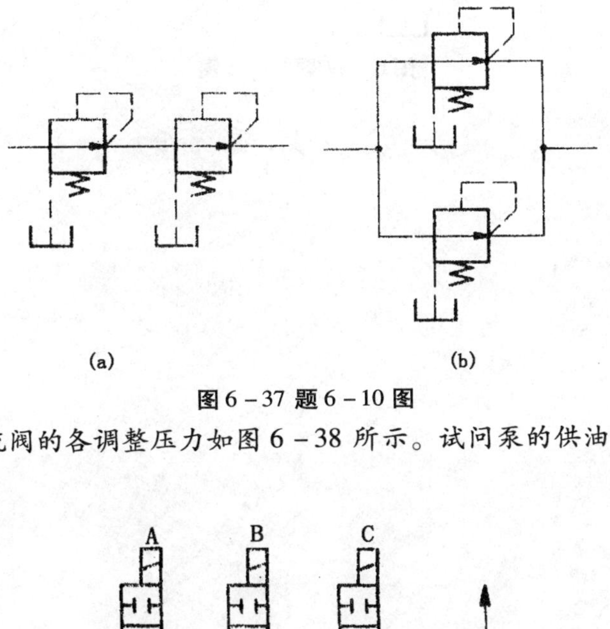

图6-37 题6-10图

6-11 三个溢流阀的各调整压力如图6-38所示。试问泵的供油压力有几级？数值各多大？

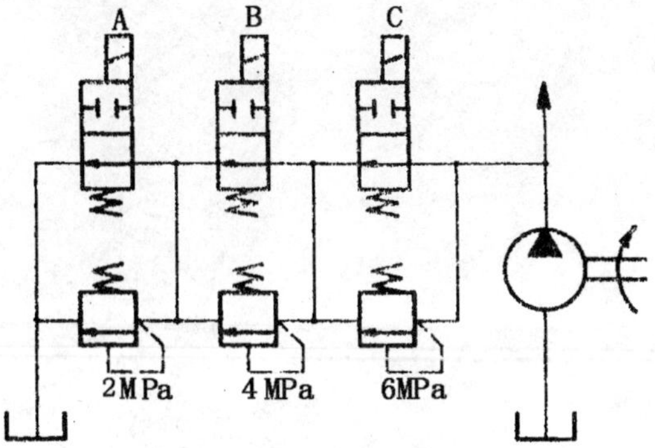

图6-38 题6-11图

6-12 如图6-39所示液压回路中，已知液压缸有效工作面积 $A_1=A_3=100cm^2$，$A_2=$

$A_4=50cm^2$，当最大负载 $F_1=14kN$，$F_2=4.25\ kN$，背压力 $p=0.15MPa$，节流阀 2 的压差 $\Delta p=0.2MPa$ 时，问：不计管路损失，A、B、C 各点的压力是多少？阀 1、2、3 至少应选用多大的额定压力？快速进给运动速度 $v_1=200cm/min$，$v_2=240cm/min$，各阀应选用多大的流量？

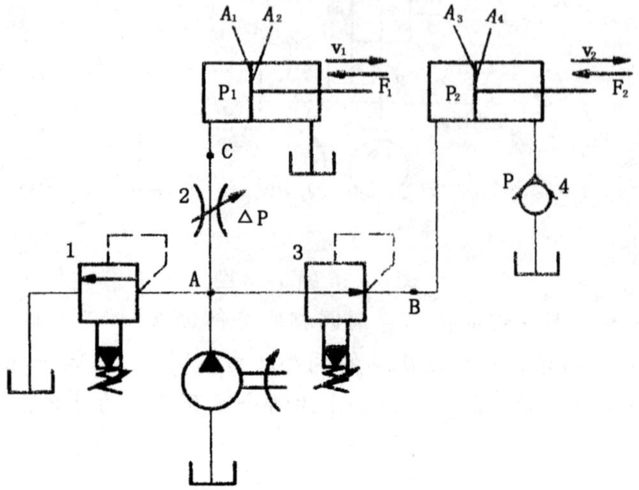

图 6－39 题 6－12 图

第 7 章　液压系统基本回路

任何一种液压传动系统都是由一些基本回路组成的。所谓基本回路，就是用来完成某种特定功能的典型回路。按基本回路的功能可分为压力控制回路、速度控制回路、方向控制回路和多缸工作控制回路等。熟悉和掌握这些基本回路的组成、工作原理和性能，是分析、维护、安装、调试和使用液压系统的重要基础。

● **本章重点**

1. 压力控制回路的工作原理和应用；
2. 快速运动回路和速度转换回路的工作原理及应用；
3. 节流调速回路的速度负载特性；
4. 多缸动作回路的实现方式。

● **本章难点**

1. 减压回路的工作原理及应用；
2. 容积调速回路的调节方法及应用；
3. 多缸快慢互不干扰回路的工作原理。

§7.1　压力控制回路

压力控制回路是通过控制液压系统(或系统中某一部分)的压力，以满足执行元件对力或转矩要求的回路。这类回路包括:调压、保压、增压、减压、背压、卸荷和平衡等多种基本液压回路。

7.1.1 调压回路

调压回路的功能是使液压系统(或系统中某一部分)的压力与负载相适应并保持稳定，或为了安全而限定系统的最高压力不超过某一数值。当液压系统在不同工作阶段需要两种以上不同大小的压力时，可采用多级调压回路。下面介绍两种调压回路。

1. 双向调压回路

当执行元件正反行程需不同的供油压力时，可采用双向调压的回路，图 7 – 1 所示。当换向阀在左位工作时，活塞为工作行程，液压泵出口由溢流阀 1 调定为较高压力，缸右腔油液通过换向阀回油箱，溢流阀 2 此时不起作用。当换向阀如图所示在右位工作时，缸作空行程返回，液压泵出口由溢流阀 2 调定为较低压力，溢流阀 1 不起作用。缸退回到终点以后，液压泵在低压下回油，功率损耗小。

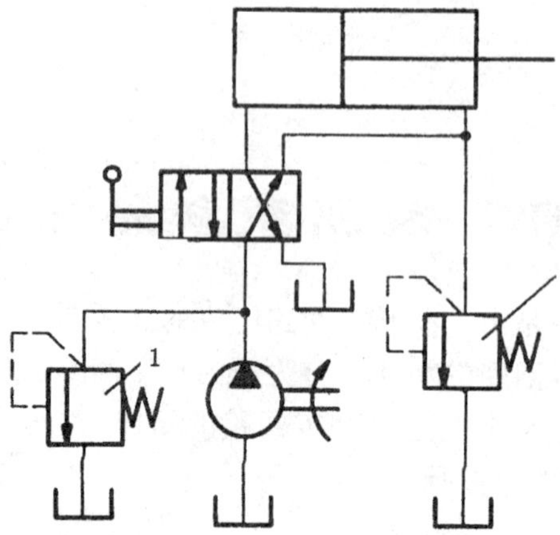

图 7－1　双向调压回路

2. 多级调压回路

图 7－2 所示为三级调压回路。图示状态时，液压泵出口压力由先导式溢流阀 1 调定为最高压力(若阀 4 采用 H 型的中位机能的电磁阀，则此时液压泵卸荷，即为最低压力)；当换向阀 4 的左、右电磁铁分别通电时，液压泵由远程调压阀 2 和 3 调定。阀 2 和阀 3 的调定压力必须小于阀 1 的调定压力值。

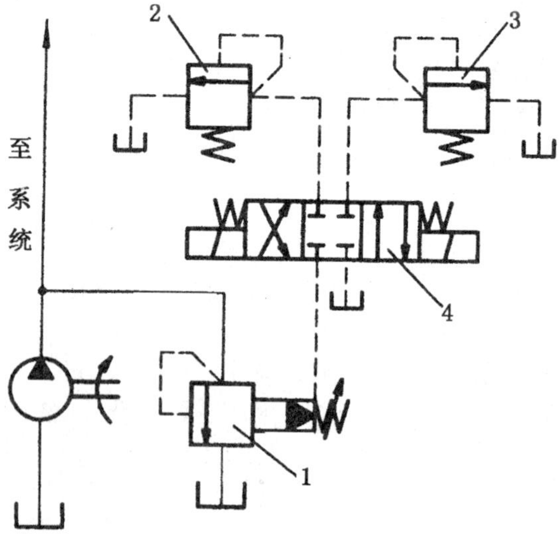

图 7－2 三级调压回路

如果在先导式溢流阀 1 的远程控制口处多并联几个远程调压阀，且各远程调压阀的出油口分别由二位二通换向阀来控制，就能实现多级调压。

7.1.2 减压回路

减压回路的功能是使液压系统中某一支路具有较主油路低的稳定压力。当液压系统中某一支路在不同工作阶段需要两种以上大小不同的工作压力时，可采用多级减压回路。

1. 单向减压回路

图 7－3 所示为用于夹紧液压系统的单向减压回路。单向减压阀 5 安装在液压缸 6 与换向阀 4 之间，当 1YA 通电，三位四通电磁换向阀左位工作，液压泵输出压力油通过单向阀 3、

换向阀 4，经减压阀 5 减压后输入液压缸的左腔，推动活塞向右运动，夹紧工作，右腔的油液经换向阀 4 流回油箱；当工件加工完了以后，2YA 通电，换向阀 4 右位工作，液压泵输出压力油通过单向阀 3、换向阀 4，进入液压缸的右腔，推动活塞向左运动，液压缸 6 左腔的油液经单向减压阀 5 的单向阀、换向阀 4 流回油箱，回程时减压阀不起作用。单向阀 3 在回路中的作用是，当主油路压力低于减压油路的压力时，利用锥阀关闭的严密性，保证减压回路的压力不变，使夹紧缸保持夹紧力不变。还应指出，减压阀 5 的调整压力应低于溢流阀 2 的调整压力，才能保证减压阀正常工作(起减压作用)。

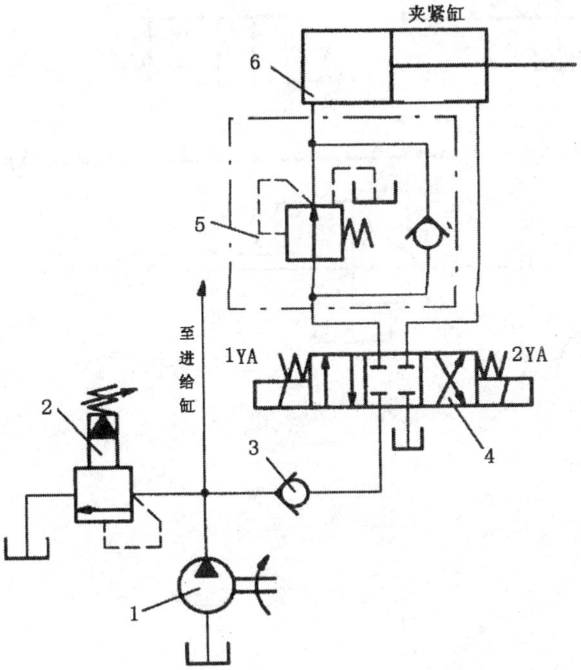

图 7－3 单向减压回路

2. 二级减压回路

图 7－4 所示为一种由减压阀和远程调压阀组成的二级减压回路。图示状态，夹紧压力由减压阀 1 调定，当二通阀通电后，夹紧压力则由远程调压阀 2 决定，故此回路为二级减压回路。若系统只需一级减压，可取消二通阀与远程调压阀 2，堵塞减压阀 1 的外控口。若取消二通阀，远程调压阀 2 用直动式比例溢流阀取代，根据输入的信号的变化，便可获得无级或多级的稳定低压。为使减压回路可靠地工作，其最高调整压力应比系统压力低一定数值，例如中高压液压系统减压阀约低 1MPa(中、低压液压系统约低 0.5MPa)，否则减压阀不能正常工作。当减压支路的执行元件速度需要调节时，节流元件应装在减压阀的出口，因为减压阀起作用时，有少量泄油从先导阀流回油箱，节流元件装在出口，可避免泄油对节流元件调定的流量产生影响。减压阀出口压力若比系统压力低得多，会增加功率损失和系统升温，必要时可用高、低压双泵分别供油。

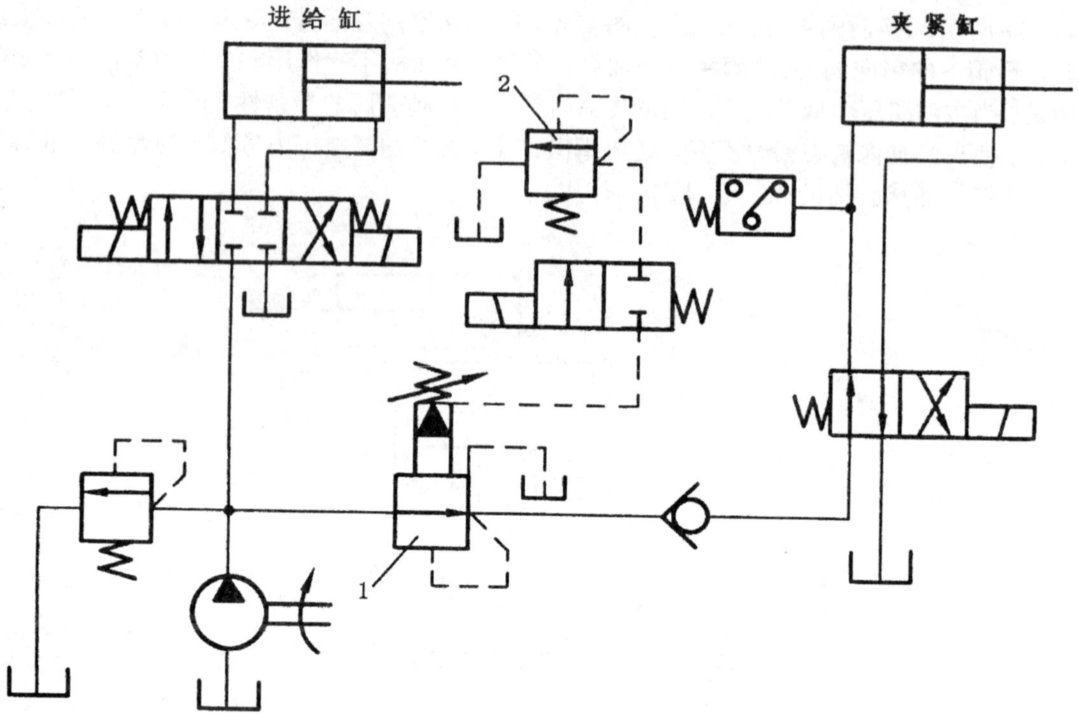

1. 减压阀;2. 远程调压阀

图 7－4　二级减压回路

7.1.3 卸荷回路

卸荷回路的功能是在液压泵不停止转动的情况下，使液压泵在零压或很低压力下运转，以减小功率损耗、降低系统发热、延长液压泵和驱动电动机的使用寿命。

1. 三位阀中位机能的卸荷回路

如图 7－5 所示为采用 M 型(也可用 H 型或 K 型)中位滑阀机能的三位四通电磁换向阀来实现卸荷的回路。换向阀在中位时可以使液压泵输出的油液直接流回油箱中，从而实现液压泵的卸荷。对于低压小流量液压泵，采用换向阀直接卸荷是一种简单而有效的方法。

2. 二位二通阀的卸荷回路

如图 7－6 所示为二位二通阀的卸荷回路。采用此方法的卸荷回路必须使二位二通换向阀的流量与液压泵的额定流量相匹配。这种卸荷方法的卸荷效果较好，易于实现自动控制。一般适用于液压泵的流量小于 63L/min 的场合。

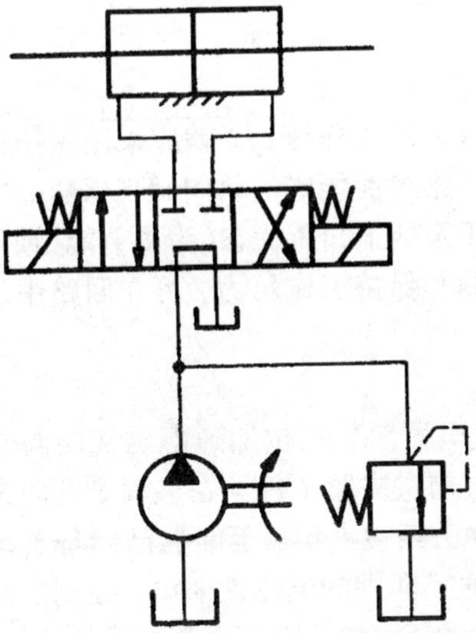

图7-5　用M型三位四通阀卸荷回路

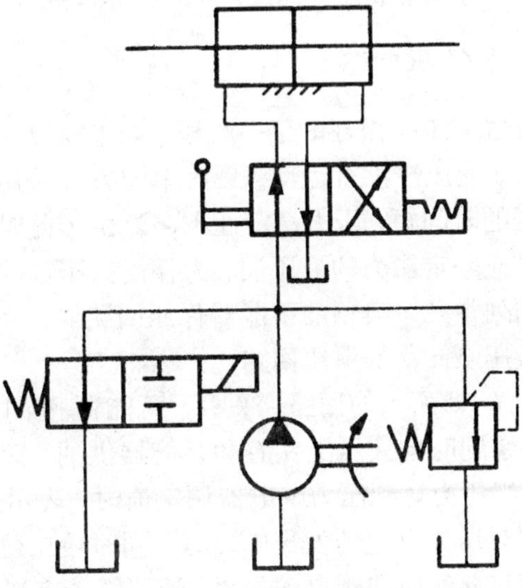

图7-6　用二位二通阀的卸荷回路

3. 二通插装阀卸荷回路

二通插装阀通流能力大，由它组成的卸荷回路适用于大流量系统。如图7-7所示的液压回路，正常工作时，液压泵的压力由二通插装阀的先导阀2调定。当换向阀3通电后，二通插装阀1上腔通油箱，二通插装阀阀口完全打开，液压泵即卸荷。

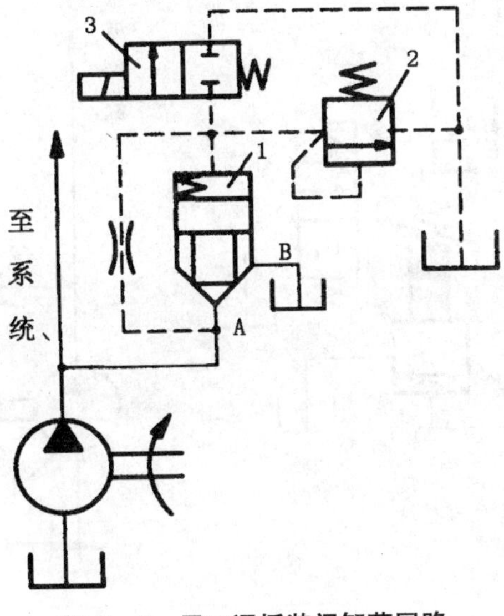

图7-7　用二通插装阀卸荷回路

7.1.4 平衡回路

平衡回路的功能是使执行元件保持一定背压力（即回油路上的压力），以便与重力负载相平衡。立式液压缸的垂直运动部件因自重作用而自行下滑，或在下行过程中因自重而造成超速运动时，都有必要采用平衡回路。

具体实例可见：图6-14(a)所示的用单向顺序阀（也称平衡阀）组成的平衡回路；图6-

14(b)所示的采用液控单向顺序阀(也称远控平衡阀)的平衡回路。

7.1.5 保压回路

液压缸在工作循环的某一阶段，如果需要保持一定的工作压力，就应采用保压回路。在保压阶段，液压缸没有运动，最简单的方法是用一个密封性能好的单向阀来保压。但是这种办法保压的时间短，压力稳定性不高。由于此时液压泵处于卸荷状态(为了节能)或给其它的液压缸供应一定压力的液压油，为补偿保压缸的泄漏和保持工作压力，可在回路中设置蓄能器。下面列举几个典型的蓄能器保压回路。

1. 液压泵卸荷的保压回路

如图 7－8 所示的回路，采用了蓄能器和压力继电器。当三位四通电磁换向阀左位工作时，液压泵同时向液压缸左腔和蓄能器供油，液压缸前进夹紧工件。在夹紧工件时进油路压力升高，当压力达到压力继电器调定值时，表示工件已经被夹牢，蓄能器已储备了足够的压力油。这时压力继电器发出电信号，同时使二位二通换向阀的电磁铁通电，控制溢流阀使液压泵卸荷。此时单向阀自动关闭，液压缸若有泄漏，油压下降，则可由蓄能器补油保压。

液压缸压力不足(下降到压力继电器的闭合压力)时，压力继电器复位使液压泵重新工作。保压时间取决于蓄能器的容量，调节压力继电器的通断调节区间即可调节液压缸压力的最大值和最小值。

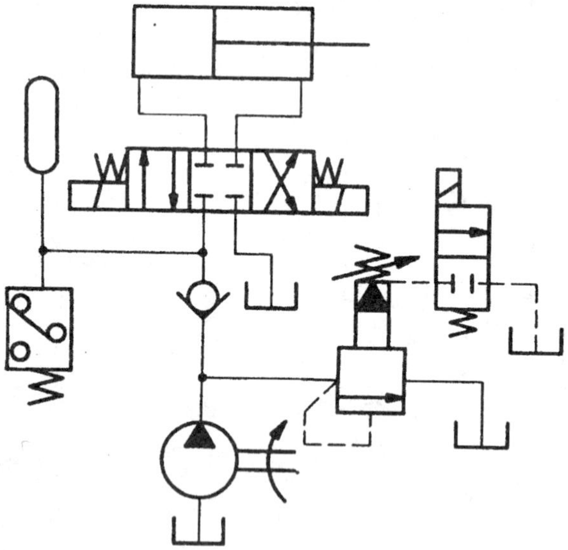

图 7－8　液压泵卸荷的保压回路

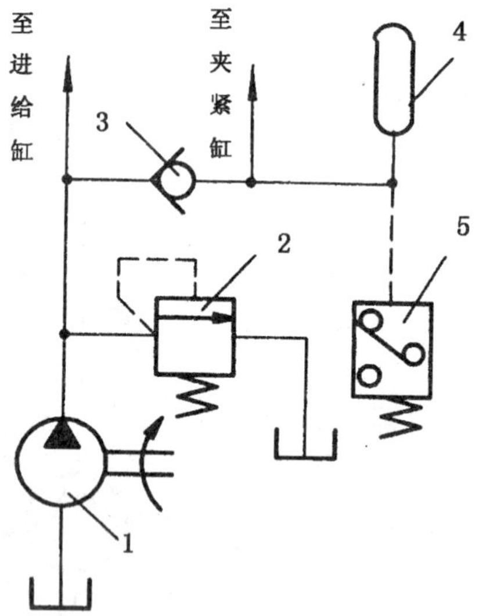

图 7－9　多缸系统一保压的回路

2. 多缸系统－保压的回路

多缸系统中负载的变化不应影响保压缸内压力稳定。如图 7－9 所示的回路中，进给缸快进时，液压泵 1 压力下降，当单向阀 3 关闭，把夹紧油路和进油路隔开。蓄能器 4 用来为夹紧缸保压并补偿泄漏。压力继电器 5 的作用是当夹紧缸压力达到预定值时发出电信号，使进给缸动作。

§7.2　方向控制回路

方向控制回路是控制执行元件的启动、停止及换向的回路。这类回路包括换向和锁紧两种基本回路。

7.2.1 换向回路

换向回路的功能是可以改变执行元件的运动方向。一般可采用各种换向阀来实现，在闭式容积高速回路中也可利用双向变量泵实现换向过程。用电磁换向阀来实现执行元件的换向最为方便，但因电磁换向阀的动作快，换向时有冲击，故不宜用于频繁换向。采用电液换向阀换向时，虽然其液动换向阀的阀芯移动速度可调节，换向冲击较小，但仍不能适用于频繁换向的场合。即使这样，由电磁换向阀构成的换向回路仍是应用最广泛的一种回路，尤其是在自动化程度要求较高的组合液压系统中被普遍采用。这种换向回路曾多次出现于前面所提及的许多回路中，这里不再赘述。

机动换向阀可进行频繁换向，且换向可靠性较好(这种换向回路中执行元件的换向过程，是通过工作台侧面固定的挡块和杠杆直接作用使换向阀来实现换向的，而电磁换向阀换向，需要通过电气行程开关、继电器和电磁铁等中间环节)，但机动换向阀必须安装在执行元件附近，不如电磁换向阀安装灵活。

7.2.2 锁紧回路

锁紧回路的功能是使执行元件停止在规定的位置上，且能防止因受外界影响而发生漂移或窜动。

通常采用O型或M型中位机能的三位换向阀构成锁紧回路，当接入回路时，执行元件的进、出油口都被封闭，可将执行元件锁紧不动。这种锁紧回路由于受到换向阀泄漏的影响，执行元件仍可能产生一定漂移或窜动，锁紧效果较差。

图7-10所示为两个液控单向阀组成的锁紧回路。活塞可以在行程中的任何位置停止并锁紧，其锁紧效果只受液压缸泄漏的影响，因此其锁紧效果较好。

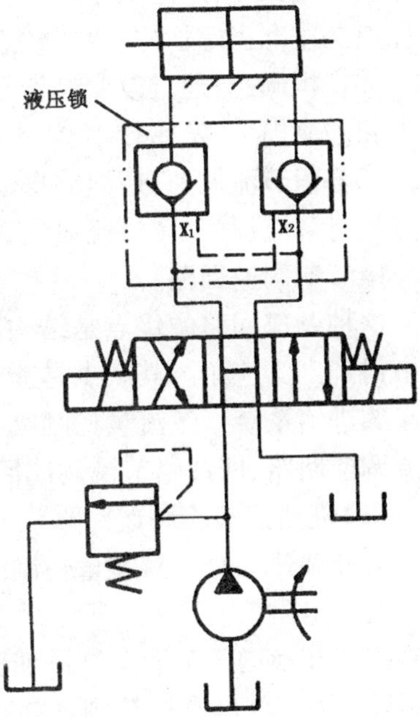

图7-10　液压锁紧回路

采用液压锁的锁紧回路，换向阀的中位机能应使液压锁的控制油液卸压(即换向阀应采用H型或Y型中位机能)，以保证换向阀中位接入回路时，液压锁能立即关闭，活塞停止运动并锁紧。假如采用O型中位机能的换向阀，换向阀处于中位时，由于控制油液仍存在一定的压力，液压锁不能立即关闭，直至由于换向阀泄漏使控制油液压力下降到一定值后，液压锁才能关闭，这就较低了锁紧效果。

§7.3 速度控制回路

速度控制回路是对液压系统中执行元件的运动速度和速度切换实现控制的回路。这类回路包括调速、快速和换速等回路。

7.3.1 调速回路

调速回路的功能是调定执行元件的工作速度。在不考虑油液的可压缩性和泄漏的情况下，执行元件的速度表达式为

液压缸
$$v=\frac{q}{A} \tag{7-1}$$

液压马达
$$n=\frac{q}{V} \tag{7-2}$$

从式(7-1)和式(7-2)可知，改变输入执行元件的流量、液压缸的有效工作面积或液压马达的排量均可以达到调速的目的，但改变液压缸的有效工作面积往往会受到负载等其它因素的制约，改变排量对于变量液压马达容易实现但对定量马达则不易实现，而使用最普遍的方法是通过改变输入执行元件的流量来达到调速的目的。目前，液压系统中常用的调速方式有以下三种：

①节流调速：用定量泵供油，由流量控制阀改变输入执行元件的流量来调节速度。其主要优点是速度稳定性好；主要缺点是节流损失和溢流损失较大、发热大、效率较低。

②容积调速：通过改变变量泵或(和)变量马达的排量来调节速度。其主要优点是无节流损失和溢流损失、发热较小、效率较高；其主要缺点是速度稳定性较差。

③容积节流调速：用能够自动改变流量的变量泵与流量控制阀联合来调节速度。其主要优点是有节流损失、无溢流损失、发热较低、效率较高。

1. 节流调速回路

这种调速回路的优点是结构简单、工作可靠、造价低和使用维护方便，因此在机床液压系统中得到广泛应用。其缺点是能量损失大、效率低、发热大，故一般多用于小功率系统中，如机床的进给系统。按流量控制阀在液压系统中设置位置的不同，节流调速回路可分为进油路节流调速回路、回油路节流调速回路和旁油路节流调速回路三种。

(1)进油路节流调速回路

这种调速回路是将流量控制阀设置在执行元件的进油路上，如图7-11所示，由于节流阀串接在电磁换向阀前，所以活塞的往复运动均属于进油路节流调速过程。也可采用单向节流阀串接在换向阀和液压缸进油腔的油路上，以实现单向进油路节流调速。对于进油节流调速回路，因节流阀和溢流阀是并联的，故通过调节节流阀阀口的大小，便能控制进入液压缸的流量(多余油液经溢流阀回油箱)而达到调速目的。

根据进油路节流阀调速回路的特点，节流阀进油节流调速回路适用于低速、轻载、负载变化不大和对速度稳定性要求不高的场合。

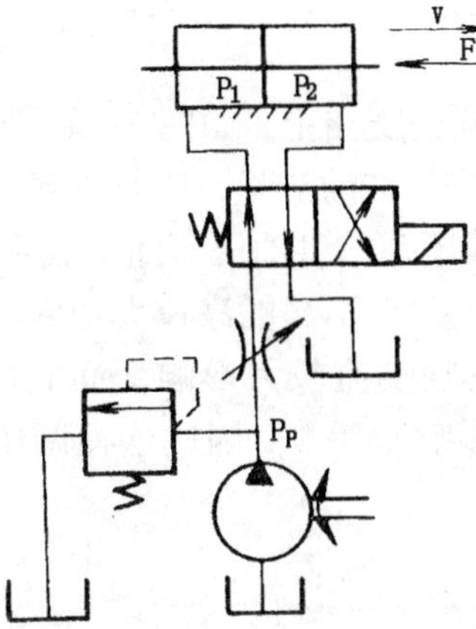

图7－11　进油节流调速回路

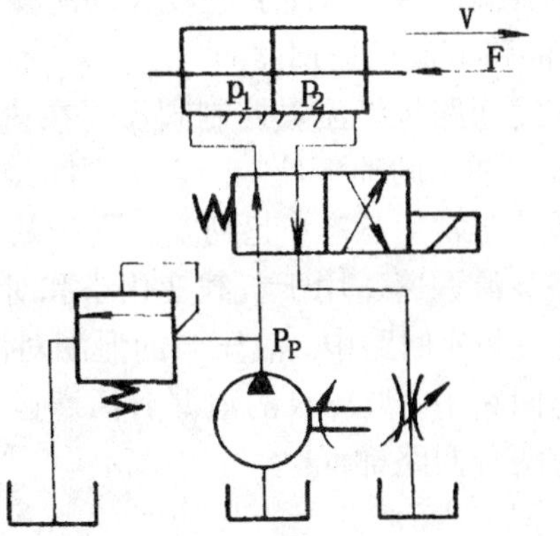

图7－12　回油节流调速回路

(2)回油路节流调速回路

这种调速回路是将流量控制阀设置在执行元件是回油路上，如图7－12所示。由于节流阀串接在电磁换向阀与油箱之间的回油路上，所以活塞的往复运动都属于回油路节流调速过程。通过节流阀调节液压缸的回油流量，从而控制进入液压缸的流量，因此同进油路节流调速回路一样可达到调速目的。

节流阀回油路节流调速回路也具备前述进油路节流调速回路的特点，但这两种调速回路因液压缸的回油腔压力存在差异，因此它们之间也存在不同之处。现比较如下：

①对于回油路节流调速回路，由于液压缸的回油腔中存在一定背压，因而能承受一定负值负载(即与活塞运动方向相同的负载。例如顺铣时的铣削力和垂直运动部件下行时的重力等)，而进油节流调速回路，在负值负载作用下活塞的运动会因失控而超速前冲。

②在回油路节流调速中，由于液压缸的回油腔中存在背压，且活塞运动速度越快产生的背压力就越大，故其运动平稳性较好；而进油路节流调速回路，液压缸的回油腔中则无此背压，因此其运动平稳性较差，若增加背压阀，则运动平稳性也可以得到提高。

③在回油路节流调速回路中，经过节流阀发热后的油液能够直接流回油箱并得以冷却，对液压缸泄漏的影响较小；而进油路节流调速回路，通过节流阀发热后的油液直接进入液压缸，会引起泄漏的增加。

④对于回油路节流调速回路，在停车后，液压缸回油腔中的油液会由于泄漏而形成空隙，再次启动时，液压泵输出的流量将不受流量控制阀的限制而全部进入液压缸，使活塞出现较大的起动超速前冲；而对于进油路节流调速回路，因进入液压缸的流量总是受到节流阀的限制，故启动冲击小。

⑤对于进油路节流调速回路，比较容易实现压力控制过程，当运动部件碰到死挡铁后，液压缸进油腔内的压力会上升到溢流阀的调定压力，利用这种压力的上升变化可使压力继电器发出电信号；而回油路节流调速回路，液压缸进油腔内的压力变化很小，难以利用，即使在运动部件碰到死挡铁后，液压缸回油腔内的压力会下降到零，利用这种压力下降变化也可使压力继电器发出电信号，但实现这一过程所采用的电路结构复杂，可靠性低。

此外，对单活塞杆缸液压来说，无杆腔进油路节流调速可获得较有杆腔回油路节流调速低的速度和大的调速范围；有杆腔回油路节流调速，在轻载时回油腔内的背压力可能比进油腔内的压力要高许多，从而引起较大的泄漏。

(3)旁油路节流调速回路

这种调速回路是将流量控制阀设置在执行元件并联的支路上，如图 7－13 所示。用节流阀来调节流回油箱的油液流量，以实现间接控制进入液压缸的流量，从而达到调速目的。回路中溢流阀处于常闭状态，起到安全保护的作用，故液压泵的供油压力随负载变化而变化。

旁油路节流调速适用于负载变化小和对运动平稳性要求不高的高速大功率场合。应注意的是，在这种调速回路中，液压泵的泄漏对活塞运动的速度有较大影响，而在进油路和回油路节流调速回路中，液压泵的泄漏对活塞运动的速度影响则较小，因此这种调速回路的速度稳定性比前两种回路都低。

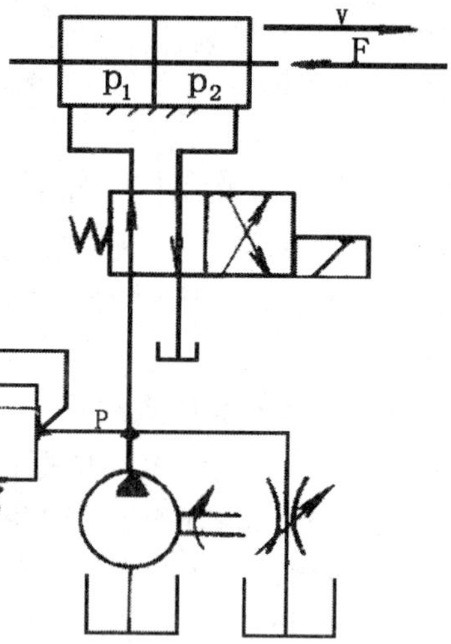

图 7－13　旁油路节流调速回路

(4)节流调速回路工作性能的改进

使用节流阀的节流调速回路，其速度稳定性都比较低，在变负载下的运动平稳性也较差，这主要是由于负载变化引起节流阀前、后压力差变化而产生的后果。如果用调速阀代替节流阀，调速阀中的定差减压阀可使节流阀前、后压力差保持基本恒定，所以可以提高节流调速回路的速度稳定性和运动平稳性，但工作性能的提高是以加大流量控制阀前、后压力差为代价的(调速阀前、后压力差一般最小应有 0.5MPa，高压调速阀应有 1.0MPa)，故功率损失较大，效率较低。调速阀节流调速回路在机床及低压小功率系统中已得到广泛应用。

2. 容积调速回路

这种调速回路的特点是液压泵输出的油液都直接进入执行元件，没有溢流和节流损失，因此效率高、发热小，适用于大功率系统中，但是这种调速回路需要采用结构较复杂的变量泵或变量马达，故造价较高，维修也较困难。

容积调速回路按油液循环方式不同可分为开式和闭式两种。开式回路的液压泵从油箱中吸油并供给执行元件，执行元件排出的油液直接返回油箱，油液在油箱中可得到很好地冷却并使杂质得以充分沉淀，油箱体积大，空气也容易侵入回路而影响执行元件的运动平稳性。闭式回路的液压泵将油液输入执行元件的进油腔中，又从执行元件的回油腔处吸油，油液不一定都经过油箱，而直接在封闭回路内循环，从而减少了空气侵入的可能性，但为了补偿回路的泄漏和执行元件进、回油腔之间的流量差，必须设置补油装置。

根据液压泵与执行元件的组合方式的不同，容积调速回路有三种组合形式：变量泵－定量马达（或缸）；定量泵－变量马达；变量泵－变量马达。

（1）变量泵－定量马达（或缸）容积调速回路

图7－14（a）所示为变量泵－液压缸开式容积调速回路，图7－14（b）所示为变量泵－定量马达闭式容积调速回路。这两种调速回路都是利用改变变量泵的输出流量来调节速度的。

在图7－14（a）中，溢流阀作安全阀使用，换向阀用来改变活塞的运动方向，活塞运动速度是通过改变泵的输出流量来调节的，单向阀在变量泵停止工作时可以防止系统中的油液流空和空气侵入。

在图7－14（b）中，为补充封闭回路中的泄漏而设置了补油装置。辅助泵（辅助泵的流量一般为变量泵最大流量的10%～15%左右）将油箱中经过冷却的油液输入到封闭回路中，同时与油箱相通的溢流阀溢出定量马达排出的多余热油，从而起到稳定低压管路压力和置换热油的作用，由于变量泵的吸油口处具有一定的压力，所以可避免空气侵入和出现空穴现象。封闭回路中的高压管路上连有溢流阀可起到安全阀的作用，以防止系统过载，单向阀在系统停止工作时可以起到防止封闭回路中的油液流空和空气侵入的作用。马达的转速是通过改变变量泵的输出流量来调节的。

这种容积调速回路，液压泵的转速和液压马达的排量都为常数，液压泵的供油压力随负载增加而升高，其最高压力由安全阀来限制。这种容积调速回路中马达（或缸）的输出速度、输出的最大功率都与变量泵的排量成正比，输出的最大转矩（或推力）恒定不变，故称这种回路为恒转矩（或推力）调速回路，由于其排量可调得很小，因此其调速范围较大。

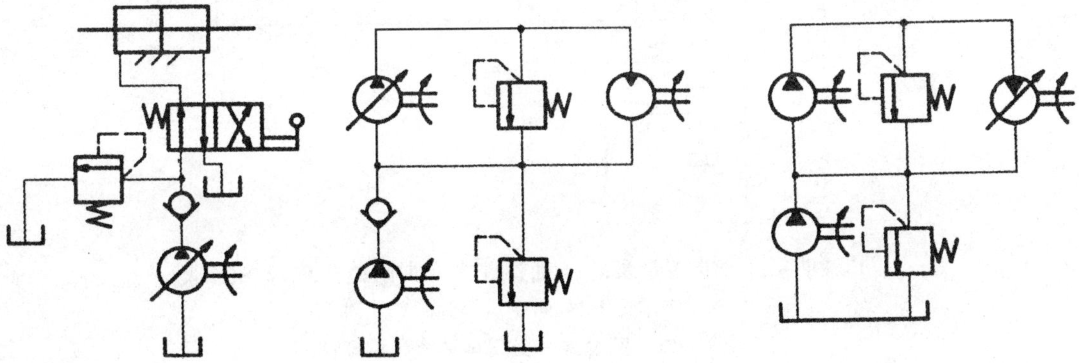

（a）变量泵-液压缸　（b）变量泵-定量马达　（c）定量泵-变量马达

图7－14　变量——变量马达式

（2）定量泵－变量马达容积调速回路

将图7－14（b）中的变量泵换成定量泵，定量马达置换成变量马达即构成定量泵－变量马达容积调速回路，如图7－14（c）所示。在这种调速回路中，液压泵的转速和排量都为常数，液压泵的最高供油压力同样由溢流阀来限制。该调速回路中马达能输出的最大转矩与变量马达的排量成正比，马达转速与其排量成反比，能输出的最大功率恒定不变，故称这种回路为恒功率调速回路。马达的排量因受到拖动负载能力和机械强度的限制而不能调得太大，相应其调速范围也较小，且调节起来很不方便，因此这种调速回路目前很少单独使用。

(3)变量泵－变量马达容积调速回路

如图7－15所示，回路中元件对称设置，双向变量泵2可以实现正反向供油，相应双向变量马达10便能实现正反向转动。同样调节泵2和马达10的排量也可以改变马达的转速。泵2正向供油时，上管路3是高压管路，下管路11是低压管路，马达10正向旋转，阀7作为安全阀可以防止马达正向旋转时系统出现过载现象，此时阀6不起任何作用，辅助泵1经单向阀5向低压管路补油，此时另一单向阀4则处于关闭状态。液动换向阀8在高、低压管路压力差大于一定数值(如0.5MPa)时，液动换向阀阀芯下移。低压管路与溢流阀9接通，则有马达10排出的多余热油经阀9溢出(阀12的调定压力应比阀9高)，此时泵1供给的冷油置换了热油；当高、低压管路压力差很小(马达的负载小，油液的温升也小)时，阀8处于中位，泵1输出的多余油液则从溢流阀12溢回油箱，只补偿封闭回路中存在的泄漏，而不置换热油。此外，溢流阀9和12也具有保障泵2吸油口处具有一定压力而避免空气侵入和出现空穴现象的功能，单向阀4和5在系统停止工作时防止封闭回路中的油液流空和空气侵入。

当泵2反向供油时，上管路3是低压管路，下管路11是高压管路。马达10反向转动，阀6作为安全阀使用，其他各元件的作用与上述过程类似。

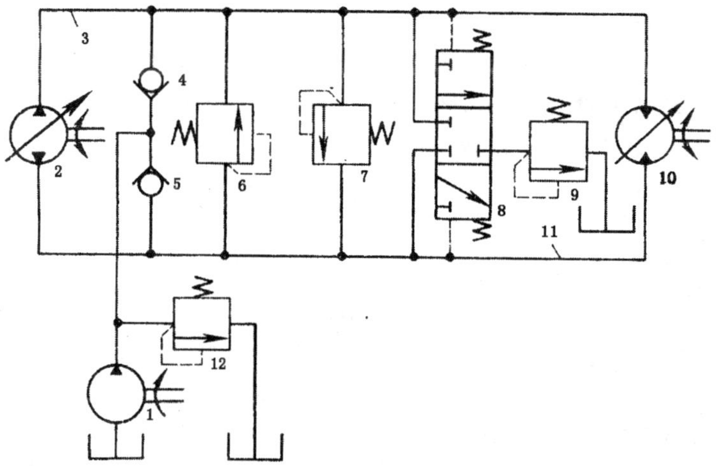

1. 辅助泵；2. 双向变量泵；3. 上油管；4、5. 单向阀；6、7、9、12. 溢流阀；8. 换向阀；10. 双向变量马达；11. 下油管

图7－15　变量泵－变量马达容积调速回路

变量泵－变量马达容积调速回路是恒转矩调速和恒功率调速的组合回路。由于许多设备在低速运行时要求有较大的转矩，而在高速时又希望输出功率能基本保持不变，因此调速时通常先将马达的排量调至最大并固定不变(以使马达在低速时能获得最大输出转矩)，通过增大泵的排量来提高马达的转速，这时马达能输出的最大转矩恒定不变，属恒转矩调速；若泵的排量调至最大后，还需要继续提高马达的转速，可以使泵的排量固定在最大值，而采用减小马达排量的办法来实现马达速度的继续升高，这时马达能输出的最大功率恒定不变，属恒功率调速。这种调速回路具有较大的调速范围，且效率较高，故适用于大功率和调速范围要求较大的场合。

在容积调速回路中，泵的工作压力是随负载变化而变化的。而泵和执行元件的泄漏量随工作压力的升高而增加。由于受到泄漏的影响，这将使液压马达（或液压缸）的速度随着负载的增加而下降，速度稳定性变差。

3. 容积节流调速回路

容积节流调速回路是用变量泵供油，用调速阀或节流阀改变进入液压缸的流量，以实现执行元件速度调节的回路。这种回路无溢流损失，其效率比节流调速回路高。采用流量阀调节进入液压缸的流量，克服了变量泵负载大、压力高时的漏油量大，运动速度不平稳的缺点，因此这种调速回路常用于空载时需快速，承载时需稳定的低速的各种中等功率机械设备的液压系统。例如，组合机床、车床、铣床等的液压系统。

如图7－16(a)所示为由限压式变量叶片泵1和调速阀3等元件组成的定压式容积节流调速回路。电磁换向阀2左位工作时，压力油经行程阀5进入液压缸左腔，液压缸右腔回油，活塞空载右移。这时因负载小，压力低于变量泵的限定压力，泵的流量最大，故活塞快速右移。当移动部件上的挡块压下行程阀5时，压力油只能经调速阀3进入缸左腔，缸右腔回油，活塞以调速阀调节的慢速右移，实现工作进给。当换向阀右位工作时，压力油进入缸右腔，缸左腔经单向阀4回油，因退回时为空载，液压泵的供油量最大，故快速向左退回。

慢速工作进给时，限压式变量泵的输出流量 q_p 与进入液压缸的流量 q_1 总是相适应的。即当调速阀开口一定时，能通过调速阀的流量 q_1 为定值，若 $q_p > q_1$，则泵出口的油压便上升，使泵的偏心自动减小，q_p 减小，直至 $q_p = q_1$ 为止；若 $q_p < q_1$，则泵出口压力回降低，使泵的偏心自动增大，q_p 增大，直至 $q_p = q_1$。调速阀能保证 q_1 为定值，q_p 也就为定值，故泵的出口压力 p_p 也为定值。所以这种回路称为定压式容积节流调速回路。

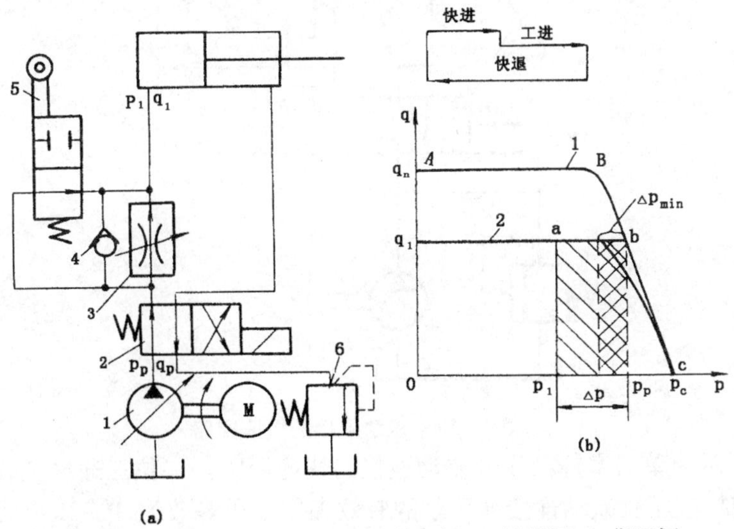

1. 变量泵；2. 换向阀；3. 调速阀；4. 单向阀；5. 行程阀；6. 背压阀

图7－16　定压式容积节流调速回路

如图7－16(b)所示为这种回路的调速特性。图中曲线1为限压式变量叶片泵的流量－压力特性曲线。曲线2为调速阀出口（液压缸进油腔）的流量－压力特性曲线，其左段为水平线，说明当调速阀的开口一定时，液压缸的负载变化引起工作压力 p_1 变化，但通过调速阀进入液压缸的流量 q_1 为定值。该水平线的延长线与曲线1的交点b即为液压泵出口的工作点，也是调速阀前的工作点，该点的工作压力为 p_p。曲线2上的点a对应的压力为液压缸的压力 p_1。

若液压缸长时间在轻载下工作，缸的工作压力 p_1 小，调速阀两端的压力差 Δp 大（$\Delta p = p_p - p_1$），调速阀的功率损失（abp_pp_1 围成的阴影面积）大，效率低。因此，在实际使用时，除应调节变量泵的最大偏心距满足液压缸快速运动所需要的流量（即调好特性曲线 1AB 段的上下位置）外，还应调节泵的限压螺钉，改变泵的限定压力（即调节特性曲线 1BC 段的左右位置），使 Δp 稍大于调速阀两端的最小压差 $\Delta p_{\min}$。显然，当液压缸的负载最大时，使 $\Delta p = \Delta p_{\min}$ 是泵特性曲线调整的最佳状态。

7.3.2 快速回路

快速回路的功能是使执行元件在空行程时获得尽可能大的运动速度，以提高生产率。根据公式 $v = q/A$ 可知，对于液压缸来说，增加进入液压缸的流量就能提高液压缸的运动速度。

1. 差动连接的快速回路

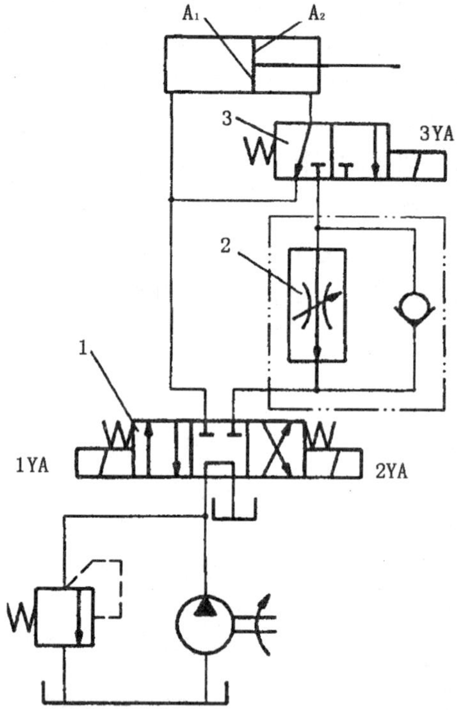

图 7－17　差动连接的快速回路

图 7－17 所示为单活塞杆液压缸差动连接的快速回路。二位三通电磁换向阀 3 处于图示位置时，单活塞杆液压缸差动连接液压缸的有效工作面积等效为 $A_1 - A_2$，活塞将快速向右运动；二位三通电磁换向阀 3 通电时，单活塞杆液压缸为非差动连接，其有效工作面积为 A_1。这说明单活塞杆缸差动连接增速的实质是因为缩小了液压缸的有效工作面积。这种回路的特点是结构简单，价格低廉，应用普遍，但只能实现一个方向的增速，且增速受液压缸两腔有效工作面积的限制，增速的同时液压缸的推力会减小。采用此回路时，要注意此回路的阀和管道应按差动连接时的较大流量选用，否则压力损失过大，使溢流阀在快进时也开启，则无法实现差动。

2. 双泵并联的快速回路

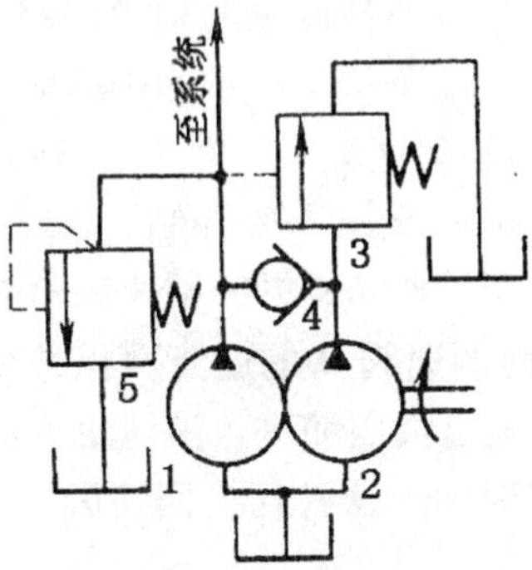

图7-18 双泵并联的快速回路

图7-18所示为双泵并联的快速回路。高压小流量泵1的流量按执行元件最大工作进给速度的需要来确定，工作压力的大小由溢流阀5调定，低压大流量泵2主要起增速作用，它和泵1的流量加在一起应满足执行元件快速运动时所需的流量要求。液控顺序阀3的调定压力应比快速运动时最高工作压力高0.5～0.8MPa，快速运动时，由于负载较小，系统压力较低，则阀3处于关闭状态，此时泵2输出的油液经单向阀4与泵1汇合在一起进入执行元件，实现快速运动；若需要工作进给运动时，则系统压力升高，阀3打开，泵2卸荷，阀4关闭，此时仅有泵1向执行元件供油，实现工作进给运动。这种回路的特点是效率高、功率利用合理，能实现比最大工作进给速度大得多的快速功能。

7.3.3 换速回路

换速回路是指执行元件实现运动速度的切换。根据换速回路切换前后速度相对快慢的不同，可分为快速-慢速和慢速-慢速切换两大类。

1. 快速-慢速切换回路

图7-19所示为一种采用行程阀的快速-慢速切换回路。当手动换向阀2右位和行程阀4下位接入回路（图示状态）时，液压缸活塞将快速向右运动，当活塞移动至使挡块压下行程阀4时，行程阀关闭，液压油的回油必须通过节流阀6，活塞的运动切换成慢速状态；当换向阀2左位接入回路，液压油经单向阀5进入液压缸右腔，活塞快速向左运动。这种回路的特点是快速-慢速切换比较平稳，切换点准确，但不能任意布置行程阀的安装位置。

如将图7-19中的行程阀改为电磁换向阀，并通过挡块压下电气行程开关来控制电磁换向阀工作，也可实现上述快速-慢速自动切换过程，而且可以灵活地布置电磁换向阀的安装位置，只是切换的平稳性和切换点的准确性要比用行程阀时差。

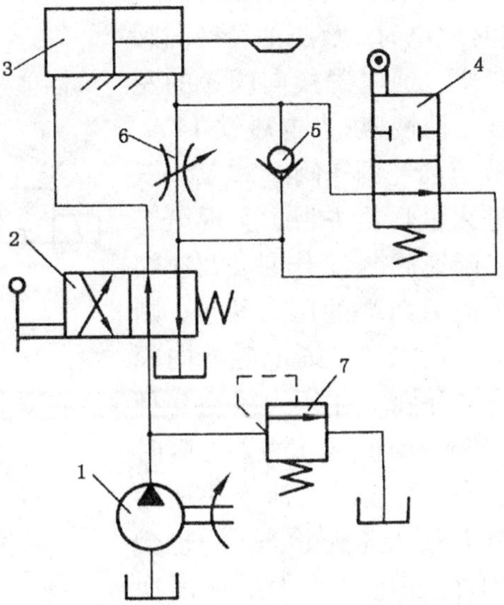

图7-19　用行程阀的快速-慢速切换回路

2. 两种慢速的切换回路

图 7－20 所示为串联调速阀两种慢速的切换回路。当电磁铁 1YA、4YA 通电时，液压油经调速阀 A 和二位二通电磁换向阀 2 进入液压缸左腔，此时调速阀 B 被短接，活塞运动速度可由调速阀 A 来控制，实现第一种慢速；若电磁铁 1YA、4YA 和 3YA 同时通电，则液压油先经调速阀 A，再经调速阀 B 进入液压缸左腔，活塞运动速度由调速阀 B 控制，实现第二种慢速（调速阀 B 的通流面积必须小于调速阀 A）；当电磁铁 1YA 和 4YA 断电，且电磁铁 2YA 通电时，液压油进入液压缸右腔，液压缸左腔油液经二位二通电磁换向阀 3 流回油箱，实现快速退回。这种切换回路因慢速－慢速切换平稳，在机床上应用较多。

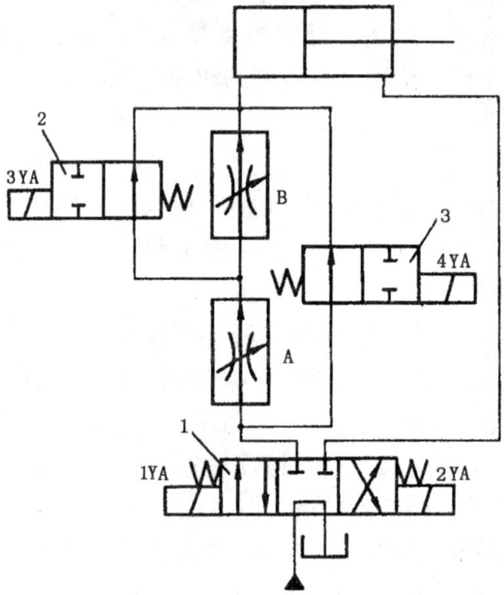

图 7－20　串联调速阀两种慢速的切换回路

图 7－21 所示为并联调速阀两种慢速的切换回路。当电磁铁 1YA、3YA 同时通电时，液压油经换向阀 1 的左位进入调速阀 A 和二位三通电磁换向阀 3 的左位进入液压缸左腔，实现第一种慢速；当电磁铁 1YA、3YA 和 4YA 同时通电时，液压油经调速阀 B 和二位三通电磁铁换向阀 3 的右位进入液压缸左腔，实现第二种慢速。这种切换回路，在调速阀 A 工作时，调速阀 B 的通路被切断，相应阀 B 前后两端的压力相等，则阀 B 中的定差减压阀口全开，在二位三通电磁换向阀切换瞬间，阀 B 前端压力突然下降，在压力减为 0 且阀口还没有关小前，阀 B 中节流阀前、后压力差的瞬时值较大，相应瞬时流量也很大，造成瞬时活塞快速前冲现象。同样，当阀 A 由断开接入工作状态时，也会出现上述现象。因此不宜用在工作过程中的速度换接，只可用在速度预选的场合。

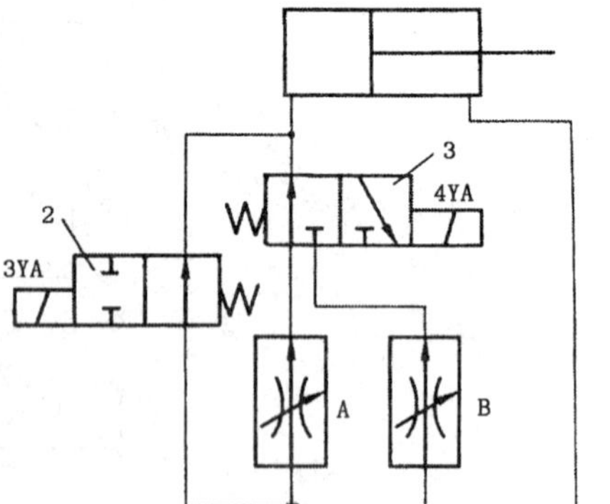

图 7－21 并联调速阀两种慢速的切换回路

§7.4　多缸工作控制回路

多缸工作控制回路是由一个液压泵驱动多个液压缸配合工作的回路。这类回路常包括顺序动作、同步和互不干扰等回路。

7.4.1 顺序动作回路

顺序动作回路的功能是使多个液压缸按照预定顺序依次动作。这种回路常用的控制方式有压力控制和行程控制两类。

1. 压力控制的顺序动作回路

利用油路本身的油路变化来控制多个液压缸顺序动作。常用压力继电器和顺序阀来控制多个液压缸顺序动作。

图7－22所示为顺序阀控制顺序动作回路。单向顺序阀4用来控制两液压缸向右运动的先后次序，单向顺序阀3是用来控制两液压缸向左运动的先后次序。当电磁换向阀未通电时，液压油进入液压缸1的左腔和阀4的进油口，液压缸1右腔中的油液经阀3中的单向阀流回油箱，液压缸1的活塞向右运动，而此时进油路压力较低，单向顺序阀4处于关闭状态；当液压缸1的活塞向右运动到行程终点碰到死挡铁，进油路压力升高到单向顺序阀4的调定压力时，单向顺序阀4打开，液压油进入液压缸2的左腔，液压缸2的活塞向右运动；当液压缸2的活塞向右运动到行程终点后，其挡铁压下相应的电气行程开关(图中未画出)而发出电信号时，电磁换向阀通电而换向，此时液压油进入液压缸2的右腔和单向顺序阀3的进油口，液压缸2左腔中的油液经单向顺序阀4中的单向阀流回油箱，液压缸2的活塞向左运动；当液压缸2的活塞向左到达行程终点碰到死挡铁后，进油路压力升高到单向顺序阀3的调定压力时，单向顺序阀3打开，液压缸1的活塞向左运动。若液压缸1和2的活塞向左运动无先后顺序要求，可将单向顺序阀3省去。

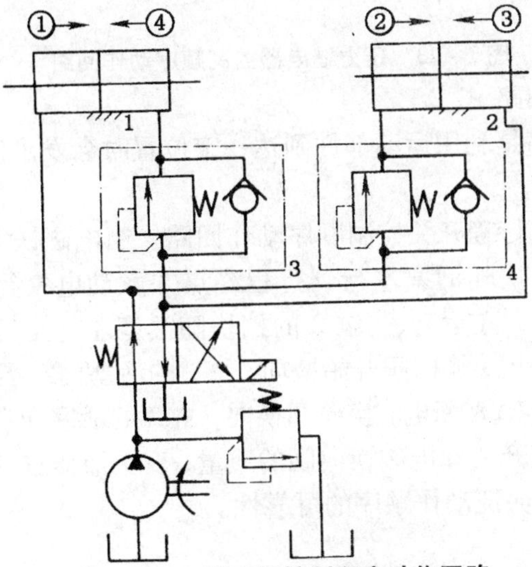

图7－22　顺序阀控制顺序动作回路

图7－23所示为压力继电器控制顺序动作回路。压力继电器1KP用于控制两液压缸向右运动的先后顺序，压力继电器2KP用于控制两液压缸向左运动的先后顺序。当电磁铁2YA通电时，换向阀3右位接入回路，液压油进入液压缸1左腔并推动活塞向右运动；当缸1的活塞向右运动到行程终点而碰到死挡铁时，进油路压力升高而使压力继电器1KP动作发出电信号，相应电磁铁4YA通电，换向阀4右位接入回路，液压缸2的活塞向右运动；当缸2的活塞向右运动到行程终点，其挡铁压下相应的电气行程开关而发出电信号时，电磁铁4YA断电而3YA通电，阀4换向，缸2的活塞向左运动；当缸2的活塞向左运动到终点碰到死挡铁时，进油路压力升高而使压力继电器2KP动作发出电信号，相应2YA断电而1YA通电，阀3换向，缸1的活塞向左运动。为了防止压力继电器发出误动作，压力继电器的动作压力应比先动作的液压缸最高工作压力高0.3～0.5MPa，但应比溢流阀的调定压力低0.3～0.5MPa。

这种回路适用于液压缸数目不多、负载变化不大和可靠性要求不太高的场合。当运动部件卡住或压力脉动变化较大时，误动作不可避免。

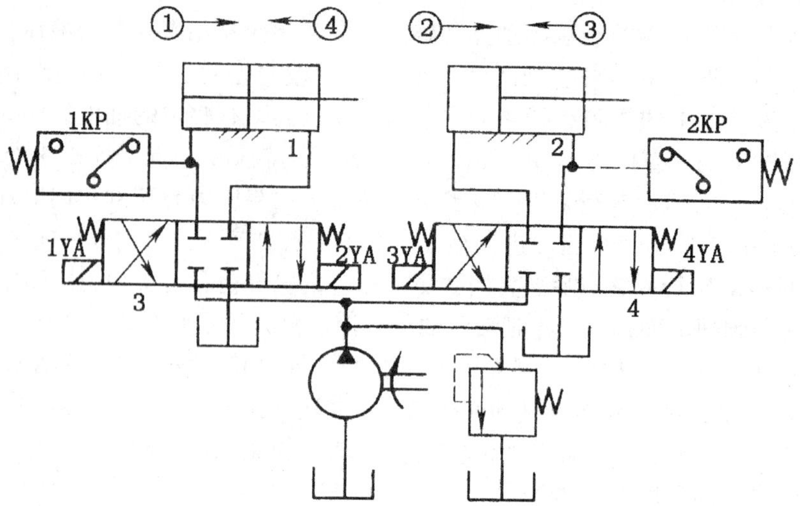

图7－23　压力继电器控制顺序动作回路

2.行程控制顺序动作回路

行程控制顺序动作回路是利用运动部件到达一定位置时会发出信号来控制液压缸顺序动作的回路。

图7－24所示为用电气行程开关控制顺序动作回路。当电磁铁1YA通电时，液压缸1的活塞向左运动；当缸1的挡块随活塞左行到行程终点并触动电气行程开关1ST时，电磁铁2YA通电，液压缸2的活塞向左运动；当缸2的挡块随活塞左行至行程终点并触动电气行程开关2ST时，电磁铁1YA断电，换向阀开始换向，缸1的活塞向右运动；当缸1的挡块触动电气行程开关3ST时，电磁铁2YA断电，换向阀换向，缸2的活塞向右运动。这种顺序动作回路的可靠性取决于电气行程开关和电磁换向阀的质量，变更液压缸的动作行程和顺序都比较方便，且可利用电气互锁来保证动作顺序的可靠性。

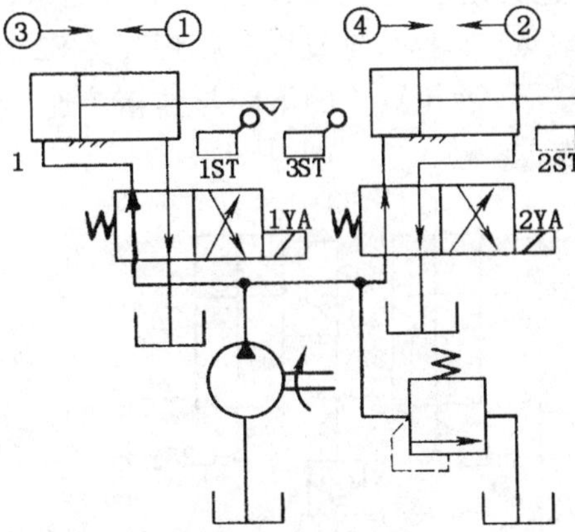

图7－24　电气行程开关控制顺序动作回路

7.4.2 同步回路

同步回路的功能是使多个液压缸在运动中保持相同的位置或速度。在多缸液压系统中，尽管各液压缸的有效工作面积和输入流量相同，但由于液压缸存在制造误差或所承受负载不均衡，均会导致各液压缸的泄漏量也不相同，这样就会使各液压缸不能保持同步动作。同步回路可摆脱这些的影响，消除累积误差而保证同步运行。

1. 串联液压缸同步回路

(1) 普通串联液压缸的同步回路

图7－25所示为两个液压缸串联的同步回路。第一个液压缸回油腔排出的油液被送入第二个液压缸的进油腔，若两个缸的有效工作面积相等，两活塞必然有相同的位移，从而实现同步运动。但是，由于制造误差和泄漏等因素的影响，同步精度较低。

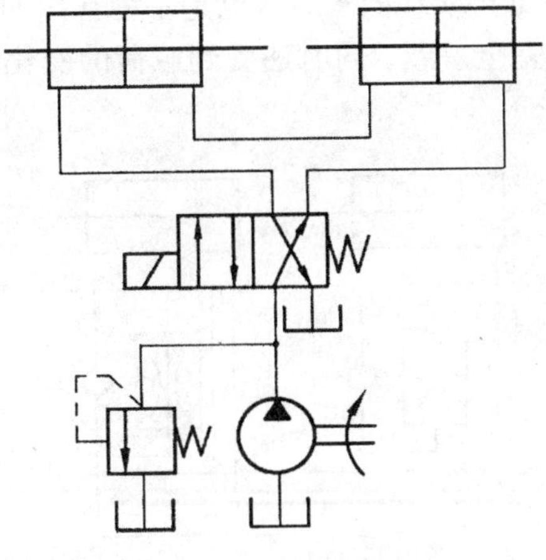

图7－25　普通串联液压缸的同步回路

(2) 带补偿装置的串联液压缸同步回路

图7－26所示为带补偿装置的串联液压缸同步回路。电磁铁1YA通电时，换向阀2左位接入回路，液压缸5和6的活塞同时向下运行，当液压缸5的活塞先到达行程端点，其挡块触动电气行程开关S1时，电磁铁3YA通电，换向阀3左位接入回路，液压油经液控单向阀4

进入液压缸 6 上腔进行补油，使液压缸 6 的活塞能继续下行到达行程端点而消除位置误差；若液压缸 6 的活塞先到达行程端点，其挡块触动电气行程开关 S2 时，电磁铁 4YA 通电，阀 3 右位接入回路，液控单向阀 4 打开，液压缸 5 的下腔与油箱接通，使液压缸 5 的活塞能继续下行到达行程端点而消除位置误差。

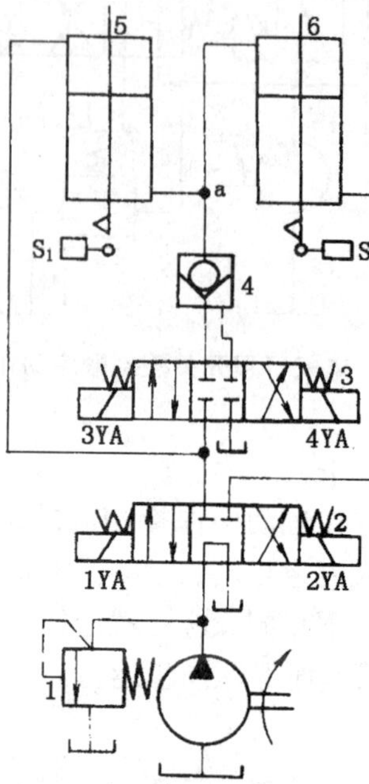

图 7－26　带补偿装置的串联液压缸同步回路

2. 并联液压缸的同步回路

(1)并联调速阀的同步回路

如图 7－27 所示，用两个调速阀分别串接在两个液压缸的回油路(进油路)上，再并联起来，用以调节两缸运动速度，即可实现同步。这也是一种常用的比较简单的同步方法，但因为两个调速阀的性能不可能完全一致，同时还受到载荷的变化和泄漏的影响，同步精度较低。

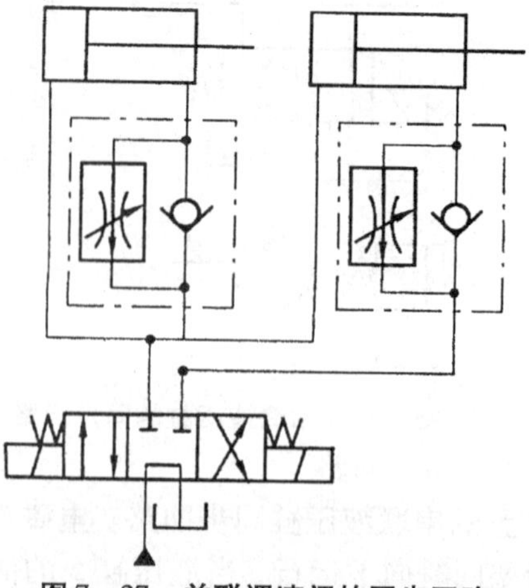

图 7－27　并联调速阀的同步回路

(2)电液比例调速阀同步回路

图7-28所示为电液比例调速阀同步回路。该回路中采用了一个普通调速阀3和一个电液比例调速阀4，它们设置在由单向阀组成的桥式回路中，并分别控制液压缸1和2的速度。当两个活塞出现位置误差时，检测装置(图中未画出)就会发出信号，自动控制电液比例调速阀4通流面积的大小，进而使缸2的活塞随着缸1活塞的运动而实现同步运动。装置回路的同步精度高，位置误差可控制在0.5mm以内，已能满足大多数工作部件同步精度的要求。电液比例阀在性能上虽比不上伺服阀，但其费用低、对环境适应性强，因此，用它来实现同步控制被认为是一个新的发展方向。

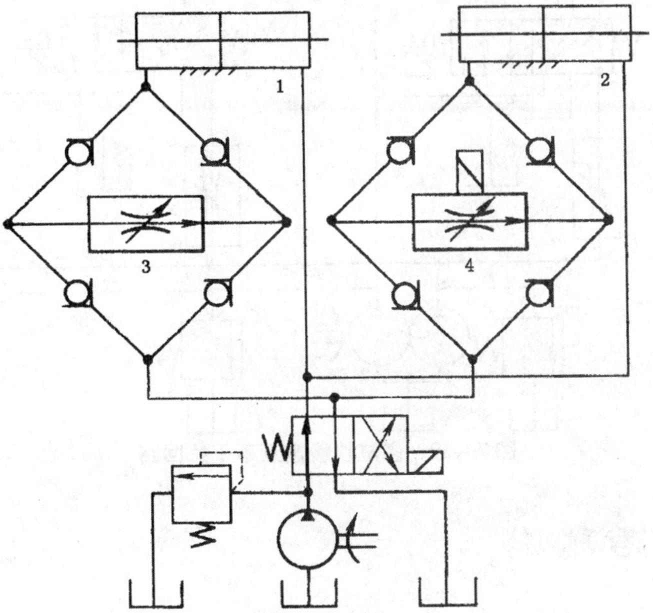

图7-28 电液比例调速阀同步回路

7.4.3 互不干扰回路

互不干扰回路的功能是使几个液压缸在完成各自的循环动作过程中彼此互不影响。在多缸液压系统中，往往由于其中一个液压缸快速运动，而造成系统压力下降，影响其他液压缸慢速运动的稳定性。因此，对于慢速要求比较稳定的多缸液压系统，需采用互不干扰回路，使各自液压缸的工作压力互不影响。

图7-29所示为多缸快慢速互不干扰回路。图中各液压缸(仅示出两个液压缸)分别要完成快进、工进和快退的自动循环。回路采用双泵供油，高压小流量泵1提供各缸工进时所需的高压油，低压大流量泵2为各缸快进或快退时输送低压油，它们分别由溢流阀3和4调定供油压力。当电磁铁1YA、3YA(或2YA、4YA)未通电时，缸13(或14)左右两腔由两位五通电磁换向阀7、11(或8、12)连通，由泵2供油来实现差动快进过程，此时泵1的供油路被阀7(或8)切断；当电磁铁1YA、3YA(或2YA、4YA)通电时，缸13(或14)由泵1经调速阀5(或6)供油实现工进过程，此时泵2的供油油路被阀7、11(或8、12)切断；当电磁铁1YA(或2YA)通电而3YA(或4YA)断电时，泵1的供油油路被阀11(或12)切断，泵2提供的低压油

输入到缸 13(或 14)的右腔中以实现快退过程。由于快慢运动的供油油路分开，当缸 13 在工进时，若缸 14 已由工进转为快退，也不会引起缸 13 工进油路中压力的下降，对缸 13 的慢速工进不会产生影响，即实现了多缸快慢速运动的互不干扰。

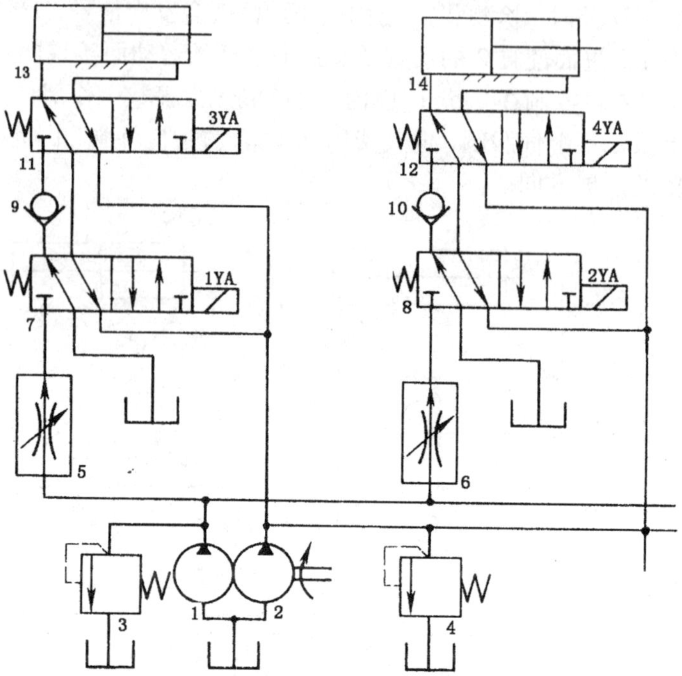

图 7－29　多缸快慢速互不干扰回路

思考题

7－1　在液压系统中，当工作部件停止运动以后，使泵卸荷有什么好处？举例说明几种常用的卸荷方法。

7－2　有些液压系统为什么要有保压回路？它应满足哪些基本要求？

7－3　在液压系统中为什么设置背压回路？背压回路与平衡回路有何区别？

7－4　不同操纵方式的换向阀组合的换向回路各有什么特点？

7－5　锁紧回路中三位换向阀的中位机构是否可任意选择？为什么？

7－6　如何调节执行元件的运动速度？常用的调速方法有哪些？

7－7　举例说明，如果一个液压系统要同时控制几个执行元件按规定的顺序动作，应采用什么液压回路？

7－8　在液压系统中为什么要设置快速运动回路？执行元件实现快速运动的方法有哪些？

7－9　在图 7－30 所示油路中，若溢流阀和减压阀的调定压力分别为 5.0MPa 和 2.0MPa，试分析活塞在运动期间和碰到死挡铁后，溢流阀进油口、减压阀出油口处的压力各为多少？(主油路关闭不通，活塞在运动期间液压缸负载为 0，不考虑能量损失)

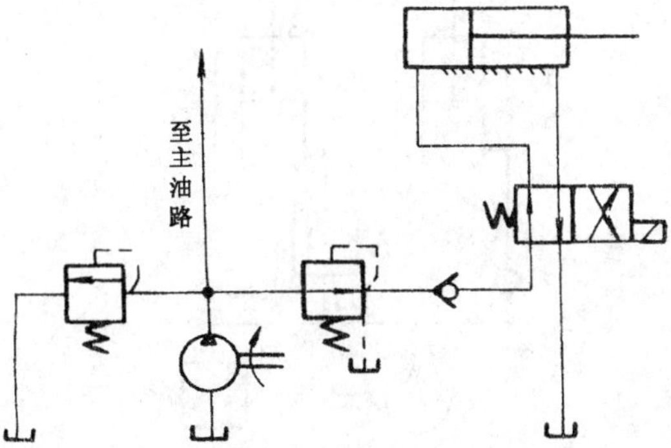

图7－30 题7－9图

7－10　在图7－31所示回路中，顺序阀和溢流阀的调定压力分别为3.0MPa与5.0MPa，问在下列情况下，A、B两处的压力各等于多少？

(1)液压缸运动时，负载压力为4.0MPa。

(2)液压缸运动时，负载压力为1.0MPa。

(3)活塞碰到缸盖时。

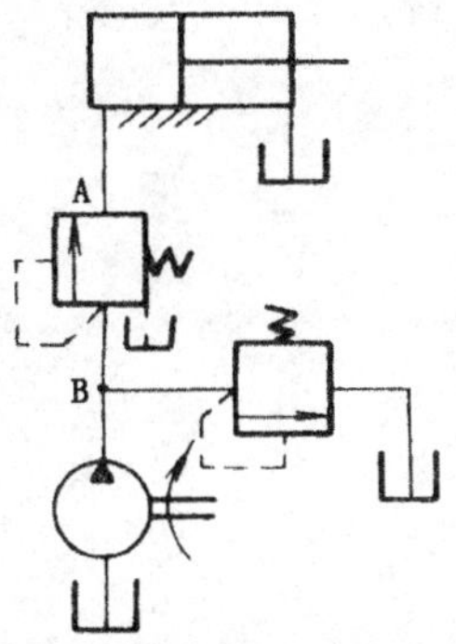

图7－31 题7－10图

7－11　试说明图7－32所示容积调速回路中单向阀A和B的功用。(提示:按液压缸的进出流量大小不同来考虑)

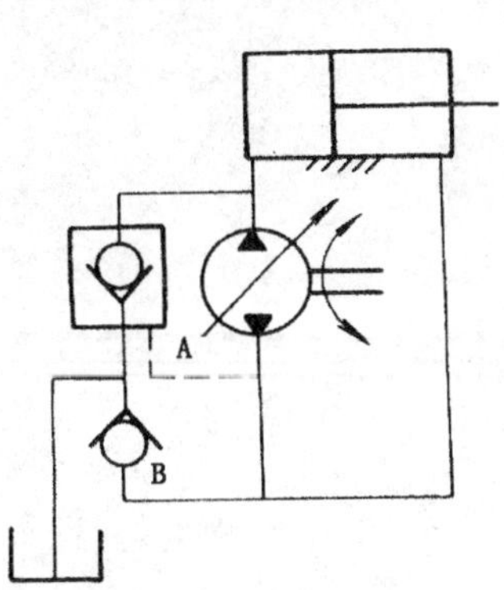

图7－32 题7－11图

7－12　图7－33所示回路能否实现“缸1先夹紧工件后，缸2再移动”的要求？为什么？夹紧缸的速度能否调节？为什么？

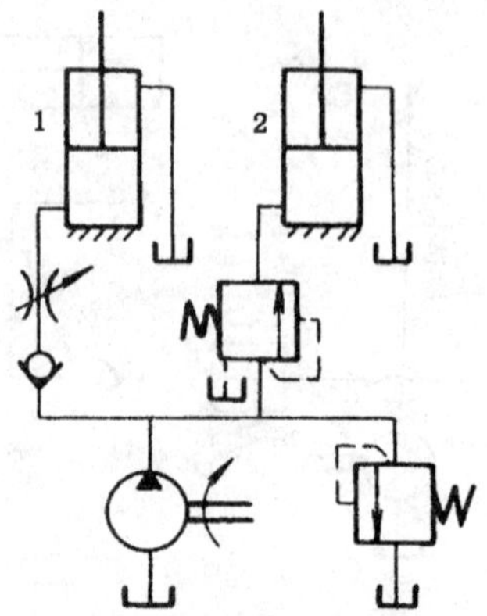

图 7－33 题 7－12 图

7－13 如图 7－20 所示，串联调速阀实现的慢速－慢速切换方案有什么优缺点？图 7－21 所示并联调速阀切换回路实现的是慢速－慢速切换方案有什么优缺点？

7－14 在图 7－10 所示液压锁紧回路中，为什么采用 H 型中位机能的三位换向阀？如果换成 M 型中位机能的三位换向阀，会有什么情况出现？

7－15 容积节流调速回路的流量阀和变量泵之间是如何实现匹配的？

7－16 调速回路有哪几种？各适用于什么场合？

第 8 章　典型液压传动系统及故障分析

液压系统在机床、工程机械、冶金、石化、航空、船舶等方面均有广泛的应用。液压系统是根据液压设备的工作要求，选用各种不同功能的基本回路构成的。液压系统一般用图形的方式来表示。液压系统图表示了系统内所有各类液压元件的连接情况以及执行元件实现各种运动的工作原理。本章介绍几个典型液压系统，通过对它们的分析，可以帮助读者了解典型液压系统的基本组成和工作原理，以加深对各种液压元件和基本回路的理解，增强综合应用能力。

对液压系统进行分析，最主要的就是阅读液压系统图。阅读一个复杂的液压系统图，大致可以按以下几个步骤进行：

①了解机械设备的功用、工况及其对液压系统的要求，明确液压设备的工作循环。

②初步阅读液压系统图，了解系统中包含哪些元件，根据设备的工况及工作循环，将系统分解为若干个子系统。

③逐步分析各子系统，了解系统中基本回路的组成情况。分析各元件的功用以及各元件之间的互相关系。根据执行机构的动作要求，参照电磁铁动作顺序表，搞清楚各个行程的动作原理及油路的流动路线。

④根据系统中对各执行元件间的互锁、同步、防干扰等要求，分析各个子系统之间的联系以及如何实现这些要求。

⑤在全面读懂液压系统图的基础上，根据系统所使用的基本回路的性能，对系统做出综合分析归纳总结出整个液压系统的特点，以加深对液压系统的理解，为液压系统的调整、维护、使用打下基础。

本章选列了几个典型的液压系统实例，通过学习和分析，加深对液压元件的功用和基本回路的合理组合的理解，熟悉阅读液压系统图的基本方法，为分析和设计液压传动系统奠定必要的基础，对调整和维护液压系统也是非常必要的。

- **本章重点**

1. 组合机床动力滑台液压传动系统工作原理；
2. 数控车床液压传动系统工作原理；
3. 万能外圆磨床液压传动系统工作原理；
4. 汽车起重机液压传动系统工作原理；
5. 液压传动系统的故障诊断与分析方法。

- **本章难点**

1. 行程控制换向回路的工作原理；
2. 液压传动系统的故障诊断。

§8.1 组合机床动力滑台液压传动系统

8.1.1 概述

组合机床是一种高效率的专用机床，它由具有一定功能的通用部件(包括机械动力滑台和液压动力滑台)和专用部件组成，加工范围较广，自动化程度较高，多用于大批量生产中。液压动力滑台由液压缸驱动，根据加工需要可在滑台上配置动力头、主轴箱或各种专用的切削头等工作部件，以完成钻、扩、铰、铣、镗、刮端面、倒角、加工螺纹等加工工序，并可实现多种进给工作循环。

根据组合机床的加工特点，动力滑台液压系统应具备的性能要求是:在变负载或断续负载的条件下工作时，能保证动力滑台的进给速度稳定，特别是最小进给速度的稳定性;能承受规定的最大负载，并具有较大的工进调速范围以适应不同工序的需要;能实现快速进给和快速退回;效率高、发热少，并能合理利用能量以解决工进速度和快进速度之间的矛盾;在其它元件的配合下方便地实现了多种工作的循环。

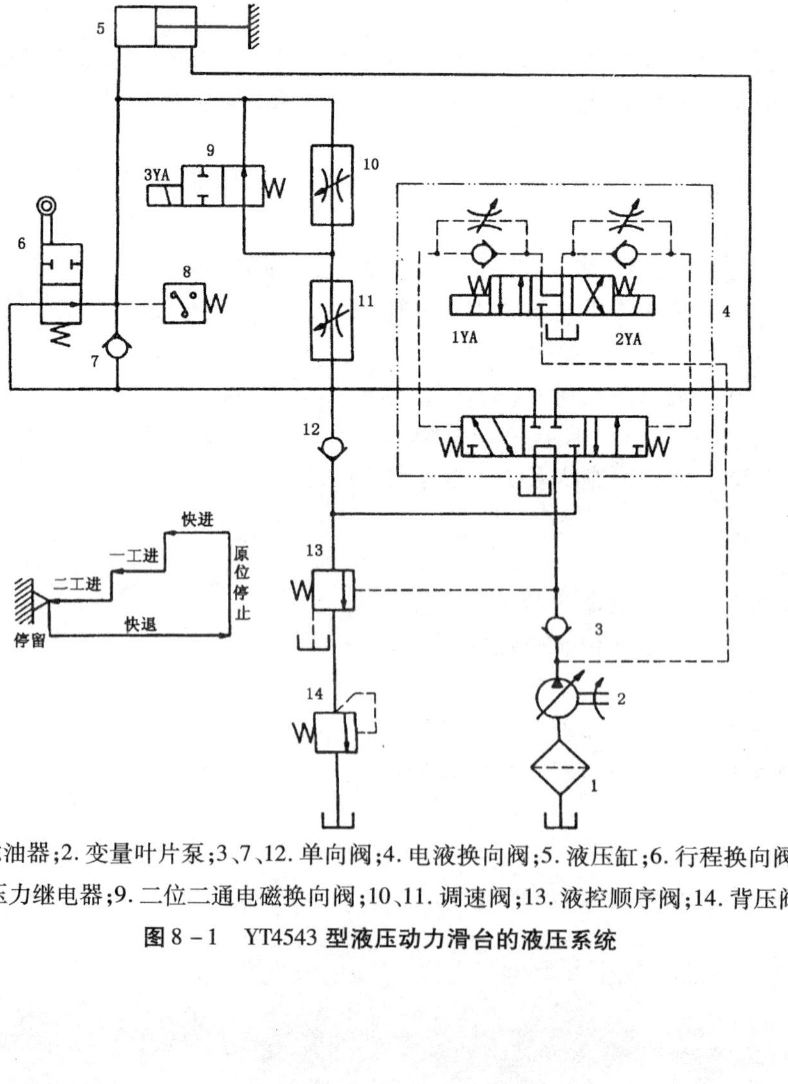

1. 滤油器;2. 变量叶片泵;3、7、12. 单向阀;4. 电液换向阀;5. 液压缸;6. 行程换向阀;
8. 压力继电器;9. 二位二通电磁换向阀;10、11. 调速阀;13. 液控顺序阀;14. 背压阀

图 8－1　YT4543 型液压动力滑台的液压系统

液压动力滑台是系列化产品，不同规格的滑台，其液压系统的组成和工作原理基本相同。现以 YT4543 型动力滑台为例分析其液压系统的工作原理和特点。图 8－1 所示为 YT4543 型液压动力滑台的液压系统图。YT4543 型动力滑台要求进给速度范围为$(0.11\sim10)\times10^{-3}$m/s，最大移动速度为 0.12m/s，最大进给力为 4.5×10^{4}N。该液压系统的动力元件和执行元件为限压式变量泵和单杆活塞式液压缸，系统中有换向回路、速度回路、快速运动回路、速度换接回路、卸荷回路等基本回路。回路的换向由电液换向阀完成，同时其中位机能具有卸荷功能，快速进给由液压缸的差动连接来实现，用限压式变量泵和串联调速阀来实现二次进给速度的调节，用行程阀和电磁阀实现速度的换接，为了保证进给的尺寸精度，采用了止位钉停留来限位。该系统能够实现的自动工作循环为：快进→第一次工进→第二次工进→止位钉停留→快退→原位停止，该系统中电磁铁和行程阀的动作顺序见表 8－1。

表 8－1　YT4543 型动力滑台液压系统电磁铁和行程阀动作顺序表

工作循环	1YA	2YA	3YA	行程阀
快进	+	－	－	－
一工进	+	－	－	+
二工进	+	－	+	+
止位钉停留	+	－	+	+
快退	－	+	－	+ －
原位停止	－	－	－	－

注：表中“＋”表示电磁铁得电或行程阀被压下，“－”表示电磁铁失电或行程阀抬起，后同。

8.1.2 YT4543 型动力滑台液压系统的工作原理

1. 快进

按下启动按钮，电液换向阀 4 的电磁铁 1YA 通电，使电液换向阀 4 的先导阀左位工作，控制油液经先导阀左位经单向阀进入主液动换向阀的左端使其左位接入系统，泵 2 输出的油液经主液动换向阀左位进入液压缸 5 的左腔（无杆腔），因为此时为空载，系统压力不高，顺序阀 13 仍处于关闭状态，故液压缸右腔（有杆腔）排出的油液经主液动换向阀左位也进入了液压缸的无杆腔。这时液压缸 5 为差动连接，限压式变量泵输出流量最大，动力滑台实现快进。系统控制油路和主油路中油液的流动路线为：

控制油路

进油路：滤油器 1→泵 2→阀 4 的先导阀的左位→左单向阀→阀 4 的主阀的左端；

回油路：阀 4 的主阀的右端→右节流阀→阀 4 的先导阀的左位→油箱。

主油路

进油路：滤油器 1→变量泵 2→单向阀 3→阀 4 的主阀的左位→行程阀 6 下位→液压缸 5 左腔；

回油路：液压缸 5 右腔→阀 4 的主阀的左位→单向阀 12→行程阀 6 下位→液压缸 5 左腔。

2. 第一次工进

当快进终了时，滑台上的挡块压下行程阀 6，行程阀上位工作，阀口关闭，这时液动换向阀 4 仍工作在左位，泵输出的油液通过阀 4 后只能经调速阀 11 和二位二通电磁换向阀 9 右位进入液压缸 5 的左腔。由于油液经过调速阀而使系统压力升高，于是将外控顺序阀 13 打开，并关闭单向阀 12，液压缸差动连接的油路被切断，液压缸 5 右腔的油液只能经顺序阀 13、背压阀 14 流回油箱，这样就使滑台由快进转换为第一次工进。由于工作进给时液压系统油路压力升高，所以限压式变量泵的流量自动减小，滑台实现第一次工进，工进速度由调速阀 11 调节。此时控制油路不变，其主油路为：

进油路：滤油器 1→泵 2→单向阀 3→阀 4 的主阀的左位→调速阀 11→换向阀 9 右位→液压缸 5 左腔；

回油路：液压缸 5 右腔→阀 4 的主阀的左位→顺序阀 13→背压阀 14→油箱。

3. 第二次工进

第二次工进时的控制油路和主油路的回油路与第一次工进时的基本相同，所不同之处是当第一次工进结束时，滑台上的挡块压下行程开关，发出电信号使电磁换向阀 9 的电磁铁 3YA 通电，阀 9 左位接入系统，切断了该阀所在的油路，经调速阀 11 的油液必须通过调速阀 10 进入液压缸 5 的左腔。此时顺序阀 13 仍开启。由于调速阀 10 的阀口开口量小于调速阀 11，系统压力进一步升高，限压式变量泵的流量进一步减小，使得进给速度降低，滑台实现第二次工进。工进速度可由调速阀 10 调节。其主油路为：

进油路：滤油器 1→变量泵 2→单向阀 3→阀 4 的主阀的左位→调速阀 11→调速阀 10→液压缸 5 左腔。

回油路：液压缸 5 右腔→阀 4 的主阀的左位→顺序阀 13→背压阀 14→油箱。

4. 止位钉停留

当滑台完成第二次工进时，动力滑台与止位钉相碰撞，液压缸停止不动。这时液压系统压力进一步升高，当达到压力继电器 8 的调定压力后，压力继电器动作，发出电信号传给时间继电器，由时间继电器延时控制滑台停留时间。在时间继电器延时结束之前，动力滑台将停留在止位钉限定的位置上，且停留期间液压系统的工作状态不变。停留时间可根据工艺要求由时间继电器来调定。设置止位钉的作用是可以提高动力滑台行程的位置精度。这时的油路同第二次工进的油路，但实际上，液压系统内的油液已停止流动，液压泵的流量已减至很小，仅用于补充泄漏油。

5. 快退

动力滑台停留时间结束后，时间继电器发出电信号，使电磁铁 2YA 通电，1YA、3YA 断电。这时阀 4 的先导阀右位接入系统，液动换向阀的主阀也换为右位工作，主油路换向。因滑台返回时为空载，液压系统压力低，变量泵的流量又自动恢复到最大值，故滑台快速退回，其油路为：

控制油路

进油路：滤油器 1→变量泵 2→阀 4 的先导阀的右位→右单向阀→阀 4 的主阀的右端。

回油路：阀 4 的主阀的左端→左节流阀→阀 4 的先导阀的右位→油箱。

主油路

进油路：滤油器 1→变量泵 2→单向阀 3→电液换向阀 4 的主阀的右位→液压缸 5 右腔。

回油路：液压缸 5 左腔→单向阀 7→电液换向阀 4 的主阀的右位→油箱。

6. 原位停止

当动力滑台快退到原始位置时，挡块压下行程开关，使电磁铁 2YA 断电，这时电磁铁

1YA、2YA、3YA 都失电，电液换向阀4 的先导阀及主阀都处于中位，液压缸5 两腔被封闭，动力滑台停止运动，滑台锁紧在启始位置上。变量泵2 通过换向阀4 的中位卸荷。其油路为：

控制油路

回油路：

阀4 的主阀的左端→左节流阀→阀4 的先导阀的中位→油箱；

阀4 的主阀的右端→右节流阀→阀4 的先导阀的中位→油箱。

主油路

进油路：滤油器1→变量泵2→单向阀3→阀4 的主阀的中位→油箱；

回油路：液压缸5 左腔→阀7→阀4 的主阀的中位（堵塞）；

液压缸5 右腔→阀4 的主阀的中位（堵塞）。

8.1.3 YT4543 型动力滑台液压系统的特点

通过对 YT4543 型动力滑台液压系统的分析，可知该系统具有如下特点：

①该系统采用了由限压式变量泵和调速阀组成的进油路容积节流调速回路，这种回路能够使动力滑台得到稳定的低速运动和较好的速度负载特性，而且由于系统无溢流损失，系统效率较高。另外，回路中设置了背压阀，可以改善动力滑台运动的平稳性，并能使滑台承受一定的反向负载。

②该系统采用了限压式变量泵和液压缸的差动连接回路来实现快速运动，使能量的利用比较经济合理。动力滑台停止运动时，换向阀使液压泵在低压下卸荷，减少了能量损失。

③系统采用行程阀和液控顺序阀实现快进与工进的速度换接，动作可靠，速度换接平稳。同时，调速阀可起到加载的作用，可在刀具与工件接触之前就能可靠地转入工作进给，因此不会引起刀具和工件的突然碰撞。

④在行程终点采用了止位钉停留，不仅提高了进给时的位置精度，还扩大了动力滑台的工艺范围，更适合于镗削阶梯孔、刮端面等加工工序。

⑤由于采用了调速阀串联的二次进油路节流调速方式，可使起动和速度换接时的前冲量较小，并便于利用压力继电器发出信号进行控制。

§8.2　数控车床液压系统

8.2.1 概述

装有程序控制系统的车床简称数控车床。在数控车床上进行车削加工时，其自动化程度高，能获得较高的加工质量。目前，在数控车床上，大多采用了液压传动技术，下面介绍 MJ－50 型数控车床的液压系统，如图8－2 所示为该系统的原理图。

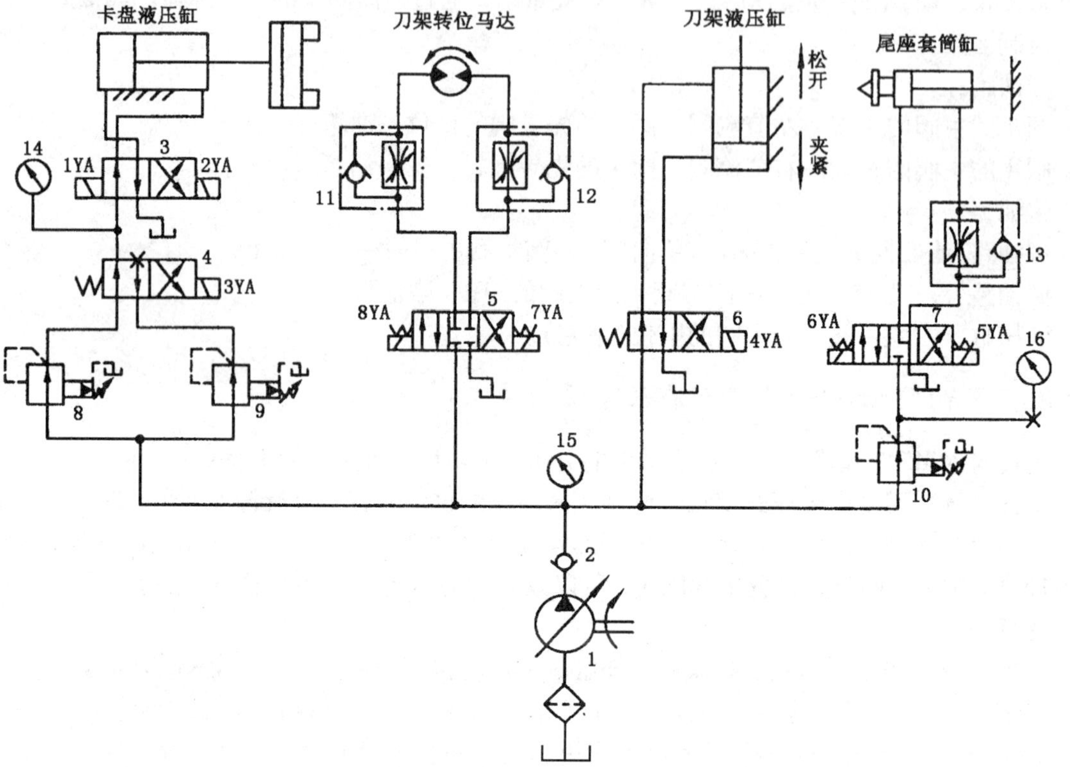

1. 变量泵;2. 单向阀;3、4、5、6、7. 换向阀;

8、9、10. 减压阀;11、12、13. 单向调速阀;14、15、16. 压力表

图 8－2　MJ－50 型数控车床的液压系统

机床中由液压系统实现的动作有:卡盘的夹紧与松开、刀架的夹紧与松开、刀架的正转与反转、尾座套筒的伸出与缩回。液压系统中各电磁阀的电磁铁动作由数控系统的 PC 控制实现，各电磁铁动作见表 8－2。

表 8－2　电磁铁动作顺序表

各种项目			电磁铁							
			1YA	2YA	3YA	4YA	5YA	6YA	7YA	8YA
卡盘正卡	高压	夹紧	+	–	–	–	–	–	–	–
		松开	–	+	–	–	–	–	–	–
	低压	夹紧	+	–	+	–	–	–	–	–
		松开	–	+	+	–	–	–	–	–
卡盘反卡	高压	夹紧	–	+	–	–	–	–	–	–
		松开	+	–	–	–	–	–	–	–
	低压	夹紧	–	+	+	–	–	–	–	–
		松开	+	–	+	–	–	–	–	–

（续表）

刀架	正转	–	–	–	–	–	–	–	+
	反转	–	–	–	–	–	–	+	–
	松开	–	–	–	+	–	–	–	–
	夹紧	–	–	–	–	–	–	–	–
尾座	套筒伸出	–	–	–	–	–	+	–	–
	套筒退回	–	–	–	–	+	–	–	–

8.2.2 液压系统的工作原理

机床的液压系统采用单向变量泵供油，系统压力调至 4MPa，压力由压力表 15 显示。泵输出的压力油经过单向阀进入系统，其工作原理分析如下。

1. 卡盘的夹紧与松开

当卡盘处于正卡（或称外卡）且在高压夹紧状态下，夹紧力的大小由减压阀 8 来调整，夹紧力由压力表 14 来显示。当 1YA 通电时，阀 3 左位工作，系统压力油经阀 8、阀 4、阀 3 到液压缸右腔，液压缸左腔的油液经阀 3 直接回油箱。这时，活塞杆左移，卡盘夹紧。反之，当 2YA 通电时，阀 3 右位工作，系统压力油经阀 8、阀 4、阀 3 到液压缸左腔，液压缸右腔的油液经阀 3 直接回油箱，活塞杆右移，卡盘松开。

当卡盘处于正卡且在低压夹紧状态下，夹紧力的大小由减压阀 9 来调整。这时，3YA 通电，阀 4 右位工作。阀 3 的工作情况与高压夹紧时相同。卡盘反卡（或称内卡）时的工作情况与正卡相似，这里不再赘述。

2. 回转刀架的回转

回转刀架换刀时，首先是刀架松开，然后刀架转位到指定的位置，最后刀架复位夹紧，当 4YA 通电时，阀 6 右位工作，刀架松开。当 8YA 通电时，液压马达带动刀架正转，转速由单向调速阀 11 控制。若 7YA 通电时，则液压马达带动刀架反转，转速由单向调速阀 12 控制。当 4YA 断电时，阀 6 左位工作，液压缸使刀架夹紧。

3. 尾坐套筒的伸缩运动

当 6YA 通电时，阀 7 左位工作，系统压力油经减压阀 10、换向阀 7 到尾座套筒液压缸的左腔，液压缸右腔油液经单向调速阀 13、阀 7 回油箱，缸筒带动尾座套筒伸出，伸出时的预紧力大小通过压力表 16 显示。反之，当 5YA 通电时，阀 7 右位工作，液压系统压力油经减压阀 10、换向阀 7、单向调速阀 13 到液压缸右腔，液压缸左腔的油液经阀 7 流回油箱，套筒缩回。

8.2.3 液压系统的特点

1. 采用单向变量液压泵向系统供油，能量损失小。

2. 用换向阀控制卡盘，实现高压和低压夹紧的转换，并且分别调节高压夹紧或低压夹紧压力的大小。这样可根据工作情况调节夹紧力，操作方便简单。

3. 用液压马达实现刀架的转位，可实现无级调速，并能控制刀架正、反转。

4. 用换向阀控制尾座套筒液压缸的换向，以实现套筒的伸出或缩回，并能调节尾座套筒伸出工作时的预紧力大小，以适应不同的需要。

5. 压力表14、15、16可分别显示系统相应的压力，以便于故障诊断和调试。

§8.3　万能外圆磨床液压传动系统

8.3.1 概述

万能外圆磨床是工业产生应用极为广泛的一种精加工机床。主要用途是磨削各种圆柱面、圆锥面及阶梯轴等零件，采用内圆磨头附件还可以磨削内圆及内锥孔等。为了完成上述零件的加工，磨床必须具有砂轮旋转、工件旋转、工作台带动工件的往复直线运动和砂轮架的周期切入运动等。此外，还要求砂轮架快速进退和尾架顶尖的伸缩等辅助运动。在这些运动中，除砂轮旋转、工件旋转运动由电动机驱动外，其余则采用液压传动方式。根据磨削工艺的结构特点，机床对工作台的往复运动性能要求较高。

对外圆磨床工作台往复运动的要求：

①工作台运动速度能在0.05～4m/min范围内实现无级调速，若在高精度磨床上进行镜面磨削，其修整砂轮的速度最低为10～30mm/min，并要求运动平稳、无爬行现象。

②在上述的速度变化范围内能够自动换向，换向过程要平稳，冲击要小，启动、停止要迅速。

③换向精度要高。同一速度下，换向点变动量(同速换向精度)应小于0.02mm；不同速度下，换向点变动量(异速换向精度)应小于0.2mm。

④换向前工作台在两端能够停留。因为磨削时砂轮在工件两端一般不越出工件，为了避免工件两端因磨削时间短而引起尺寸偏大，故在换向时要求两端有停留，停留时间能在0～5s内调节。

⑤工作台可作微量抖动。切入磨削或磨削工件长度略大于砂轮宽度时，为了提高生产率和改善表面粗糙度，工作台需作短距离(1～3mm)频繁的往复运动，其往复频率为1～3次/s。

8.3.2 外圆磨床工作台换向回路

为了使外圆磨床工作台的运动获得良好的换向性能，提高换向精度，其液压系统选用合适的换向回路。

外圆磨床工作台的换向回路一般分为两类：一类是时间控制制动式换向回路；另一类是行程控制制动式换向回路。在时间控制制动式换向回路中，主换向阀切换油口使工作台制动的时间为一调定数值，因此工作台速度大时，其制动行程的冲击量就大，换向点的位置精度较低。时间控制制动式换向回路一般只适用于换向精度要求不高的机床，如平面磨床等。对于外圆磨床和内圆磨床，为了使工作台获得较高的换向精度，通常采用行程控制制动式换向回路，如图8－3所示。

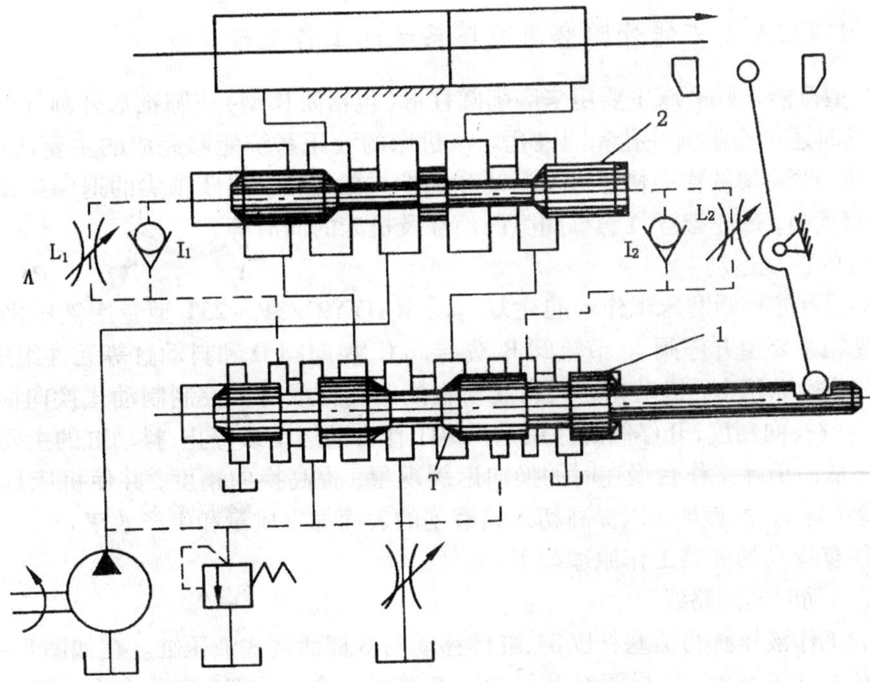

图8－3　行程控制制动式换向回路

在图8－3中，换向回路主要由起先导作用的机动先导阀1和液动主换向阀2所组成(二阀组合成机液动阀)，其特点是先导阀不仅对操纵主阀的控制压力油起控制作用，还直接参与工作台换向制动过程的控制。当图示工作台向右移动的行程即将结束时，挡块拨动先导阀拨杆，使先导阀芯左移，其右边的制动锥T便将液压缸右腔回油路的通流面积逐渐关小，对工作台起制动作用，使其速度逐渐减小。当液压缸回油通路接近于封闭(只留下很小一点开口量)，工作台速度已变得很小时，主阀的控制油路开始切换，使主阀芯左移，导致工作台停止运动并换向。在此情况下，不论工作台原来的速度快慢如何，总是在先导阀芯移动一定距离，即工作台移动某一确定行程之后，主阀才开始换向，所以称这种换向路为行程控制制动式换向回路。

行程控制制动式换向的整个过程可分为制动、端点停留和反向启动三个阶段。工作台制动过程又分为预制动和终制动两步:第一步是先导阀1用制动锥关小液压缸回油通路，使工作台急剧减速，实现预制动;第二步是主换向阀2在控制压力油作用下移到中间位置，这时液压缸两腔同时通入压力油，工作台停止运动，实现终制动。工作台的制动分两步进行，可避免发生大的换向冲击，实现平稳换向。工作台制动完成之后，在一段时间内，主换向阀使液压缸两腔互通压力油，工作台处于停止的状态，直至主阀芯移动到使液压缸两腔油路隔开，工作台开始反向启动为止，这一阶段称为工作台端点停留阶段。停留时间可以用阀2两端的节流阀 L_1 或 L_2 调节。

由上述可知，行程控制制动式换向回路能使液压缸获得很高的换向精度，适于外圆磨床加工阶梯轴的需要。

8.3.3 M1432A 型万能外圆磨床液压系统的工作原理

M1432A 型万能外圆磨床主要用来磨削圆柱形(包括阶梯型)或圆锥形外圆柱面，在使用附加内圆磨具时还可磨削圆柱孔和圆锥孔。该机床的液压系统能够完成的主要任务是:工作台的往复运动，砂轮架的横向快速进退运动和周期进给运动，尾座顶尖的退回运动，工作台手动与液压的互锁，砂轮架丝杠螺母间隙的消除及机床的润滑等。

1. 工作台的往复运动

M1432A 型万能外圆磨床工作台的往复运动用 HYY21/3P－25T 型专用液压操纵箱进行控制，该操纵箱主要由开停阀 A、节流阀 B、先导阀 C、换向阀 D 和抖动缸等元件组成，如图 8－4 所示。在此操纵箱中，机动先导阀和液动主换向阀构成行程控制制动式换向回路，它可以提高工作台的换向精度;开停阀的作用是操纵工作台的运动或停止;抖动缸的主要作用是使先导阀快跳，从而消除工作台慢速时的换向迟缓现象，提高换向精度，并使机床具备短距离频繁往复运动(抖动)的性能，以提高切入式磨削的表面加工质量和生产效率。

工作台往复运动的油路工作原理如下:

(1)往复运动时油流路线

本机床的工作液压缸为活塞杆固定、缸体移动的双杆活塞式液压缸。在如图 8－4 所示状态下，开停阀 A 处于右位，先导阀 C 和换向阀 D 都处于右端位置，工作台向右运动，主油路的油流路线为:

进油路:液压泵→阀 D→工作台液压缸右腔;

回油路:工作台液压缸左腔→阀 D→阀 C→阀 A→阀 B→油箱。

当工作台右移到预定位置时，工作台上的左挡块拨动先导阀芯，并使它最终处于左端位置上。这时控制油路 a_2 点接通压力油，a_1 点接通油箱，使换向阀 D 亦处于左端位置，于是主油路的油流路线变为:

进油路:液压泵→阀 D→工作台液压缸左腔;

回油路:工作台液压缸右腔→阀 D→阀 C→阀 A→阀 B→油箱。

这时，工作台向左运动，并在其右挡块碰上拨杆后发生与上述情况相反的变换，使工作台又改变方向向右运动。如此不停地反复进行下去，直到开停阀 A 拨到左位时才使运动停止下来。

(2)工作台换向过程

工作台换向时，先导阀 C 先受到挡块的操纵而移动，接着又受到抖动缸的操纵而产生快跳;换向阀 D 的控制油则先后三次变换通流情况，使其阀芯产生第一次快跳、慢速移动和第二次快跳。这样就使工作台的换向经历了迅速制动、停留和迅速反向启动的三个阶段。具体情况如下:

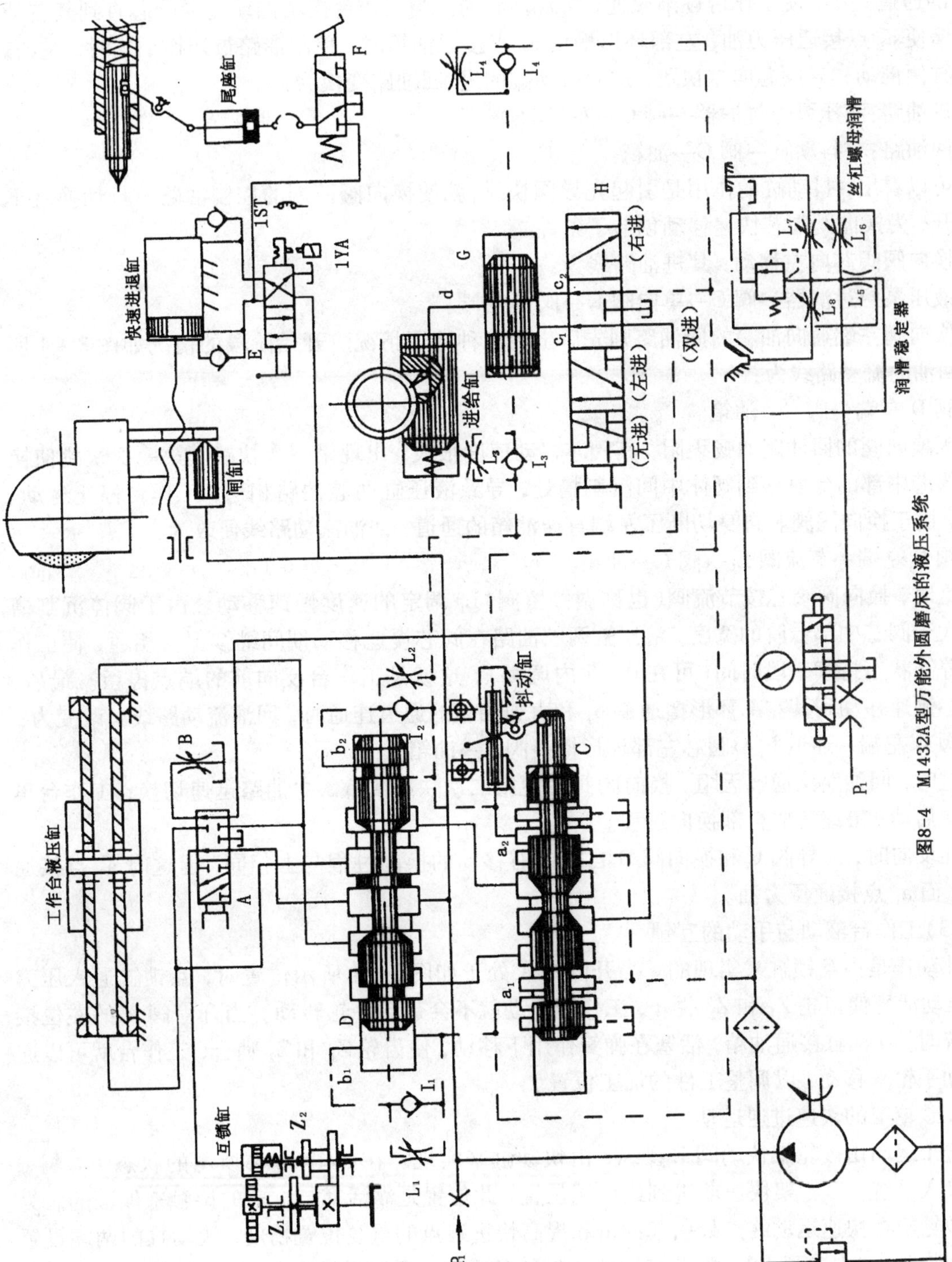

图8-4　M1432A型万能外圆磨床的液压系统

当图 8－4 中的先导阀 C 的阀芯被拨杆推着向左移动时，它的右制动锥逐渐将通向节流阀 B 的通道关小，使工作台逐渐减速，实现预制动。当工作台挡块推动先导阀芯直到其右部环形槽使 a_2 点接通压力油，左部环形槽使 a_1 点接通油箱时，控制油路被切换。这时，左、右抖动缸便推动先导阀芯向左快跳，这时抖动缸的进、回油路变换为：

进油路：液压泵→过滤器→阀 C→左抖动缸；

回油路：右抖动缸→阀 C→油箱。

可以看出，抖动缸的作用是引起先导阀快跳；就使换向阀两端的控制油路一旦切换就迅速打开，为换向阀阀芯快速移动创造了条件。

换向阀阀芯向左移动，其进油路线为：

液压泵→过滤器→阀 C→单向阀 I_2→阀 D 右端。

换向阀左端通向油箱的回油路则先后出现三种连通情况。开始阶段的情况如图 8－4 所示，回油的流动路线为：

阀 D 左端→阀 C→油箱。

因换向阀的回油路通畅无阻，其阀芯移动速度很大，出现第一次快跳。第一次快跳使换向阀阀芯中部的台肩移到阀体中间沉割槽处，导致液压缸两腔油路相通，工作台停止运动。此后，由于换向阀阀芯自身切断了左端直通油箱的通道，回油流动路线便改为：

阀 D 左端→节流阀 L_1→阀 C→油箱。

这时，换向阀阀芯按节流阀（也称做停留阀）L_1 调定的速度慢速移动。由于阀体沉割槽宽度大于阀芯中部台阶的宽度，液压缸两腔油路在阀芯慢速移动期间继续保持相通，使工作台的停止状态持续一段时间（可在 0～5 内调整），这就是工作台反向前的端点停留。最后，当阀芯慢速移动到其左部环形槽通道 b_1 和直通油箱的通道连通时，回油流动路线又改变为：

阀 D 左端→通道 b_1→阀芯左部环形槽→阀 C→油箱。

这时，回油路又通畅无阻，换向阀阀芯便第二次快跳到底，主油路迅速切换，工作台迅速反向启动，最终完成全部换向过程。

在反向时，先导阀 C 和换向阀 D 自左向右移动的换向过程与上相同，但这时 a_2 点接通油箱，而 a_1 点接通压力油。

（3）工作台液动与手动的互锁

此动作是由互锁缸来实现的。当开停阀 A 处于如图 8－4 所示位置时，互锁缸通入压力油，推动活塞使齿轮 Z_1 和 Z_2 脱开，工作台运动就不会带动手轮转动。当开停阀 A 的左位接入系统时，互锁缸接通油箱，活塞在弹簧作用下移动，使齿轮 Z_1 和 Z_2 啮合，工作台就可以通过摇动手轮来移动，以调整工件的加工位置。

2. 砂轮架的快速进退运动

这个运动由砂轮架快动阀 E 操纵，由快动缸来实现。在如图 8－4 所示的状态下，阀 E 右位接入系统，砂轮架快速前进到最前端位置，此位置是靠活塞与缸盖的接触来保证的。为防止砂轮架在快速运动终点处引起冲击和提高快进终点的重复位置精度，快动缸的两端设置有缓冲装置（图中未画出），并设有抵住砂轮架的闸缸，用以消除丝杠、螺母间的间隙。快动阀 E 的左位接入系统时，砂轮架后退到最后端位置。

砂轮架进退与头架、冷却泵电机之间可以联动。当将快动阀 E 的手柄板至图示位置，使砂轮架快进至加工位置时，行程开关 1ST 触头闭合，主轴电动机和冷却泵电动机随即同时启动，使工件旋转，并送出冷却液。

为了保证机床的使用安全，砂轮架快速进退与内圆磨头使用位置之间实现了互锁。当磨削内圆时，将内圆磨头翻下，压住微动开关，使电磁铁1YA通电吸合。快动阀E的手柄即被锁在快进后的位置上，不允许在磨削内圆时，砂轮架有快退动作而引起事故。

为了确保操作安全，砂轮架快速进退与尾座顶尖的动作之间也实现了互锁。当砂轮架处于快进后的位置时，如果操作者误踏尾座阀F，则因尾座液压缸无压力油通入，故尾座顶尖不会退回。

3. 砂轮架的周期进给运动

此运动由进给阀G操纵，由砂轮架进给缸通过其活塞上的拨爪、棘轮、齿轮、丝杠螺母等传动副来实现。砂轮架的周期进给运动可以在工件左端停留或右端停留时进行，也可以在工件两端停留时进行，还可以无进给运动，这些都由选择阀H所在位置决定。进给阀G和选择阀H组合成周期进给操纵箱，如图8-4所示。在图示状态下，选择阀选定的是“双向进给”，进给阀在控制油路的a_1和a_2点每次相互变换压力时，向左或向右移动一次(因为通道d与通道c_1和c_2各接通一次)，于是砂轮架便作一次间歇进给。进给量大小由拨爪棘轮机构调整，进给快慢及平稳性则通过调整节流阀L_3、L_4来保证。

4. 液压系统的主要特点

①采用了活塞杆固定的双杆液压缸，可减小机床占地面积，同时也能保证左右两个方向运动速度一致。

②系统采用了简单节流阀式调速回路，功率损失小，这对调速范围不需要很大、负载较小且基本恒定的磨床来说是很相宜的。此外，回油节流的形式在液压回油腔中造成的背压力有助于工作台的制动，也有助于防止空气渗入系统。

③系统采用HYY21/3P-25T型快跳式操纵箱，结构紧凑，操纵方便，换向精度和换向平稳性都较高。此外，此操纵箱还能使工作台高频抖动，有利于提高切入磨削时的加工质量。

§8.4　汽车起重机液压系统

8.4.1 概述

汽车起重机是一种安装在汽车底盘上的起重运输设备。它主要由起升机构、回转机构、变幅机构、伸缩机构和支腿部分等组成，这些工作机构动作的完成由液压系统来驱动。一般要求输出力大，动作平稳，耐冲击，操作灵活、方便、安全、可靠。

Q2-8型汽车起重机的外形结构如图8-5所示。它由汽车1、转台2、支腿3、吊臂变幅液压缸4、基本臂5、吊臂伸缩液压缸6和起升机构7等组成。该起重机采用液压传动，最大起重量为80kN，最大起重高度为11.5m，起重装置可连续回转。由于起重机具有较高的行走速度和较大的承载能力，所以其调动与使用起来非常灵活，机动性能也很好，并可在有冲击、振动、温度变化较大和环境较差的条件下工作。起重机一般采用中、高压手动控制系统。对于汽车起重机来说，无论在机械方面或是在液压方面，对工作系统的安全和可靠性要求都是特别重要的。

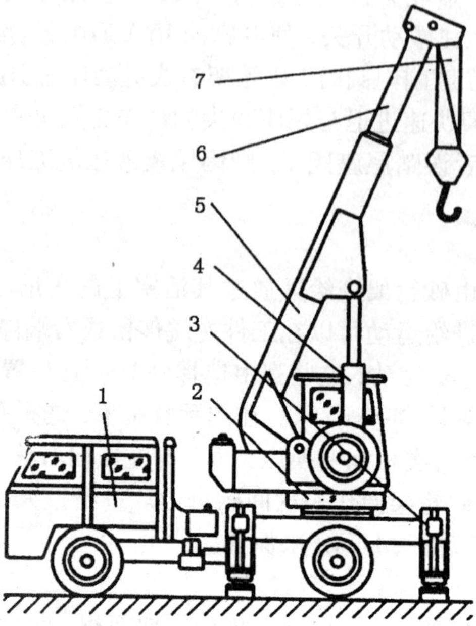

图 8－5　Q2－8 型汽车起重机的外形结构

8.4.2 Q2－8 型汽车起重机液压系统的工作原理

Q2－8 型汽车起重机液压系统的工作原理如图 8－6 所示。该系统为中高压系统，动力源采用轴向柱塞泵，由汽车发动机通过汽车底盘变速箱上的取力箱驱动。液压泵的工作压力为 21MPa，排量为 40mL，转速为 1500r/min。液压泵通过中心回转接头从油箱中吸油，输出的液压油经手动阀组 1(是由换向阀 A 和 B 组成)和手动阀组 2(是由换向阀 C、D、E、F 组成)输送到各个执行元件。整个系统由支腿收放、吊臂变幅、吊臂伸缩、转台回转和吊重起升五个工作回路所组成，且各部分都具有一定的独立性。整个系统分为上车、下车两部分，除液压泵、溢流阀、阀组 1 及支腿部分外，其余元件全部装在可回转的上车部分。油箱装在上车部分，兼作配重。上车、下车两部分油路通过中心回转接头 9 连通。支腿收放回路和其它动作回路均采用一个 M 型中位机能三位四通手动换向阀进行切换。各个手动换向阀相互串联组合，可实现多缸卸荷。根据起重工作的具体要求，操纵各阀不仅可以分别控制各执行元件的运动方向，还可以通过控制阀芯的位移量来实现节流调速。

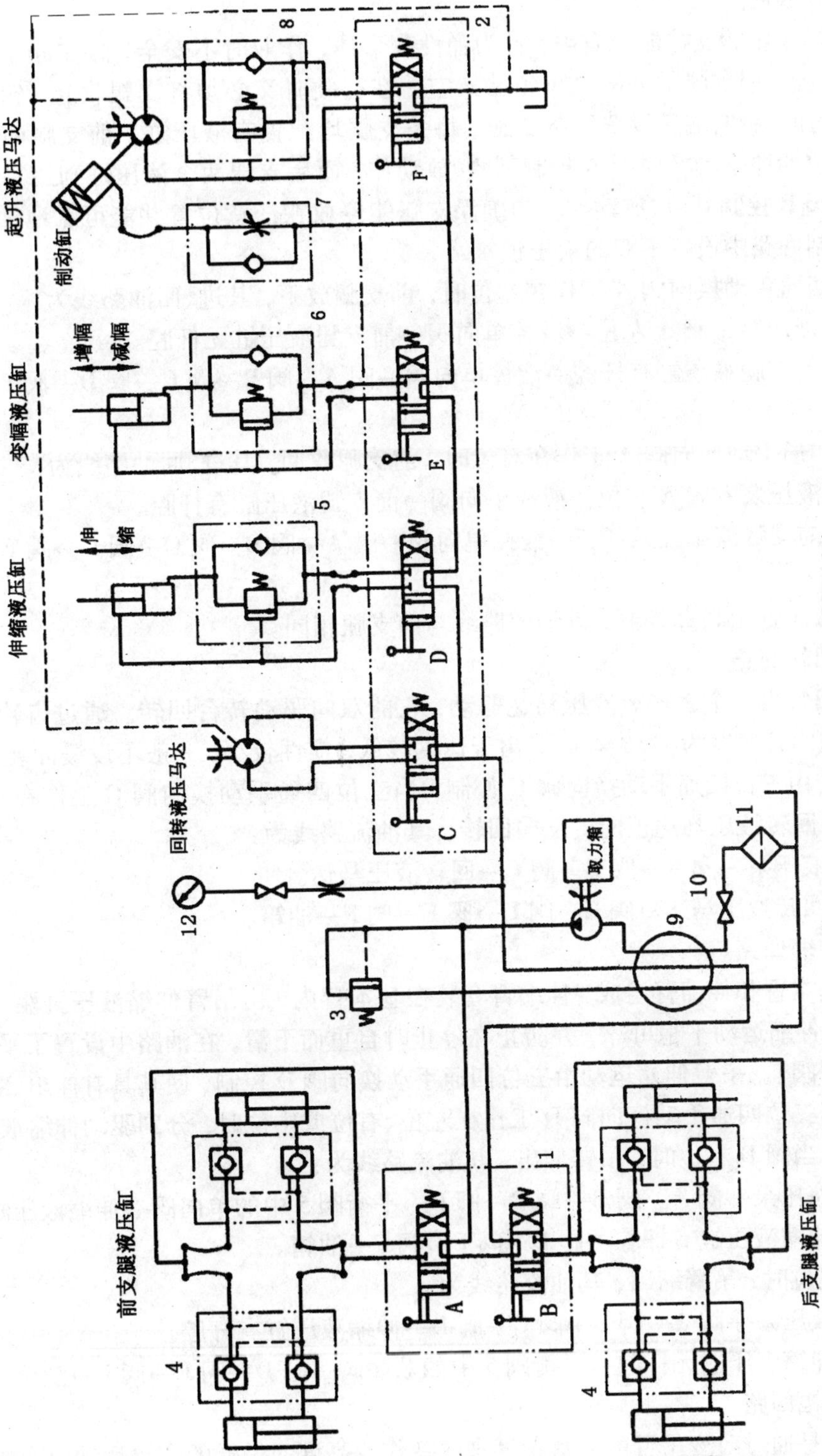

图8-6　Q2－8型汽车起重机液压系统

1. 支腿收放回路

由于汽车车轮胎支撑能力有限，且为弹性变形体，作业时不安全，故在起重作业前必须放下前、后支腿，用支腿承重使汽车轮胎架空。在行驶时又必须将支腿收起，轮胎着地。为此，在汽车的前、后两端各设置两条支腿，每条支腿均配置有液压缸。前支腿两个液压缸同时用一个三位四通手动换向阀 A 控制其收、放动作，而后支腿两个液压缸则用另一个三位四通手动换向阀 B 控制其收、放动作。为确保支腿能停放在任意位置并能可靠地锁住，在支腿液压缸的控制回路中设置了双向液压锁 4。

当三位四通手动换向阀 A 工作在左位时，前支腿放下，其进、回油路线为：

进油路：液压泵→阀 A 左位→液控单向阀→前支腿液压缸无杆腔。

回油路：前支腿液压缸有杆腔→液控单向阀→阀 A→阀 B→阀 C→阀 D→阀 E→阀 F→油箱。

当三位四通手动换向阀 A 工作在右位时，前支腿收回，其进、回油路线为：

进油路：液压泵→阀 A 右位→液控单向阀→前支腿液压缸有杆腔。

回油路：前支腿液压缸无杆腔→液控单向阀→阀 A→阀 B→阀 C→阀 D→阀 E→阀 F→油箱。

后支腿液压缸用阀 B 控制，其油流路线与前支腿相同。

2. 转台回转回路

转台的回转由一个大转矩液压马达驱动，它能双向驱动转台回转。通过齿轮、蜗杆机构减速，转台的回转速度为 1～3r/min。由于速度较低，惯性较小，一般不设缓冲装置，回转液压马达的回转由三位四通手动换向阀 C 控制，当三位四通手动换向阀 C 工作在左位或右位时，分别驱动回转液压马达正向或反向回转。其油流路线为：

进油路：液压泵→阀 A→阀 B→阀 C→回转液压马达。

回油路：回转液压马达→阀 C→阀 D→阀 E→阀 F→油箱。

3. 吊臂伸缩回路

吊臂由基本臂和伸缩臂组成，伸缩臂套装在基本臂内，由吊臂伸缩液压缸驱动进行伸缩运动，为使其伸缩运动平稳可靠，并防止在停止时自重而下滑，在油路中设置了平衡阀 5（外控顺式单向序阀）。吊臂伸缩运动由三位四通手动换向阀 D 控制，使其具有伸出、缩回和停止三种工况。当三位四通手动换向阀 D 工作在左位、右位或中位时，分别驱动伸缩液压缸伸出、缩回或停止。当阀 D 右位时，吊臂伸出，其油流路线为：

进油路：液压泵→阀 A→阀 B→阀 C→阀 D→平衡阀 5 中的单向阀→伸缩液压缸无杆腔。

回油路：伸缩液压缸有杆腔→阀 D→阀 E→阀 F→油箱。

当阀 D 左位时，吊臂缩回，其油流路线为：

进油路：液压泵→阀 A→阀 B→阀 C→阀 D→伸缩液压缸有杆腔。

回油路：伸缩液压缸无杆腔→平衡阀 5 中的顺序阀→阀 D→阀 E→阀 F→油箱。

4. 吊臂变幅回路

吊臂变幅是通过改变吊臂的起落角度来改变作业高度。吊臂的变幅运动由变幅液压缸驱动，变幅要求能带载工作，动作要平稳可靠。为防止吊臂在停止阶段因自重而减幅，在油路中设置了平衡阀 6，提高了变幅运动的稳定性和可靠性。吊臂变幅运动由三位四通手动换向阀 E 控制，在其工作过程中，通过改变手动换向阀 E 开口的大小和工作位，即可调节变幅速度和变幅方向。

吊臂增幅时，三位四通手动换向阀E右位工作，其油流路线为：

进油路：液压泵→阀A→阀B→阀C→阀D→阀E→阀6中的单向阀→变幅液压缸无杆腔。

回油路：变幅液压缸有杆腔→阀E→阀F→油箱。

吊臂减幅时，三位四通手动换向阀E左位工作，其油流路线为：

进油路：液压泵→阀A→阀B→阀C→阀D→阀E→变幅液压缸有杆腔。

回油路：变幅液压缸无杆腔→平衡阀6中的顺序阀→阀E→阀F→油箱。

5. 吊重起升回路

吊重起升是系统的主要工作回路。吊重的起吊和落下作业由一个大转矩液压马达驱动卷扬机来完成。起升液压马达的正、反转由三位四通手动换向阀F控制。马达转速的调节（即起吊速度）可通过改变发动机转速及手动换向阀F的开口来调节。回路中设有平衡阀8，用以防止重物因自重而下滑。由于液压马达的内泄漏比较大，当重物吊在空中时，尽管回路中设有平衡阀，重物仍会向下缓慢滑落，为此，在液压马达的驱动轴上设置了制动器。当起升机构工作时，在系统油压的作用下，制动器液压缸使闸松开；当液压马达停止转动时，在制动器弹簧的作用下，闸块将轴抱死进行制动。当重物在空中停留的过程中重新起升时，有可能出现在液压马达的进油路还未建立起足够的压力以支撑重物时，制动器便解除了制动，造成重物短时间失控而向下滑落。为避免这种现象的出现，在制动器油路中设置了单向节流阀7。通过调节该节流阀开口的大小，能使制动器抱闸迅速，而松闸则能缓慢地进行。

8.4.3 Q2－8型汽车起重机液压系统的特点

Q2－8型汽车起重机的液压系统有如下几个特点：

1. 该系统为单泵、开式、串联系统，采用了换向阀串联组合，不仅各机构的动作可以独立进行，而且在轻载作业时，可实现起升和回转复合动作，以提高工作效率。

2. 系统中采用了平衡回路、锁紧回路和制动回路，保证了起重机的工作可靠，操作安全。

3. 采用了三位四通手动换向阀换向，不仅可以灵活方便地控制换向动作，还可通过手柄操纵来控制流量，实现节流调速。在起升工作中，将此节流调速方法与控制发动机转速的方法结合使用，可以实现各工作部件微速动作。

4. 各三位四通手动换向阀均采用了M型中位机能，使换向阀处于中位时能使系统卸荷，可减少系统的功率损失，适宜于起重机进行间歇性工作。

§8.5 液压系统故障诊断与分析

8.5.1 液压系统故障的诊断方法

1. 感观诊断法

(1)看

观察液压系统的工作状态，一般有六看：一看速度，即看执行元件运动速度有无变化；二看压力，即看液压系统各测量点的压力有无波动现象；三看油液，即观察油液是否清洁、是否变质，油量是否满足要求，油的粘度是否合乎要求及表面有无泡沫等；四看泄漏，即看液压系统各接头是否渗漏、滴漏和出现油垢现象；五看振动，即看活塞杆或工作台等运动部件运行时，有无跳动、冲击等异常现象；六看产品，即从加工出来的产品判断运动机构的工作状态，观察系统压力和流量的稳定性。

(2)听

用听觉来判断液压系统的工作是否正常，一般有四听：一听噪声，即听液压泵和系统的噪声是否过大，液压阀等元件是否有尖叫声；二听冲击声，即听执行部件换向时冲击声是否过大；三听泄漏声，即听油路板内部有无细微而连续不断的声响；四听敲打声，即听液压泵和管路中是否有敲打撞击声。

(3)摸

用手摸运动部件的温升和工作状况，一般有四摸：一摸温升，即用手摸泵、油箱和阀体等温度是否过高；二摸振动，即用手摸运动部件和管子有无振动；三摸爬行，即当工作台慢速运行时，用手摸其有无爬行现象；四摸松紧度，即用手拧一拧挡铁、微动开关等的松紧程度。

(4)闻

闻主要是闻油液是否有变质异味。

(5)查

查是查阅技术资料及有关故障分析与修理记录和维护保养记录等。

(6)问

问是询问设备操作者，了解设备的平时工作状况。一般有六问：一问液压系统工作是否正常；二问液压油最近的更换日期，滤网的清洗或更换情况等；三问事故出现前调压阀或调速阀是否调节过，有无不正常现象；四问事故出现之前液压件或密封件是否更换过；五问事故出现前后液压系统的工作差别；六问过去常出现哪类事故及排除经过。

感观检测只是一个定性分析，必要时应对有关元件在实验台上做定量分析测试。

2. 逻辑分析法

对于复杂的液压系统故障，常采用逻辑分析法，即根据故障产生的现象，采取逻辑分析与推理的方法。

采用逻辑分析法诊断液压系统故障通常有两个出发点：一是从主机出发，主机故障也就是指液压系统执行机构工作不正常；二是从系统本身故障出发，有时系统故障在短时间内并不影响主机，如油温的变化、噪声增大等。

逻辑分析法只是定性分析，若将逻辑分析法与专用检测仪器的测试相结合，就可显著地提高故障诊断的效率及准确性。

3. 专用仪器检测法

专用仪器检测法即采用专门的液压系统故障检测仪器来诊断系统故障，该仪器能够对液压系统故障做定量的检测。国内外有许多专用的便携式液压系统故障检测仪，用来测量流量、压力和温度，并能测量泵和马达的转速等。

4. 状态监测法

状态监测法用的仪器种类很多，通常主要有压力传感器、流量传感器、位移传感器和油温监测仪等。把测试到的数据输入计算机系统，计算机根据输入的数据提供各种信息及技术参数，由此判别出某个液压元件和液压系统某个部位的工作状况，并可发出报警或自动停机等信号。所以状态监测技术可解决仅靠人的感觉无法解决的疑难故障的诊断，并为预知维修提供了信息。

状态监测法一般适用于下列几种液压设备：

①发生故障后对整个生产影响较大的液压设备和自动线；

②必须确保其安全性能的液压设备和控制系统；

③价格昂贵的精密、大型、稀有、关键的液压系统；

④故障停机修理费用过高或修理时间过长、损失过大的液压设备和液压控制系统。

8.5.2 液压系统故障分析

液压系统由于设计与调整不当，在运行中将会产生各种故障。以下是一些典型故障的分析。

1. 产生液压冲击

在如图8-7所示的二级调压回路中，液压系统循环运行，当二位二通电磁换向阀4通电右位工作时，液压系统突然产生较大的液压冲击。该二级调压回路中，当二位二通阀4断电关闭后，系统压力决定于溢流阀2的调定压力 p_1，阀4通电切换后，系统压力则由调压阀3的调定压力 p_2 决定。由于阀4与阀3之间的油路内压力为零，阀4右位工作时，溢流阀2的远程控制口处的压力由 p_1 几乎下降到零后才又回升到 p_2，系统必然产生较大的压力冲击。

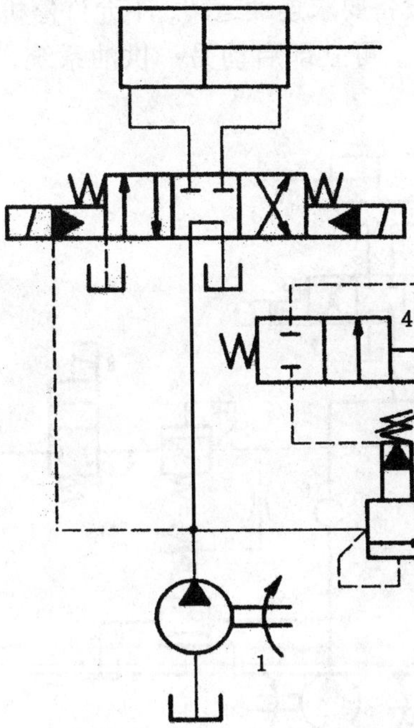

图8-7　易产生冲击的二级调压回路

不难看出，故障原因是因系统中二级调压回路设计不当造成的。若将其改成如图8-8所示的组合形式，即把二位二通阀4接到远程调压阀3的出油口，并与油箱接通，则从阀2远程控制口到阀4的油路中充满接近 p_1 压力的油液，阀4通电切换后，系统压力从 p_1 直接降到 p_2，不会产生较大的压力冲击。

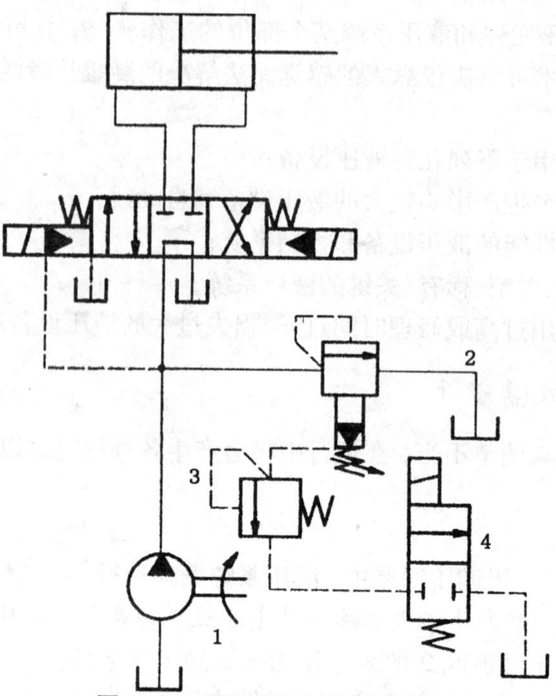

图 8－8　改进后的二级调压回路

2. 压力上不去

在如图 8－9 所示回路中，因液压设备要求连续运转，不允许停机修理，所以有两套供油系统。当其中一个供油系统出现故障时，可立即启动另一供油系统，使液压设备正常运行，再修复故障供油系统。

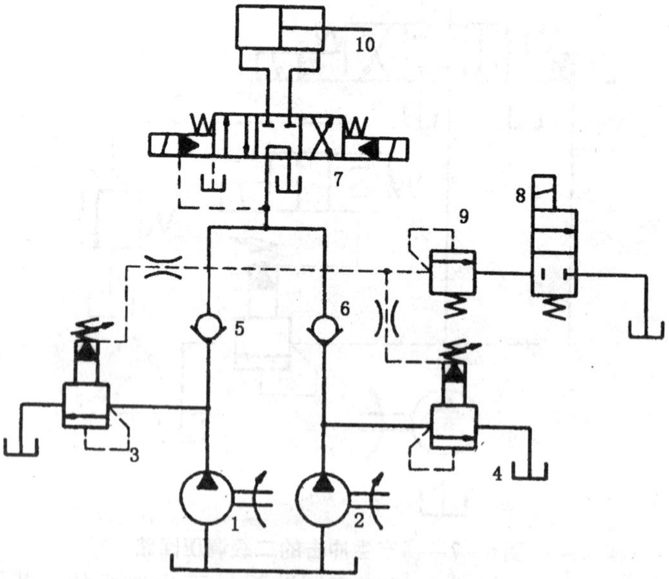

图 8－9　两套供油系统原理图

图中两套供油系统的元件性能、规格完全相同，由溢流阀 3 或 4 调定第一级压力，远程调压阀 9 调定第二级压力。

但泵2所属供油系统停止供油，只有泵1所属系统供油时，系统压力上不去。即使将液压缸的负载增大到足够大，泵1输出油路仍不能上升到调定的压力值。

调试发现，泵1压力最高只能达到12MPa，设计要求应能调到14MPa，甚至更高。将溢流阀3和远程调压阀9的调压旋钮全部拧紧，压力仍上不去，当油温为40℃时，压力值可达12MPa；油温升到55℃时，压力只能到10MPa。检测液压泵及其它元件，均没有发现质量和调整上的问题，各项指标均符合性能要求。

液压元件没有质量问题，组合液压系统压力却上不去，应分析系统中元件组合的相互影响。

泵1工作时，压力油从溢流阀3的进油口进入主阀芯下端，同时经过阻尼孔流入主阀芯上端弹簧腔，再经过溢流阀3的远程控制口及外接油管进入溢流阀4主阀芯上端的弹簧腔，接着经阻尼孔向下流动，进入主阀芯的下腔，再由溢流阀4的进油口反向流入停止运转的泵2的排油管中，这时油液推开单向阀6的可能性不大；当压力油从泵2出口进入泵2中时，将会使泵2像液压马达一样反向微微转动，或经泵的缝隙流入油箱中。

就是说，溢流阀3的远程控制口向油箱中泄漏液压油，导致压力上不去。由于控制油路上设置有节流装置，溢流阀3远程控制油路上的油液是在阻尼状况下流回油箱内的，所以压力不是完全没有，只是低于调定压力。

如图8－10所示为改进后的两套油系统，系统中设置了单向阀11和12，切断进入泵2的油路，上述故障就不会发生了。

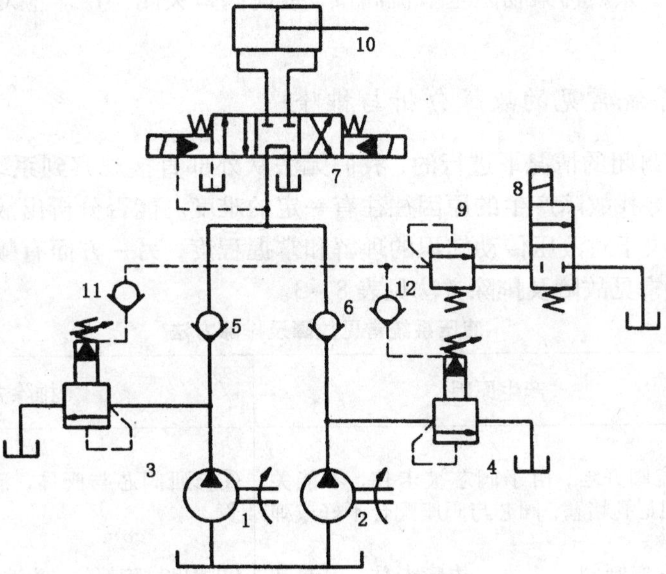

图8－10　改进后的两套油系统原理图

3. M1432型万能外圆磨床液压系统

M1432型万能外圆磨床液压系统图及工作原理如图8－4所示。该液压系统常见故障、产生原因及排除方法如下：

(1)工作台换向时，砂轮架有微量抖动

产生原因和排除方法如下：

①系统压力波动大，特别是在换向时，使砂轮架向前微动，在磨削换向时，磨削火花突然增多。应立即停机进行清洗和调整溢流阀，同时在闸缸和快进、快退液压缸的回油路上增设背压阀。

②系统压力调的过高。系统的工作压力应调整在0.9～1.1MPa之间。

③系统中存在大量空气。应打开排气阀，排除系统中的全部空气。

(2)工作台快跳不稳定

产生原因和排除方法如下：

①换向阀两端的节流阀调整不当，当节流口开的太小，导致换向阀移动速度减慢。应适当开大节流口，加快换向阀移动速度。

②当先导阀的换向杠杆被工作台左、右行程挡块撞在中间位置时，回油开口量太小，影响工作台换向后的起步速度，致使工作台抖动频率太低，甚至不抖动。可修磨先导阀制动锥，适当加长制动锥长度(锥角不变)。在修磨时要注意修磨量不宜太大，否则影响工作台的换向精度。

(3)节流阀关闭后，工作台仍有微动

产生原因和排除方法如下：

①操纵箱的节流阀阀芯与阀体孔的圆度超差。应研磨阀体孔，重新配做节流阀芯，使圆度误差保持在0.002～0.004mm以内。

②节流阀芯与阀体孔配合间隙太大引起泄漏。配合间隙应在0.008～0.012mm以内。

③油液不清洁，杂质污染物阻塞节流阀口，致使阀口关闭不严。应对液压油进行精细过滤或更换新油。

8.5.3 液压系统常见的故障分析与排除

液压传动是在封闭的情况下进行的，我们无法从外部直接观察到系统内部，因此，当系统出现故障时，要寻找故障产生的原因往往有一定的难度。能否分析出故障产生的原因并排除故障，一方面取决于对液压传动知识的理解和掌握程度，另一方面有赖于实践经验的不断积累。液压系统的常见故障及排除方法见表8-3。

表8-3　液压系统常见故障及排除方法

故障现象	产生原因	排除方法
系统无压力或压力不足	①溢流阀开启，由于阀芯被卡住，不能关闭，阻尼孔堵塞，阀芯与阀座配合不好或弹簧失效。 ②其它控制阀阀芯由于故障卡住，引起卸荷。 ③液压元件磨损严重或密封损坏，造成内、外泄漏。 ④液位过低，吸油堵塞或油温过高。 ⑤泵转向错误，转速过低或动力不足。	①修研阀芯与阀体，清洗阻尼孔，更换弹簧。 ②找出故障部位，清洗或研修，使阀芯在阀体内能够灵活运动。 ③检查泵、阀及管路各连接处的密封性，修理或更换零件和密封件。 ④加油，清洗吸油管路或冷却系统。 ⑤检查动力源。

（续表）

故障现象	产生原因	排除方法
流量不足	①油箱液位过低，油液粘度较大，过滤器堵塞引起吸油阻力过大。 ②液压泵转向错误，转速过低或空转磨损严重，性能下降。 ③管路密封不严，空气进入。 ④蓄能器漏气，压力及流量供应不足。 ⑤其它液压元件及密封件损坏引起泄漏。 ⑥控制阀动作不灵。	①检查液位，补油，更换粘度适宜的液压油，保证吸油管直径足够大。 ②检查原动机、液压泵及变量机构，必要时换液压泵。 ③检查管路连接及密封是否正确可靠。 ④检修蓄能器。 ⑤修理或更换。 ⑥调整或更换。
泄漏	①接头松动，密封损坏。 ②阀与阀板之间的连接不好或密封件损坏。 ③系统压力长时间大于液压元件或附近的额定工作压力，使密封件损坏。 ④相对运动零件磨损严重，间隙过大。	①拧紧接头，更换密封。 ②改善阀与阀板之间的连接，更换密封。 ③限定系统压力，或更换许用压力较高的密封件。 ④更换磨损零件，减小配合间隙。
油温过高	①冷却器通过能力下降或出现故障。 ②油箱容量小或散热性差。 ③压力调整不当，长期在高压下工作。 ④管路过细且弯曲，造成压力损失增大，引起发热。 ⑤环境温度较高。	①排除故障或更换冷却器。 ②增大油箱容量，增设冷却装置。 ③限定系统压力，必要时改进设计。 ④加大管径，缩短管路，使油液流动通畅。 ⑤改善环境，隔绝热源。
振动	①液压泵：密封不严吸入空气，安装位置过高，吸油阻力大，齿轮形精度不够，叶片卡死断裂，柱塞卡死移动不灵活，零件磨损使间隙过大。 ②液压油：液位太低，吸油管插入液面深度不够，油液粘度太大，过滤器堵塞。 ③溢流阀：阻尼孔堵塞，阀芯与阀体配合间隙过大，弹簧失效。 ④其它阀芯移动不灵活。 ⑤管道：管道细长，没有固定装置，互相碰撞，吸油管与回油管相距太近。 ⑥电磁铁：电磁铁焊接不良，弹簧过硬或损坏，阀芯在阀体内卡住。 ⑦机械：液压泵与电动机联轴器不同轴或松动，运动部件停止时有冲击，换向时无阻尼，电动机振动。	①更换吸油口密封，吸油管口至泵进油口高度要小于500mm，保证吸油管直径，修复或更换损坏的零件。 ②加油，增加吸油管长度到规定液面深度，更换合适粘度的液压油，清洗过滤器。 ③清洗阻尼孔，修配阀芯与阀体的间隙，更换弹簧。 ④清洗，去毛刺。 ⑤设置固定装置，扩大管道间距及吸油管和回油管间距离。 ⑥重新焊接，更换弹簧，清洗及研配阀芯和阀体。 ⑦保持泵与电动机轴的同心度不大于0.1mm，采用弹性联轴器，紧固螺钉，设置阻尼或缓冲装置，电动机作平衡处理。
冲击	①蓄能器充气压力不够。 ②工作压力过高。 ③先导阀、换向阀制动不灵及节流缓冲慢。 ④液压缸端部无缓冲装置。 ⑤溢流阀故障使压力突然升高。 ⑥系统中有大量空气。	①给蓄能器充气。 ②调整压力至规定值。 ③减少制动锥倾斜角或增加制动锥长度，修复节流缓冲装置。 ④增设缓冲装置或背压阀。 ⑤修理或更换。 ⑥排除空气。

思考题

8－1　如图8－1所示的YT4543型动力滑台液压系统是由哪些基本液压回路组成的？如何实现差动连接？采用止位钉停留有何作用？

8－2　万能外圆磨床液压系统为什么要采用行程控制制动式换向回路？万能外圆磨床工作台换向过程分为哪几个阶段？试根据如图8－4所示的M1432A型外圆磨床液压系统说明工作台的换向过程。

8－3　在如图8－6所示的Q2－8型汽车起重机液压系统中，为什么采用弹簧复位式手动换向阀控制各执行元件动作？

8－4　用所学的液压元件组成一个能完成“快进→工进→二工进→快退”动作循环的液压系统，并画出电磁铁动作表，指出该系统的特点。

8－5　试分析将图8－1所示的YT4543型动力滑台液压系统由限压式变量泵供油，改为双联泵和单向定量泵供油时，系统的不同点。

8－6　在如图8－1所示的YT4543型动力滑台液压系统中，单向阀3、7、12在油路中起什么作用？

8－7　一般液压系统无压力或压力不足产生的原因有哪些？如何解决？

8－8　造成液压油温度过高的原因有哪些？如何解决？

8－9　如图8－11所示的液压系统是怎样工作的？试按其动作循环表中的提示进行阅读，并将该表填写完整。

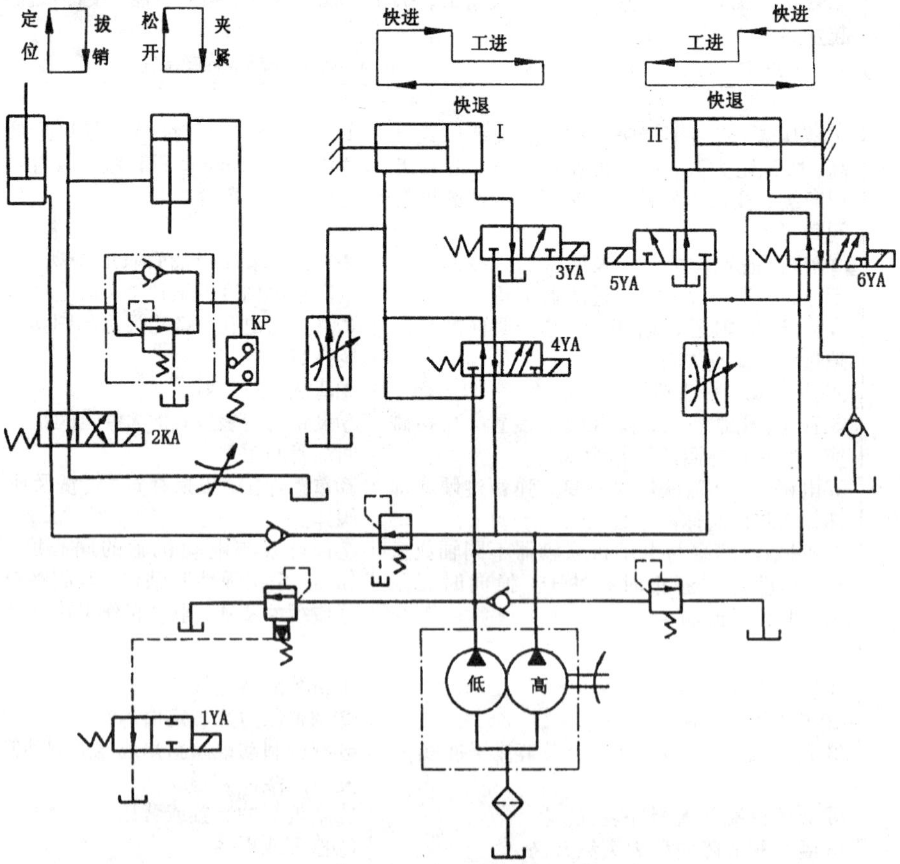

图8－11　题8－9图

电器元件动作循环表

<table>
<tr><th rowspan="2">动作名称</th><th colspan="7">电器元件</th><th rowspan="2">附　注</th></tr>
<tr><th>1YA</th><th>2YA</th><th>3YA</th><th>4YA</th><th>5YA</th><th>6YA</th><th>KP</th></tr>
<tr><td>定位夹紧</td><td></td><td></td><td></td><td></td><td></td><td></td><td></td><td rowspan="6">(1) Ⅰ、Ⅱ两回路各自进行独立循环动作，互不制约。
(2)4YA、6YA 中任何一个通电时，1YA 便通电;4YA、6YA 均断电时，1YA 才断电快进。</td></tr>
<tr><td>快进</td><td></td><td></td><td></td><td></td><td></td><td></td><td></td></tr>
<tr><td>工进卸荷(低)</td><td></td><td></td><td></td><td></td><td></td><td></td><td></td></tr>
<tr><td>快退</td><td></td><td></td><td></td><td></td><td></td><td></td><td></td></tr>
<tr><td>松开按钮</td><td></td><td></td><td></td><td></td><td></td><td></td><td></td></tr>
<tr><td>原位卸荷</td><td></td><td></td><td></td><td></td><td></td><td></td><td></td></tr>
</table>

※第9章 液压系统的设计与计算

液压传动系统的设计是机器整体设计的一个组成部分。它的任务是根据整机的用途、特点和要求，明确整机对液压系统设计的要求；进行工况分析，确定液压系统的主要参数；拟定出合理的液压系统原理图；计算和选择液压元件的规格；验算液压系统的性能；绘制工作图、编制技术文件。本章通过一个典型的液压系统的设计实例，说明液压系统设计的基本方法。

● **本章重点**

1. 能根据工作要求，拟定液压系统图；
2. 能计算液压系统的工作参数；
3. 会合理选择液压元件；
4. 液压 CAD 系统的组成及应用。

● **本章难点**

1. 负载工况分析和工况图绘制；
2. 液压 CAD 的应用。

§9.1 液压系统的设计步骤和方法

液压系统的设计是整机设计的一部分。设计过程中，除了要满足主机在动作和性能等方面的要求外，还必须满足体积小、重量轻、成本低、效率高、结构简单、工作可靠、使用和维修方便等要求。液压系统设计的步骤如下。

9.1.1 明确设计要求

液压系统的设计任务中规定的各项要求是液压系统设计的依据，设计时必须明确的要求包括以下几点：

①液压系统的动作要求：液压系统的运动方式、行程大小、速度范围、工作循环和动作周期，以及同步、互锁和配合要求等。

②液压系统的性能要求：负载条件、运动平稳性和精度、工作可靠性等。

③液压系统工作环境要求：环境温度、湿度、尘埃、通风情况，以及易燃易爆、振动、安装空间等。

9.1.2 进行工况分析，确定执行元件的主要参数

液压系统的工况分析是指对液压系统执行元件的工作情况进行分析，以了解工作过程中

执行元件在各个工作阶段中的流量、压力和功率的变化规律，并将其用曲线表示出来，作为确定液压系统主要参数，拟定液压系统方案的依据。

1. 运动分析

按工作要求和执行元件的运动规律，绘制出执行元件的工作循环图和速度－时间(或位移)曲线图，即速度循环图。图 9－1 所示为某组合机床动力滑台的运动分析图。图 9－1(a)为动力滑台的动作循环图，图 9－1(b)为速度循环图，图 9－1(c)为负载循环图。

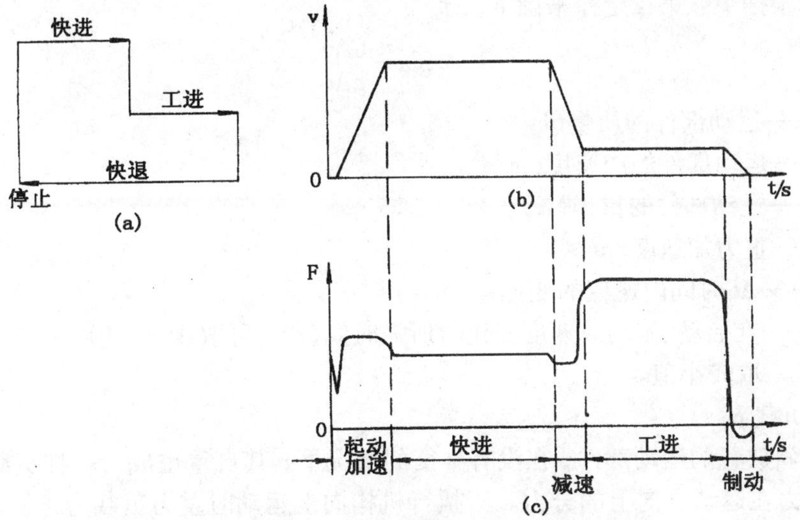

(a)动作循环图；(b)速度循环图；(c)负载循环图

图 9－1　组合机床动力滑台的运动分析图

2. 负载分析

根据执行元件在运动过程中负载的变化情况，做出其负载－时间(或位移)曲线图，即负载循环图。图 9－1(c)所示为某组合机床动力滑台的负载循环图。当执行元件为液压缸时，在往复直线运动时所承受的负载包括：工作负载 F_L、摩擦阻力负载 F_f、惯性负载 F_a、重力负载 F_G、密封阻力负载 F_m、背压负载 F_b 等，其总负载为所有负载之和，即

$$F = F_L + F_f + F_a + F_G + F_m + F_b \tag{9-1}$$

(1)工作负载 F_L

工作负载 F_L 的大小与设备的工作情况有关，对切削机床来说，沿液压缸轴线方向的切削力为工作负载。工作负载与液压缸运动方向相反时为正值，相同时为负值。工作负载可以是恒定的，也可以是变化的，其大小要根据具体情况进行计算，或由样机实测确定。

(2)摩擦阻力负载 F_f

摩擦阻力负载 F_f 是指运动部件与支撑面间的摩擦力。对切削机床来说，它与导轨的类型、支撑面的形状、放置方式、润滑状况及运动状态等有关。对于平导轨，摩擦力负载 F_f 的表达式为

$$F_f = fF_N \tag{9-2}$$

对于 V 形导轨，摩擦力负载 F_f 的表达式为

$$F_f = \frac{fF_N}{\sin(\alpha/2)} \tag{9-3}$$

式中：F_N——运动部件及外负载对支撑面的正压力(N)；

f——摩擦系数，分为静摩擦系数($f_s \leqslant 0.2 \sim 0.3$)和动摩擦系数($f_d \leqslant 0.05 \sim 0.1$)，启动时按静摩擦系数，其余按动摩擦系数；

α——V形导轨的夹角，一般$\alpha = 90°$。

(3)惯性负载F_a

惯性负载F_a是指运动部件在启动加速或制动减速以及在运动速度变化的过程中所产生的惯性力。可根据牛顿第二定律来确定，即

$$F_a = ma = \frac{G\Delta v}{g\Delta t} \tag{9-4}$$

式中：m——运动部件的质量(kg)；

a——运动部件的加速度(m/s^2)；

G——运动部件的重力(N)；

g——重力加速度(m/s^2)；

Δv——Δt时间内速度的变化量(m/s)；

Δt——在启动、制动或速度变化时所需时间(s)，可取$\Delta t = 0.01 \sim 0.5s$，轻载低速时取较小值。

(4)重力负载F_G

垂直或倾斜放置的运动部件，在没有平衡的情况下，其自重也成为一种负载。倾斜放置时，只计算重力在运动方向上的分力。当执行机构向上运动时重力负载为正值，向下则为负值。

(5)密封阻力负载F_m

密封阻力负载F_m为液压缸密封装置所产生的摩擦阻力。在未完成液压系统设计之前，不知道密封装置的参数，其值无法计算，一般通过液压缸的机械效率加以考虑，常取液压缸的机械效率为$\eta_{cm} = 0.90 \sim 0.97$。

(6)背压负载F_b

背压负载F_b为液压缸回油腔的背压所产生阻力，在相同方案及液压缸结构尚未确定之前也无法计算，因此在负载计算时可暂不考虑。

液压缸在不同的工作阶段，应根据液压缸的具体工作情况来确定液压缸负载的大小：

起动时：
$$F = (F_{fs} \pm F_G)/\eta_{cm} \tag{9-5}$$

加速时：
$$F = (F_{fd} \pm F_G + F_a)/\eta_{cm} \tag{9-6}$$

快进时：
$$F = (F_{fd} \pm F_G)/\eta_{cm} \tag{9-7}$$

工进时：
$$F = (F_L + F_{fd} \pm F_G)/\eta_{cm} \tag{9-8}$$

快退时：
$$F = (F_{fd} \pm F_G)/\eta_{cm} \tag{9-9}$$

若执行元件为液压马达，其负载力矩的计算方法与液压缸类似。

9.1.3 执行元件主要参数的确定

液压系统的参数主要是压力和流量。而这些参数主要由执行元件的需要来确定，因此，确定液压系统的主要参数实际上就是执行元件的工作压力、流量及其结构尺寸。

1. 选定工作压力

当负载确定后，工作压力就决定了系统的经济性和合理性。工作压力低，则执行元件的尺寸和体积都较大，完成给定速度所需流量也大。若压力过高，则密封性要求就很高，元件的制造精度也高，成本也高。因此，应根据实际情况选取适当的工作压力。执行元件的工作压力可根据总负载或主机设备类型进行选取，见表9－1和表9－2。

表9－1 按负载选择执行元件的工作压力

负载F(kN)	<5	5～10	10～20	20～30	30～50	>50
工作压力p(MPa)	<0.8～1.0	1.5～2.0	2.5～3.0	3.0～4.0	4.0～5.0	>5.0～7.0

表9－2 各类液压设备常用工作压力

设备类型	粗加工机床	组合机床	粗加工或重型机床	农业机械、小型工程机械	液压压力机、重型机械、大中型挖掘机、起重运输机
工作压力p(MPa)	0.8～2.0	3.0～5.0	5.0～10.0	10.0～16.0	20.0～32.0

2.确定中型元件的几何参数

当中型元件为液压缸时，它的几何参数为活塞的有效工作面积A，可由下式计算

$$A=\frac{F_{\max}}{p\eta_{cm}} \tag{9-10}$$

式中：$F_{\max}$——液压缸的最大外负载(N)；

p——液压缸的工作压力(Pa)；

η_{cm}——液压缸的机械效率。

这样计算出来的有效工作面积，还必须按液压缸所要求的最低稳定速度$v_{\min}$来验算，即

$$A\geqslant\frac{q_{\min}}{v_{\min}} \tag{9-11}$$

式中：$q_{\min}$——流量阀的最小稳定流量(m^3/s)，可由产品样本查出；

$v_{\min}$——液压缸所要求的最低稳定速度(m/s)。

根据计算的液压缸有效工作面积A，可以确定液压缸缸筒的内径D、活塞杆的直径d以及工作压力p。

若执行元件为液压马达，它的几何参数为排量V。其排量可按下式计算

$$V=\frac{2\pi T}{p\eta_{Mm}} \tag{9-12}$$

式中：T——液压马达的总负载转矩(N·m)；

p——液压马达的工作压力(Pa)；

η_{Mm}——液压马达的机械效率。

同样，式(9－12)所求排量也必须满足液压马达的最低稳定转速$n_{\min}$要求，即

$$V\geqslant\frac{q_{\min}}{n_{\min}} \tag{9-13}$$

式中：$q_{\min}$——液压马达的最小稳定流量(m^3/s)；

$n_{\min}$——液压马达所要求的最低稳定转速(r/min)。

排量确定后，可以产品样本中选择液压马达的型号。

3.绘制液压执行元件的工况图

液压执行元件的工况图指的是压力循环图、流量循环图和功率循环图。图 9－2 所示为组合机床执行元件工况图，其中图 9－2(a)为压力循环图，图 9－2(b)为流量循环图，图 9－2(c)为功率循环图。

采用工况图可以直观、方便地找出最大工作压力、最大流量和最大功率，根据这些参数即可选择液压泵及其驱动电动机，同时对系统中所有液压元件的选择也具有指导意义。另外，通过分析工况图，有助于设计者选择合理的基本回路，还可以对阶段的参数进行鉴定，分析其合理性，在必要时进行调整。

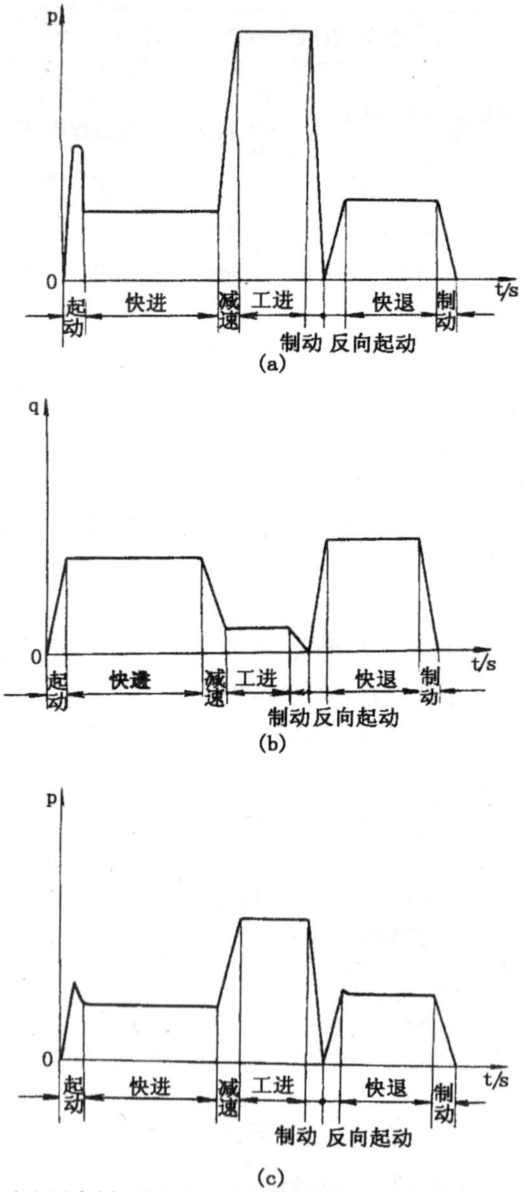

(a)压力循环图；(b)流量循环图；(c)功率循环图

图 9－2　组合机床执行元件工况图

9.1.4 拟定液压系统原理图

拟定液压系统原理图是设计液压系统的关键一步，它对系统的性能及设计方案的合理性、经济性具有决定性的影响。

其主要任务是根据主机的动作和性能要求来选择和拟定基本回路，然后再将各基本回路组合成一个完整的液压系统。

1. 确定回路的类型

一般有较大空间可以存放油箱的系统，都采用开式回路；相反，可采用闭式回路。通常节流调速系统采用开式回路，容积调速系统采用闭式回路。

2. 选择基本回路

在拟定液压系统原理图时，应根据各类主机的工作特点和性能要求，首先确定对主机主要性能其决定性影响的主要回路。例如机床液压系统的调速和速度换接回路、液压压力机系统的调压回路。然后，再考虑其他辅助回路，例如对有垂直运动部件的系统要考虑平衡回路，有多个这些元件的系统要考虑顺序动作、同步或互不干扰回路，有空载运行要求的系统要考虑卸荷回路等。

3. 液压回路的综合

将选择的回路综合起来，构成一个完整的液压系统。在综合基本回路时，在满足工作机构运动要求及生产率的前提下，应力求系统简单，工作安全可靠，动作平稳、效率高，调整和维护保养方便。

9.1.5 液压元件的计算和选择

初步拟定液压系统原理图后，便可进行液压元件的计算和选择，也就是通过计算各液压元件在工作中承受的压力和通过的流量，来确定各元件的规格和型号。

1. 液压泵的选择

先根据设计要求和系统工况确定液压泵的类型，然后根据液压泵的最高供油压力和最大供油量来选择液压泵的规格。

(1) 确定液压泵的最高工作压力 p_p

液压泵的最高工作压力就是在系统正常工作时泵所能提供的最高压力，对于定量泵系统来说这个压力是由溢流阀调定的，对于变量泵系统来说这个压力是与泵的特性曲线上的流量相对应的。液压泵的最高工作压力是选择液压泵型号的重要依据。液压泵最高工作压力的出现分为两种情况，其一是执行元件在运动行程终了，停止运动时(如液压机，夹紧缸)出现，其二是执行元件在运动行程中(如机床、提升机)出现。对于第一种情况，泵的最高工作压力也就是执行元件机构所需的最大工作压力 $p_{\max}$，即

$$p_p \geqslant p_{\max} \tag{9-14}$$

对于第二种情况，除了考虑执行机构的压力外还要考虑油液在管路系统流动时产生的总的压力损失 $\Sigma\Delta p$，即

$$p_p \geqslant p_{\max} + \Sigma\Delta p \tag{9-15}$$

式中：$\Sigma\Delta p$——液压泵出口至执行机构进口之间总的压力损失。

初步估算时，一般节流调速和管路简单的系统取 $\Sigma\Delta p = 0.2 \sim 0.5\text{MPa}$，有调速阀和管路

较复杂的系统取 $\Sigma\Delta p = 0.5 \sim 1.5\text{MPa}$。

(2)确定液压泵的最大供油量 q_p

液压泵的最大供油量 q_p 按执行元件工况图上的最大工作流量及回路系统中的泄漏量来确定，即

$$q_p \geqslant k\Sigma q_{\max} \tag{9-16}$$

式中：K——考虑系统中存在泄漏等因素的修正系数，一般取 K = 1.1 ~ 1.3，小流量取大值，大流量取小值；

$\Sigma q_{\max}$——同时工作的执行元件流量之和的最大值。

若系统中采用了蓄能器，泵的流量按一个工作循环中的平均流量来选取，即

$$q_p \geqslant \frac{K}{T}\sum_{i=1}^{n} q_i \Delta t_i \tag{9-17}$$

式中：T——工作循环的周期时间；

q_i——工作循环中第 i 个阶段所需的流量；

Δt_i——工作循环中第 i 阶段持续的时间；

n——循环中的阶段数。

(3)选择液压泵的规格

根据泵的最高工作压力 p_p 和泵的最大供油量 q_p 值，从产品样本中选择液压泵的型号和规格。为了使液压泵工作安全可靠，液压泵应有一定的压力储备量。通常泵的额定压力 p_n 应比泵的最高工作压力 p_p 高 25% ~60%，泵的额定流量 q_n 则宜与 q_p 相当。

(4)确定液压泵的驱动功率 P

系统使用定量泵时，工况不同其驱动功率的计算也不同。在整个工作循环中，液压泵的功率变化较小时，可按下式计算液压泵所需的驱动功率

$$P = \frac{p_p q_p}{\eta_p} \tag{9-18}$$

式中：η_p——液压泵的总效率。

在整个工作循环中，液压泵的功率变化较大，且在功率循环中最高功率的持续时间很短，则可按式(9-18)分别计算出工作循环各个阶段的功率 P_i，然后用下式计算其所需的平均驱动功率

$$P = \sqrt{\frac{\sum_{i=1}^{n} P_i{}^2 t_i}{\sum_{i=1}^{n} t_i}} \tag{9-19}$$

式中：t_i——一个工作循环中第 i 阶段持续的时间。

求出了平均功率后，要验算每个阶段电动机的超载量是否在允许范围内，一般电动机允许短时超载量为25%。如果在允许超载范围内，即可根据平均功率 P 与泵的转速 n 从产品样本中选取电动机。

使用限压式变量泵时，可按式(9-18)分别计算快进与工进两种工况时所需驱动功率，取两者较大值作为选择电动机规格的依据。由于限压式变量泵在快进与工进的转换过程中，必须经过泵的压力流量特性曲线的最大功率 $P_{\max}$ 点(拐点)，为了使所选择的电动机在经过 $P_{\max}$ 点时有足够的功率，需按下式进行验算：

$$P_{max} = \frac{p_B q_B}{\eta_p} \leqslant 2P_n \tag{9-20}$$

式中：p_B——限压式变量泵调定的拐点压力；

q_B——限压式变量泵的拐点流量；

P_n——所选电动机的额定功率；

η_p——限压式变量泵的效率。

在计算过程中要注意，在限压式变量泵输出流量较小时，其效率 η_p 将急剧下降，一般当其输出流量为0.2～1L/min时，$\eta_p = 0.03 \sim 0.14$，流量大者取大值。

2. 阀类元件的选择

阀类元件的选择是根据阀的最大工作压力和流经阀的最大流量，即所选用的阀类元件的额定压力和额定流量要大于系统的最高工作压力和实际通过阀的最大流量。对于换向阀，有时允许短时间通过阀的实际流量略大于该阀的额定流量，但不得超过20%。流量阀按系统中流量调节范围来选取，其最小稳定流量应能满足最低稳定速度的要求。压力阀的选择还应考虑调压范围。

3. 液压辅助元件的选择

我们在第5章已经介绍了管接头、蓄能器、过滤器等辅助元件的选择原则。液压系统对各辅助元件的要求，可按第5章的有关原则来选取。

9.1.6 液压系统的性能验算

液压系统的性能验算目的在于检验设计质量，以便调整设计参数及方案，确定最佳设计方案。液压系统的性能验算是一个复杂的问题，验算项目因主机的工作要求而异，常见的有系统压力损失验算和发热温升验算。

1. 液压系统压力损失的验算

前面初步确定了管路的总压力损失 $\Sigma\Delta p$，仅是估算而已。当液压系统的元件型号、管路布置等确定后，需要对管路的压力进行验算，并借此较准确地确定泵的工作压力，较准确地调节变量泵和压力阀的调整压力，保证系统的工作性能。若计算结果与初步确定的值相差较大时，则可对原设计进行修正，其修正方法如下：

(1) 当执行元件为液压缸时

泵的最高工作压力 p_p 应按下式验算

$$p_p \geqslant \frac{F}{A_1 \eta_{cm}} + \frac{A_2}{A_1}\Delta p_2 + \Delta p_1 \tag{9-21}$$

式中：F——作用在液压缸上的外负载(N)；

A_1、A_2——液压缸进、回油腔的有效作用面积(m^2)；

Δp_1、Δp_2——进、回油路总的压力损失(Pa)；

η_{cm}——液压缸的机械效率。

计算时应注意，快速运动时液压缸上的外负载小，管路中流量大，压力损失也大。工进时外负载大，流量小，压力损失也小，所以应分别予以计算。计算出系统压力 p_p 应小于泵额定压力的75%；否则应重选额定压力较高的液压泵，或者采用其它方法降低系统压力，如增大液压缸的直径等方法。

(2)当执行元件为液压马达时

泵的最高工作压力 p_p 应按下式验算

$$p_p \geqslant \frac{2\pi T}{V\eta_{Mm}} + \Delta p_2 + \Delta p_1 \qquad (9-22)$$

式中:V——液压马达的排量(m^3/r);

T——液压马达的输出转矩(N·m);

Δp_1、Δp_2——进、回油路总的压力损失(Pa);

η_{Mm}——液压马达的机械效率。

2. 液压系统发热温升的验算

液压系统在工作时由于存在着一定的机械损伤、压力损失和流量损失，这些大都变为热能，使系统发热，油温升高。为了使液压系统能够正常工作，应使油温保持在允许的范围之内。

系统中产生热量的元件主要有液压缸、液压泵、溢流阀和节流阀等，散热的元件主要是油箱。系统工作一段时间后，发热与散热会相等，即达到热平衡，不同的设备在不同的情况下，达到热平衡的温度也不一样，所以必须进行验算。

(1)系统发热量的计算

在单位时间内液压系统的发热量可按下式计算

$$H = P(1-\eta) \qquad (9-23)$$

式中:P——液压泵的输入功率(kW);

η——液压系统的总效率。

如果在工作循环中泵输出的功率不同，那么，可以求出系统单位时间内的平均发热量，即

$$H = \frac{1}{T}\sum_{i=1}^{n} P_i(1-\eta_i)t_i \qquad (9-24)$$

式中:T——工作循环周期时间(s);

t_i——第 i 阶段所持续的时间(s);

P_i——第 i 阶段泵的输入功率(kW);

η_i——第 i 阶段液压系统的总效率。

(2)系统散热量的计算

在单位时间内油箱的散热量可用下式计算

$$H_0 = hA\Delta t \qquad (9-25)$$

式中:A——油箱的散热面积(m^2);

Δt——系统的温升(℃);

h——散热系数[kW/(m^2·℃)]。

当周围通风较差时，取 $h=(8\sim9)\times10^{-3}$kW/(m^2·℃);当自然通风良好时，取 $h=15\times10^{-3}$kW/(m^2·℃);用风扇冷却时，取 $h=23\times10^{-3}$kW/(m^2·℃);用循环水冷却时，取 $h=(110\sim170)\times10^{-3}$kW/($m^2$·℃)。

(3)系统热平衡温度的验算

当系统达到热平衡时有:$H=H_0$，即

$$\Delta t=\frac{H}{hA} \tag{9-26}$$

当油箱的三个边长之比在1∶1∶1~1∶2∶3范围内，且油位是油箱高度的0.8倍时，其散热面积可似计算为

$$A=0.065\sqrt[3]{V^2} \tag{9-27}$$

式中：V——油箱有效容积(L)；

A——油箱的散热面积(m^2)。

由式(9-26)计算出来的Δt与环境温度之和应不超过油液所允许的温度，否则，必须采取进一步的散热措施。

9.1.7 绘制工作图，编写技术文件

所设计的液压系统经验算后，即可对初步的液压系统进行修改和完善，并绘制工作图和编写技术文件。

1. 绘制工作图

(1)液压系统原理图

图上除画出整个系统的回路外，还应注明各元件的规格、型号、压力调整值，并给出各执行元件的工作循环图，列出电磁铁及压力断电器的动作顺序表。

(2)液压系统装配图

液压系统装配图包括泵站装配图、集成油路装配图及管路装配图。

泵站装配图是将集成油路装置、液压泵、电动机与油箱组合在一起画成的装配图，它表明了各自之间的相互位置、安装尺寸及总体外形。

管路装配图应表示出油管的走向、注明管道的直径及长度、各种管接头的规格、管夹的安装位置和装配技术要求等。

画集成油路装配图时，若选用油路板，应将各元件画在油路板上，便于装配。若采用集成块或叠加阀，因有通用件，设计者只需选用，最后将选用的产品组合起来绘制成装配图。

(3)非标准件的装配图和零件图

(4)电气线路装配图

表示出电动机的控制线路。电磁阀的控制线路、压力断电器和行程开关等。

2. 编写技术文件

技术文件一般包括液压系统设计计算说明书，液压系统原理图，液压系统工作原理说明书和操作使用及维护说明书，部件目录表，标准件、通用件及外购件汇总表等。

§9.2　液压系统设计计算实例

设计一台卧式单面多轴钻孔组合机床液压系统。

9.2.1 明确液压系统设计要求

根据加工需要，该系统的工作循环为：快速前进→工作进给→快速退回→原位停止。

最大切削力 $F_L=30500\text{N}$；运动部件自重 $F_G=9800\text{N}$；工作台快进、快退速度相等 $v_1=0.1\text{m/s}$，工件进给速度 $v_2=0.88\text{mm/s}$，快进行程长度 $L_1=100\text{mm}$，工进行程长度 $L_2=50\text{mm}$；导轨型式为平导轨，其静摩擦系数为 $f_s=0.2$，动摩擦系数为 $f_d=0.1$，往复运动的加速、减速时间为 $\Delta t=0.2\text{s}$。

该系统采用液压与电气配合，实现自动工作循环。液压系统的执行元件使用单杆液压缸。

9.2.2 液压系统的工况分析

1. 运动分析

绘制动力滑台的工作循环图和速度循环图，图 9-3(a)为工作循环图，图 9-3(c)为速度循环图。快进、工进和快退的时间可由下式分析求出。

快进：
$$t_1=\frac{L_1}{v_1}=\frac{100\times10^{-3}}{0.1}s=1s$$

工进：
$$t_2=\frac{L_2}{v_2}=\frac{50\times10^{-3}}{0.88\times10^{-3}}=56.8s$$

快退：
$$t_3=\frac{L_1+L_2}{v_1}=\frac{(100+50)\times10^{-3}}{0.1}=1.5s$$

2. 负载分析

(1)工作负载

工作负载：
$$F_L=30500\text{N}$$

(2)摩擦阻力

静摩擦阻力：
$$F_{f_s}=f_sF_G=0.2\times9800\text{N}=1960\text{N}$$

动摩擦阻力：
$$F_{f_d}=f_dF_G=0.1\times9800\text{N}=980\text{N}$$

(3)惯性阻力

惯性阻力：
$$F_a=\frac{F_G}{g}\frac{\Delta v}{\Delta t}=\frac{9800}{9.8}\times\frac{0.1}{0.2}\text{N}=500\text{N}$$

根据以上分析，计算液压缸各阶段工作负载列于表 9-3，绘制负载循环图如图 9-3(b)所示。

表 9-3　液压缸各阶段工作负载计算

工况	计算公式	液压缸负载(N)	液压缸推力 F(N;η_{cm})
启动	$F=F_{f_s}$	1960	2178
加速	$F=F_{f_d}+F_a$	1480	1644
快进	$F=F_{f_d}$	980	1089
工进	$F=F_L+F_{f_d}$	31480	34978
反向启动	$F=F_{f_s}$	1960	2178
加速	$F=F_{f_d}+F_a$	1480	1644
快退	$F=F_{f_d}$	980	1089
制动	$F=F_{f_d}-F_a$	480	533

注：液压缸的机械效率 $\eta_{cm}=0.9$。

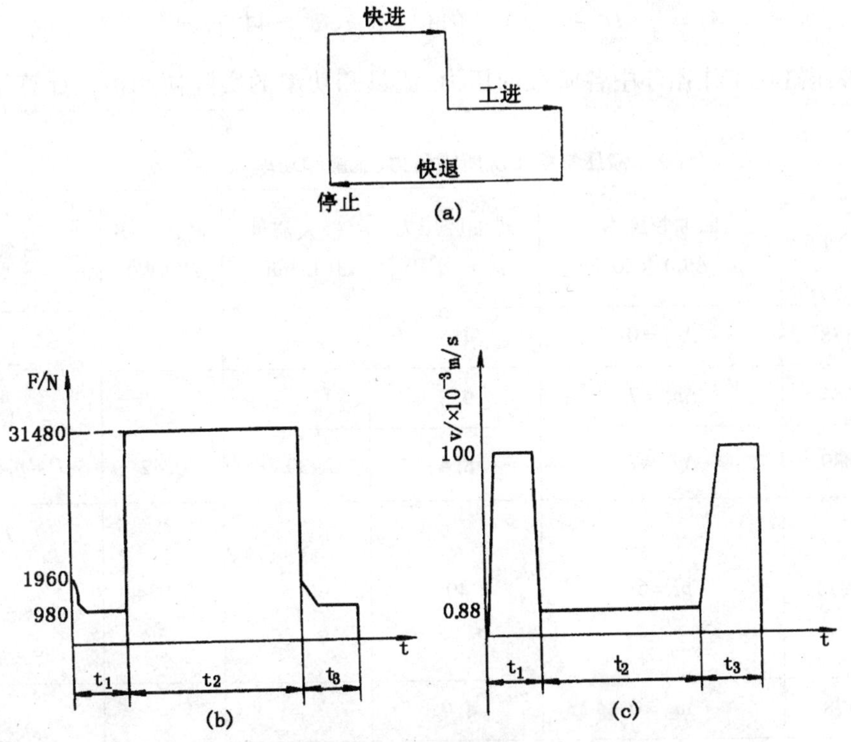

(a)工作循环图;(b)负载循环图;(c)速度循环图

图9-3　速度负载循环图

9.2.3 确定主要参数

1.确定液压缸工作压力

参考表9-1、表9-2，初选液压缸工作压力 $p_1 = 40 \times 10^5 \mathrm{Pa}$

2.计算液压缸主要结构参数

液压缸有效面积由式(9-10)计算，由于机床要求快进与快退的速度相同，为减少液压泵的共油量，故选用 $A_1 = 2A_2$ 的差动液压缸。

钻孔时，为防止钻通时滑台发生前冲现象，液压缸回油腔应设有背压，参考液压手册可取背压 $p_b = 0.6\mathrm{MPa}$，并初定快进、快退时回油压力损失 $\Delta p_2 = 0.7\mathrm{MPa}$。

$$A_1 = \frac{F_{\max}}{\left(p_1 - \frac{1}{2}p_2\right)\eta_{cm}} = \frac{34978}{\left(4 - \frac{0.6}{2}\right) \times 10^6}\mathrm{m}^2 = 9.45 \times 10^{-4}\mathrm{m}^2 = 94.5\mathrm{cm}^2$$

液压缸内径为　$D = \sqrt{\frac{4A_1}{\pi}} = \sqrt{\frac{4 \times 94.5}{3.14}}\mathrm{cm} = 10.97\mathrm{cm}$

圆整取标准直径 D = 110mm，为了实现快进与快退速度相等，采用液压缸差动连接，则 d = 0.707D，所以，d = 0.707 × 110mm = 77.8mm，圆整取标准直径 80mm。

计算液压缸有效面积：

$$A_1 = \frac{\pi}{4}D^2 = \left(\frac{\pi}{4} \times 11^2\right)\mathrm{cm}^2 = 95\mathrm{cm}^2$$

$$A_2 = \frac{\pi}{4}(D^2 - d^2) = \frac{\pi}{4}(11^2 - 8^2)\,\text{cm}^2 = 44.77\,\text{cm}^2$$

3. 计算液压缸在工作循环中各阶段的压力、流量和功率的实际使用值。计算结果如表 9－4 所示。

表 9－4　　液压缸各工况所需压力、流量和功率

工况		负载 F(N)	回油腔压力 $p_2(\Delta p_2)\times10^5$Pa	进油腔压力 $p_1\times10^5$Pa	输入流量 q(L/min)	输入功率 P(kW)	计算公式
快进	启动	2178	$\Delta p_2=0$	4.3	–	–	$p_1=\frac{F+\Delta p_2A_2}{A_1-A_2}$ $q=(A_1-A_2)v_1$ $P=p_1q\times10^{-3}$
	加速	1644	$\Delta p_2=7$	9.5		–	
	快速	1089	$\Delta p_2=7$	8.4	30	0.42	
工进		34978	$p_b=6$	40	0.5	0.034	$p_1=\frac{F+p_2A_2}{A_1}$ $q=A_1v_2$ $P=p_1q\times10^{-3}$
快退	启动	2178	$\Delta p_2=0$	4.9	–	–	$p_1=\frac{F+p_2A_1}{A_2}$ $q=A_2v_2$ $P=p_1q\times10^{-3}$
	加速	1644	$\Delta p_2=7$	18.6	–	–	
	快退	1089	$\Delta p_2=7$	17.3	27	0.78	
	制动	533	$\Delta p_2=7$	16	–	–	

4. 绘制液压缸工况图

根据表 9－4 可绘制出液压缸的工况图，如图 9－4 所示。

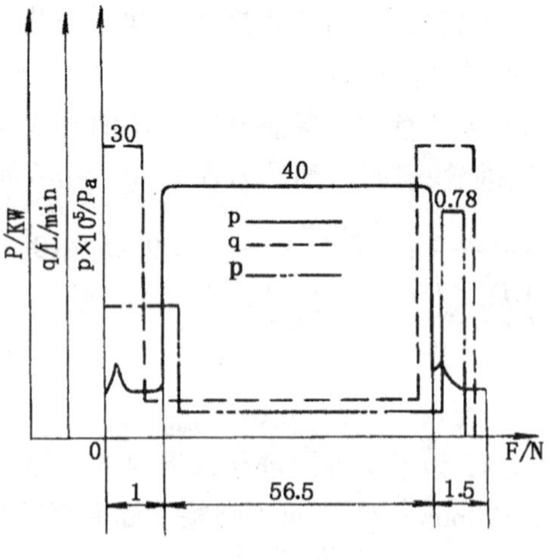

图 9－4　液压缸工况图

9.2.4 拟定液压系统图

1. 液压泵型式的选择

由工况图可知，系统循环主要由低压大流量和高压小流量两个阶段组成，而且是顺序进行的。最大流量与最小流量之比$\frac{q_{max}}{q_{min}}=\frac{30}{0.5}=60$；其相应的时间之比$\frac{t_2}{t_1}=\frac{56.8}{1}=56.8$。从提高系统效率考虑，选用限压式变量叶片或双联叶片泵较适宜。本例拟选用双联叶片泵。

2. 选择液压回路

(1)调速回路的选择

由工况图可知，该液压系统功率较小，工作负载变化不大，故可选用节流调速方式，由于钻孔属于连续切削而且是正负载，故采用进口节流调速为好。为防止工件钻通时，工作负载突然消失而引起前冲现象，应在回油路上加背压阀。

(2)快速运动回路与速度换接回路的选择

采用液压缸差动连接，实现快进和快退速度相等。由快进转工进时，系统流量变化较大，故选用行程阀，使其速度换接平稳。从工进转快退时，回路中通过的流量很大，为了保证换向平稳，选用电液换向阀的换接回路。由于这一回路要实现液压缸的差动连接，换向阀必须是三位五通阀。

(3)压力控制回路的选择

由于采用双泵供油回路，故用液控顺序阀实现低压大流量泵卸荷，用溢流阀调整高压小流量泵的供油压力。为了观察调整压力，在液压泵的出口处、背压阀和液压缸无杆腔进口处设置测压点。

3. 液压系统的合成

在所选定的基本回路的基础上，再综合考虑一些其它因素和要求：

(1)为了解决滑台工进时图中进油路、回油相互接通，无法建立压力的问题，必须在液动换向回路中串入一个单向阀6，将工进时的进油路、回油路隔断。

(2)为了解决滑台快速前进时，回油路接通油箱，无法实现液压缸差动连接的问题，必须在回油路上串接一个液控顺序阀7，以阻止油液在快进阶段返回油箱。

(3)为了解决机床停止工作时系统中的油液流回油箱，导致空气进入系统，影响滑台运动平稳性的问题，必须在电液换向阀的出口处增设一个单向阀13。

(4)为了便于系统自动发出快速退回信号起见，在调速阀出口须增设一个压力继电器14。

(5)为观察和调整系统压力，设置一个多点压力表开关12。经过整理后，使可组成一个完整的液压系统，如图9－5所示电磁铁和行程阀动作顺序表见表9－5。

表9－5　电磁铁和行程阀动作顺序表

工　况	元　件			
	1YA	2YA	行程阀	压力继电器
快　进	+	−	−	−
工　进	+	−	+	+
快　退	−	+	±	−
停　止	−	−	−	−

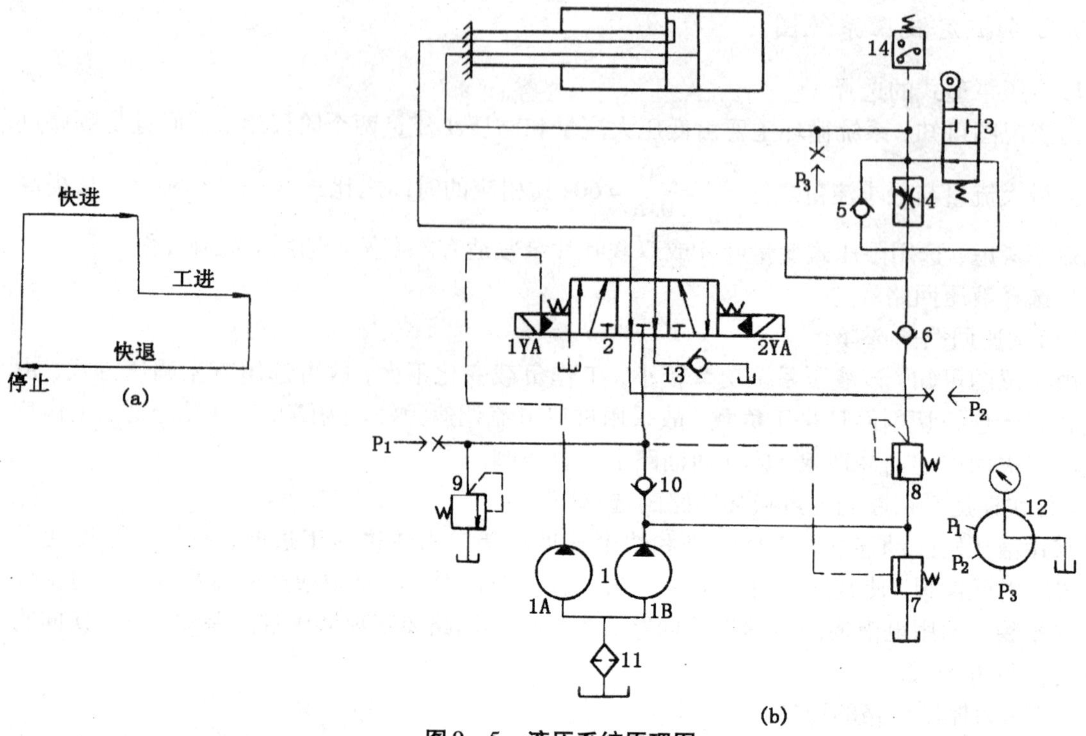

图 9－5　液压系统原理图

9.2.5 液压元件的选择

1. 确定液压泵的规格和电动机功率

(1)液压泵工作压力的计算

已确定液压缸最大工作压力为 40×10^5Pa。在调速阀进口节流调速回路中，工作时进油管路较复杂，取进油路上的压力损失 $\Delta p_1=10\times10^5$Pa，则小流量泵的最高工作压力为

$$p_{p_1}=(40\times10^5+10\times10^5)\text{Pa}=50\times10^5\text{Pa}$$

大流量液压泵只在快速时向液压缸供油，由工况图可知，液压缸快退时的进油路比较简单，取其压力损失为 4×10^5Pa，则大流量泵的最高工作压力为

$$p_{p_2}=17.3\times10^5+4\times10^5=21.3\times10^5\text{Pa}$$

(2)液压泵流量的计算

由工况图可知，油源向液压缸输入最大流量在快进时，其值为 30L/min，输入最小流量在工进时，其值为 $0.84\times10^{-5}\text{m}^3/\text{s}$(0.5L/min)，若取系统泄漏系数 K＝1.2，则液压系统最大流量按(9－16)式计算

$$q_p=(1.2\times30)\text{L/min}=36\text{L/min}$$

由于溢流阀的最小稳定流量为 3L/min。工进时的流量为 0.5L/min。所以小流量泵的流量最小为 3.5L/min。

(3)液压泵规格的确定

根据以上计算数据，查阅产品目录，选用相近规格 YYB－AA36/6B 型双联叶片泵。

(4)液压泵电动机功率的确定

由工况图可知，液压缸的最大输出功率出现在快退工况，其值为0.78kW。此时，泵站的输出压力应为$p_{p2}=21.3\times10^5$Pa；流量为$q_p=q_1+q_2=(36+6)$L/min=42L/min。

取泵的总效率$\eta_p=0.75$，则电动机所需功率按(9－20)式计算：

$$p_p=\frac{p_{p2}q_p}{\eta_p}=\frac{21.3\times10^5\times42\times10^{-3}}{0.75\times60}\text{W}=1988\text{W}=1.988\text{kW}$$

根据以上计算选额定功率为2.2kW的标准型号电动机。

2. 阀类元件和辅助元件的选择

根据系统的工作压力和通过阀的实际流量就可选择各个阀类元件和辅助元件，其型号可查阅有关液压手册，由于液压元件的不断更新，本例只列出系统所用元件的名称和技术数据，型号从略(表9－6)。

表9－6　所选用液压元件的说明

序号	元件名称	估计通过流量(L/min)	技术参数	
			公称流量(L/min)	公称压力(10^5Pa)
1	双联叶片泵		36/6	63
2	三位五通电液阀	84	100	63
3	行程阀	84	100	63
4	调速阀	≤1	6	63
5	单向阀	84	100	63
6	单向阀	36	63	63
7	液控顺序阀	36	63	63
8	背压阀	≤0.5	10	63
9	溢流阀	6	10	63
10	单向阀	36	63	63
11	过滤器	42		
12	压力表开关			
13	单向阀	84	100	63
14	压力继电器			

注：表中序号与图9－5的元件标号相同。

由于液压泵选定之后，液压缸在各个阶段的进出流量与原定数值不同，所以要重新计算列于表9－7中。

表 9-7 液压缸的进出口流量

项目	快进	工进	快退
输入流量(L/min)	$q_1=(A_1q_p)/(A_1-A_2)$ $=(95\times42)/(95-44.77)$ $=79.43$	$q_1=0.5$	$q_1=q_p=42$
排出流量(L/min)	$q_2=(A_2q_1)/A_1$ $=(44.77\times79.43)/95$ $=37.43$	$q_2=(A_2q_1)/A_1$ $=44.77\times0.5/95$ $=0.24$	$q_2=(A_1q_1)/A_2$ $=95\times42/44.77$ $=89.12$
运动速度(m/s)	$v_1=q_p/(A_1-A_2)$ $=(42\times10)/(95-44.77)$ $=8.63$	$v_2=q_1/A_1$ $=(0.5\times10)/95$ $=0.053$	$v_3=q_1/A_2$ $=(42\times10)/44.77$ $=9.38$

3. 确定管道尺寸

各元件连接管道的规格按元件接口处决定，由于本系统液压缸差动连接时，油管通油量较大，其实际流量 q 约为 $1.33m^3/s$(79.43L/min)。取允许流速 $v=3m/s$。主压力油管 d 用如下公式计算：

$$d=2\sqrt{\frac{q}{\pi v}}=1.13\sqrt{\frac{q}{v}}=1.13\sqrt{\frac{1.33\times10^{-3}}{3}}\ \mathrm{mm}=21.5\mathrm{mm}$$

圆整后取 $$d=20\mathrm{mm}$$

经查液压传动手册，选用内径 20mm，外经 28mm 的无缝钢管。

4. 确定油箱容量

按经验公式 $V=(5\sim7)q_p$，选取油箱容量，取油箱容积：

$$V=6q_p=6\times42\mathrm{L}=252\mathrm{L}$$

9.2.6 液压系统性能检验

1. 回路压力损失

由于本系统具体管路尚未确定，故整个回路的压力损失无法验算。但是控制阀处压力损失的影响是可计算的。从产品样本上查得，顺序阀、换向阀和行程阀的压力损失都是 3×10^5Pa，单向阀是 2×10^5Pa，为此可作如下估算：

(1)快进时的压力损失

进油路上通过单向阀 10 的流量是 36L/min、通过换向阀 2 的流量是 42L/min、通过行程阀 3 的流量是 79.4L/min，因此总的压力损失为

$$\Sigma\Delta p_1=\left[2\times10^5\left(\frac{36}{63}\right)^2+3\times10^5\times\left(\frac{42}{100}\right)^2+3\times10^5\left(\frac{79.4}{100}\right)^2\right]\mathrm{Pa}=3.07\times10^5\mathrm{Pa}$$

回路上通过换向阀 2 和单向阀 6 的流量都是 37.43L/min，通过行程阀 3 的流量是 79.43L/min，因此总的压力损失为

$$\Sigma\Delta p_2=\left[3\times10^5\left(\frac{37.43}{100}\right)^2+2\times10^5\times\left(\frac{37.43}{100}\right)^2+3\times10^5\left(\frac{79.43}{100}\right)^2\right]\mathrm{Pa}$$

$=2.59\times10^5\text{Pa}$

将回油路上的压力损失折算到进油路上去，就可求出快进时整个回路中阀类元件所造成的压力损失

$$\Sigma\Delta p=\Sigma\Delta p_1+\Sigma\Delta p_2\left(\frac{A_2}{A_1-A_2}\right)$$

$$=\left[3.07\times10^5+2.59\times10^5\left(\frac{44.77}{95-44.77}\right)\right]\text{Pa}$$

$$=5.38\times10^5\text{Pa}$$

(2)工进时的回路压力损失

为了保证工进时速度稳定，应使进油路上调速阀上有 $5\times10^5\text{Pa}$ 的压差，回油路上背压阀的压力损失为 $6\times10^5\text{Pa}$，顺序阀处通过 37.43L/min 流量的压力损失，因此这时整个回路因阀类元件造成的压力损失为

$$\Sigma\Delta p=5\times10^5+\left[6\times10^5+3\times10^5\left(\frac{37.43}{63}\right)^2\right]\times\left(\frac{44.77}{95}\right)\text{Pa}=8.33\times10^5\text{Pa}$$

高压小流量泵在工作时的工作压力为

$$p_{P1}=(40\times10^5+8.33\times10^5)\text{Pa}=48.33\times10^5\text{Pa}$$

此值可作为溢流阀 9 调压时的重要参考依据。

(3)快退时的回路压力损失

进油路上通过单向阀 10 的流量为 36L/min、通过换向阀 2 的流量为 42L/min，回路上通过单向阀 5、换向阀 2 和单向阀 13 的流量都是 89.12L/min，因此这时回路总压力损失为

$$\Sigma\Delta p=\left[2\times10^5\times\left(\frac{36}{63}\right)^2+3\times10^5\times\left(\frac{42}{100}\right)^2+(2\times10^5+3\times10^5+2\times10^5)\times\left(\frac{9.12}{100}\right)^2\times\left(\frac{95}{4.77}\right)\right]\text{Pa}$$

$$=12.98\times10^5\text{Pa}$$

低压大流量泵以快退时的压力最高，其值为

$$p_{P2}=(17.3\times10^5+12.98\times10^5)\text{Pa}=30.28\times10^5\text{Pa}$$

此值可作为液控顺序阀 7 调压时的重要参考数据。

2. 液压系统的发热与温升的验算

通过运动分析可知，在整个工作循环中，工进时间为 56.8s，快进时间为 1s，快退时间为 1.5s。工进所占比重达 96%，所以系统的发热和油温升可用工进时的情况来计算。

工进时，液压缸负载 F=31480N，移动速度 $v=0.88\times10^{-3}\text{m/s}$，故输出功率为

$$P_0=Fv=(31480\times0.88\times10^{-3})\text{W}=27.7\text{W}=0.0277\text{kW}$$

液压泵的输入功率为

$$P_i=\frac{p_{p1}q_{p1}+p_{p2}q_{p2}}{\eta_p}$$

式中，p_{p1}、p_{p2} 分别是小流量泵 1 和大流量泵 2 的工作压力，其中 $p_{p1}=50\times10^5\text{Pa}$，$p_{p2}=3\times10^5\times(36/63)^2\text{Pa}$（这是大流量泵通过顺序阀 7 卸荷时的压力损失）；q_{p1}、q_{p2} 分别是小流量泵 1A 和大流量泵 1B 的输出流量，其中 $q_{p1}=6\text{L/min}$，$q_{p2}=36\text{L/min}$；油泵总效率，$\eta_p=0.75$。故

$$P_i=\frac{1}{0.75}\left[50\times10^5\times\frac{6\times10^{-3}}{60}+3\times10^5\left(\frac{36}{63}\right)^2\times\frac{36\times10^{-3}}{60}\right]\text{W}=745\text{W}=0.75\text{kW}$$

由此得液压系统的发热量为

$$H = P_i - P_0 = (0.75 - 0.0277)\,\text{kW} = 0.72\text{kW}$$

只考虑油箱的散热，其中油箱散热面积 A 按公式(9－27)估算

$$A = 0.065\sqrt[3]{V^2}\,(\text{m}^2)$$

式中，V 是油箱有效容积，$V = 252\text{L}$，所以 $A = 0.065\sqrt[3]{252^2} = 2.59\text{m}^2$

取油箱散热系数 K＝13，可得液压系统的温升为

$$\Delta T = \frac{860H}{KA} = \frac{860 \times 0.72}{13 \times 2.59}\,℃ = 18.4℃$$

油液温升值没有超过允许值。

§9.3 液压 CAD 技术简介

随着计算机和计算机绘图技术的发展，CAD 技术在各个领域的应用越来越多，从而使设计人员从繁重的、甚至是重复性的设计计算及绘图工作中解脱出来，提高设计效率，保证设计质量，缩短设计周期。液压系统计算机辅助设计(液压 CAD)在液压技术领域的应用正在日益发展，从液压产品的设计、制造、测试和性能仿真，到液压设备的计算机控制等，所应用的范围越来越广。下面对液压系统计算机辅助设计(液压 CAD)作一简单介绍。

9.3.1 液压 CAD 的内容简介

液压 CAD 主要应容于以下几方面：

1. 设计液压图

根据原始设计要求设计液压系统，计算和选择元件，得出液压系统图和元件明细表及相关相间数据。

2. 计算专用液压件

如液压缸、液压阀、集成块、油箱等元件和装置的设计计算、工作图的绘制。

3. 设计液压系统管路安装图

根据液压系统图和元件明细表，绘制二维或三维的液压系统管路安装图。

4. 分析液压系统静态特性

根据设计参数对系统负载特性、系统效率、发热温升等技术特性进行分析，并可反复修改设计参数，进行优化设计。

5. 分析或预测液压系统的动态特性

根据设计好的液压系统建立数学模型，进行稳定性分析或动态响应数字仿真，通过数据或图形曲线显示其结果，反复修改系统参数，直至获得满意的结果为止。

9.3.2 液压 CAD 系统的构成简介

液压 CAD 系统油液压 CAD 硬件和 CAD 软件构成，图 9－6 为液压 CAD 系统构成示意图

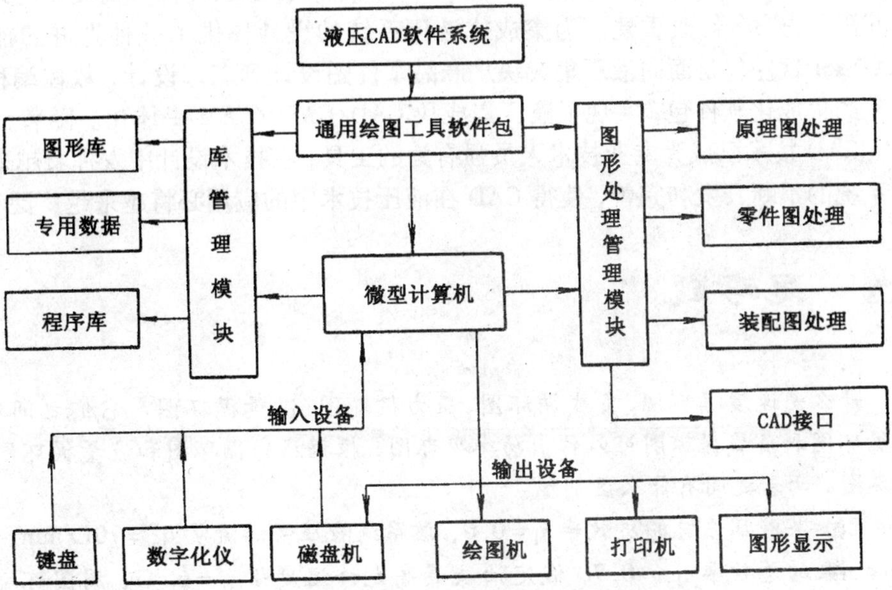

图9-6　液压CAD系统构成示意图

1. 液压CAD硬件

液压CAD硬件实际上就是一套具有足够的储存空间和较强的图形处理与显示输出能力的普通微型计算机。它包括执行运算和图形处理的中央处理器(CPU)存储器、软盘驱动器、彩色显示器、绘图机等。

2. 液压CAD软件

软件包括除计算系统软件(操作系统等)外，还应有专用的液压系统设计软件包(液压CAD)。它是在通用绘图工具软件包二次应用开发的基础上构成的。

目前国内一般的液压CAD软件主要有以下几部分组成：

(1)图形库

图形库是参考国家标准和国内元件生产厂家的标准，通过对液压系统原理图、装配图的结构分析，在液压CAD软件系统中建立一套完整的图形库支撑软件，以解决液压CAD中对图形输入输出的要求。

图形库中包含各种液压元件的图形符号、常用的液压回路块、各种通用液压集成块符号、各种通用叠加阀符号、各种通用液压元件外形图和通用油箱外形图等。

(2)数据库

进行液压系统的计算机辅助设计，需要利用数据库技术，将设计时所需要的各种数据、标准以及其它设计资料、信息和中间设计结果等，存入数据库中，以供设计人员使用。数据库包含各种图形的有关数据，如基准点及所占位置尺寸、各类通用元件的结构和性能参数、设计计算所需的各种数据等。

(3)程序库

程序库包含各类设计计算公式和完成液压系统CAD各项功能的程序等。

近年来，我国液压CAD/CAM的研究与开发迅速而深入。如用来进行板式元件集成式液压系统设计的元件包YCADJ系统《集成式液压系统CAD－YCADJ用户手册》从绘制液压集成式液压系统原理图到自行设计、绘制块体零件图和阀组装图。软件操作简便，还具有良好的开放性，可开发、扩充、修改重建。为集成式液压系统的设计提供了一种先进的辅助设计手段。MBCADAM 软件包是面向液压集成块从产品零件图设计到工艺设计，数控编程，到加工制造全过程的集成化软件包，实现了液压集成块 CAD/CAPP/CAM 一体化。随着计算技术的发展，液压 CAD 技术已成为专业技术人员强有力的工具，在技术设计中发挥着越来越大的作用。软件系统的不断开发和完善，使得 CAD 在液压技术中的应用必将越来越广泛和深入。

思考题

9－1　什么是速度循环图、负载循环图、压力循环图、流量循环图？它们之间有无关系？根据速度循环图和负载循环图可以作出功率循环图，根据压力循环图和流量循环图也可以作出功率循环图，两者之间有什么区别？

9－2　已知某液压系统的总效率 $\eta=0.6$，该系统液压泵的流量 $q_p=70L/min$，压力 $p_p=49\times10^5MPa$，泵的总效率 $\eta_p=0.7$，假定油液最高允许温度 $T_{max}=65℃$，周围环境温度 $T=20℃$，且通风良好，试确定油箱的有效容积及其边长(1 ∶ 1 ∶ 1 型)。

9－3　如图 9－7 所示油压机液压系统，其工作循环为快速下降→压制→快速退回→原位停止。已知：液压缸无杆腔面积 $A_1=100cm^2$，有杆腔 $A_2=50cm^2$，移动部件自重 $G=5000N$；快速下降时的外负载 $F=10000N$，速度 $v_1=6m/min$；压制时的外负载 $F=50000N$，速度 $v_2=0.2m/min$；快速回程时的外负载 $F=10000N$，速度 $v_3=12m/min$。管路压力损失、泄漏损失、液压缸的密封摩擦力以及惯性力等均忽略不计。试求：

(1)液压泵 1 和 2 的最大工作压力及流量。

(2)阀 3、4、6 各起什么作用？它们的调整压力各为多少？

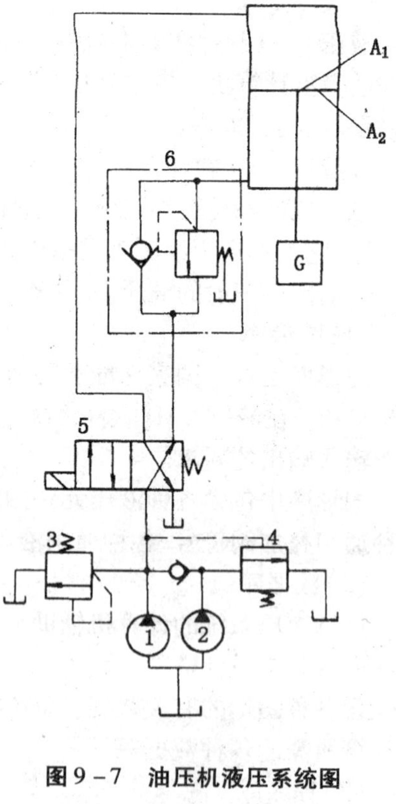

图 9－7　油压机液压系统图

9－4　设计一台卧式钻、镗组合机床液压系统。该机床用于加工铸铁箱体零件的孔系，运动部件总重量 $G=10000N$，液压缸机械效率为 0.9，加工时最大切削力为 12000N，工作循环为：快进→工进→止位铁停留→快退→原位停止。快进行程长度为 0.4m，工进行程为 0.1m。快进和快退速度为 0.1m/s，工进速度为 $3\times10^{-4}\sim5\times10^{-3}m/s$，采用平导轨，启动时间为 0.2s，要求动力部件可以手动调整，快进转工进平稳、可靠。

9－5　液压系统计算机辅助设计(液压 CAD)主要包括哪些方面的内容？

第10章　气压传动概述

气压传动是以压缩空气为工作介质传递运动和动力的一门技术，由于气压传动具有防火、防爆、节能、高效、无污染等优点，因此应用较为广泛。气压传动简称为气动。

气压传动像液压传动一样，都是利用流体为工作介质来实现传动的，气压传动与液压传动在基本工作原理、系统组成、元件结构及图形符号等方面有很多相似之处，所以在学习这部分内容时，前述的液压传动的知识，在此有很大的参考和借鉴作用。

- **本章重点**

1. 气压传动系统的工作原理；
2. 气压传动系统的组成；
3. 气压传动的特点。

- **本章难点**

1. 气压传动系统的工作原理。

§10.1　气压传动系统的工作原理

现以剪切机为例，介绍气压传动的工作原理。如图10－1(a)所示为气动剪切机的工作原理图，图示位置为剪切机剪切前的情况。空气压缩机1产生的压缩空气经空气冷却器2、分水排水器3、贮气罐4、空气过滤器5、减压阀6、油雾器7到达换向阀9，部分气体经节流通路a进入换向阀9的下腔，使上腔弹簧压缩，换向阀阀芯位于上端；大部分压缩空气经换向阀9后由b路进入气缸10的上腔，而气缸下腔经c路、换向阀与大气相通，故气缸活塞处于最下端位置。当上料装置把工料11送入剪切机并到达规定位置时，工料压下行程阀8，此时换向阀芯下腔压缩空气经d路、行程阀排入大气，在弹簧的推动下，换向阀阀芯向下运动至下端；压缩空气则经换向阀后由c路进入气缸下腔，上腔经b路、换向阀与大气相通，气缸活塞向上运动，剪刃随之上行剪断工料。工料剪下后，即与行程阀脱开，行程阀阀芯在弹簧作用下复位，d路堵死，换向阀阀芯上移，气缸活塞向下运动，又恢复到剪断前的状态。

由以上分析可知，剪刃克服阻力剪断工料的机械能来自于压缩空气的压力能，提供压缩空气的是空气压缩机；气路中的换向阀、行程阀起改变气体流动方向、控制气缸活塞运动方向的作用。如图10－1(b)所示为用图形符号(又称职能符号)绘制的气动剪切机系统原理图。

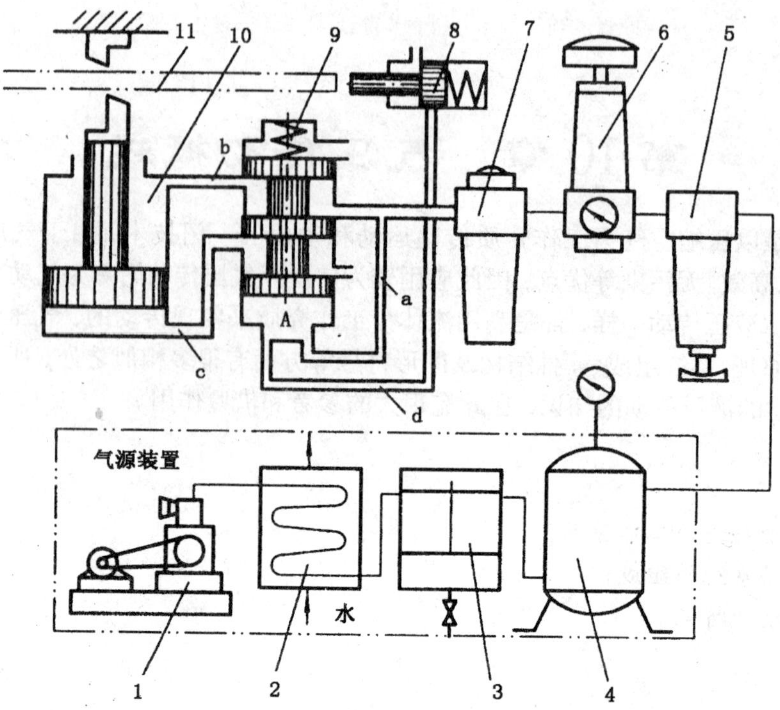

(a) 结构原理图

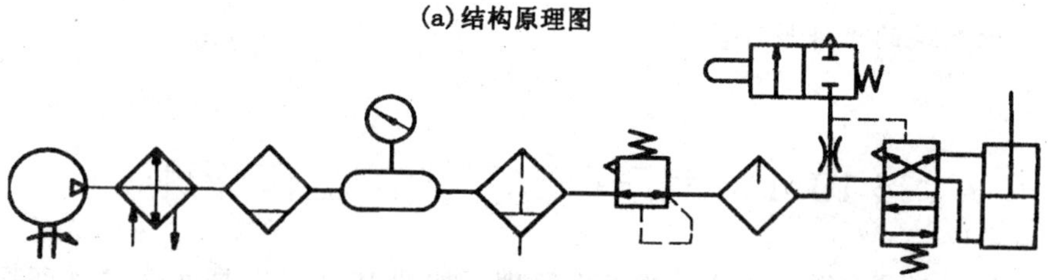

(b) 图形符号图

1. 空气压缩机；2. 空气冷却器；3. 分水排水器；4. 贮气罐；5. 空气过滤器；6. 减压阀；
7. 油雾器；8. 行程阀；9. 换向阀；10. 气缸；11. 工料

图 10－1 气动剪切机的工作原理图

§10.2 气压传动系统的组成

根据气动元件和装置的不同功能，可将气压传动系统分成以下五部分。

1. 气源装置

获得压缩空气的装置和设备，如各种空气压缩机。它将原动机供给的机械能转变为气体的压力能，还包括贮气罐等辅助设备。

2. 执行元件

将压缩空气的压力能转变为机械能的装置，如做直线运动的气缸，做回转运动的气马达等。

3. 控制元件

控制压缩空气的流量、压力、方向以及执行元件工作程序的元件，如各种压力阀、流量阀、方向阀、逻辑阀元件等。

4. 辅助元件

使压缩空气净化、润滑、消声以及用于元件连接等所需的装置和元件，如各种空气过滤器、干燥器、油雾器、消声器、管件等。

5. 工作介质

在气压传动中起传递运动、动力及信号的作用。气压传动的工作介质为压缩空气。

§10.3 气压传动的特点

10.3.1 气压传动的优点

气压传动与其它传动相比，具有如下优点。

1. 工作介质是空气，来源方便，取之不尽，使用后直接排入大气而无污染，不需设置专门的回气装置。

2. 空气的粘度很小，所以流动时压力损失较小，节能、高效，适用于集中供应和远距离输送。

3. 动作迅速，反应快，维护简单，调节方便，特别适合于一般设备的控制。

4. 工作环境适应性好。特别适合在易燃、易爆、潮湿、多尘、强磁、振动、辐射等恶劣条件下工作，外泄漏不污染环境，在食品、轻工、纺织、印刷、精密检测等环境中采用最为适宜。

5. 成本低，过载能自动保护。

10.3.2 气压传动的缺点

气压传动与其它传动相比，具有如下缺点。

1. 空气具有可压缩性，不易实现准确的速度控制和很高的定位精度，负载变化时对系统的稳定性影响较大。

2. 空气的压力较低，只适用于压力较低的场合(一般为0.4～0.8MPa)。

3. 排气噪声较大。

4. 因空气无润滑性能，故在气路中应设置给油润滑装置(如需要加油雾器进行润滑)。

▲ 思考题

10－1 简述气动剪切机的工作原理。

10－2 气压传动由哪几部分组成?

10－3 简述气压传动的优、缺点。

10－4 气压传动与液压传动有什么不同?

第 11 章　气动元件

气动元件是气压传动系统的最小单元，分为动力元件(气源装置)、气动控制元件、气动执行元件、气动辅助元件四大类型。

- **本章重点**

1. 空气压缩机的原理、结构与选用；
2. 压缩空气净化装置的原理、结构与作用；
3. 辅助元件的结构与作用；
4. 气缸的工作原理及组成；
5. 气动马达的工作原理及组成；
6. 压力控制阀、流量控制阀、方向控制阀的工作原理与应用；
7. 气动逻辑元件的结构及作用。

- **本章难点**

1. 油雾器的结构及工作原理；
2. 压力控制阀、流量控制阀、方向控制阀的工作原理与应用；
3. 气动逻辑元件的结构及作用。

§11.1　气源装置

11.1.1 气源装置的作用和工作原理

气源装置是气动系统的一个重要组成部分，它为气动系统提供具有一定压力和流量的压缩空气，同时要求提供的气体清洁、干燥。若不能完全满足以上条件，就会加速系统的中期老化过程。

一般气源装置通常由以下几个部分组成：

①产生压缩空气的气压发生装置，即空气压缩机。

②储存、净化压缩空气的装置和设备。

③传输压缩空气的管路系统。

图 11－1 为气源装置组成示意图。图中 1 为空气压缩机，用以产生压缩空气，一般由电动机带动。其吸气口装有空气滤清器，以减少进入空气压缩机中气体的杂质。2 为后冷却器，用以降温冷却压缩空气，使汽化的水、油凝结出来。3 为油水分离器，用以分离并排出降温冷却凝结的水滴、油滴、杂质等。4 为储气罐，用以储存压缩空气，稳定压缩空气的压力，

并除去部分油分和水分。5为干燥器，用以进一步吸收或排除压缩空气中的水分及油分，使之变成干燥空气。6为空气过滤器，用以进一步过滤压缩空气中的灰尘、杂质颗粒。7为储气罐。储气罐4输出的压缩空气可用于一般要求的气压传动系统，储气罐7输出的压缩空气可用于要求较高的气动系统（如气动化仪表及射流元件组成的控制回路等）。

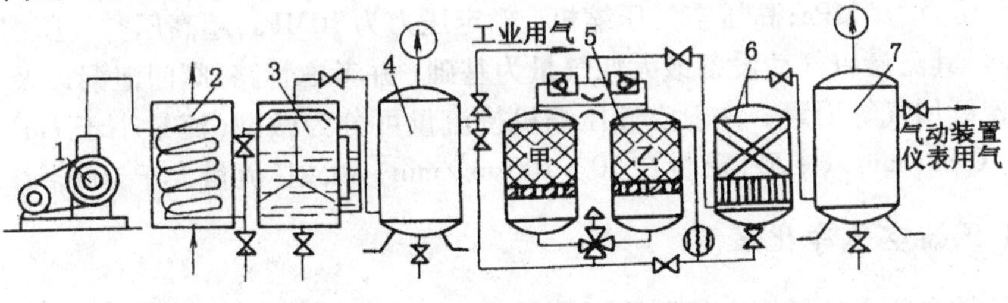

1. 空气压缩机；2. 后冷却器；3. 油水分离器；4、7. 储气罐；5. 干燥器；6. 空气过滤器

图11－1　气源装置组成示意图

11.1.2 空气压缩机

1. 空气压缩机的分类

空气压缩机是气动系统的动力源，它是将机械能转换为气体压力能的装置（简称空压机，俗称气泵）。它的种类很多，一般按工作原理不同分为容积式和速度式两大类型。容积式压缩机是通过运动部件的位移，周期性地改变密封的工作容积来提高气体压力的，它有活塞式、膜片式、叶片式、螺杆式等几种类型。速度式压缩机是通过改变气体的速度，提高气体的动能，然后将动能转化为压力能来提高气体压力的，它主要有离心式、轴流式和混流式等。在气压传动中一般最常使用的机型为活塞式压缩机。

2. 空气压缩机的工作原理

常用的活塞式空气压缩机有卧式和立式两种结构形式。卧式空气压缩机的工作原理如图11－2所示。曲柄8作回转运动，通过连杆7和活塞杆4，带动气缸活塞3作往复直线运动。当活塞3向右运动时，气缸容积增大而形成局部真空，吸气阀9打开，空气在大气压的作用下由吸气阀9进入气缸腔内，此过程称为吸气过程；当活塞3向左运动时，吸气阀9关闭，随着活塞的左移，缸内空气受到压缩而使压力升高，在压力达到足够高时，排气阀1即被打开，压缩空气进入排气管内，此过程为排气过程。图示为单缸活塞式空气压缩机，大多数空气压缩机是多活塞式的组合。

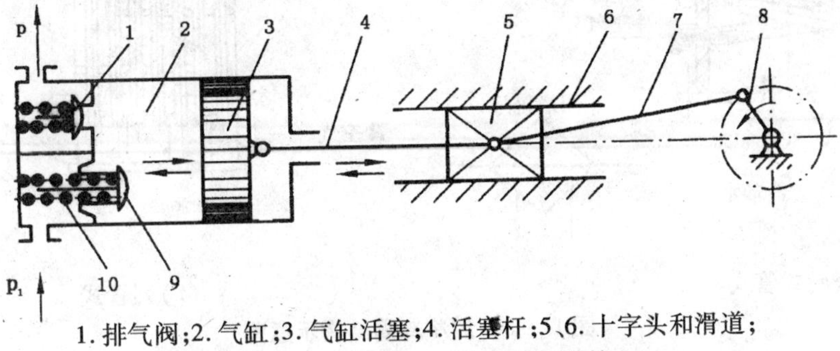

1. 排气阀；2. 气缸；3. 气缸活塞；4. 活塞杆；5、6. 十字头和滑道；

7. 连杆；8. 曲柄；9. 吸气阀；10 弹簧

图11－2　活塞式空气压缩机的工作原理图

3. 空气压缩机的选用

空气压缩机的选用应以气压传动系统所需要的工作压力和流量两个参数为依据。在选择空气压缩机时，其额定压力应等于或略高于所需要的工作压力。一般气动系统需要的工作压力为0.5～0.8MPa，因此选用额定压力为0.7～1MPa的低压空气压缩机。此外还有中压空气压缩机，额定压力为1MPa；高压空气压缩机，额定压力为10MPa；超高压空气压缩机，额定压力为100MPa。其流量以气动设备最大耗气量为基础，并考虑管路、阀门泄漏以及各种气动设备是否同时连续用气等因素。一般空气压缩机按流量可分为微型（流量小于1m^3/min）、小型（流量在1～10 m^3/min）、中型（流量在10～100 m^3/min）、大型（流量大于100m^3/min）。

11.1.3 压缩空气净化装置

在气压传动中使用的低压空气压缩机多采用油润滑，由于它排出的压缩空气温度一般在140～170℃之间，使空气中的水分和部分润滑油变成气态，再与吸入的灰尘混合，便形成了水汽、油气和灰尘等的混合气体。如果将含有这些杂质的压缩空气直接输送给气动设备使用，就会给整个系统带来不良影响。因此，在气压传动系统中，设置除水、除油、除尘和干燥等气源净化装置，对保证气压传动系统正常工作是十分必要的。在某些特殊场合，压缩空气还需要经过多次净化后方能使用。常用净化装置有：后冷却器、油水分离器、干燥器、空气过滤器、储气罐等。

1. 后冷却器

后冷却器安装在压缩机的出口处。它的作用是将压缩机排出的压缩气体温度由140～170℃降至40～50℃，使其中的水汽、油雾凝结成水滴，经除油水分离器排出。

后冷却器常采用水冷式的换热装置，其结构形式有：列管式、散热片式、套管式、蛇管式和板式等。其中，蛇管式冷却器最为常用，其结构如图11－3(a)。图11－3(b)为列管式的结构示意图。热的压缩空气由管内流过，冷却水在管外的水套中流动进行冷却。为了提高降温效果，在安装使用时要特别注意冷却水与压缩空气的流动方向（图中箭头所示方向）。

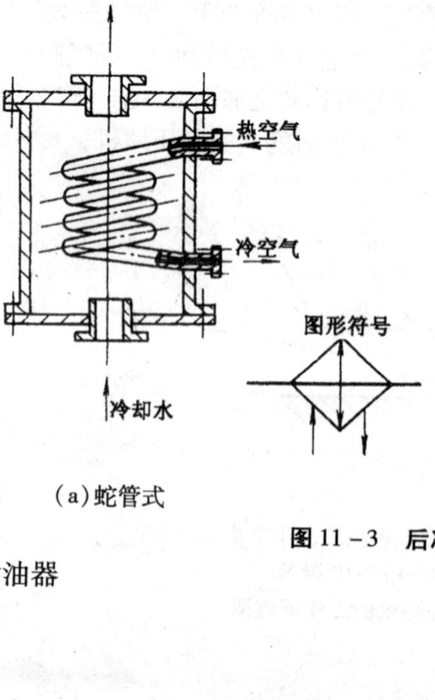

(a)蛇管式

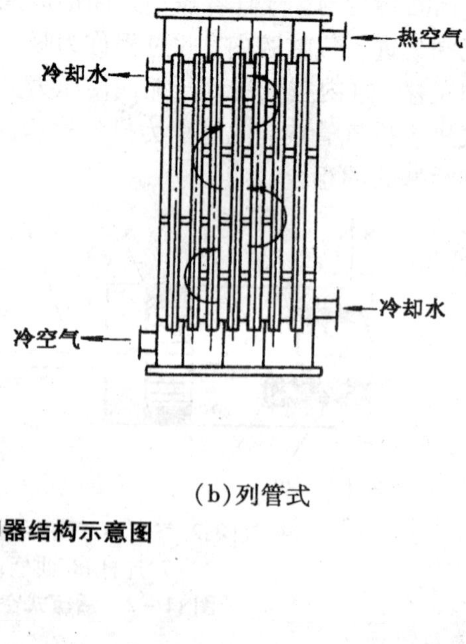

(b)列管式

图11－3 后冷却器结构示意图

2. 除油器

除油器也称油水分离器，其作用是将压缩空气中凝聚的水分和油分等杂质分离出来，使压缩空气得到初步净化。其结构形式有：环形回转式、撞击折回式、离心旋转式、水浴式以及以上形式的组合使用等。

(1)撞击折回式除油器

撞击折回式除油器，如图11－4所示。压缩空气自进气管4进入除油器以后，气流受到隔板2的阻挡，撞击隔板2而折回向下，继而又回升向上，形成回转环流，最后从排气管3排出。与此同时，压缩空气中的水滴、油滴和杂质在离心力和惯性力作用下从空气中分离析出，沉降于除油器的底部，经排污阀6排出。

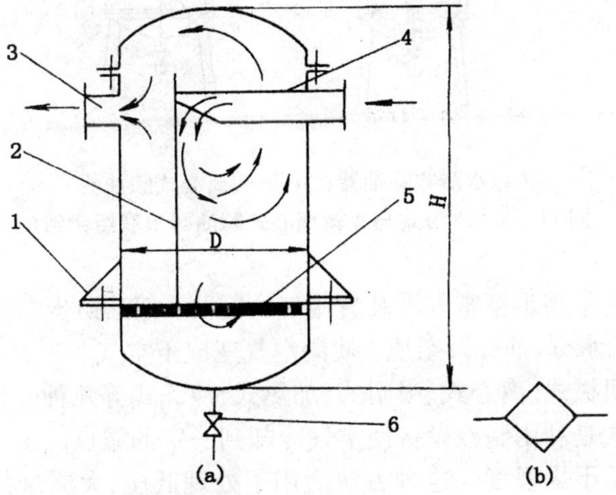

(a)结构；(b)图形符号

1. 支架；2. 隔板；3. 输出管；4. 进气管；5. 栅板；6. 排污阀

图11－4 撞击折回式除油器结构原理图

为提高油水分离的效果，气流回转后上升的速度不能太快，一般不超过1m/s。通常油水分离器的高度H为其内径D的3.5～5倍。

(2)水浴式除油器

水浴式除油器的结构如图11－5(a)所示。压缩空气从管道进入除油器底部以后，经水洗和过滤后从出口输出。其优点是可清除压缩空气中大量的油分等杂质；其缺点是当工作时间稍长时，液面会漂浮一层油污，需经常清洗和排除。

(3)旋转离心式除油器

旋转离心式除油器的结构如图11－5(b)所示。压缩空气从切向进入除油器后，产生强烈旋转，使压缩空气中的水滴、油滴等杂质，在惯性力的作用下被分离出来而沉降到容器底部，再由排污阀定期排出。

在要求净化程度高的气动系统中，可将水浴式与旋转离心式除油器串联组合使用，其结构如图11－5所示。这样可以显著增强净化效果。

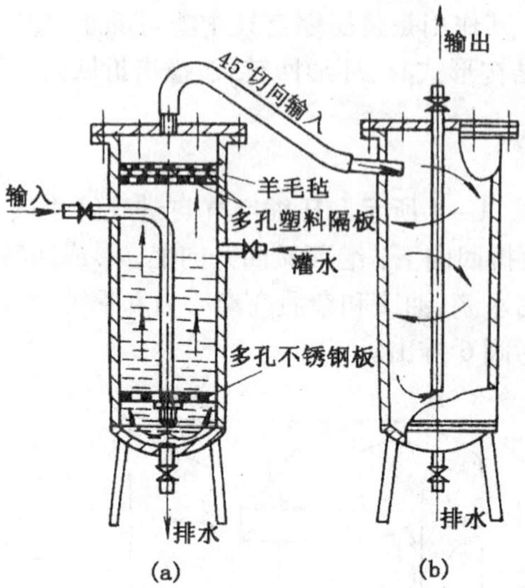

(a)水浴式除油器;(b)旋转离心式除油器

图 11-5　水浴式与旋转离心式除油器串联组合结构

3. 干燥器

干燥器的作用是为了满足精密气动装置用气的需要，把已初步净化的压缩空气进一步净化，吸收和排出其中的水分、油分及杂质，使湿空气变成干空气。

干燥器的形式有机械式、离心式、吸附式、加热式、冷冻式等几种。目前应用最广泛的是吸附式和冷冻式。冷冻式是利用制冷设备使空气冷却到一定的露点温度，析出空气中的多余水分，从而达到所需要的干燥程度。这种方法适用于处理低压、大流量并对于干燥程度要求不高的压缩空气。压缩空气的冷却，除用制冷设备外，也可以直接蒸发或用冷却液间接冷却的方法。

吸附式是利用硅胶、活性氧化铝、焦炭或分子筛等具有吸附性能的干燥剂来吸附压缩空气中的水分，而使其达到干燥的目的。吸附式的除水效果最好。

图 11-6 所示为吸附式干燥器的结构原理图。它的外壳为一个金属圆筒，里面分层设置有栅板、吸附剂、滤网等。其工作原理为:湿空气从管道 1 进入干燥器内，通过上吸附层 21、铜丝过滤网 20、上栅板 19、下吸附层 16 之后，湿空气中的水分被吸附剂吸收而干燥，然后再经过铜丝过滤网 15、下栅板 14、毛毡层 13、铜丝过滤网 12 过滤气流中的灰尘和其它固体杂质，最后干燥、洁净的压缩空气从输出管 8 输出。当干燥器使用一段时间后，吸附剂吸水达到饱和状态而失去继续吸湿能力，因此需设法除去吸附剂中的水分，使其恢复干燥状态，以便继续使用，这就是吸附剂的再生。由于水分和干燥剂之间没有化学反应，所以不需要更换干燥剂，但必须定期再生干燥。其过程是:先将干燥器的进、出气管关闭，使之脱离工作状态，然后从再生空气进气管 7 输入干燥的热空气(温度一般为 180 ~ 200℃)。热空气通过吸附层时将其所含水分蒸发成水蒸气并一起由再生空气排气管 4、6 排出。经过一定的再生时间后，吸附剂被干燥并恢复了吸湿能力。这时，将再生空气的进、排气管关闭，将压缩空气的进、出气管打开，干燥器便继续进入工作状态。因此，为保证供气的连续性，一般气源系统设置两套干燥器，一套用于空气干燥，另一套用于吸附剂再生，两套交替工作。

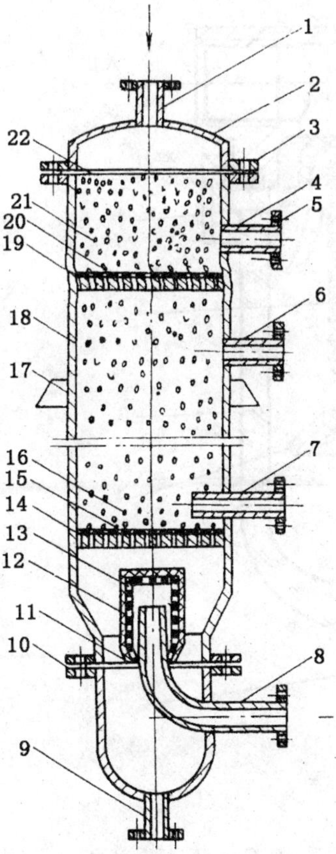

(a)

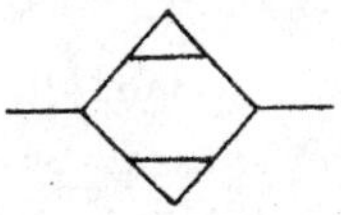

(b)

1. 湿空气进气管;2. 顶盖;3、5、10. 法兰;4、6. 再生空气排气管;7. 再生空气进气管;
8. 干燥空气输出管;9. 排水管;11、22. 密封垫;12、15、20. 铜丝过滤网;13. 毛毡;
14. 下栅板;16、21. 吸附剂;17. 支撑板;18. 外壳;19. 上栅板

图 11-6 吸附式干燥器的结构原理图

4. 空气过滤器

空气过滤器的作用是滤除压缩空气中的水分、油滴及杂质，以达到气动系统所要求的净化程度。它的基本结构如图 11-7 所示。压缩空气从输入口进入后，被引入旋风叶片 1，旋风叶片上有很多小缺口，迫使空气沿旋风叶片的切线方向强烈旋转，夹杂在空气中的水滴、油滴和杂质在离心力的作用下被分离出来，沉积在存水杯 3 的杯底，而气体经过中间滤芯 2 时，又将其中的微粒杂质和雾状水分滤下，使沿挡水板 4 流入杯底，洁净空气便可经出口输出。

选取空气过滤器的主要依据是系统所需要的流量、过滤精度和容许压力等参数，空气过滤器与减压阀、油雾器一起构成气源的调节装置(气动三联件)。空气过滤器通常垂直安装在气动设备的入口处，进、出气孔不得装反，使用中要注意定期放水、清洗或更换滤芯。

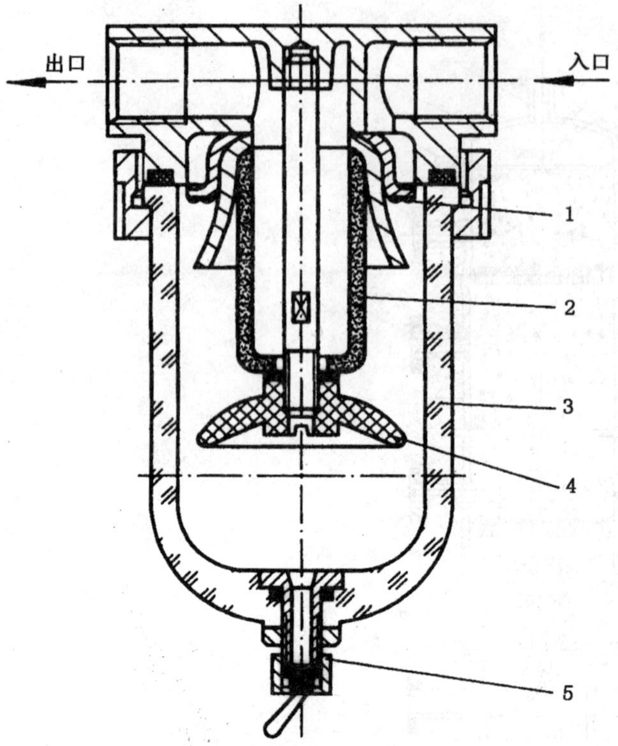

(a)结构原理图

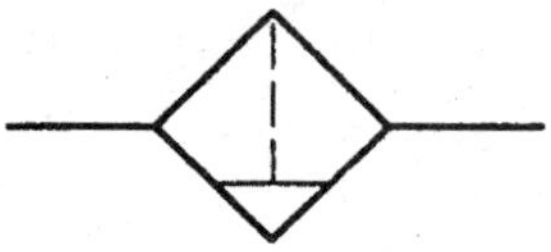
(b)图形符号

1. 旋风叶片;2. 滤芯;3. 存水杯;4. 挡水板;5. 排水阀

图 11－7　空气过滤器

5. 储气罐

储气罐的作用是贮存空气压缩机排出的压缩空气，减少压力波动;调节压缩机的输出气量与用户耗气量之间的不平衡状况，保证连续、稳定的流量输出;进一步沉淀分离压缩空气中的水分、油分和其它杂质颗粒。储气罐一般采用焊接结构，其形式有立式和卧式两种，立式结构应用较为普遍。使用时，储气罐应附有安全阀、压力表和排污阀等附件。此外，储气罐还必须符合锅炉和压力容器安全规则的有关规定，如使用前应按标准进行水压试验等。

11.1.4 其它辅助元件

1. 油雾器

油雾器是气压系统中一个特殊的注油装置，其作用是把润滑油雾化后，经压缩空气携带进入系统中需要润滑的部件，以满足润滑的需要。

油雾器的基本结构如图 11－8 所示。压缩空气从输入口 1 进入油雾器后，绝大部分从气流输出口 4 流出，只有一小部分压缩空气通过小孔 2 进入特殊单向阀 10 的上方，此时特殊单向阀在上方压缩空气的作用下克服弹簧的作用力推开钢球(由于弹簧的刚度较大和储油杯内气压对钢球的作用，钢球悬浮于单向阀中间位置)，特殊单向阀处于打开状态，所以压缩空气进入储油杯 5 上腔 A，使油液受压后经吸油管 11、单向阀 6 和可调节流阀 7 滴入透明的视油器 8 内，然后再滴入喷嘴小孔 3，被主气道通过的气流从小孔 3 中引射出来，进入气流中的油滴被高速气流击碎并雾化后随气流由出口 4 输出。视油器 8 可以观察滴油量，滴油量可用可调节流阀 7 调节，使滴油量可在 0 ~ 200 滴/分范围内变化。当需要不停气加油时，打开油塞 9，储油杯内的压力降为大气压，压缩空气克服特殊单向阀的弹簧力把钢球压到下限位置，特殊单向阀处于反向关闭状态，封住了油杯的进气道，同时由于单向阀 6 的作用，压缩空气也不可能从吸油管倒流油杯，即可保证在不停气的情况下从加油孔加油，而不至于油液因高压气体流入而从加油孔喷出。加油完成，旋紧油塞 9 后，由于特殊单向阀有少许漏气，油杯 A 腔的气压逐渐上升，油雾又可重新正常工作。

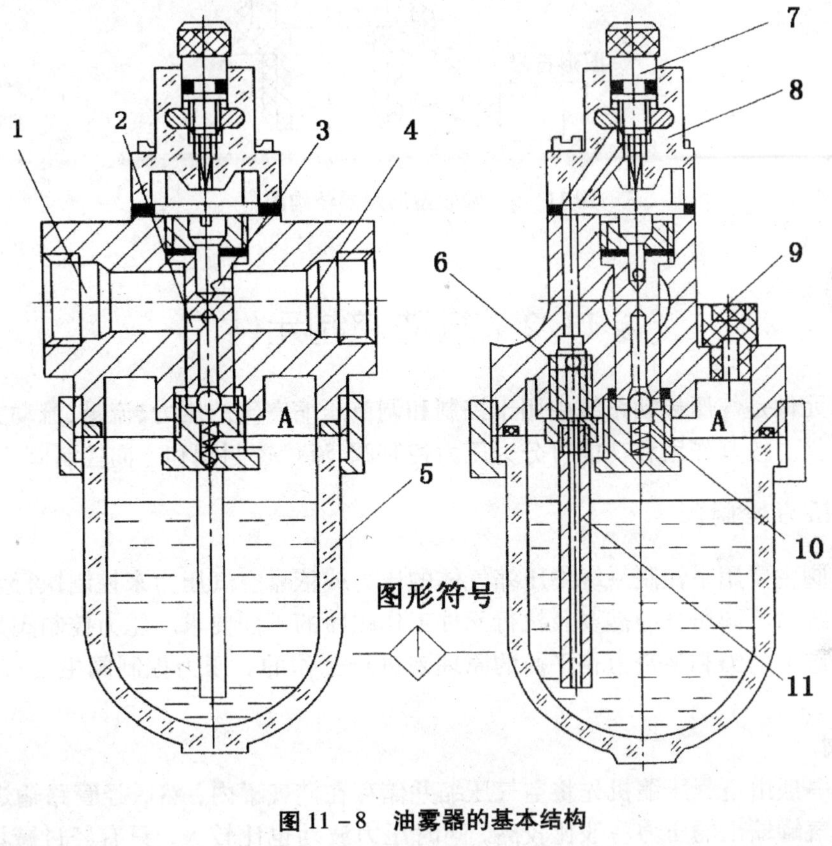

图 11 - 8　油雾器的基本结构

2. 消声器

气压传动系统一般不设排气管道，用后的压缩空气直接排入大气。这样因气体的体积急剧膨胀，会产生刺耳的噪声。排气的速度和功率越大，噪声也越大，一般可达 100 ~ 120dB。这种噪声使工作环境恶化，危害人身健康。一般来说，噪声高达 85dB 都要设法降低，为此在换向阀的排气口安装消声器来降低噪声。

图 11 - 9 为吸收型消声器结构图。当气流通过由聚苯乙烯颗粒或铜珠烧结而成的消声罩时，气流与消声材料的细孔相摩擦，声能量被部分吸收转化为热能，从而降低了噪声强度。这种消声器可良好地消除中、高频噪声。

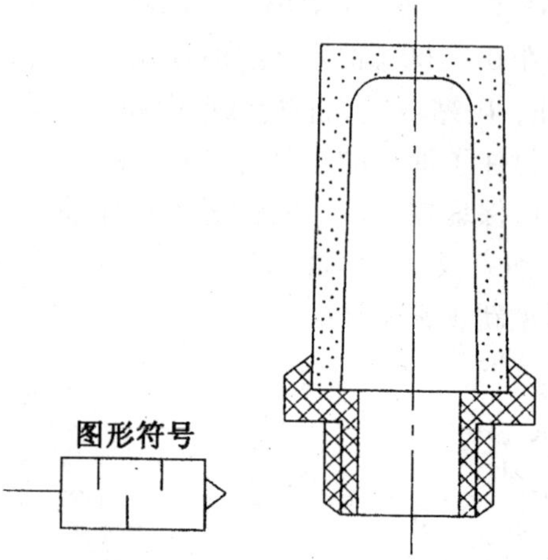

图 11－9　吸收型消声器结构图

§11.2　气动控制元件

气动控制元件是气压传动系统中用于控制和调节压缩空气的压力、流量、流动方向和发送信号的重要元件。按其作用和功能可分为压力控制阀、流量控制阀和方向控制阀三类。

11.2.1 压力控制阀

压力控制阀主要用来控制系统中压缩气体的压力或依靠空气压力来控制执行元件动作顺序。以满足系统对不同压力的需要及执行元件工作顺序的不同要求。压力控制阀是利用压缩空气作用在阀芯上的力和弹簧力相平衡的原理来进行工作的。压力控制阀主要有减压阀、溢流阀和顺序阀。

1. 减压阀

气动系统一般由空气压缩机先将空气压缩并储存在储气罐内，然后经管路输送给各气动装置使用。储气罐输出的压力一般比较高，同时压力波动也比较大，只有经过减压作用，将其降至每台装置实际所需要的压力，并使压力稳定下来才可使用。因此，减压阀是气动系统中一种必不可缺少的调压元件。按调节压力方式不同，减压阀有直动型和先导型两种。

(1)直动型减压阀

图 11－10 所示为 QTY 型直动型减压阀的结构图。其工作原理是:阀处于工作状态时，压缩空气从左侧入口流入，流经阀口后再从阀出口流出。当顺时针旋转手柄 1，压缩弹簧 2、3 推动膜片 5 下移，使阀杆 6 带动阀芯 9 下移，打开进气阀口，压缩空气通过阀口时受到一定的节流作用，使输出压力低于输入压力，以实现减压作用。与此同时，有一部分气流经阻尼孔 7 进入膜片室，在膜片下部产生一个向上的推力。当推力弹簧的作用相互平衡后，阀口的开度稳定在某一定值上，减压阀就输出一定的气体。阀口开度越小，节流作用越强，压力下降也越多。

若输入压力瞬时升高，经阀口以后的输出压力也随之升高，使膜片室内的压力也升高，因而破坏了原有的平衡，使膜片上移，有部分气流经溢流孔4、排气口11排出。在膜片上移的同时，阀芯在复位弹簧10的作用下也随之上移，减小了进气阀口的开度，节流作用增大，输出压力下降，直至达到膜片两端作用力重新达到平衡为止，此时输出压力基本上又回到原数值上。

相反，输入压力下降时，进气节流阀口开度增大，节流作用减小，输出压力上升，使输出压力基本回到原数值上。

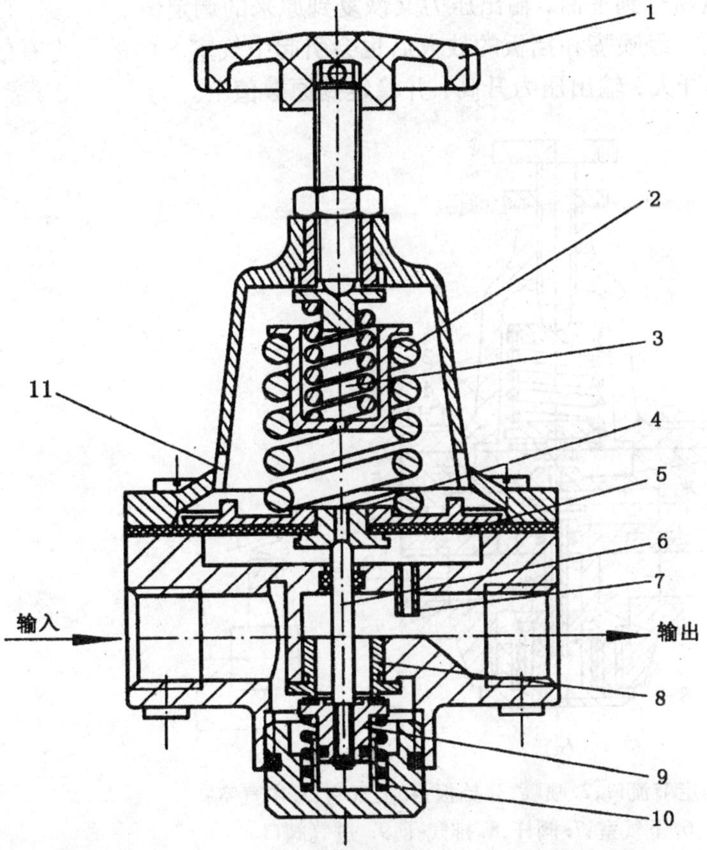

(a)结构原理图

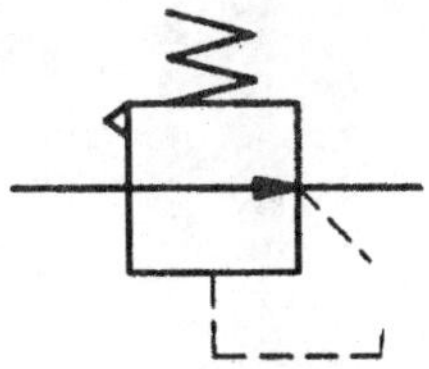

(b)图形符号

1.手轮;2、3.弹簧;4.溢流口;5.膜片;6.阀杆;7.阻尼孔;
8.阀座;9.进气阀芯;10.复位弹簧;11.排气口

图11-10 直动型减压阀的结构图

QTY型直动型减压阀的调压范围为0.05~0.63MPa。为限制气体流过减压阀所造成的压力损失，规定气体通过阀内通道的流速在15~25m/s范围内。

安装减压阀时，要按气流的方向和减压阀上所示的箭头方向，依照分水过滤器→减压阀→油雾器的安装顺序进行安装。调压时应由低向高调，直至规定的调压值为止。阀不用时应把旋钮放松，以免膜片变形。

(2)先导型减压阀

先导型减压阀的结构如图11-11所示。它由先导阀和主阀两部分组成。当气流从左端流入阀体后，一部分经进气阀口9流向输出口，另一部分经固定节流口1进入中气室5，经喷嘴2、挡板3及孔道反馈至下气室6，再经阀杆7的中心孔排至大气中。

若把手柄旋到某一固定位置，使喷嘴与挡板间的距离在工作范围内，减压阀就开始进入工作状态。中气室5内的压力随喷嘴与挡板间距离的减小而增大，于是推动阀芯打开进气阀口9，则气流流到出口处，同时经孔道反馈到上气室4，并与调压弹簧的压力保持平衡。

若输入压力瞬时升高，输出压力也相应升高，通过孔口的气流使下气室6内的压力也升高，于是破坏了膜片原有的平衡，使阀杆7上升，节流阀口减小，节流作用增强，输出压力下降，使膜片两端的作用力重新达到平衡，输出压力又恢复到原来的调定值。

当输出压力瞬时下降时，经喷嘴和挡板的放大后也会引起中气室5内的压力有效明显地升高，而使阀芯下移，阀口开大，输出压力升高，并稳定到原数值上。

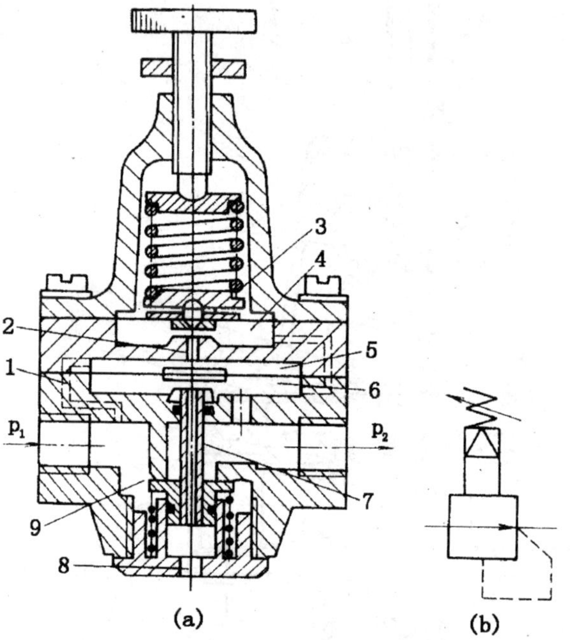

1. 固定节流口；2. 喷嘴；3. 挡板；4. 上气室；5. 中气室；
6. 下气室；7. 阀杆；8. 排气孔；9. 进气阀口

图 11－11　先导型减压阀的结构

选择减压阀时应根据气源的压力来确定阀的额定输入压力，气源的最低压力应高于减压阀最高输出压力0.1MPa以上。减压阀一般安装在空气过滤器之后，油雾器之前。

2. 溢流阀

溢流阀的作用是当系统压力超过调定值时，便自动排气，使系统的压力下降，以保证系统能够安全可靠地工作，因而，也称其为安全阀。按控制方式划分，溢流阀有直动型和先导型两种。按其结构有活塞式、膜片式和球阀式等。

（1）直动型溢流阀

如图11－12所示，将阀P口与系统相连接，当系统中空气压力升高，一旦大于溢流阀调定压力时，阀芯3便在下腔气压力作用下克服上面的弹簧力抬起，阀口开启，使部分气体经阀口排至大气中，使系统压力稳定在调定值，确证系统安全可靠。当系统压力低于调定值时，在弹簧的作用下阀口处于关闭状态。开启压力的大小与调整弹簧的预压缩量有关。

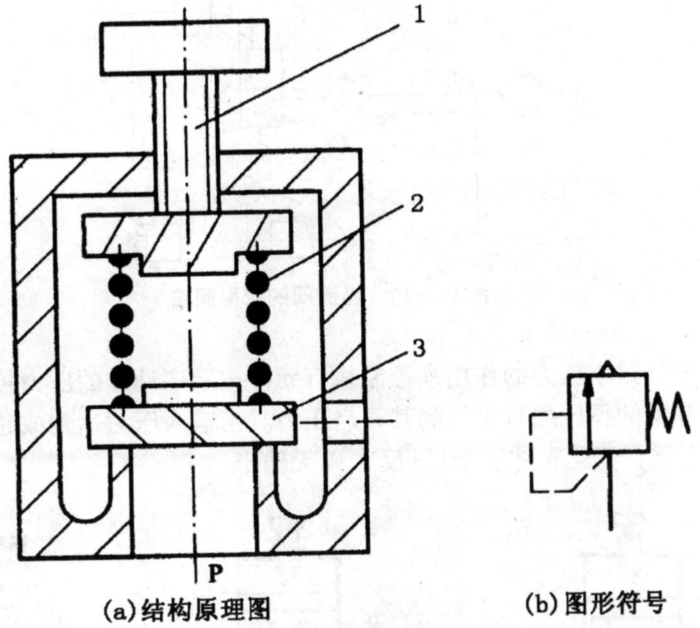

1. 调节杆;2. 弹簧;3. 阀芯

图 11－12　直动型溢流阀

(2)先导型溢流阀

如图 11－13 所示，溢流阀的先导阀为减压阀，经它减压后的空气从上部 K 口进入阀内，以代替直动型中的弹簧来控制溢流阀。先导型溢流阀适用于管路通径较大及实施远距离控制的场合。选用溢流阀时，其最高工作压力应略高于所需的控制压力。

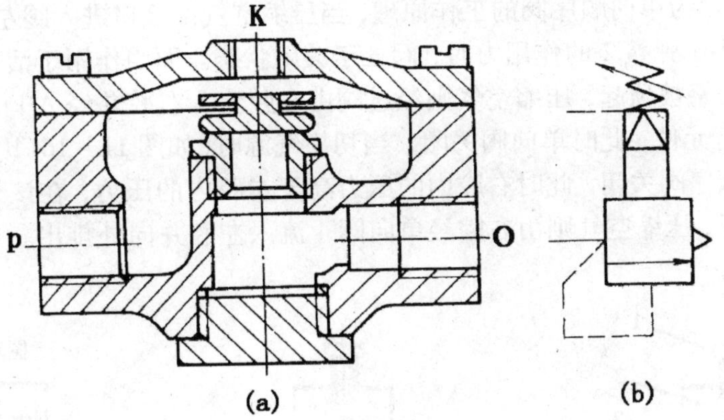

图 11－13　先导型溢流阀

(3)溢流阀的应用

如图 11－14 所示回路中，因气缸行程较长，运动速度较快，如仅靠减压阀的溢流孔排气作用，很难保持气缸右腔压力的恒定。为此，在回路中装设一个溢流阀，使减压阀的调定压力低于溢流阀的设定压力，缸的右腔在行程中由减压阀供给减压后的压缩空气，左腔经换向阀排气。通过溢流阀与减压阀配合使用，可以控制并保持缸内压力的恒定。

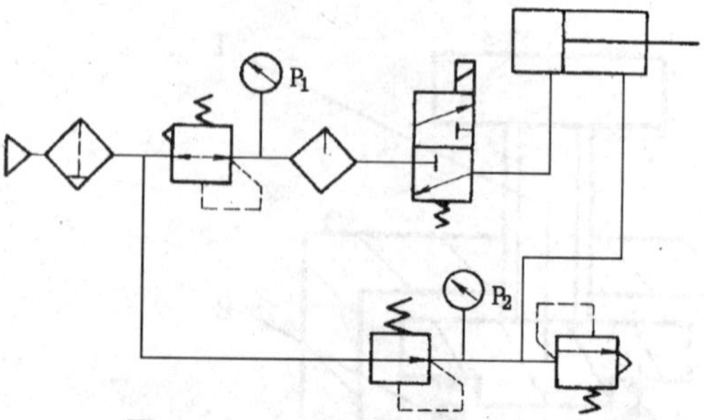

图 11－14 溢流阀的应用回路

3．顺序阀

顺序阀是依靠气路中压力的作用来控制执行元件按顺序动作的压力控制阀，如图 11－15 所示。它是根据弹簧的预压缩量来控制其开启压力。当输入压力达到或超过开启压力时，克服弹簧力，活塞上移，于是 A 才有输出；反之 A 无输出。

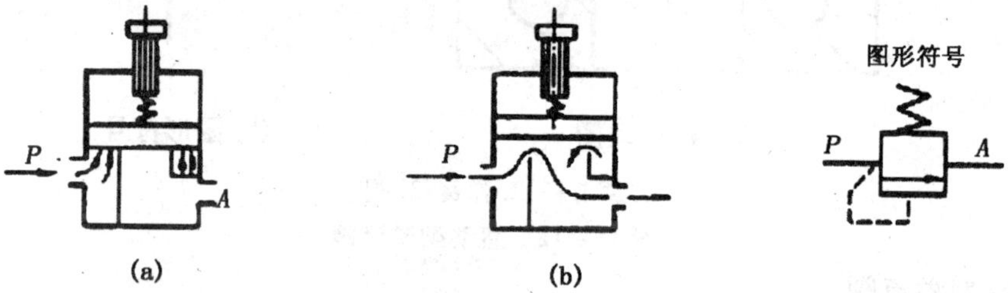

(a)关闭状态；(b)开启状态

图 11－15 顺序阀工作原理图

顺序阀一般很少单独使用，往往与单向阀配合在一起，构成单向顺序阀。

(1)单向顺序阀

图 11－16 所示为单向顺序阀的工作原理，当压缩空气由 P 口进入阀左腔后，如图作用在活塞 3 上的压力小于弹簧 2 的作用力时，阀处于关闭状态。而当作用于活塞上的压力大于弹簧的作用力时，活塞被顶起，压缩空气则经过阀由左腔流入右腔并经 A 口流出，然后进入其它控制元件或执行元件，此时单向阀关闭。当切换气源时(如图 11－16(b)所示)，左腔内的压力迅速下降，顺序阀关闭，此时右腔内的压力高于左腔内的压力，在该气体压力差的作用下，单向阀被打开，压缩空气则由右腔经单向阀 4 流入左腔并向外排出。单向顺序阀的结构如图 11－17 所示。

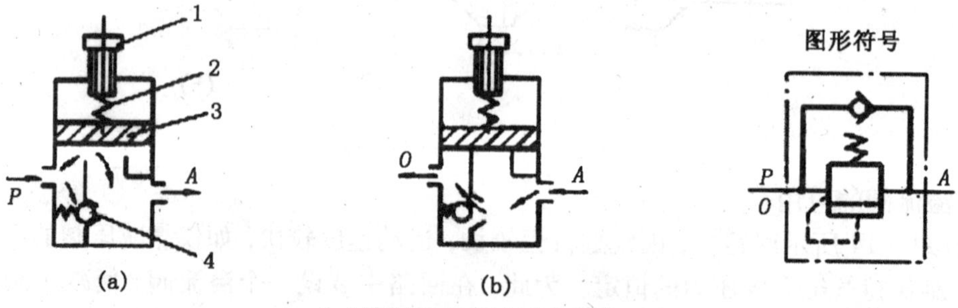

(a)关闭状态；(b)开启状态

1. 调节手柄；2. 弹簧；3. 活塞；4. 单向阀

图 11－16 单向顺序阀工作原理图

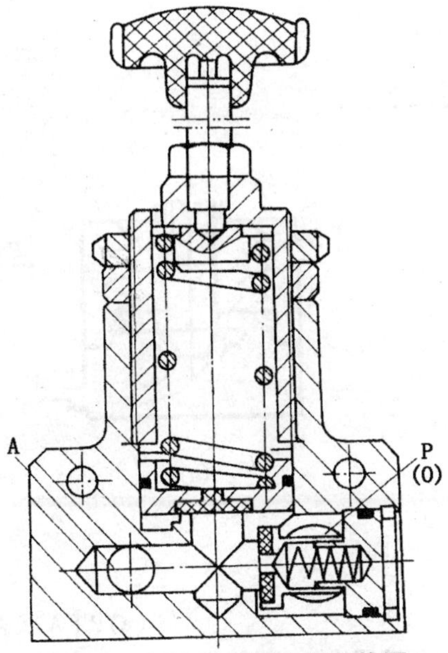

图 11－17　单向顺序阀结构图

(2)顺序阀的应用

图 11－18 所示为用顺序阀控制两个气缸进行顺序动作的回路。压缩空气先进入气缸 1 中，待建立一定压力后，打开顺序阀 4，压缩空气才开始进入气缸 2 并使其动作。切断气源，由气缸 2 返回的气体经单向阀 3 和排气孔 O 排空。

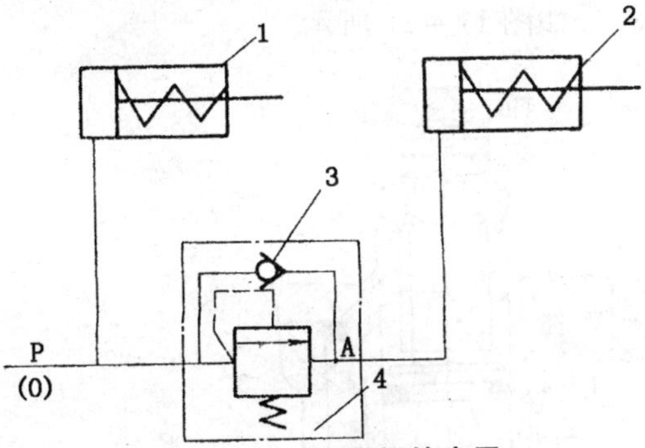

图 11－18　顺序阀的应用

12.2.2 流量控制阀

流量控制阀的作用是通过改变阀的通气面积来调节压缩空气的流量，控制执行元件运动速度。它主要包括节流阀、排气节流阀和行程节流阀。

1. 节流阀

节流阀的作用是通过改变阀的通流面积来调节流量的大小。图 11－19 所示为节流阀的基本结构原理图和图形符号。气体由输入口 P 进入阀内，经阀座与阀芯间的节流通道从输出口 A 流出，通过节流螺杆可使阀芯上下移动，而改变节流口通流面积，实现流量的调节。由于这种节流阀结构简单，体积小，故应用范围较广。

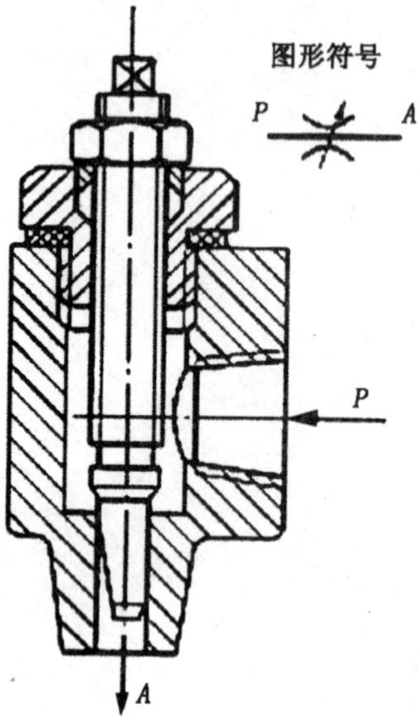

图 11－19　节流阀工作原理图

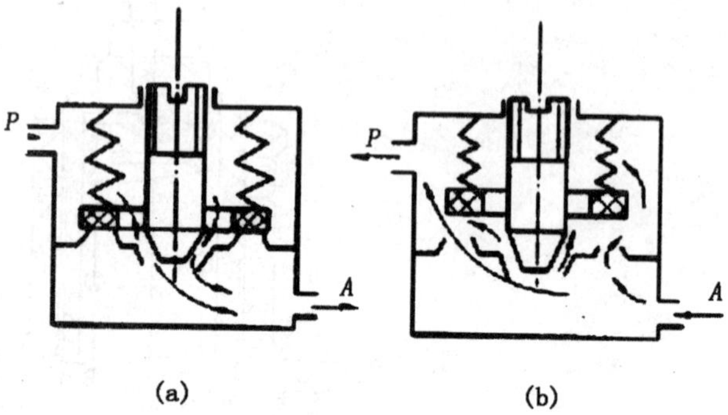

(a)P－A 状态；(b)A－P 状态

图 11－20　单向节流阀的工作原理图

2. 单向节流阀

单向节流阀是由单向阀和节流阀并联组合而成的组合式控制阀。图 11－20 所示为单向节流阀的工作原理图，当气流由 P 至 A 正向流动时，单向阀在弹簧和气压作用下处于关闭状态，气流经节流阀节流后流出；而当由 A 至 P 反向流动时，单向阀打开，不起节流作用。单向节流阀的基本结构和图形符号如图 11－21 所示。

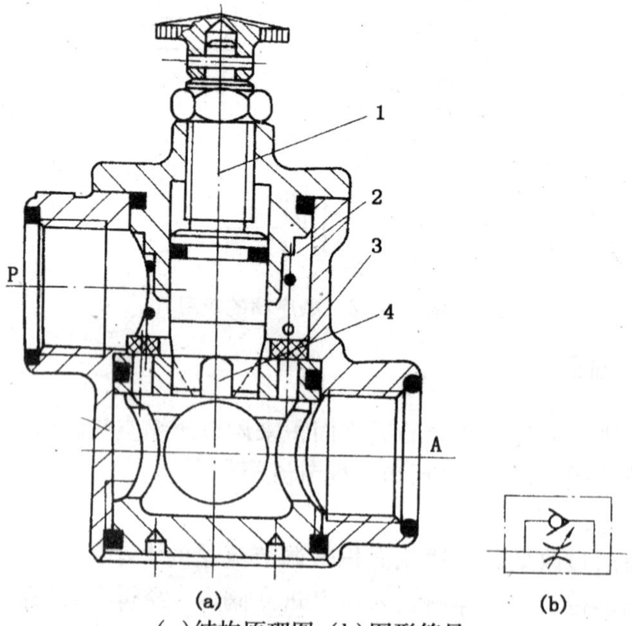

(a)结构原理图；(b)图形符号

1. 调节杆；2. 弹簧；3. 单向阀；4. 节流口

图 11－21　单向节流阀

3. 排气节流阀

如图11－22所示为排气节流阀的工作原理图和图形符号。排气节流阀的节流原理和节流阀的一样，也是靠调节通流面积来调节流量的。由于节流口后有消声器件，所以它必须安装在执行元件的排气口处，用来控制执行元件排入大气中气体的流量，从而控制执行元件的运动速度，同时还可以降低排气噪声。从图中可以看出，气流从A口进入阀内，由节流口1节流后经消声材料制成的消声套排出。调节手轮3，即可调节通过的流量。

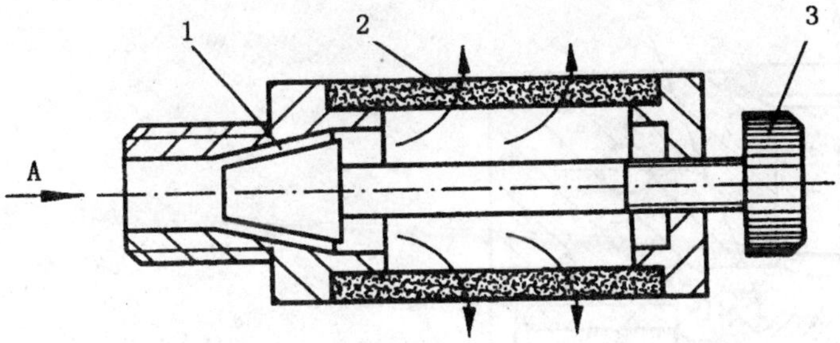

(a)结构原理图

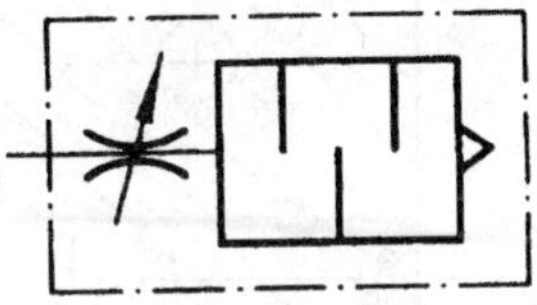

(b)图形符号

1. 节流口;2. 消声套;3. 手轮

图11－22　排气节流阀

12.2.3 方向控制阀

方向控制阀的作用是控制压缩空气的流动方向和气流的通断。方向控制阀种类很多，也有与液压方向阀相似的多种分类方法，故不再重复。

1. 单向型方向控制阀

单向型方向控制阀的作用是只允许气流向一个方向流动。它包括单向阀、梭阀、双压阀和快速排气阀等。

(1)单向阀

图11－23为单向阀的结构图及其图形符号。当气流从P口进入时，气压力克服弹簧力和阀芯2与阀体4之间的摩擦力，使阀芯左移，阀口打开，气流正向通过。为保证气流稳定流动，P腔与A腔应保持一定压力差，使阀芯保持开启状态。当气流反向进入A腔时，阀口关闭，气流反向不通。

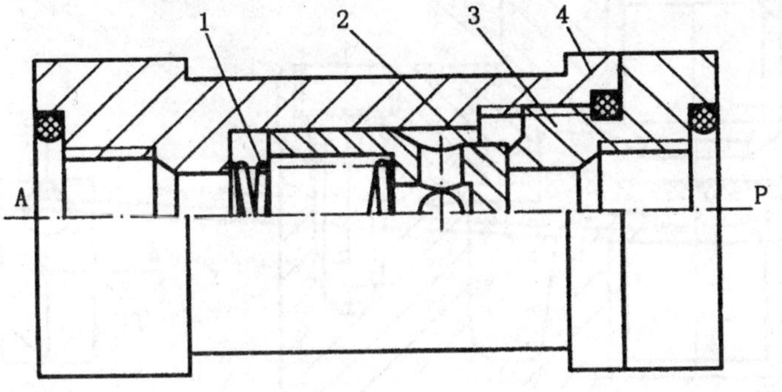

(a)结构原理图

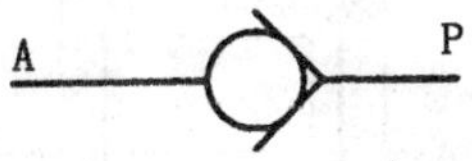

(b)图形符号

1. 弹簧;2. 阀芯;3. 阀座;4. 阀体

图11－23　单向阀

(2)梭阀(或门)

图 11－24 为梭阀结构图及其图形符号。当需要两个输入口 P_1 和 P_2 均能与输出口 A 相通，而又不允许 P_1 和 P_2 相通时，就可以采用梭阀(或门)。当气流由 P_1 进入时，阀芯右移，使 P_1 与 A 相通，气流由 A 流出。与此同时，阀芯将 P_2 通路关闭。反之，P_2 与 A 相通，P_1 通路关闭。若 P_1 和 P_2 同时进气，哪端压力高，A 就与哪端相通，另一端自动关闭。

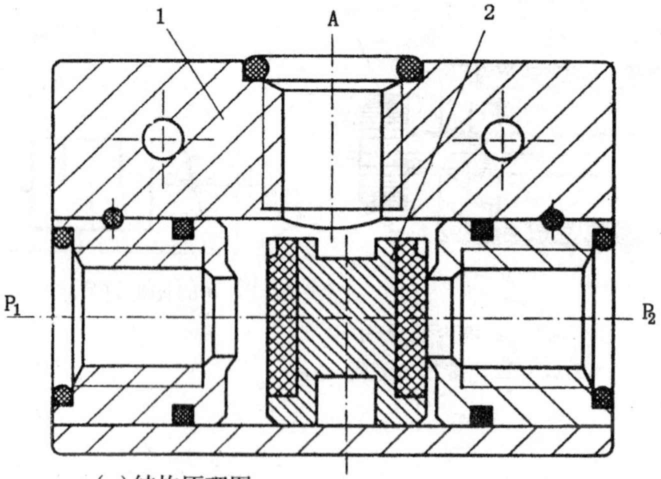

(a)结构原理图

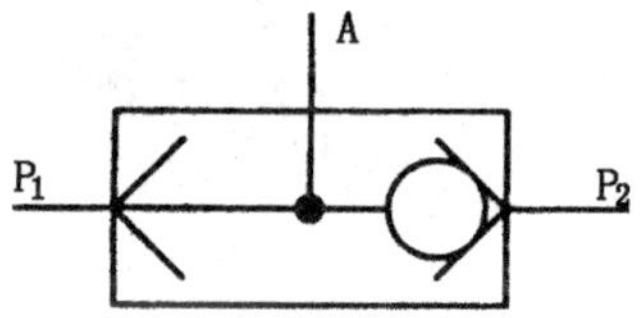

(b)图形符号

1. 阀体;2. 阀芯

图 11－24　梭阀(或门)

(3)快速排气阀

图 11－25 所示为快速排气阀的结构原理图及其图形符号。当压缩空气进入进气口 P 时，使膜片 1 向下变形，打开 P 与 A 的通路，同时关闭排气口 O。当进气口 P 没有压缩空气进入时，在 A 口与 P 口压差的作用下，膜片向上复位，关闭 P 口，使 A 口通过 O 口排气。

快速排气阀通常安装在换向阀与气缸之间，使气缸的排气过程不需要通过换向阀就能够快速完成，从而加快了气缸往复运动的速度。

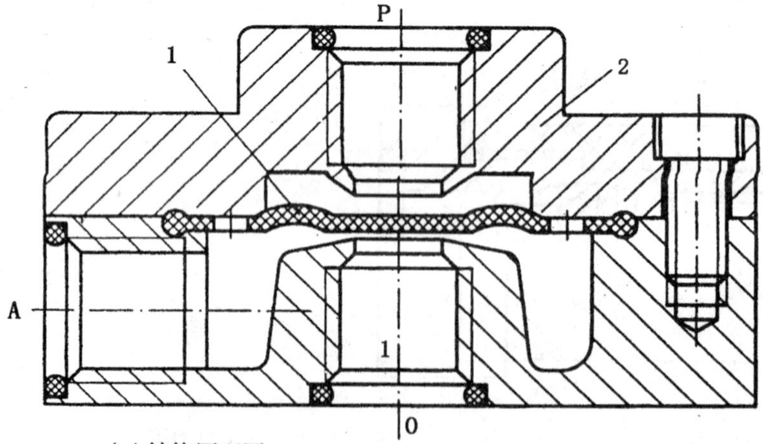

(a)结构原理图

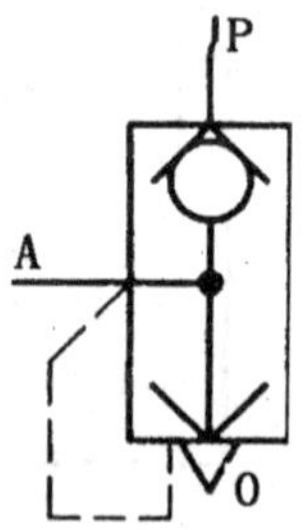

(b)图形符号

1. 膜片;2. 阀体

图 11－25　快速排气阀

2. 换向型方向控制阀

换向型方向控制阀的作用是通过改变气流通路，改变气流方向，以改变执行元件运动方向。按控制方式可分为气压控制、电磁控制、机械控制、手动控制、时间控制阀。其结构和工作原理与液压系统中相对应的方向控制阀基本相似，职能符号也基本相同，故不再重复。

§ 11.3　逻辑元件

现代气动系统中的逻辑控制，大多通过采用 PLC 来实现，但是，在有防爆防火要求特别高的场合，常用到一些气动逻辑元件。气动逻辑元件是一种以压缩空气为工作介质，通过元件内部可动部件（如膜片、阀芯）的动作，改变气流流动的方向，从而实现一定逻辑功能的气体控制元件。气动逻辑元件按工作压力分为高压（0.2 ~ 0.8MPa）、低压（0.05 ~ 0.2MPa）、微压（0.005 ~ 0.05MPa）三种。按结构形式不同可分为截止式、膜片式、滑阀式和球阀式等几种类型。本节简要介绍高压截止式逻辑元件。

11.3.1 “是门”和“与门”元件

“是门”元件和“与门”元件的结构图，如图 11 - 26 所示。图中，P 为气源口，A 为信号输入口，S 为输出口。当 A 无信号输入时，阀芯 2 在弹簧和气源压力的作用下向上移动，将阀口关闭，封住 P 与 S 之间通路，S 口无输出。当 A 有信号输入时，膜片 1 在输入信号作用下，推动阀芯 2 下移，封住 S 与排气孔间的通路，同时接通 P 与 S 间的通路，S 口有输出。即元件的输入和输出始终保持相同状态（也即 S = A）。

若气源口 P 改为信号口 B 时，则成为“与门”元件，即只有当 A 和 B 同时有输入信号时 S 口才有输出，否则 S 口无输出，也即 S = AB。

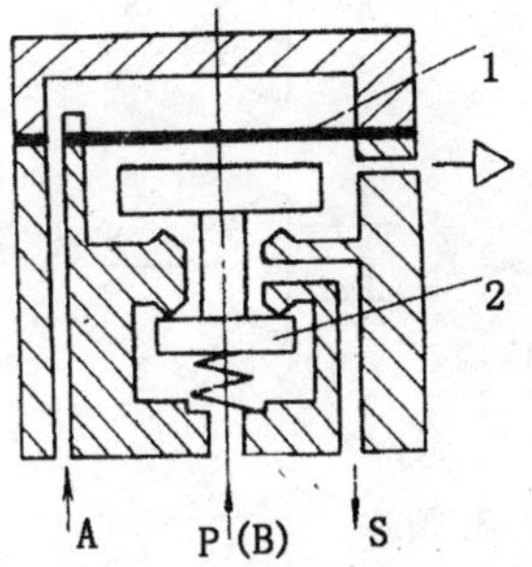

（a）结构原理图

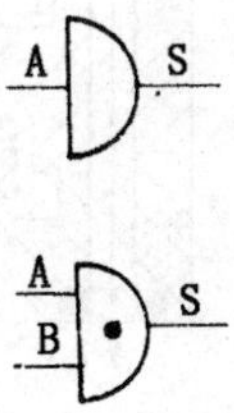

（b）图形符号

1. 膜片；2. 阀芯

图 11 - 26　“是门”和“与门”元件结构

11.3.2. “或门”元件

截止式逻辑元件中的“或门”，大多是由硬心膜片及阀体所构成，膜片可水平安装，也可垂直安装。“或门”元件的结构图，如图 11 - 27 所示。图中 A、B 为信号输入口，S 为信号输出口。当只有 A 信号输入时，阀片 a 被推动下移，打开上阀口，接通 A 与 S 间的通路，S 口有输出。类似地，当只有 B 信号输入时，B 与 S 间的通路接通，S 口也有输出。显然，当 A、B

均有信号输入时，阀片 a 在两个信号作用下或上移、或下移、或保持中位，S 口均会有信号输出。即或有 A、或有 B、或者有 A、B 二者都有，均有输出 S，表示为：S = A + B。

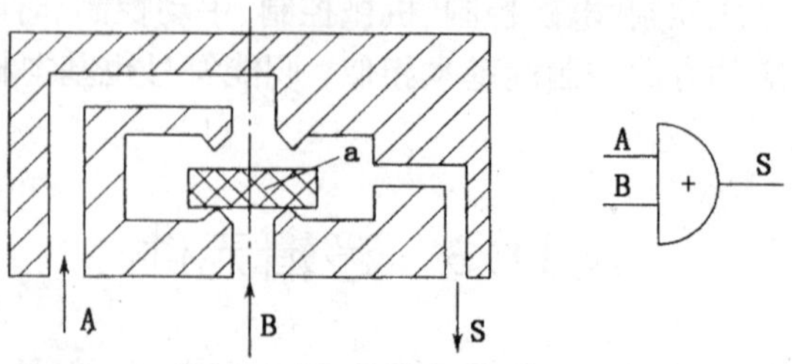

图 11－27 “或门”元件

11.3.3. “非门”和“禁门”元件

“非门”及“禁门”元件的结构图，如图 11－28 所示。图中 A 为信号输入口，S 为信号输出口，P 为气源口。在 A 无信号输入时，阀芯 3 在气源压力作用下向上移动，开启下阀口，关闭上阀口，接通 P 与 S 间的通路，S 口有输出信号。

当 A 有信号输入时，作用在膜片 2 上的气压力经阀杆使阀芯 3 向下运动，开启上阀口，关闭下阀口，关闭气源通路，S 口无输出。很显然，此时为“非门”元件。也就是说，当有信号 A 输入时，S 就没有输出；当没有信号 A 输入时，S 就有信号输出，即 $S = \overline{A}$。活塞 1 用来显示输出的有无。

若将气源口 P 改为信号口 B，该元件就成为“禁门”元件。在 A、B 均有输入信号时，阀芯 3 及阀杆在 A 输入信号作用下封住 B 口，S 口无输出；在 A 无信号输入，而 B 有信号输入时，S 口有输出。即 A 输入信号对 B 输入信号起禁止（即“禁门”）作用，也即 $S = \overline{A}B$。

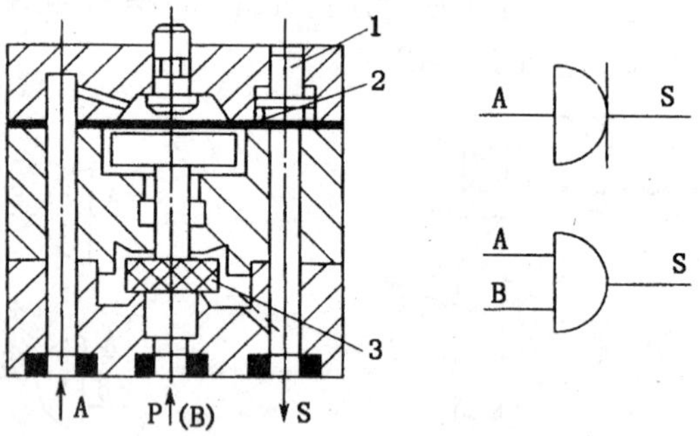

1. 活塞；2. 膜片；3. 阀芯

图 11－28 “非门”和“禁门”元件

11.3.4. “或非”元件

“或非”元件的工作原理，如图 11－29 所示。图中 P 为气源口，S 为输出口，A、B、C 为三个信号输入口。当三个输入口均无信号输入时，阀芯在气源压力作用下向上移动，开启下阀门口，接通 P 与 S 之间的通路，S 口有输出。若三个输入口有一个口有信号输入时，都会使阀芯下移，致使关闭下阀口，截断 P 与 S 之间的通路，S 口无输出，即 $S = \overline{A + B + C}$。

“或非”元件是一种多功能逻辑元件，用它可以实现“与门”、“或门”、“非门”、“双稳”等各种逻辑功能。

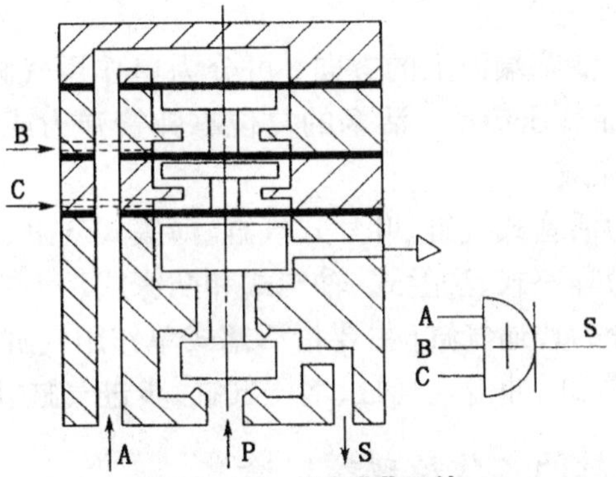

图11－29 “或非”元件

11.3.5. 记忆元件

记忆元件分为单输出和双输出两种。双输出记忆元件称为双稳元件，单输出记忆元件称为单记忆元件。

“双稳”元件的工作原理，如图11－30所示。当A有控制信号输入时，阀芯带动滑块向右移动，接通P与S_1之间的通路，S_1口有输出，而S_2与排气孔相通，无输出。此时“双稳”处于“1”状态。在控制端B的输入信号到来之前，A信号虽消失，阀芯仍保持在右端位置，故S_1口总是有输出。当B有输入信号时，阀芯被推向左端，则p与S_2之间相通，S_2口有输出，S_1与排气孔相通，此时元件置“0”状态。同理，在B信号消失后，A信号未到来前，阀芯仍处于左端，元件一直保持此状态，S_2口总有输出。所以该元件具有记忆功能，属记忆元件。注意，在使用中不能在“双稳”元件的两个输入端同时输入信号，否则，元件处于不定工作状态。

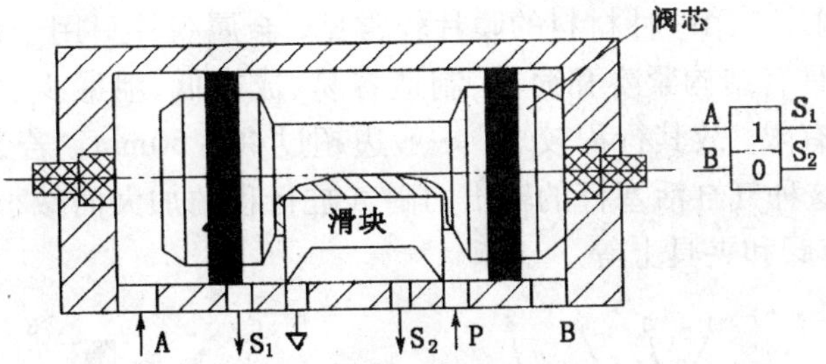

图11－30 “双稳”元件

§11.4 执行元件

气动系统常用的执行元件为气缸和气马达。它们是将气体的压力能转化为机械能的元件，气缸用于实现直线往复运动，输出力和直线位移；气马达用于实现连续回转运动，输出力矩和角位移。

11.4.1 气缸的分类

气缸是用于实现直线运动并做功的元件。其结构、形状有多种形式，分类方法也很多，常用的有以下几种：

（1）按压缩空气作用在活塞端面上的方向，可分为单作用气缸和双作用气缸。单作用气缸只有一个方向的运动是靠气压传动，活塞的复位靠弹簧弹力或重力；双作用气缸活塞的往返运动全都靠气压传动来完成。

（2）按结构特点可分为活塞式气缸、叶片式气缸、薄膜式气缸、气液阻尼缸等。

（3）按安装方式可分为耳座式、法兰式、轴销式和凸缘式。

（4）按气缸的功能可分为普通气缸（主要指活塞式单作用气缸和双作用气缸）和特殊气缸（包括气液阻尼缸、薄膜式气缸、冲击式气缸、增压气缸、步进气缸、同转气缸等）。

11.4.2 几种常用气缸的工作原理和用途

1. 单作用气缸

图 11 - 31 为单作用气缸的结构原理图。所谓单作用气缸是指压缩空气仅在气缸的一端进气并推动活塞（或柱塞）运动，而活塞或柱塞的返回是借助其它外力，如弹簧力、重力等。单作用气缸多用于短行程及对活塞杆推力、运动速度要求不高的场合。

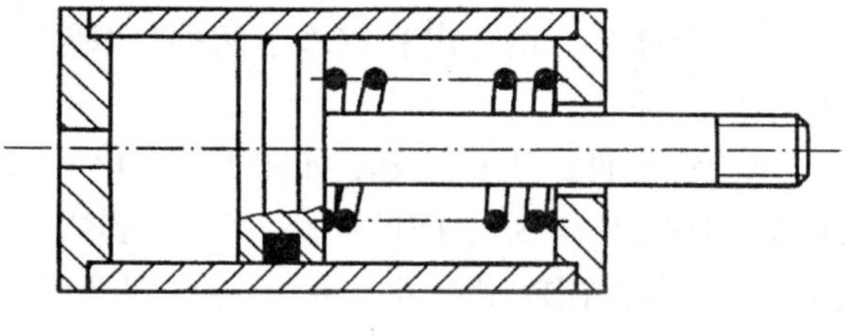

图 11 - 31　单作用气缸

2. 薄膜式气缸

如图 11 - 32 所示，薄膜式气缸主要由缸体 1、膜片 2、膜盘 3 和活塞杆 4 等组成，它是利用压缩空气通过膜片推动活塞杆作往复直线运动的。图 11 - 32（a）是单作用式，需借弹簧力回程；图 11 - 32（b）是双作用式，靠气压回程。膜片的形状有盘形和平形两种，材料是夹物橡胶、钢片或磷青铜片。第一种材料的膜片较常见，金属膜片只用于行程较小的气缸中。

薄膜式气缸具有结构紧凑和简单、制造容易、成本低、泄漏少、寿命长、效率高等优点，但是膜片的变形量有限，故其行程较短，一般边超过 40 ~ 50mm。若为平膜片，有时其行程仅为几毫米。此外，这种气缸活塞杆的输出力随气缸行程的加大而减小。薄膜式气缸常应用在汽车刹车装置、调节阀和夹具上等。

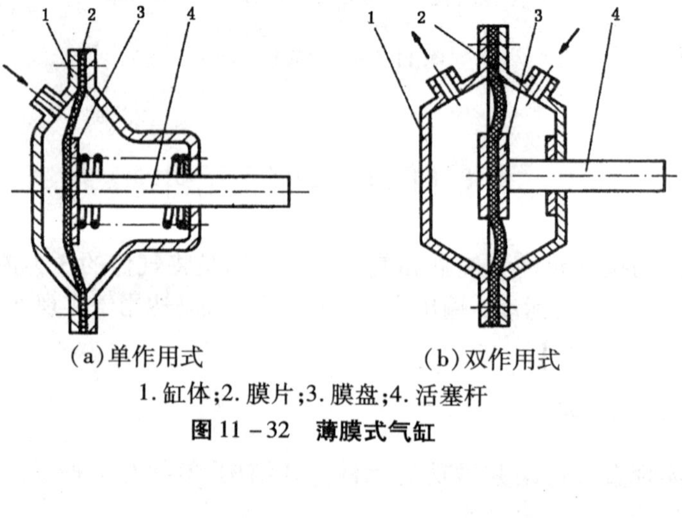

（a）单作用式　　（b）双作用式

1. 缸体；2. 膜片；3. 膜盘；4. 活塞杆

图 11 - 32　薄膜式气缸

3. 回转式气缸

图11－33为回转式气缸的工作原理图。回转式气缸由导气头体、缸体、活塞、活塞杆等组成。这种气缸的缸体连同缸盖及导气头芯6可被携带回转，活塞4及活塞杆1只能作往复直线运动，导气头体外接管路，固定不动。

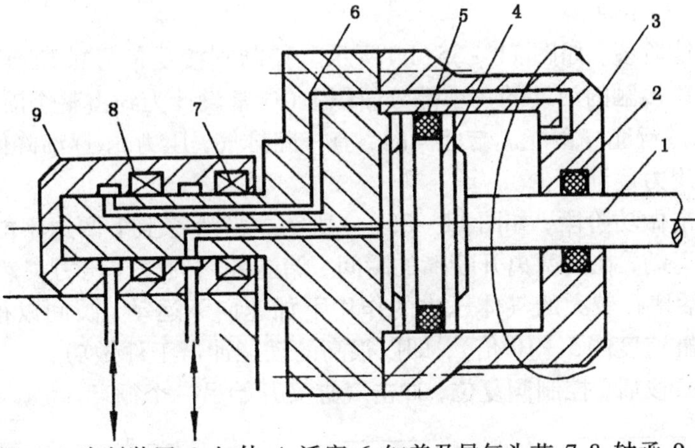

1. 活塞杆；2、5. 密封装置；3. 缸体；4. 活塞；6. 缸盖及导气头芯；7、8. 轴承；9. 导气头体

图11－33　回转式气缸

4. 冲击气缸

冲击气缸是一种较新型的气动执行元件。它能在瞬间产生很大的冲击能量而做功，因而能应用于打印、铆接、锻造、冲孔、下料、锤击等加工中。常用的冲击气缸有普通型冲击气缸、快排型冲击气缸、压紧活塞式冲击气缸。下面介绍普通型冲击气缸。

图11－34所示为普通型冲击气缸结构简图。主要由缸体、前盖11、活塞3、活塞杆10及后盖7等组成。与普通气缸相比，增加了储能腔5以及带有喷嘴和具有排气小孔4的中盖8等结构，其工作过程如图11－35所示，分为三个阶段。

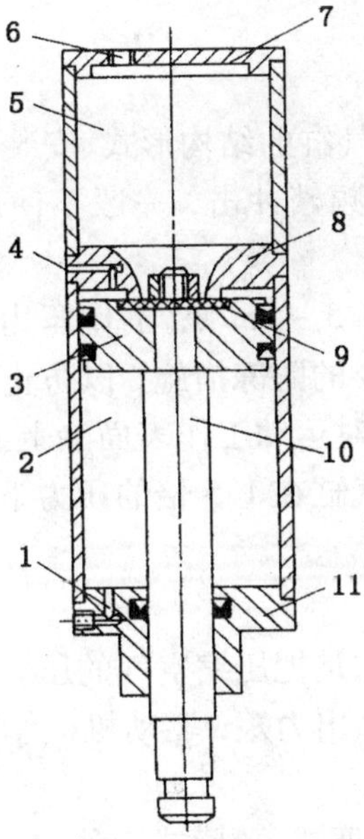

图11－34　普通型冲击气缸

第一阶段是准备阶段，如图 11 - 35(a)所示。气动回路(图中未画出)中的气缸控制阀处于原始状态，压缩空气由 A 孔进入冲击气缸有杆腔，储能腔与无杆腔通大气，活塞处于上限位置，活塞上安有密封垫片 9，封住中盖上的喷嘴口，中盖与活塞间的环形空间(即此时的无杆腔)经小孔 4 与大气相通。

第二阶段是蓄能阶段，如图 11 - 35(b)所示。控制阀接受信号被切换后，储能腔进气，作用在与中盖喷嘴口接触的活塞的一小部分面积上(通常设计为约占整个活塞面积的 1/9)的压力 p_1 逐渐增大，进行充气蓄能。与此同时，有杆腔排气，压力 p_2 逐渐降低，使作用在有杆腔侧活塞面上的作用力逐渐减少。

第三阶段是冲击做功阶段，如图 11 - 35(c)所示。当活塞上下两边不能保持平衡时，活塞即离开喷嘴向下运动，在活塞离开喷嘴的瞬间，储能腔内的气体压力突然加到无杆腔的整个活塞面上，于是活塞在较大的气体压力的作用下加速向下运动，瞬间以很高的速度(约为同样条件下普通气缸速度的 5 ~ 10 倍)，即以很高的动能冲击工件做功。

经过上述三个阶段后，控制阀复位，冲击气缸又开始另一个循环。

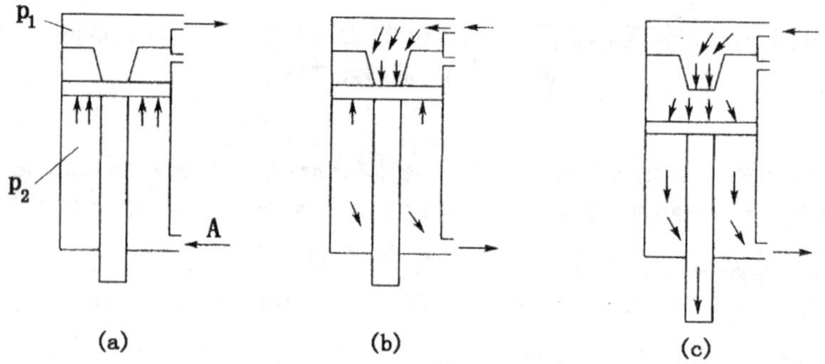

图 11 - 35　冲击气缸的工作原理

11.4.3 气缸的使用

使用气缸时应注意以下几点：

1. 根据工作任务的要求，选择气缸的结构形式、安装方式并确定活塞杆的推力和拉力。

2. 为避免活塞与缸盖之间产生频繁冲击，一般不使用满行程，而使其行程余量为 30 ~ 100mm。

3. 气缸工作时的推荐速度在 0.5 ~ 1m/s，工作压力为 0.4 ~ 0.6MPa，环境温度在 5 ~ 60℃范围内。低温时，需要采取必要的防冻措施，以防止系统中的水分出现冻结现象。

4. 装配时要在所有密封件的相对运动工作表面涂上润滑脂；注意动作方向，活塞杆不允许承受偏心负载或横向负载，并且气缸在 1.5 倍的压力下进行试验时不应出现漏气现象。

11.4.4 气动马达

气动马达属于气动执行元件，它是把压缩空气的压力能转换为机械能的转换装置。它的作用相当与电动机或液压马达，即输出力矩，驱动机构作旋转运动。

1. 气动马达的分类和工作原理

最常用的气动马达有叶片式、活塞式、薄膜式三种。

气动马达的工作原理与液压马达相似。这里仅以叶片式气动马达的工作原理为例作一简要说明。如图11－36所示，叶片式气动马达一般有3～10个叶片，它们可以在转子槽内作径向运动。转子和输出轴被固联在一起，并与定子间有一个偏心距e。当压缩空气从A口进入定子内腔以后，压缩空气将作用在叶片底部，将叶片推出，使叶片在气压推力和离心力的综合作用下，抵在定子内壁上，形成一个密封工作腔。此时，压缩空气作用在叶片的外伸部分而产生一定力矩。由于各叶片向外伸出的面积不等，所以转子在不平衡力矩作用下将逆时针方向旋转。做功后的气体由定子孔C排出，剩余的残余气体经孔B排出。改变压缩空气输入进气孔（即改为由B孔进气），马达将反向旋转。

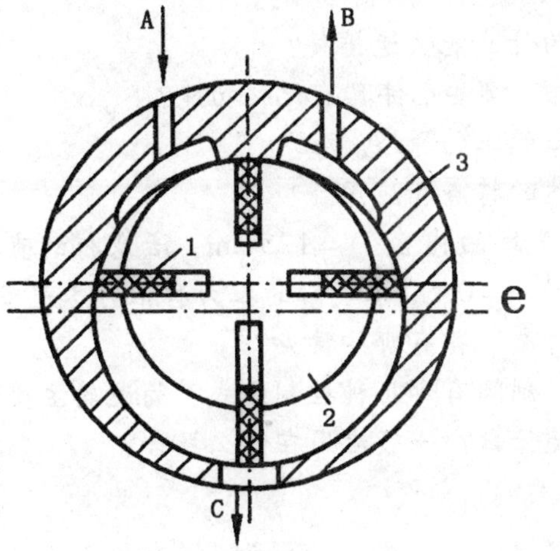

1. 叶片；2. 转子；3. 定子

图11－36 叶片式气动马达

2. 气动马达的特点

1. 工作安全，可以在易燃、易爆、高温、振动、潮湿、灰尘等恶劣环境下工作，同时不受高温及振动的影响。

2. 具有过载保护作用。可长时间满载工作，而温升较小，过载时马达只是降低转速或停车，当过载解除后，立即可重新正常运转。

3. 可以实现无级调速。通过控制调节节流阀的开度来控制进入气动马达的压缩空气的流量，就能控制调节气动马达的转速。

4. 具有较高的启动转矩，可以直接带负载启动，启动、停止迅速。

5. 功率范围及转速范围均较宽。功率小至几百瓦，大至几万瓦；转速可从每分钟几转到上万转。

6. 结构简单、操作方便、可正反转，维修容易、成本低。

其缺点是：速度稳定性较差、输出功率小、耗气量大、效率低、噪声大。

▲ 思考题

11－1 简述活塞式空气压缩机的工作原理。

11－2 简述气压传动系统的结构及各组成部分的作用。

11-3　气源为什么要净化？气源装置主要由哪些元件组成？

11-4　油雾器有什么作用？它是怎样工作的？

11-5　储气罐的作用是什么？

11-6　什么叫气源调节装置(气动三联件)，每个元件起什么作用？它们的安装顺序如何？

11-7　气动方向阀有哪几种类型？各自的功能是什么？

11-8　减压阀是如何实现调压的？

11-9　简述常见气缸的类型、功能和用途。

11-10　快速排气阀为什么能快速排气？

11-11　在气动元件中，哪些元件具有记忆功能？

11-12　简述冲击气缸的工作原理。

11-13　简述气动马达的特点和应用。

11-14　单杆双作用气缸的内径 $D=125mm$，活塞杆的直径 $d=36mm$，工作压力 $p=0.5MPa$，气缸负载的效率为 $\eta=0.5$，求气缸的拉力和推力各是多少？

11-15　气缸有哪些种类？各有哪些特点？

11-16　换向型方向控制阀有哪几种控制方式？简述其主要特点。

11-17　梭阀的作用是什么？一般应用在什么场合？

第 12 章　气动基本回路及应用实例

本章主要叙述气压传动的基本回路的工作原理及其应用特点；通过介绍气压传动的实例，进一步学会检查和分析气压传动系统的步骤和方法。

- **本章重点**

1. 换向、速度和压力控制回路的组成和工作原理。
2. 安全保护、气液联动和往复动作回路的工作原理及其组成。
3. 读懂气压传动系统原理图。
4. 分析气压传动系统组成及各元件在系统中的作用。
5. 分析气压传动系统的工作程序及其工作原理。
6. 气液动力滑台气压传动系统工作原理。
7. 工件夹紧气压传动系统工作原理。
8. 数控加工中心气动换刀系统工作原理。

- **本章难点**

1. 分析气压传动系统的工作程序及其工作原理。
2. 气液动力滑台气压传动系统工作原理。

§12.1　气动基本回路

气动基本回路是由相关气动元件组成的，用来完成某种特定功能的典型管路结构。它是气压传动系统中的基本组成单元，一般按其功能分类：用来控制执行元件运动方向的回路被称为方向控制回路；用来控制系统或某支路压力的回路被称为压力控制回路；用来控制执行元件速度的回路被称为调速回路；用来控制多缸运动的回路被称为多缸运动回路。实际上任何复杂的气动控制回路均由以上这些基本回路组成。由于这些回路的功能与相应的液压基本回路的功能相似，因此这里不再重复表述。这里仅对这些回路的原理图及特点加以简单说明。

12.1.1 方向控制回路

1. 单作用气缸的换向回路

图 12－1 所示为单作用气缸的换向回路。图 12－1(a)是用二位三通电磁阀控制的单作用气缸的换向回路，在该回路中，当电磁铁通电时，活塞杆向上伸出，电磁铁断电时，活塞杆在弹簧的作用下返回。图 12－1(b)是用三位四通电磁阀控制的单作用气缸的换向和停止回路，该阀在两电磁铁均断电时能自动对中，使气缸停于任意位置，但定位精度不高。

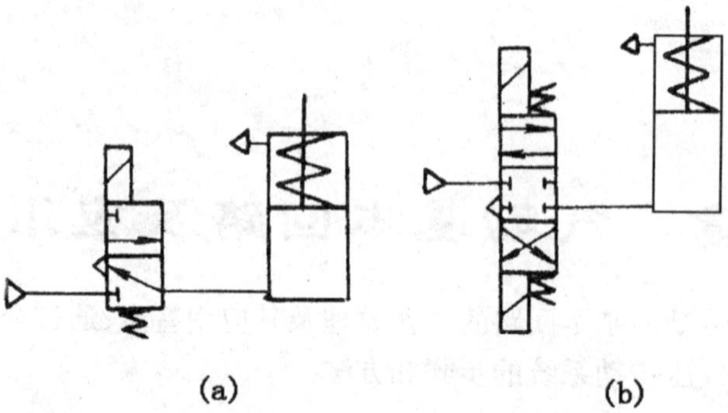

图 12-1　单作用气缸的换向回路

2. 双作用气缸的换向回路

图 12-2 所示为各种双作用气缸的换向回路。图 12-2(a)是比较简单的换向回路，图 12-2(f)还有中停位置，但中停定位精度不高；图 12-2(d)、(e)、(f)的两端控制电磁铁线圈或按钮不能同时操作，否则将出现误动作，其回路相当于双稳的逻辑功能；图 12-2(b)的回路中，当有气控信号 K 时活塞杆推出，反之，活塞杆退回。

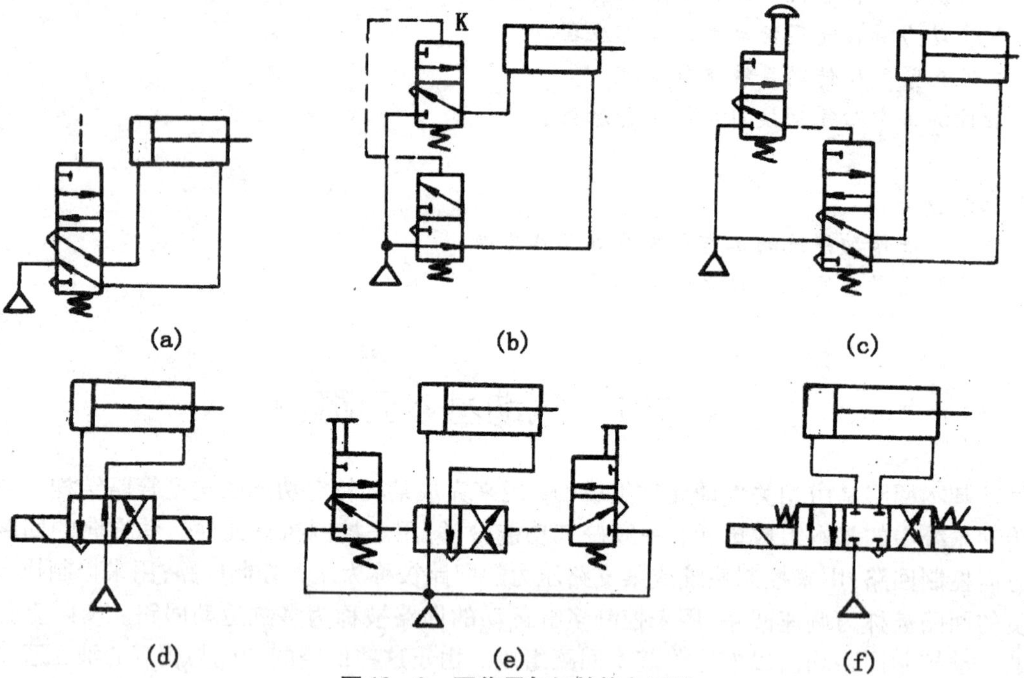

图 12-2　双作用气缸的换向回路

12.1.2 压力控制回路

1. 一次压力控制回路

一次压力控制回路主要是控制储气罐内的压力，使它不超过定值。图 12-3 所示为一次调压回路，若储气罐 4 内压力超过规定压力值时，溢流阀 1 溢流稳压，空压机 2 输出的压缩空气经溢流阀排入大气中，使储气罐内压力保持在规定范围内；也可采用电接点压力表 5 直接控制空压机电机的停止或转动，以保证储气罐内压力在规定范围内。

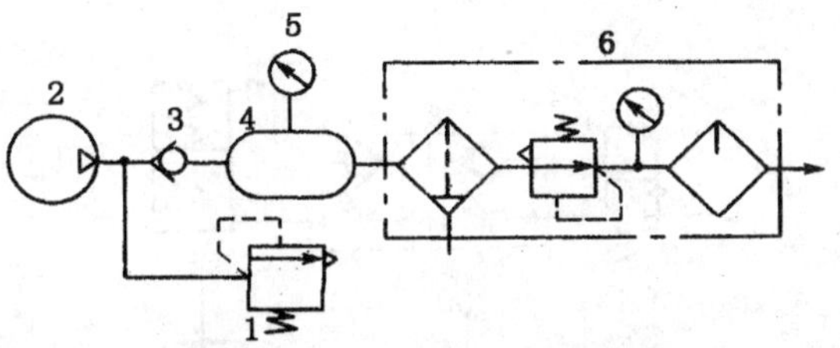

图 12－3　一次压力控制回路

2. 二次压力控制回路

为了保证气动系统使用的气体压力为一稳定值，可用如图 12－4 所示的由空气过滤器 1、减压阀 2、油雾器 3（气动三大件）组成的二次压力控制回路，利用减压阀来实现定压控制。但要注意，供给逻辑元件的压缩空气不要加润滑油。

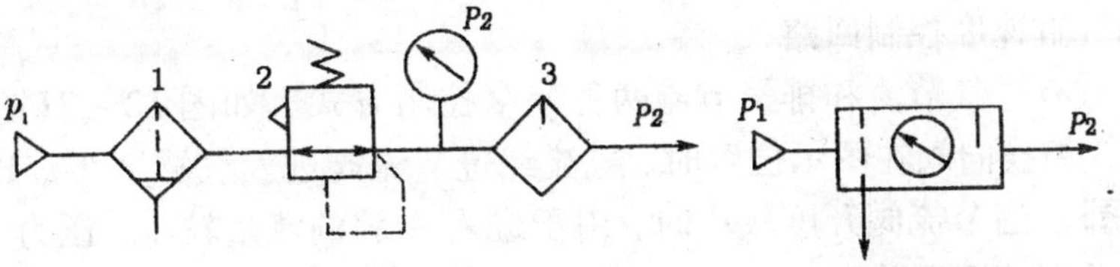

(a) 控制回路　　(b) 图形符号

图 12－4　二次压力控制回路

3. 高低压转换回路

若设备有时要高压，有时要低压，则可用高低压转换回路，如图 12－5 所示。图中由两个减压阀和换向阀构成的高低压转换回路，可控制气缸输出两种大小不同的力。其中图 12－5(a) 所示，该回路两个减压阀分别调出 p_1 和 p_2 两种不同压力，气动系统就能得到所需的高压和低压。图 12－5(b) 所示，它是利用两个减压阀和一个换向阀构成的高低压自动转换回路，可控制气缸输出 p_1 和 p_2 两种大小不同的压力。

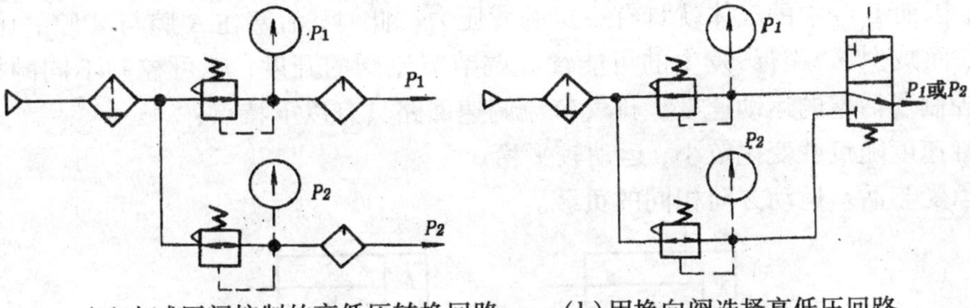

(a) 由减压阀控制的高低压转换回路　　(b) 用换向阀选择高低压回路

图 12－5 高低压转换回路

12.1.3 速度控制回路

1. 单作用气缸速度控制回路

图 12－6 所示为单作用气缸速度控制回路。在图 12－6(a) 中，活塞杆升、降通过节流阀调速，两个反向安装的单向节流阀，可分别实现进气节流和排气节流来控制活塞杆的伸出及缩回速度。在图 12－6(b) 所示的回路中，气缸上升时可调速，下降时则通过快速排气阀排气，使气缸快速返回。

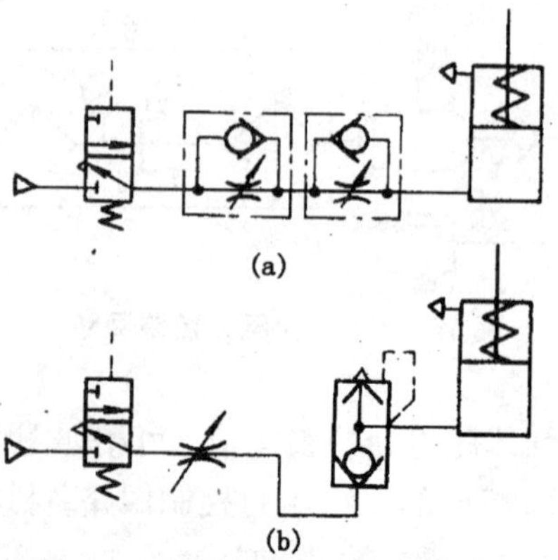

图 12－6　单作用气缸速度控制回路

2. 双作用气缸速度控制回路

双作用气缸有进气节流和排气节流两种速度控制方式。如图 12－7(a)所示为进气节流调速回路，当气控换向阀在图示位置时，气流经过节流阀进入气缸 A 腔，B 腔排出的气体直接经换向阀快排。当节流阀开度较小时，由于进入 A 腔的流量较小，压力上升缓慢，当气压达到能克服负载时，活塞前进，此时 A 腔容积增大，结果使压缩空气膨胀，压力下降，使作用在活塞上的力小于负载，因而活塞就停止前进。待压力再次上升时，活塞才再次前进。这种由于负载及供气的原因使活塞忽走忽停的现象，叫气缸的“爬行”。所以进气节流有两点不足之处：①当负载方向与活塞运动方向相反时，活塞运动易出现不平稳现象，即“爬行”现象；②当负载方向与活塞运动方向一致时，由于排气经换向阀快排，几乎没有阻尼，负载易产生“跑空”现象，使气缸失去控制。因此，进气节流回路多用于垂直安装的气缸。对于水平安装的气缸，其调速回路一般采用图 12－7(b)所示的排气节流回路，当气控换向阀在图示位置时，压缩空气经气控换向阀直接进入气缸的 A 腔，而 B 腔排出的气体经节流阀、气控换向阀排入大气，因而 B 腔中的气体就具有一定的背压力。此时，活塞在 A 腔与 B 腔的压力差的作用下前进，而减少了“爬行”发生的可能性。调节节流阀的开度，就可控制不同的排气速度，从而也就控制了活塞的运动速度。排气节流调速回路具有以下特点：

(1)气缸速度随负载变化较小，运动较平稳。

(2)能承受与活塞运动方向相同的负载。

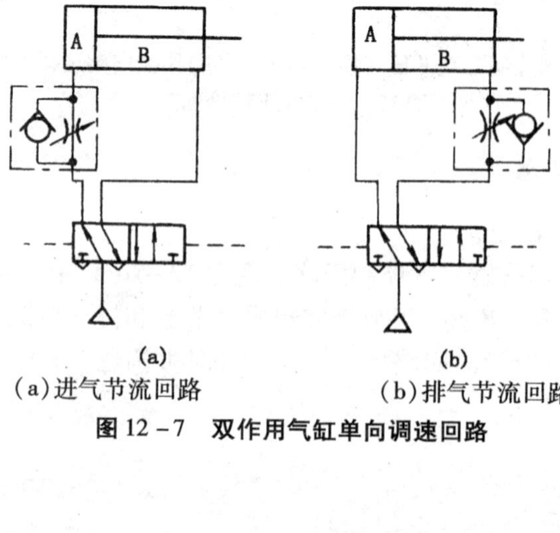

(a)进气节流回路　　(b)排气节流回路

图 12－7　双作用气缸单向调速回路

综上所述，以上调速回路适用于负载变化不大的场合。其原因是，当负载突然增大时，由于气体的可压缩性，就将迫使缸内的气体压缩，使活塞运动速度减慢；反之，当负载突然减小时，气缸内被压缩的空气必然膨胀，使活塞运动加快，这称为气缸的“自走”现象。因此，在要求气缸具有准确而平稳的速度时，特别是在负载变化较大的场合，就要采用气液相结合的调速方式了。

3. 气液转换速度控制回路

如图 12－8 所示为气液转换速度控制回路，它利用气液转换阀 1、2 将气压变成液压，利用液压油驱动液压缸 3，从而得到平稳易控制的活塞运动速度，调节节流阀的开度，就可改变活塞的运动速度。这种回路充分发挥了气动供气方便和液压速度容易控制的特点。

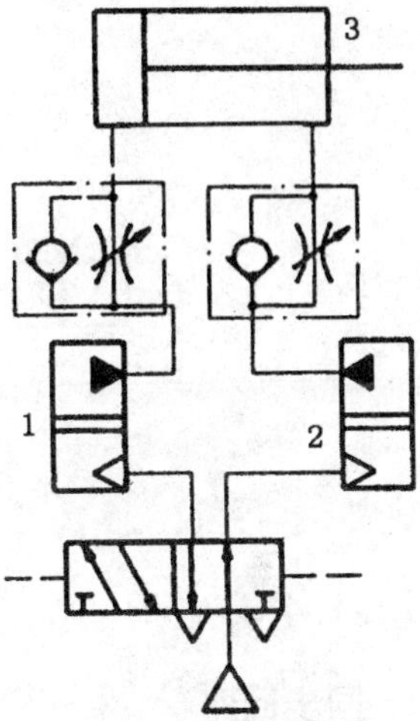

1、2. 转换阀；3. 液压缸

图 12－8　气液转换速度控制回路

4. 气液阻尼缸调速回路

如图 12－9 所示为气液阻尼缸调速回路。图 12－9(a) 为慢进快退回路，改变单向节流阀的开度，即可控制活塞的前进速度；活塞返回时，气液阻尼缸中液压缸的无杆腔油液通过单向阀快速流入有杆腔，故返回速度较快。图 12－9(b) 能实现常用的快进→工进→快退的动作。当有 K_2 信号时，五通阀换向，活塞向左运动，液压缸无杆腔中的油液通过 a 口进入有杆腔，气缸快速向左运动；当活塞将 a 口关闭时，液压缸无杆腔中油液被迫从 b 口经节流阀进入有杆腔，活塞工作进给；当 K_2 消失，有 K_1 输入信号时，五通阀换向，活塞向右快速返回。

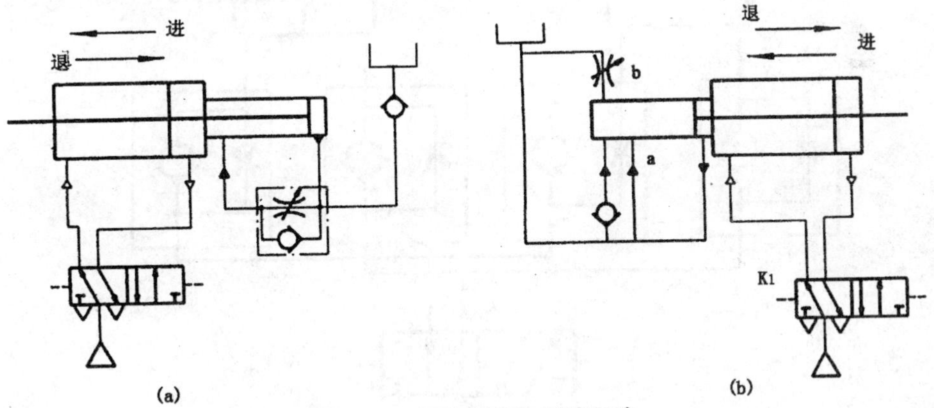

图 12－9　气液阻尼缸调速回路

5. 缓冲回路

当气动执行元件动作速度较快，活塞惯性力较大时，可采用图 12－10 所示的缓冲回路。当活塞向右运动时，右腔的气体经行程阀及三位五通阀排掉；当活塞前进到预定位置压下行程阀时，气体就只能经节流阀排出，这样使活塞运动速度减慢，达到了缓冲的目的。调整行程阀的安装位置就可以改变缓冲的开始时间。这种回路常用于惯性力较大的气缸。

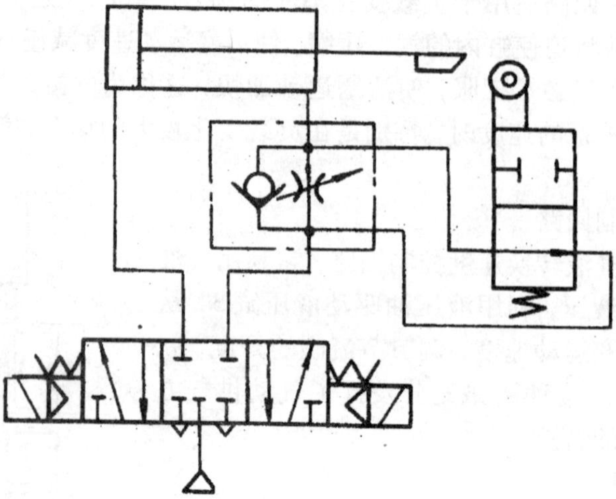

图 12－10　缓冲回路

12.1.4 其它回路

1. 同步回路

(1)用单向节流阀的气缸同步动作回路

如图 12－11 所示为用单向节流阀的气缸同步动作回路。通过对单向节流阀分别进行调节，以使两缸同步，其同步精度不高。

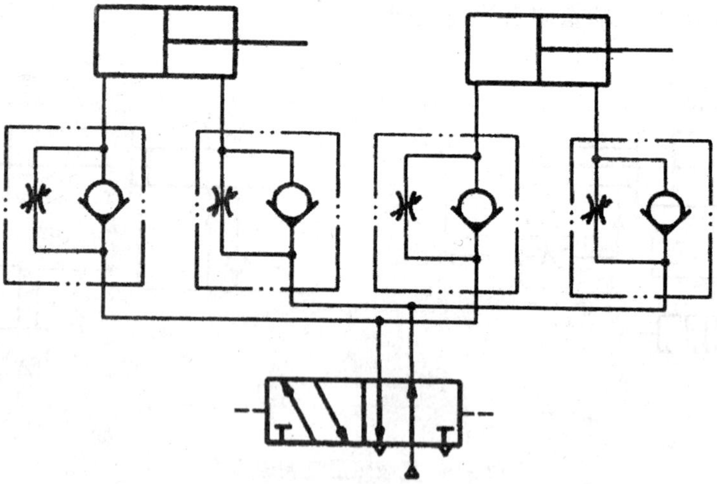

图 12－11　用单向节流阀的气缸同步动作回路

(2)采用气液缸的同步回路

如图 12－12 所示为采用气液缸的同步回路。回路中缸 1 的下腔与缸 2 的上腔相连，内部注满液压油，只要保证 1 下腔的有效面积和缸 2 上腔的有效面积相等，就可以实现两缸同步动作。由于两缸为单活塞杆缸，故要求气液缸 2 的内径大于缸 1 的内径，以使缸 2 的上腔有效截面积与缸 1 的下腔截面积完全相等。若两缸为双活塞杆缸，则要求两缸内径与活塞杆均相等。

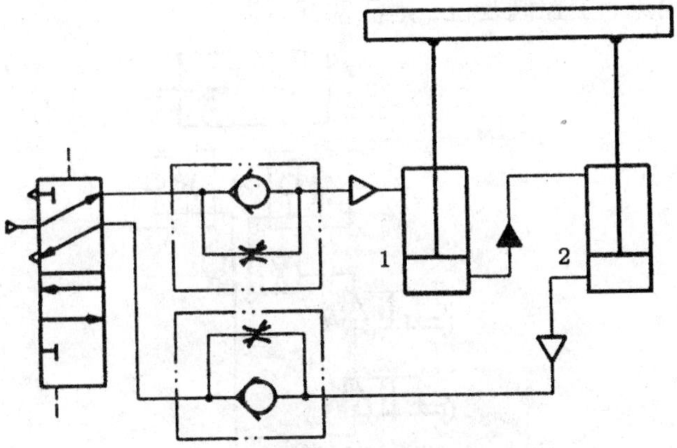

图 12－12　采用气液缸的同步回路

2. 安全保护回路

(1)互锁回路

如图 12－13 所示为互锁回路。主控阀的换向将受三个串联的机动三通阀控制，只有三个机动三通阀都接通时，主控阀才能换向，气缸才能动作。

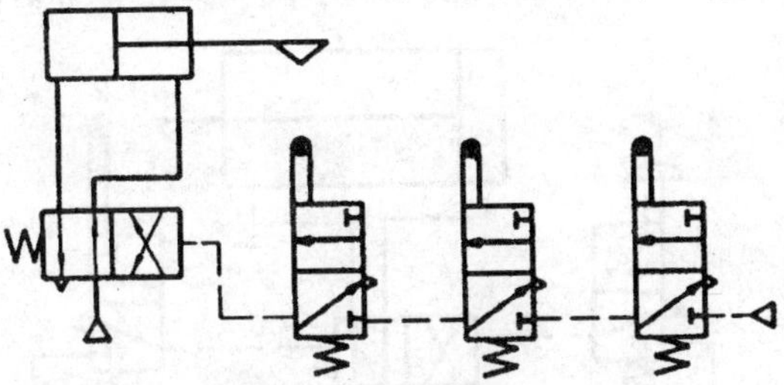

图 12－13　互锁回路

(2)过载保护回路－限压回路

如图 12－14 所示为过载保护回路－限压回路。在气缸活塞向右运行过程中，若遇到障碍或其它原因使气缸过载时，其左腔内的压力将外力作用而逐渐升高，当其超过预定值时，即打开顺序阀，使气缸左腔排气，活塞杆就立即缩回，实现过载保护。若无障碍，活塞向右运动，压下行程阀，活塞即刻返回。

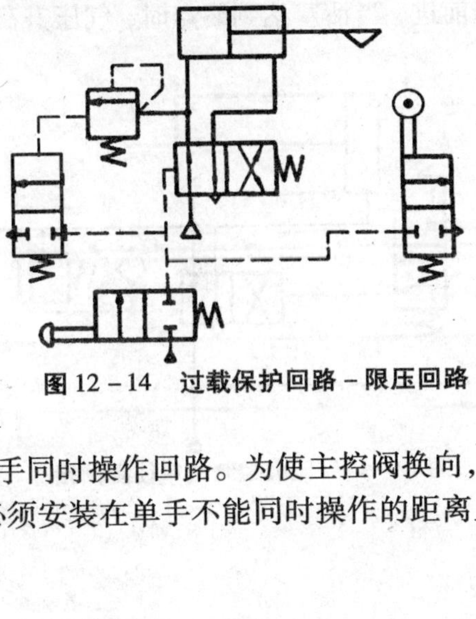

图 12－14　过载保护回路－限压回路

(3)双手同时操作回路

如图 12－15 所示为双手同时操作回路。为使主控阀换向，必须使两只三通手动换向阀同时换向，另外这两只阀必须安装在单手不能同时操作的距离上，在操作时，如任何一只手离开时则控制信号消失，主控阀复位，则活塞杆后退。

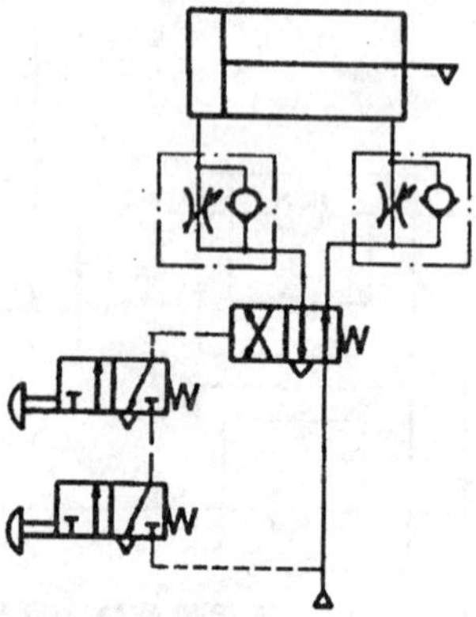

图 12－15　双手同时操作回路

3. 往复动作回路

(1)位置控制式往复回路

如图 12－16 所示为位置控制式往复动作回路。当按下阀 1 的手动按钮后，压缩空气使阀 3 换向，活塞杆前进，当凸块压下行程阀 2 时，阀 3 复位，活塞杆返回。

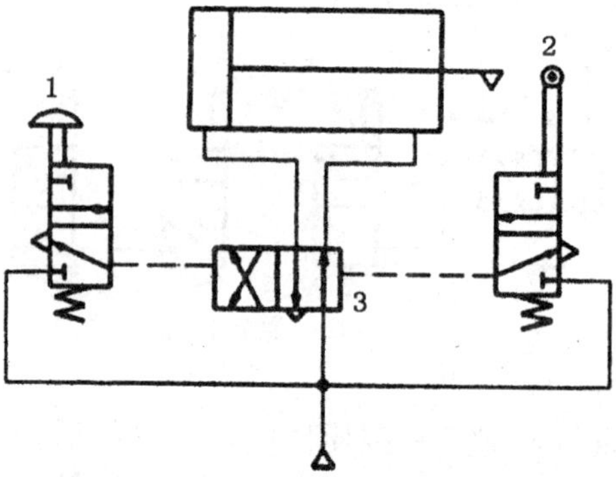

图 12－16　位置控制式往复动作回路

(2)压力控制式单往复回路

如图 12－17 所示为压力控制式单往复回路。当按下阀 1 的手动按钮后，阀 3 的阀芯右移，气缸无杆腔进气，活塞杆前进，当活塞达到终点时，气压升高，打开顺序阀 2，使阀 3 换向，气缸返回。

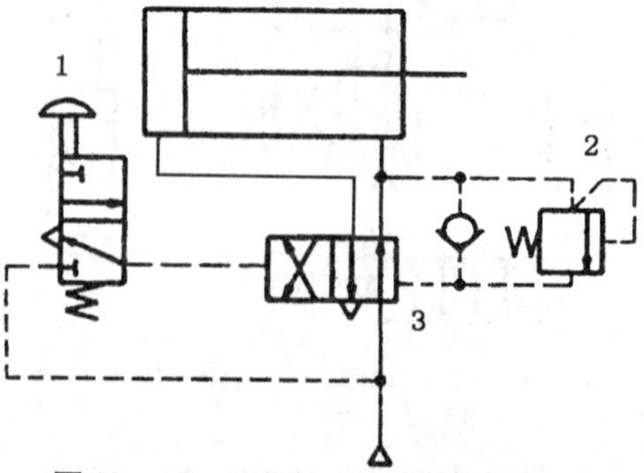

图 12－17　压力控制式单往复回路

(3) 时间控制式单往复回路

图 12－18 所示为时间控制式单往复回路。当按下阀 1 的按钮后，阀 3 换向，气缸活塞杆伸出，当压下行程阀 2 后，需经过一定时间后，阀 3 才能换向，再使气缸返回。

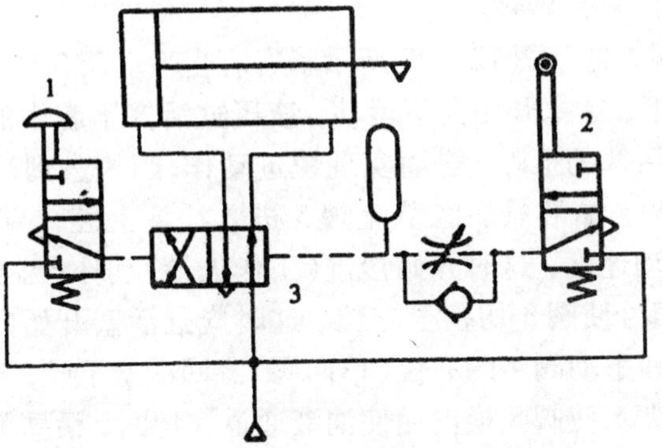

图 12－18　时间控制式单往复回路

(4) 连续往复动作回路

图 12－19 所示为连续往复动作回路。当按下阀 1 的按钮后，阀 4 换向，活塞向前运动，这时由于阀 3 复位将气路封闭，使阀 4 不能复位，活塞继续前进。当前进到行程终点压下行程阀 2 时，使阀 4 控制气路排气，在弹簧作用下阀 4 复位，气缸返回，在终点压下阀 3，阀 4 换向，活塞再次向前。

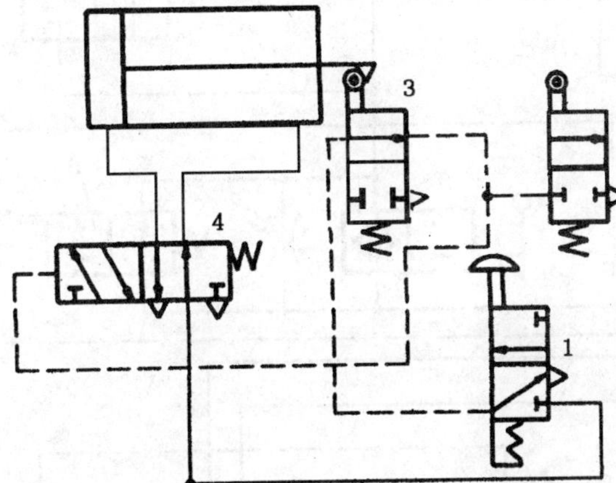

图 12－19　连续往复动作回路

§ 12.2　气压传动系统应用实例分析

12.2.1 气液动力滑台气压传动系统

气液动力滑台是采用气－液阻尼缸作为执行元件，在它的上面安装单轴头、动力箱或工件，因而它在机床上常作为实现进给运动的部件。图 12－20 所示为气液动力滑台气压传动系统的原理图。图中阀 1、2、3 和阀 4、5、6 分别组成两个阀组。该气液动力滑台能够完成下面两种过载循环:“快进→慢进(工进)→快退→停止”和“快进→慢进(工进)→慢退→快退→停止”。

1. 快进→慢进(工进)→快退→停止

其动作原理为:手动阀 4 处于图 12 – 20 所示状态。当手动阀 3 切换至右位时，相当于发出进给信号，在气压作用下，活塞开始向下运动，液压缸活塞下腔中的油液经行程阀 6 的左位和单向阀 7 进入液压缸活塞的上腔，进而实现快进动作;当快进到活塞杆上的挡铁 B 切换行程阀 6(使它处于右位)后，油液只能经节流阀 5 进入活塞上腔，调节节流阀开度的大小，即可调节气 – 液阻尼缸运动速度，这时开始慢进(工作进给)动作;当工进到挡铁 C 使行程阀 2 切换至左位时，输出气信号使阀 3 切换至左位，这时气缸活塞开始向上运动。液压缸活塞上腔的油液经阀 8 的左位和手动阀 4 的右位(单向阀)流回活塞下腔，实现了快退。当液压缸活塞行至图示位置时，挡铁 A 使阀 8 换向而使油液通道被切断，活塞就停止运动。所以改变挡铁 A 的位置，就能改变“停”的位置。

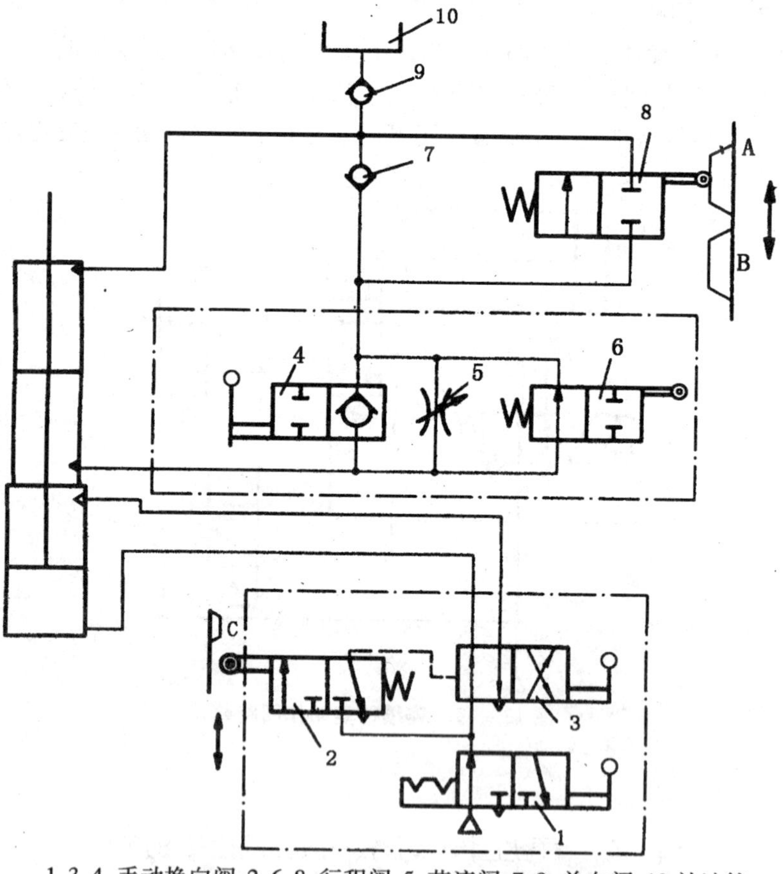

1、3、4. 手动换向阀;2、6、8. 行程阀;5. 节流阀;7、9. 单向阀;10 补油箱

图 12 – 20　气液动力滑台气压传动系统的原理图

2. 快进→慢进(工进)→慢退→快退→停止

其动作原理为:将手动阀 4 关闭，其动作循环中的快进、工进的动作原理与上述情况相同。当工进至挡铁 C 切换行程阀 2 至左位时，输出气信号使阀 3 切换至左位，气缸中的活塞

开始向上运动，这时液压缸上腔的油液经行程阀 8 的左位和节流阀 5 进入液压缸活塞的下腔，亦即实现了慢退(反向进给)动作；当慢退到挡铁 B 离开阀 6 的顶杆而使其复位(处于左位)后，液压缸活塞上腔的油液就经阀 8 的左位、阀 6 的左位进入液压缸活塞的下腔，开始快退动作；快退到挡铁 A 切换阀 8 至图示位置时，油液通路被切断，活塞就停止运动。

油箱 10 和单向阀 9 的作用是可以补偿系统的漏油。

12.2.2 气动机械手

在自动生产设备和生产线上，可根据各种自动化设备的工作需要，广泛采用能按照设定的控制程序进行顺序动作的气动机械手。

其专用设备上采用的气动机械手的结构示意图，如图 12－21 所示。它由四个气缸组成，可在三个坐标内进行工作。图中 A 为夹紧缸，其活塞杆退回时可以夹紧工件；B 缸为长臂伸缩缸；C 缸为立柱升降缸；D 缸为立柱回转缸，该气缸有两个活塞，分别安装在带齿条的活塞杆两端，通过齿条的往复运动带动立柱上的齿轮做旋转运动，从而实现立柱的回转。

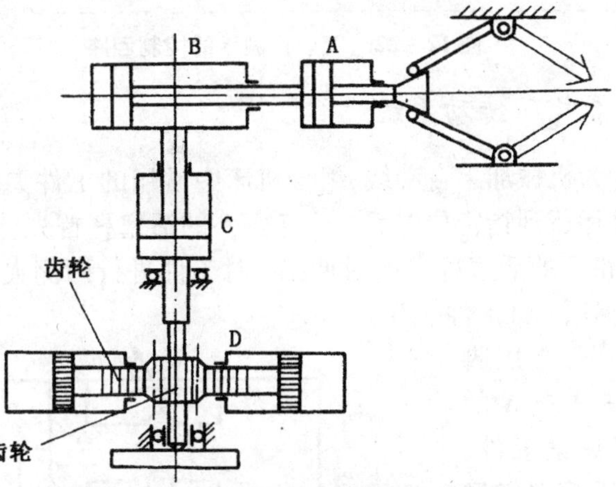

图 12－21　气动机械手的结构示意图

图 12－22 所示为气动机械手的控制回路。该机械手的动作顺序为：立柱下降→伸臂→夹紧工件→缩臂→立柱顺时针转→立柱上升→放开工件→立柱逆时针转。该系统的工作循环分析如下：

按下启动阀 q，主控阀 C 将处于 C_0 位，活塞杆退回，立柱下降；当 C 缸活塞杆上的挡铁碰到 c_0，则控制气将使主控阀 B 处于 B_1 位，使 B 缸中的活塞杆向右伸出，即伸臂；当 B 缸活塞杆上的挡铁碰到 b_1，则控阀气使主控阀 A 处于 A_0 位，A 缸中的活塞杆退回，将工件夹紧；当 A 缸活塞杆上的挡铁碰到 a_0，则控制气将使主控阀 B 处于 B_0 位，B 缸活塞杆退回，即缩臂；当 B 缸活塞杆上的挡铁碰到 b_0，则控制气使主控阀 D 处于 D_1 位，D 缸活塞杆右行，立柱将顺时针旋转；当 D 缸活塞杆上的挡铁碰到 d_1，则控制气将使主控阀 C 处于 C_1 位，使 C 缸活塞杆伸出，立柱上升；当 C 缸活塞杆上的挡铁碰到 c_1，则控制气使主控阀 A 处于 A_1 位，使 A 缸活塞杆伸出，放开工件；当 A 缸活塞杆上的挡铁碰到 a_1，则控制气使主控阀 D 处于 D_0 位，使 D 缸活塞杆左行，立柱逆时针转；当 D 缸活塞杆上的挡铁碰到 d_0，则控制气经启动阀 q 又使主控阀 C 处于 C_0 位，于是又开始新一轮的工作循环。

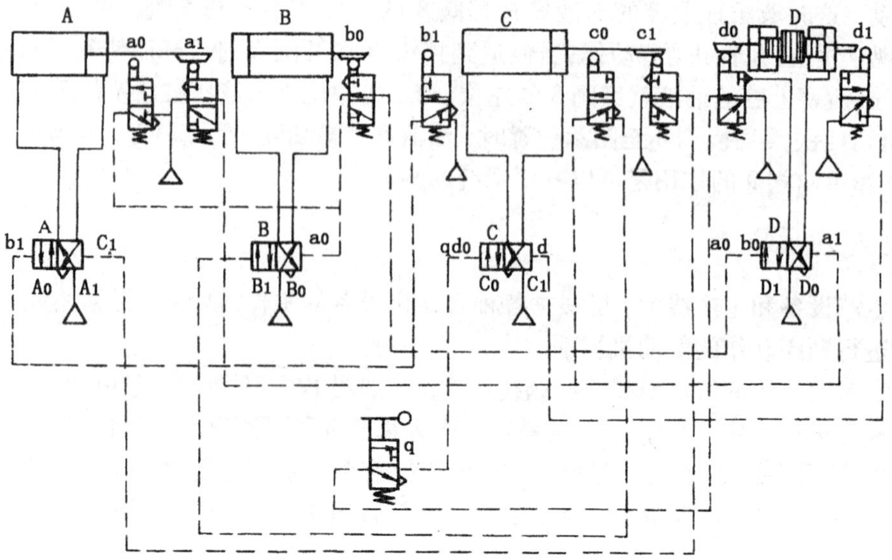

图 12－22　气动机械手的控制回路

12.2.3 工件夹紧气压传动系统

如图 12－23 所示为机械加工自动线、组合机床中常用的工件夹紧气压传动系统原理图。其工作原理是：当工件运行到指定位置后，垂直缸 A 的活塞杆首先伸出（向下）将工件定位锁紧后，两侧的气缸 B 和 C 的活塞杆再同时伸出，对工件进行两侧夹紧，然后进行机械加工，加工完成后各夹紧缸退回，将工件松开。

具体工作原理如下：当用脚踏下阀 1，压缩空气进入缸 A 的上腔，使夹紧头下降夹紧工件，当压下行程阀 2 时，压缩空气经单向节流阀 6 进入二位三通气控换向阀 4 的右侧，使阀 4 换向（调节节流阀开口可以控制阀 4 的延时接通时间）。压缩空气通过主控阀 3 进入两侧气缸 B 和 C 的无杆腔，使活塞杆伸出而夹紧工件。然后开始机械加工，同时流过主阀 3 的一部分压缩空气经过单向节流阀 5 进入主控阀 3 右端，经过一段时间（由节流阀控制）后，机械加工完成，主控阀 3 右位接通，两侧气缸后退到原来位置。同时，一部分压缩空气作为信号进入脚踏阀 1 的右端，使阀 1 右

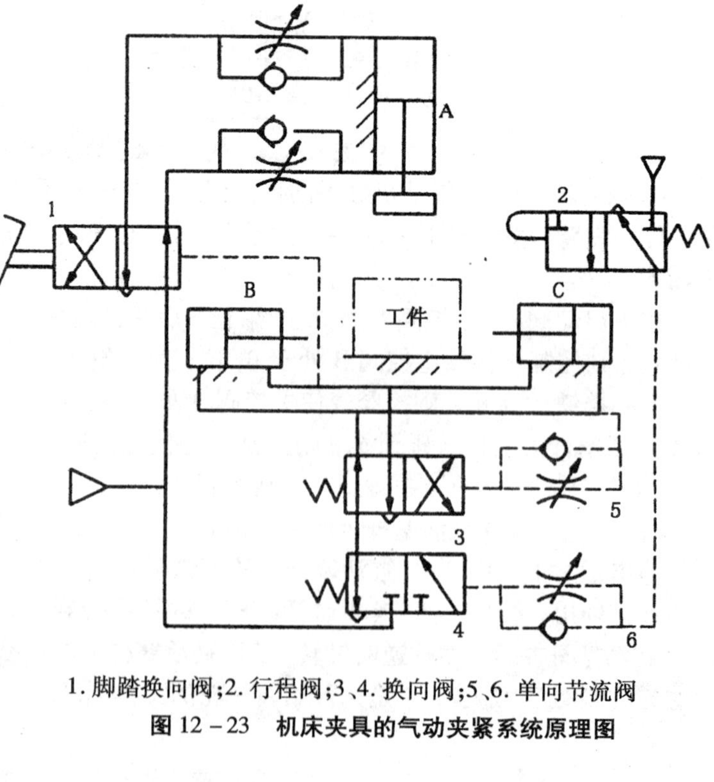

1. 脚踏换向阀；2. 行程阀；3、4. 换向阀；5、6. 单向节流阀

图 12－23　机床夹具的气动夹紧系统原理图

位接通，压缩空气进入缸 A 的下腔，使夹紧头退回原位。

夹紧头上升的同时使机动行程阀 2 复位，气控换向阀 4 也复位（此时主控阀 3 仍为右位接通），由于气缸 B 和 C 的无杆腔通大气，主控阀 3 自动复位到左位，完成一个工作循环。该回路只有再踏下脚踏阀 1 才能开始下一个工作循环。

12.2.4 数控加工中心气动换刀系统

如图 12－24 所示为某数控加工中心气动换刀系统原理图，该系统在换刀过程中实现主轴定位、主轴松刀、拔刀、向主轴锥孔吹气和插刀动作。

动作过程如下：当数控系统发出换刀指令时，主轴停止旋转，同时 4YA 通电，压缩空气经气动三联件 1、换向阀 4、单向节流阀 5 进入主轴定位缸 A 的右腔，缸 A 的活塞左移，使主轴自动定位。定位后压下无触点开关，使 6YA 通电，压缩空气经换向阀 6、快速排气阀 8 进入气液增压缸 B 的上腔，增压腔的高压油使活塞伸出，实现主轴松刀，同时使 8YA 通电，压缩空气经换向阀 9、单向节流阀 11 进入缸 C 的上腔，缸 C 下腔排气，活塞下移实现拔刀。由回转刀库交换刀具，同时 1YA 通电，压缩空气经换向阀 2、单向节流阀 3 向主轴锥孔吹气。稍后 1YA 断电、2YA 通电，停止吹气，8YA 断电、7YA 通电，压缩空气经换向阀 9、单向节流阀 10 进入缸 C 的下腔，活塞上移，实现插刀动作。6YA 断电、5YA 通电，压缩空气经阀 6、快速排气阀 7 进入气液增压缸 B 的下腔，使活塞退回，主轴的机械机构使刀具夹紧。4YA 断电、3YA 通电，缸 A 的活塞靠弹簧力作用复位，回复到开始状态，换刀结束。

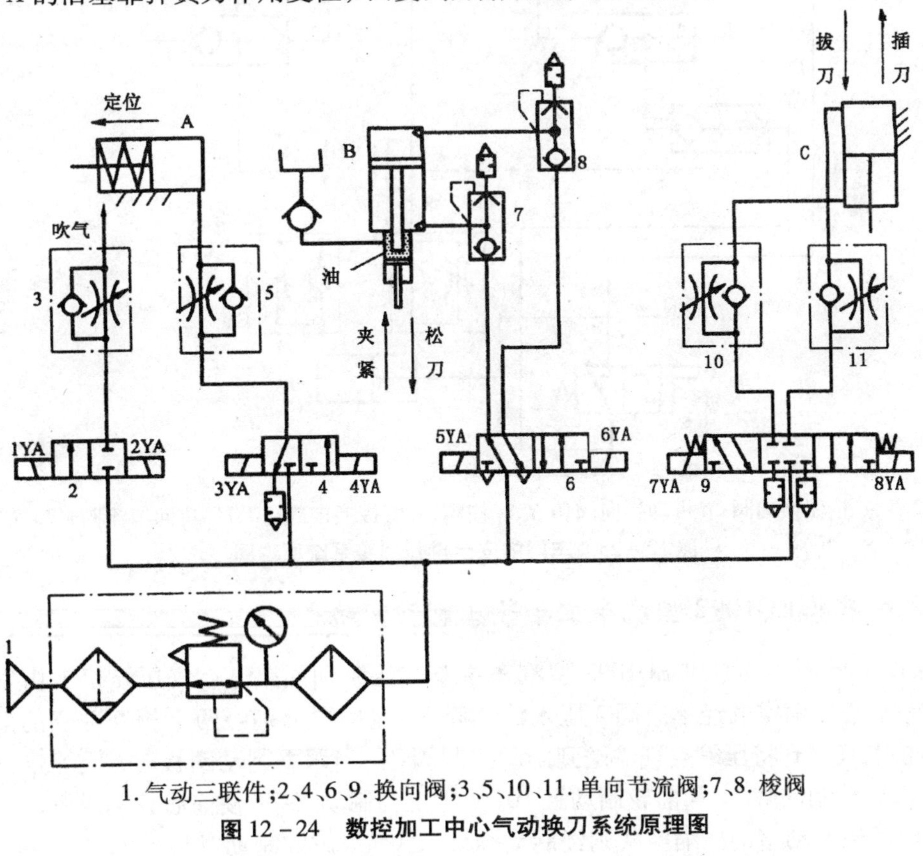

1. 气动三联件；2、4、6、9. 换向阀；3、5、10、11. 单向节流阀；7、8. 梭阀

图 12－24　数控加工中心气动换刀系统原理图

12.2.5 汽车车门的安全操作系统

如图 12－25 所示为汽车车门的安全操作系统原理图。它是用来控制汽车车门开关，且当车门在关闭中遇到障碍时，能使车门再自动开启，起安全保护作用。车门的开关靠气缸 12 来实现，气缸由气控换向阀 9 来控制。而气控换向阀又由 1、2、3、4 四个按钮式换向阀操纵，气缸运动速度的快慢由单向节流阀 10 和 11 来调节。通过阀 1 或阀 3 使车门开启。通过阀 2 或阀 4，使车门关闭。起安全保护的机动控制换向阀 5 安装在车门上。

当操纵手动换向阀 1 或 3 时，压缩空气便经阀 1 或阀 3 到梭阀 7 和 8，把控制信号送到阀 9 的 a 侧，使阀 9 向车门开启方向切换。压缩空气便经阀 9 左位和阀 10 中的单向阀到气缸有杆腔，推动活塞而使车门开启。当操纵阀 2 或阀 4 时，压缩则经阀 6 到阀 9 的 b 侧，使阀 9 向车门关闭方向切换，压缩空气则经阀 9 右位和阀 11 中的单向阀到气缸的无杆腔，使车门关闭。车门在关闭过程中若碰到障碍物，便推动机动阀 5，使压缩空气经阀 5 把控制信号经阀 8 送到阀 9 的 a 端，使车门重新开启。但是，若阀 2 或阀 4 仍然保持按下状态，则阀 5 起不到自动开启车门的安全作用。

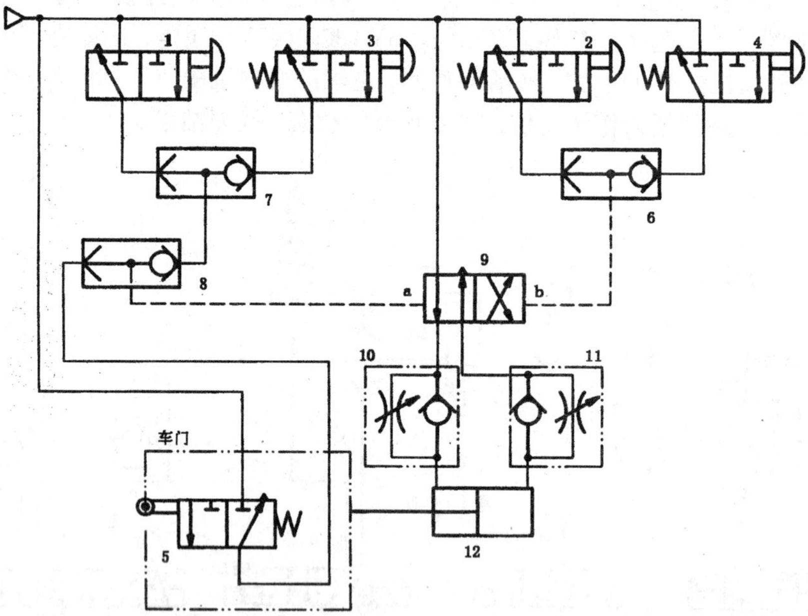

1、2、3、4. 按钮换向阀；5. 机动换向阀；6、7、8. 梭阀；9. 气控换向阀；10、11. 单向节流阀；12. 气缸

图 12－25　车门的安全操作回路系统原理图

12.2.6 东风 EQ1092 型汽车主车气压制动回路

如图 12－26 所示为东风 EQ1092 型汽车主车气压制动回路。空气压缩机 1 由发动机通过皮带驱动，将压缩空气经单向阀 2 压入贮气筒 3，然后再分别经两个相互独立的前桥贮气筒 5 和后桥贮气筒 6 将压缩空气输送到制动控制阀 7。当踩下制动踏板时，压缩空气经控制阀同时进入后轮制动缸 11 和前轮制动缸 10（实际上为制动气室）使前后轮同时制动。松开制动踏板，前后轮制动室的压缩空气则经制动阀排入大气，解除制动。

该车使用的是风冷单缸空气压缩机。缸盖上设有卸荷装置。压缩机与贮气筒之间还装有调压阀和单向阀。当贮气筒气压达到规定值后，调压阀就将进气阀打开，使空气压缩机卸荷，一旦调压阀失效，则由安全阀起过载保护作用。单向阀可防止压缩空气倒流。该车采用双腔膜片式并联制动控制阀(踏板式)。踩下踏板，使前、后轮制动。当前、后桥回路中有一回路失效时，另一回路仍能正常工作，实现制动。在后桥制动回路中安装了膜片式快速放气阀，可使后桥制动迅速解除。压力表 8 指示后桥制动回路中的气压。该车采用膜片式制动室，利用压缩空气的膨胀力推动制动臂及制动凸轮，使车轮制动。

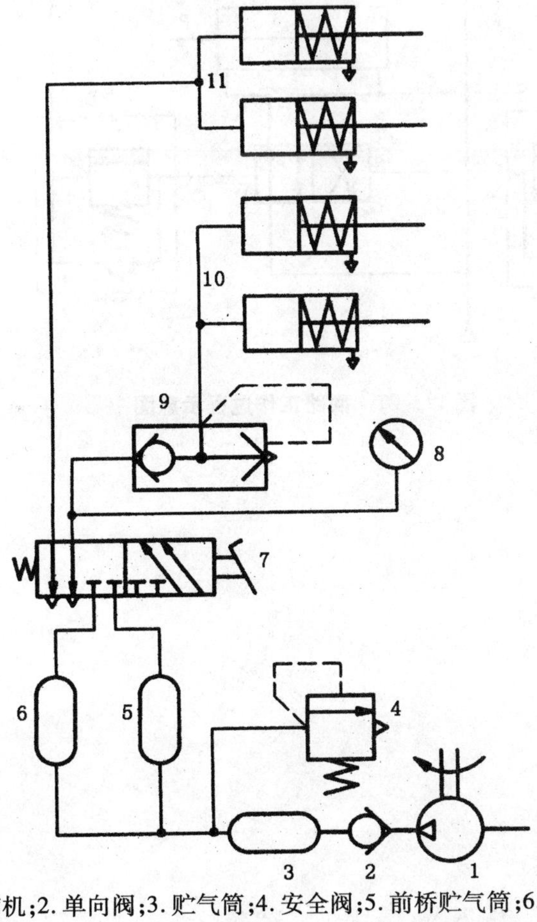

1. 压缩机;2. 单向阀;3. 贮气筒;4. 安全阀;5. 前桥贮气筒;6. 后桥贮气筒;
7. 制动控制阀;8. 压力表;9. 快速排气阀;10. 前轮制动缸;11. 后轮制动缸

图 12－26　东风 EQ1092 型汽车主车气压制动回路

▲ 思考题

12－1　气动常用回路有哪些？分析其原理和特点。

12－2　试设计一个能完成快进→工进→快退的自动工作循环回路。

12－3　图 12－20 所示为气液动力滑台的原理图，说明液动力滑台实现快进→工进→慢退→快退→停止的工作过程。

12－4　分析如图 12－27 所示回路的工作过程，并指出元件的名称。

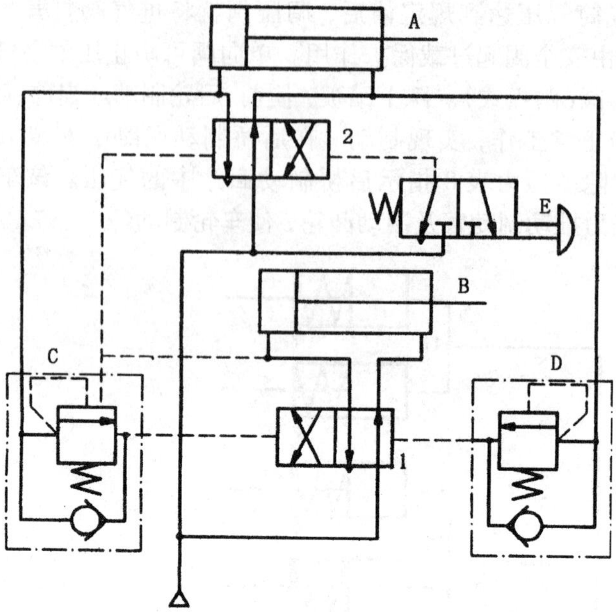

图 12－27　回路工作过程示意图

第 13 章 气动系统的安装与调试、使用及维护

§ 13.1　气动的安装与调试

13.1.1 气动系统的安装

气动系统的安装并不是简单地用管子把各种阀连接起来，其实质是设计的延续。作为一种生产设备，它首先应保证运行可靠、布局合理、安装工艺正确、维修及检测方便。还应注意一些事项。

1. 管道的安装

安装前要彻底清理管道内的粉尘及杂物；管子支架要牢固，工作时不得产生振动；接管时要充分注意密封性，防止出现漏气，尤其注意接头处及焊接处；管路尽量平行布置，减少交叉，力求最短，转弯最少，并考虑到能自由拆装；安装软管要有一定的转弯半径，不允许有拧扭现象，且应远离热源或安装隔热板。

2. 元件的安装

应严格按照阀的推荐安装位置和标明的安装方向进行安装施工；逻辑元件应按照控制回路的需要，将其成组地装在底板上，并在底板上开出气路，用软管接出；可移动缸的中心线应与负载作用力的中心线重合，否则易产生侧向力，使密封件加速磨损、活塞杆弯曲；对于各种控制仪表、自动控制器、压力继电器等，在安装前要先进行效验。

13.1.2 气动系统的调试

1. 调试前的准备

调试前，要熟悉说明书等有关技术资料，力求全面了解系统的原理、结构、性能和操作方法；了解元件在设备上的实际位置、元件调节的操作方法及调节旋钮的旋向；还要准备好相应的调试工具等。

2. 空载运行

空载时，运行时间一般不少于 2h，且注意观察压力、流量、温度的变化，如发现异常应立即停车检查，待排除故障后才能继续运转。

3. 负载试运转

负载试运转应分段加载，运转一般不少于 4h，分别测出有关数据，记入试运转记录。

§13.2 气动系统的使用与维护

13.2.1 气动系统使用时的注意事项

①开车前后要放掉系统中的冷凝水；

②定期给油雾器注油；

③开车前要检查各调节手柄是否在正确位置，机控阀、行程开关、挡块的位置是否正确、牢固；

④对导轨、活塞杆等外露部分的配合表面进行擦拭；

⑤随时注意压缩空气的清洁度，对空气过滤器的滤芯要定期清洗；

⑥设备长期不用时，应将各手柄放松，防止因弹簧发生永久变形而影响各元件的调节性能。

13.2.2 压缩空气的污染及防止方法

压缩空气的质量对气动系统的性能影响极大，如被污染将使管路和元件锈蚀、密封件变形、堵塞喷嘴，使系统不能正常工作。压缩空气的污染主要来自水分、油分和粉尘三个方面。其污染原因及防止方法如下。

1. 水分

压缩空气吸入的是含有水分的湿空气，经压缩后提高了压力，当再度冷却时就要析出冷凝水，侵入到压缩空气中致使管道和元件锈蚀，影响其性能。

防止冷却水侵入压缩空气的方法是：及时排除系统各排水阀中积存的冷凝水。注意经常检查自动排水器、干燥器的工作是否正常，定期清洗空气过滤器、自动排水器的内部元件等。

2. 油分

这里是指使用过的受热而变质的润滑油。压缩空气机使用的一部分润滑油成雾状混入压缩空气中，受热后引起汽化随压缩空气一起进入系统，将使密封件变形，造成空气泄漏，摩擦阻力增大，阀和执行元件动作不良，而且还会污染环境。

清除压缩空气中的油分的方法有：对于较大的油分颗粒，通过除油器和空气过滤器的分离作用可将其与空气分开，并经设备底部的排污阀排除；较小的油分颗粒，则可通过活性炭的吸附作用加以清除。

3. 灰尘

大气中含有的粉尘、管道内的绣粉及密封材料的碎屑等进入到压缩空气中，将引起元件中的运动件卡死、动作失灵、堵塞喷嘴、加速元件磨损降低使用寿命，导致故障发生，严重影响系统性能。

防止粉尘侵入压缩机的主要方法是：经常清洗空气压缩机前的预过滤器、定期清洗空气过滤器的滤芯，及时更换滤清元件等。

13.2.3 气动系统的日常维护

气动系统日常维护的主要是指对冷凝水的管理和系统润滑的管理。对冷凝水管理的方法在前面已讲述，这里仅介绍对系统润滑的管理。

气动系统中从控制元件到执行元件，凡有相对运动的表面都需要进行润滑。如润滑不当，将会使摩擦阻力增大而导致元件动作不良，因密封面磨损会引起系统泄漏等危害。

润滑油粘度的高低直接影响润滑的效果。通常，高温环境下用高粘度润滑油，低温环境下用低粘度润滑油。如果温度特别低，为克服起雾化困难可在油杯内装加热器。供油量是随润滑部位的形状、运动状态及负载大小而变化的，而且供油量总是大于实际需要。一般以每 $10m^3$ 自由空气供给 1mL 的油量为基准。

平时要注意油雾器的工作是否正常，如果发现油量没有或减少，需及时检修或更换油雾器。

13.2.4 气动系统的定期检修

定期检修的时间通常为三个月。其主要内容有：

1. 查明系统各泄漏处，并设法予以解决。

2. 通过对方向控制阀排气口的检查，判断润滑油是否适度，空气中是否有冷凝水。如果润滑不良，考虑油雾器规格是否合适，安装位置是否恰当，滴油量是否正常等。如果有大量冷凝水排出，考虑过滤器的安装位置是否恰当，排除冷凝水的装置是否合适，冷凝水的排除是否彻底。如果方向控制阀排气口关闭时，仍有少量泄漏，往往是元件损伤的初期阶段，检查后，可更换受磨损元件以防止发生动作不良。

3. 检查安全阀、紧急安全开关动作是否可靠。定期检修时，必须确认它们动作的可靠性，以确保设备和人身安全。

4. 观察换向阀的动作是否可靠。根据换向时声音是否异常，判断铁芯和衔铁配合处是否夹有杂质。检查铁芯是否有磨损，密封件是否老化。

5. 反复开关换向阀观察气缸动作，判断活塞上的密封是否良好。检查活塞外露部分，判定前盖的配合处是否有泄漏。

上述各项检查和修复的结果应记录下来，以作为设备出现故障查找原因和设备大修时的参考。

气动系统的大修间隔期为一年或几年。其主要内容是检查系统各元件和部件，判定其性能和寿命，并对平时产生故障的部分进行检修或更换元件，排除修理间隔期内一切可能产生故障的因素。

§13.3　气动系统主要元件常见的故障及其排除方法

气动系统主要元件常见的故障及其排除方法见表 13－1～表 13－6。

表 13－1　　减压阀常见故障及其排除方法

故　障	原　因	排　除　方　法
1. 二次压力升高。	①阀弹簧损坏。 ②阀座有伤痕，或阀座橡胶（密封圈）剥落。 ③阀体中夹入灰尘，阀芯导向部分粘附异物。 ④阀芯导向部分和阀体的 O 形密封圈收缩、膨胀。	①更换阀弹簧。 ②更换阀体。 ③清洗、检查过滤器。 ④更换 O 形密封圈。
2. 压力降过大（流量不足）。	①阀口通径小。 ②阀下部积存冷凝水；阀内混有异物。	①使用大通径的减压阀。 ②清洗、检查过滤器。
3. 溢流口总是漏气。	①溢流阀座有伤痕（溢流式）。 ②膜片破裂。 ③二次压力升高。 ④二次侧背压增高。	①更换溢流阀座。 ②更换膜片。 ③参看“二次压力上升”栏。 ④检查二次侧的装置、回路。
4. 阀体漏气。	①密封件损伤。 ②弹簧松弛。	①更换密封件。 ②张紧弹簧，或更换弹簧。
5. 异常振动。	①弹簧的弹力减弱、弹簧错位。 ②阀体的中心、阀杆的中心错位。 ③因空气消耗量周期变化使阀不断开启、关闭，与减压阀引起共振。	①把弹簧调整到正常位置，更换弹力减弱的弹簧。 ②检查并调整位置偏差。 ③改变阀的固有频率。

表 13－2　　溢流阀的常见及其排除方法

故　障	原　因	排　除　方　法
1. 压力虽上升，但不溢流。	①阀内的孔堵塞。 ②阀芯导向部分进入异物。	①清洗。 ②清洗。
2. 压力虽没有超过设定值，但在二次侧却溢出空气。	①阀内进入异物。 ②阀座损伤。 ③调压弹簧损伤。	①清洗。 ②更换阀座。 ③更换调压弹簧。
3. 溢流时发生振动（主要发生在膜片式阀，启闭压力差减小）。	①压力上升速度很慢，溢流阀放出流量多，引起阀振动。 ②因从压力上升源到溢流阀之间被节流，阀前部压力上升慢而引起振动。	①二次侧安装针阀微调溢流量，使其与压力上升量匹配。 ②增大压力上升源到溢流阀的管路通径。
4. 从阀体和阀盖向外漏气。	①膜片破裂（膜片式）。 ②密封件损伤。	①更换膜片。 ②更换密封件。

表13－3 换向阀的常见故障及其排除方法

故　障	原　因	排　除　方　法
1. 不能换向。	①阀的滑动阻力大，润滑不良。 ②O形密封圈变形。 ③粉尘卡住滑动部分。 ④弹簧损坏。 ⑤阀操纵力小。 ⑥活塞密封圈磨损。	①进行润滑。 ②更换密封圈。 ③消除粉尘。 ④更换弹簧。 ⑤检查阀操纵部分。 ⑥更换密封圈。
2. 阀产生振动。	①空气压力低（先导阀）。 ②电源电压低（电磁阀）。	①提高操纵压力，或采用直动型。 ②提高电源电压，或使用低电压线圈。
3. 交流电磁铁有蜂鸣声。	①H型活动铁芯密封不良。 ②粉尘进入T型铁芯的滑动部分，使活动铁芯不能密切接触。 ③短路环损坏。 ④电源电压低。 ⑤外部导线拉得太紧。	①检查铁芯接触和密封性，必要时更换铁芯组件。 ②清除粉尘。 ③更换固动铁芯。 ④提高电源电压。 ⑤电线应宽裕。
4. 电磁铁动作时间偏差大，或有时不能动作。	①活动铁芯锈蚀，不能移动；在湿度高的环境中使用气动元件时，由于密封不完善而向磁铁部分泄露空气。 ②电源电压低。 ③粉尘进入活动铁芯的滑动部分，使运动恶化。	①铁芯除锈，修理好对外部的密封，更换坏的密封件。 ②提高电源电压或使用符合电压的线圈。 ③清除粉尘。
5. 线圈烧毁。	①环境温度高。 ②快速循环使用时。 ③因为吸引时电流大，单位时间耗电多，温度升高，使绝缘损坏而短路。 ④粉尘夹在阀和铁芯之间，不能吸引活动铁芯。 ⑤线圈上有残余电压。	①按产品规定温度范围使用。 ②使用高级电磁阀。 ③使用气动逻辑回路。 ④清除粉尘。 ⑤使用正常电源电压，使用符合电压的线圈。
6. 切断电源，活动铁芯不能退回。	①粉尘夹入活动铁芯滑动部分。	①清除粉尘。

表 13－4　　气缸的常见故障及其排除方法

故　障	原　因	排　除　方　法
1. 外泄露（主要有：活塞杆与密封衬套间漏气；气缸体与端盖间漏气；从缓冲装置的调节螺钉处漏气。）	①衬套密封圈磨损。 ②活塞杆偏心。 ③活塞杆有伤痕。 ④活塞杆与密封衬套的配合面内有杂质。 ⑤密封圈损坏。	①更换密封圈。 ②重新安装，使活塞杆不受偏心负荷。 ③更换活塞杆。 ④除去杂质。 ⑤更换密封圈。
2. 内泄露（活塞两端串气）。	①活塞密封圈损坏。 ②润滑不良。 ③活塞被卡住。 ④活塞配合面有缺陷，杂质挤入密封面。	①更换活塞密封圈。 ②改善润滑。 ③重新安装，使活塞杆不受偏心负荷。 ④缺陷严重者更换零件，除去杂质。
3. 输出力不足，动作不平稳。	①润滑不良。 ②活塞或活塞杆卡住。 ③气缸体内表面有锈蚀或缺陷。 ④进入了冷凝水、杂质。	①调节或更换油雾器。 ②检查安装情况，消除偏心。 ③视缺陷大小再决定排除故障的办法。 ④加强对空气过滤器和除油器的管理，定期排放污水。
4. 损伤（主要有：活塞杆折断；端盖损坏）。	①有偏心负荷。 ②摆动气缸安装轴销的摆动面与负荷摆动面不一致；摆动轴销的摆动角过大，负荷很大，摆动速度又快，有冲击装置的冲击加到活塞杆上；活塞杆承受负荷的冲击；气缸的速度太快。 ③缓冲机构不起作用。	①调整安装位置，消除偏心。 ②使轴销摆角一致；确定合理的摆动速度；冲击不得加在活塞杆上，设置缓冲装置。 ③在外部回路中设置缓冲机构。
5. 缓冲效果不好。	①缓冲部分的密封性能差。 ②调节螺钉损坏。 ③气缸速度太快。	①更换密封圈。 ②更换调节螺钉。 ③研究缓冲机构的结构是否合适。

表13-5 空气过滤器的常见故障及其排除方法

故　障	原　因	排　除　方　法
1. 压力过大。	①使用过细的滤芯。 ②过滤器的流量范围太小。 ③流量超过过滤器的容量。 ④过滤器滤芯网眼堵塞。	①更换适当的滤芯。 ②更换流量范围大的过滤器。 ③更换大容量的过滤器。 ④用净化液清洗(必要时更换)滤芯。
2. 从输出端溢流出冷凝水。	①未及时排出冷凝水。 ②自动排水器发生故障。 ③超过过滤器的流量范围。	①养成定期排水习惯或安装自动排水器。 ②修理(必要时更换)。 ③在适当流量范围内使用或者更换大容量的过滤器。
3. 输出端出现异物。	①过滤器滤芯破损。 ②滤芯密封不严。 ③用有机溶剂清洗塑料件。	①更换滤芯。 ②更换滤芯的密封，紧固滤芯。 ③用清洁的热水或煤油清洗。
4. 塑料水杯破损。	①在有机溶剂的环境中使用。 ②空气压缩机输出某种焦油。 ③压缩机从空气中吸入对塑料有害的物质。	①使用不受有机溶剂侵蚀的材料(如使用金属杯)。 ②更换空气压缩机的润滑油，使用无油压缩机。 ③使用金属杯。
5. 漏气。	①密封不良。 ②因物理(冲击)、化学原因使塑料杯产生裂痕。 ③泄水阀、自动排水器失灵。	①更换密封件。 ②采用金属杯。 ③修理(必要时更换)。

表13-6 油雾器的常见故障及其排除方法

故　障	原　因	排　除　方　法
1. 油杯未加压。	①通往油杯的空气通道堵塞。 ②油杯大，油雾器使用频繁。	①拆卸修理。 ②加大通往油杯空气通孔，使用快速循环式油雾器。
2. 油不能滴下。	①没有产生油滴下所需的压力差。 ②油雾器反向安装。 ③油道堵塞。 ④油杯未加压。	①加上文丘里管或换成小的油雾器。 ②改变安装方向。 ③拆卸、检查、修理。 ④因通往油杯的空气通道堵塞，需拆卸修理。
3. 油滴数不能减少。	①油量调整螺栓失效。	①检修油量调整螺栓。
4. 空气向外泄露。	①油杯破坏。 ②密封不良。 ③观察玻璃破损。	①更换油杯。 ②检修密封。 ③更换观察玻璃。
5. 油杯破损。	①用有机溶剂清洗。 ②周围存在有机溶剂。	①更换油杯，使用金属杯或耐有机溶剂油杯。 ②与有机溶剂隔离。

▲ 思考题

13－1　气动系统日常维护的主要内容有哪些?

13－2　气动系统的定期检修主要内容有哪些?

13－3　简述油雾器的常见故障及其排除方法。

附录 常用液压与气动元件图形符号(GB/T786.1－1993 摘录)

1. 基础符号

名　称	符　号	说　明	名　称	符　号	说　明
液压源		一般符号	消声器		气动
气压源		一般符号	直接排气	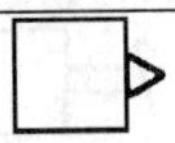	不带连接措施
电动机			等连接排气		
源动机	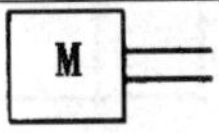	电动机除外	报警器		气动
压力计			气液转换器	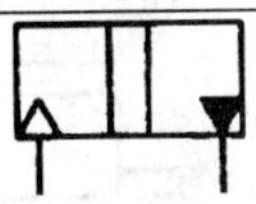	
液面计			行程开关	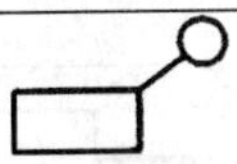	一般符号
温度计			模拟传感器	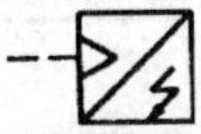	气动
流量计			转速仪		
压力断电器	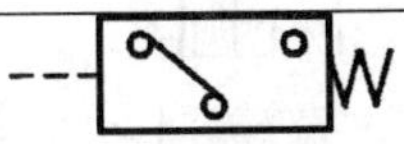	一般符号	转矩仪		

2. 管路、管路连接和管接头

名　称	符　号	说　明	名　称	符　号	说　明
工作管路			交叉管路	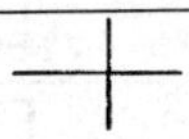	
控制管路	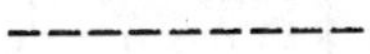		快换接头	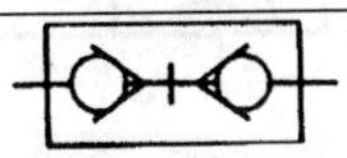	带单向阀
柔性管路			快换接头	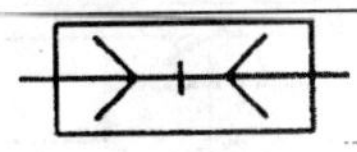	无单向阀
集合元件线			旋转接头		单通路
连接管路	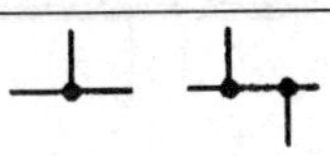			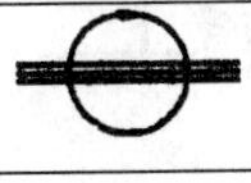	三通路

3. 控制方式

名　称	符　号	说　明
人力控制	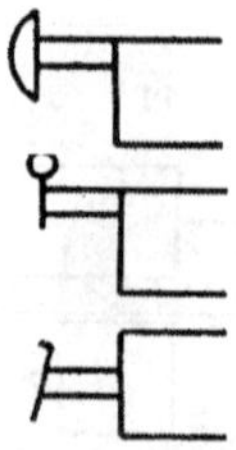	按钮式 手柄式 踏板式
机械控制	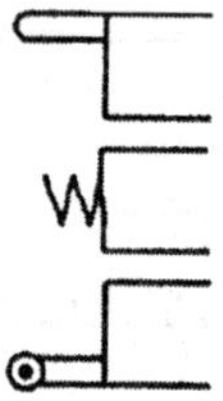	顶杆式 弹簧式 滚轮式
加压控制	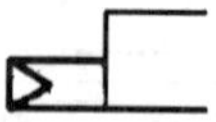	气压先导内控
	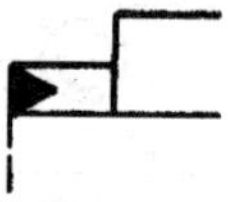	液压先导外控
	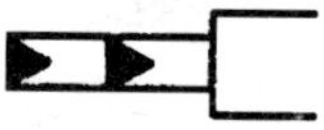	液压先导二级内控
	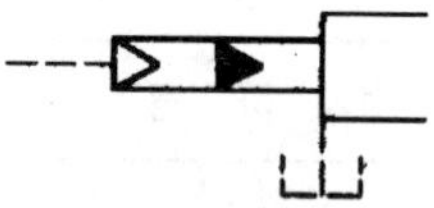	气压先导外控
	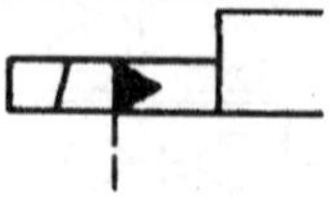	电液先导外控
	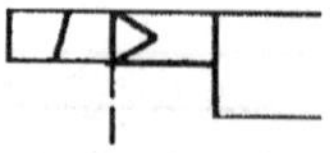	电气先导外控
卸压控制	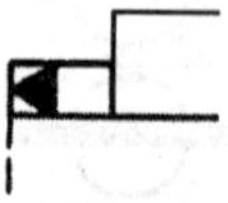	液压先导内控

名　称	符　号	说　明
电气控制	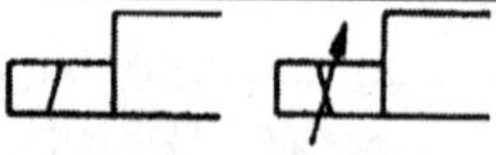	单作用电磁铁
	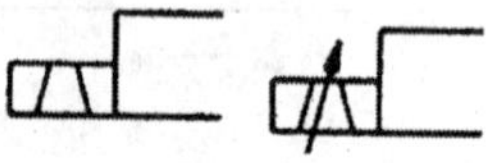	双作用电磁铁
电机控制	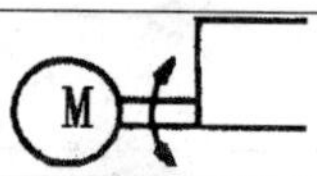 	旋转
压力控制	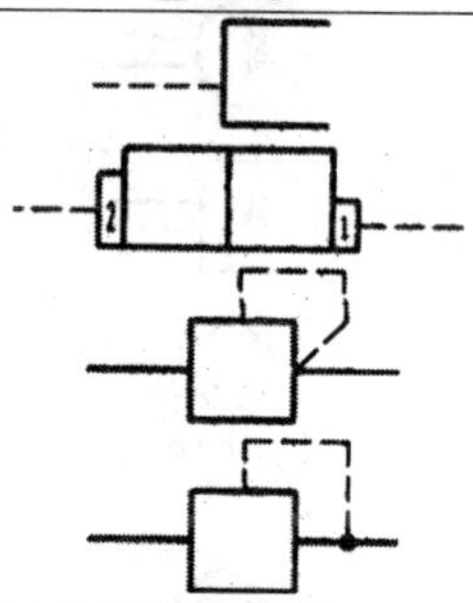 	加压或卸压 差动控制 内部压力 外部压力
卸压控制	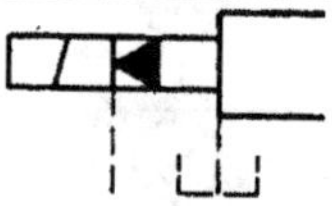	电源先导外控
	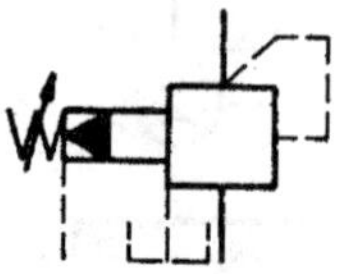	先导压力遥控
	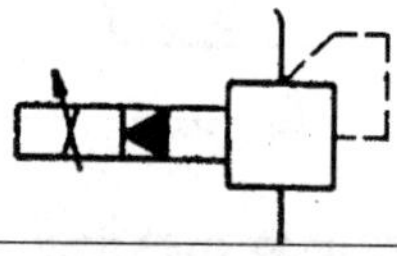	先导比例电控
外反馈	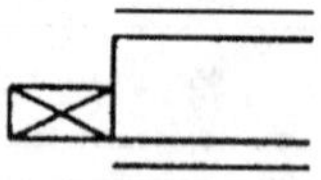	电反馈
内反馈	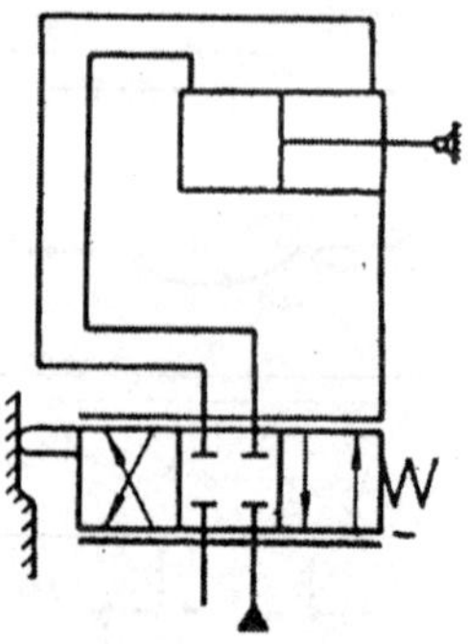	机械反馈 随动阀仿形控制回路

4. **泵和马达**

名　称	符　号	说　明	名　称	符　号	
液压泵		一般符号	变量泵	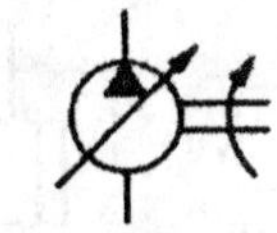	单向
气马达		一般符号	变量泵		双向
定量泵		单向	变量马达	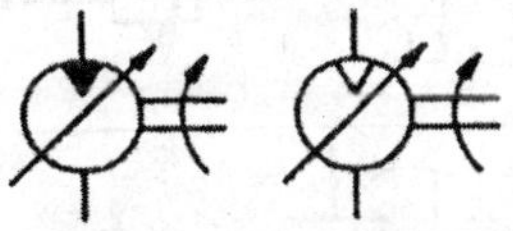	单向
定量泵	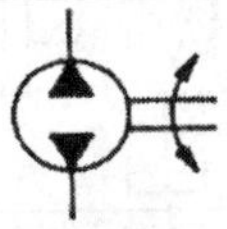	双向	变量马达		双向
定量马达	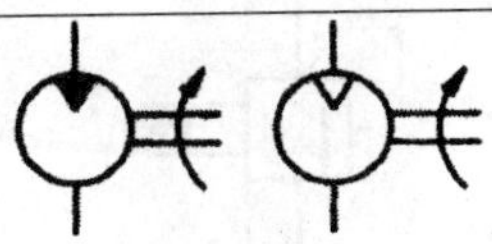	单向	传动装置		液压整体式
定量马达	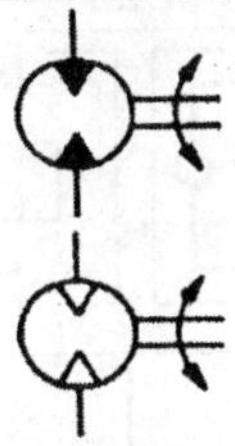	双向	摆动马达	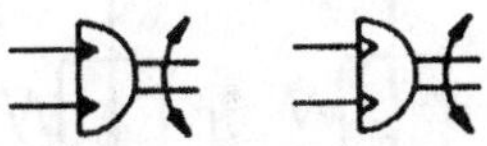	
			定量泵马达	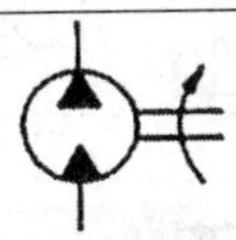	

5. **缸**

名　称	符　号	说　明	名　称	符　号	说　明
弹簧复位缸	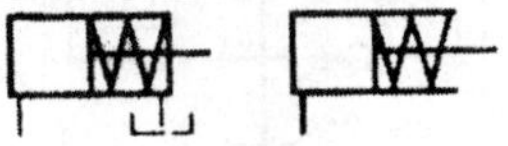	单作用	伸缩缸	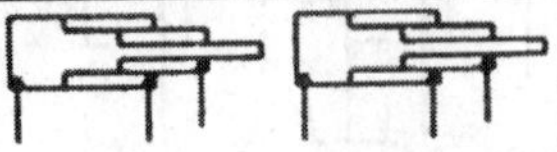	双作用
单活塞杆缸	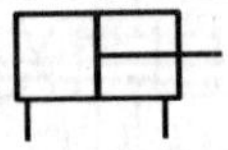	双作用	缓冲缸	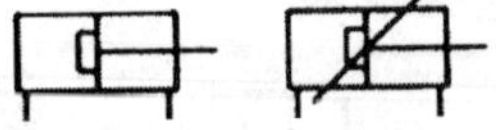	单向
双活塞杆缸	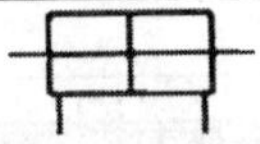	双作用	缓冲缸	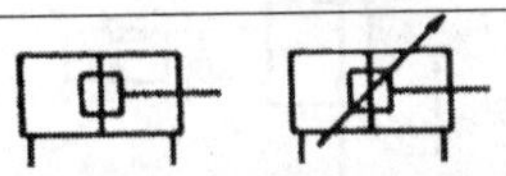	双向
伸缩缸	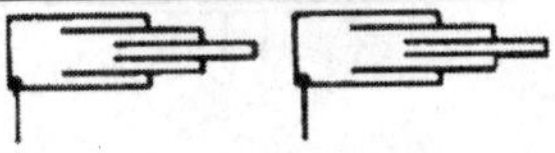	单作用	增压器	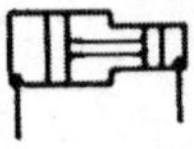	

6. 压力控制阀符号

名　称	符　号	说　明	名　称	符　号	说　明
溢流阀	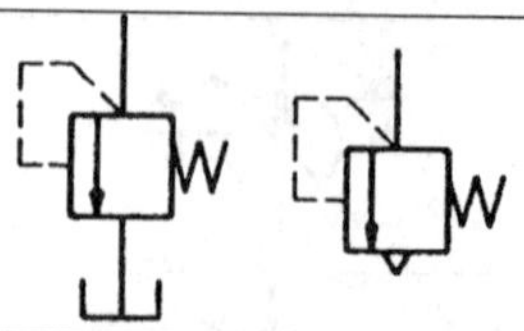	直动型	定比减压阀	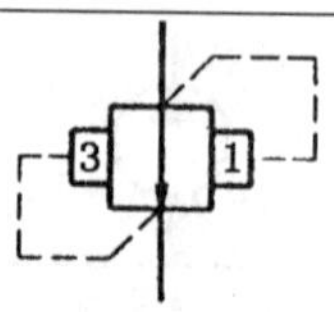	减压比：1/3
	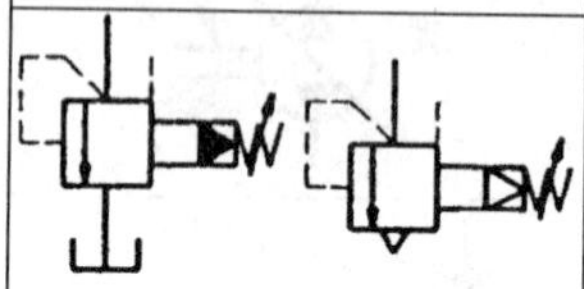	先导型	定差减压阀	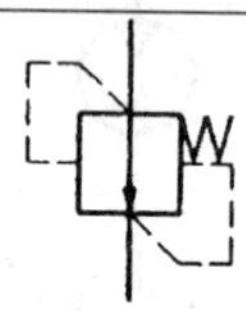	
电磁比例溢流阀	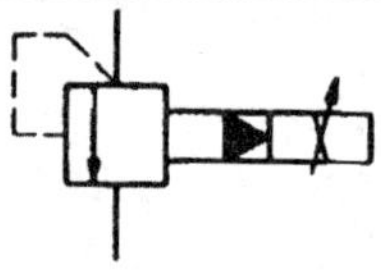	先导型	顺序阀	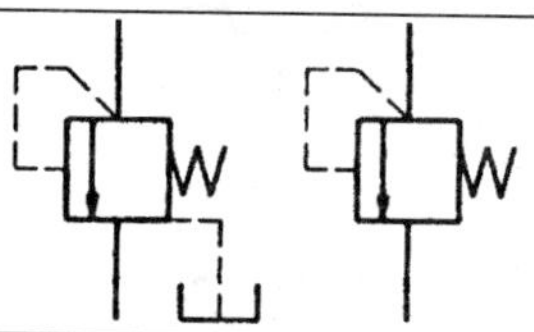	直动型
卸荷溢流阀	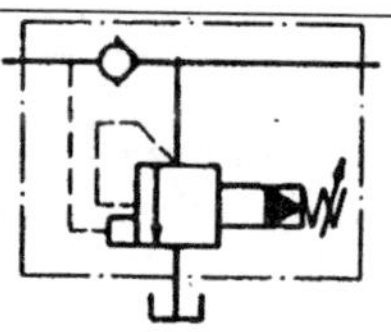		顺序阀	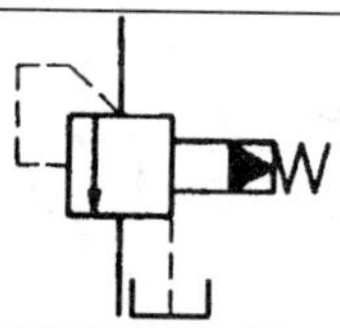	先导型
减压阀	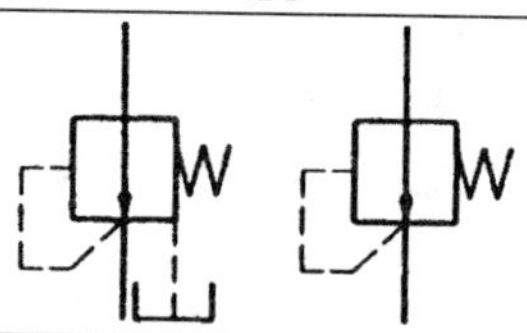	直动型	单向顺序阀	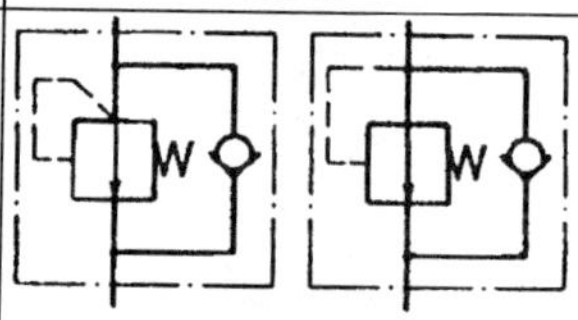	平衡阀
	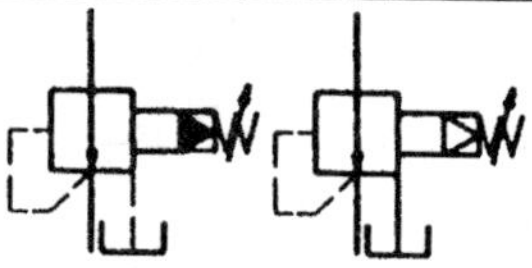	先导型	卸荷阀	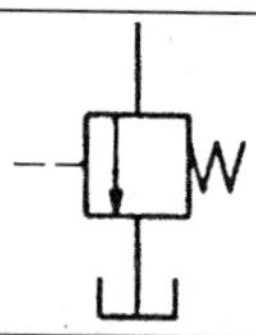	直动型
溢流减压阀	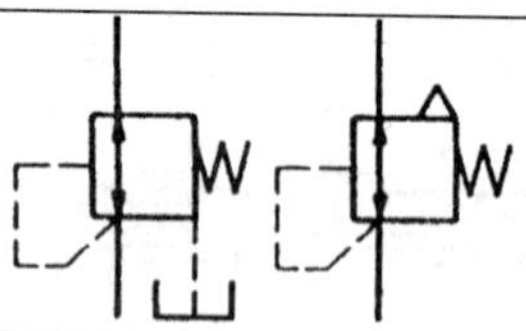		制动阀	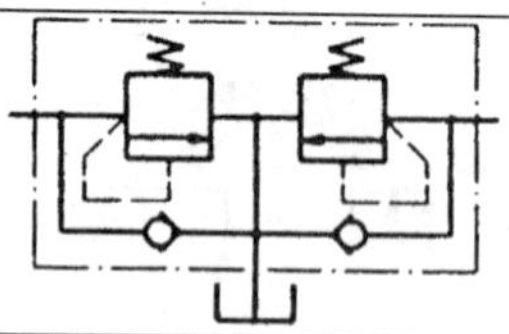	
比例电磁式溢流阀	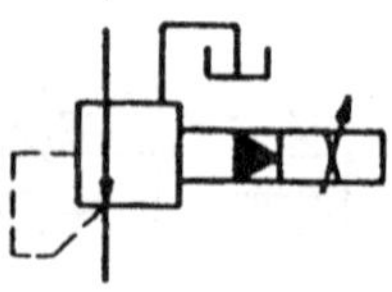	先导型	三位四通换向阀	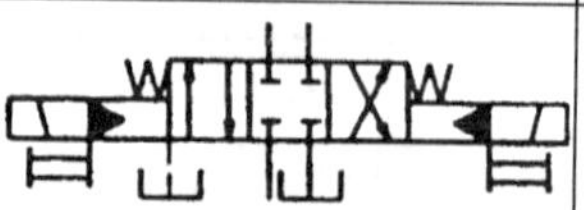	电液动
			四通电液伺服阀	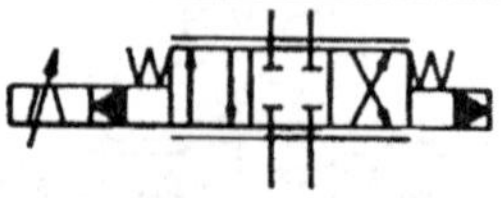	典型例

7. 方向控制阀符号

名 称	符 号	说 明	名 称	符 号	说 明
单向阀			与门型梭阀	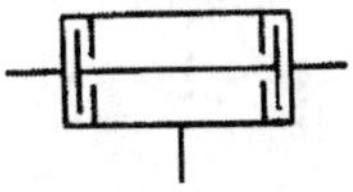	与门
液控单向阀	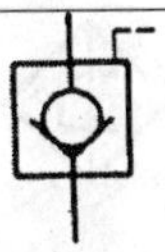		快速排气阀	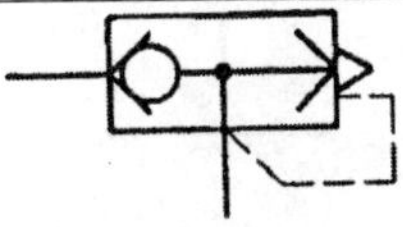	
梭阀	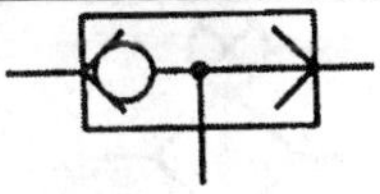	或门	二位二通换向阀	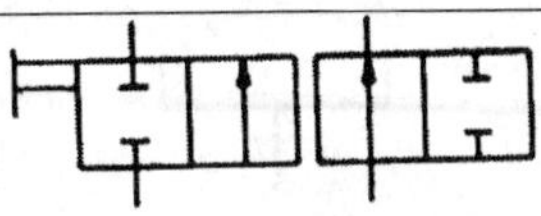	手动
二位三通换向阀	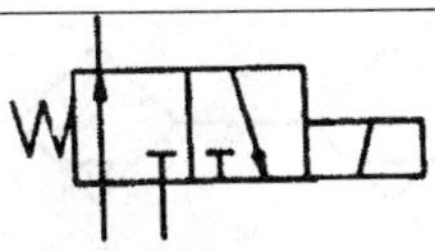	电动	三位四通换向阀	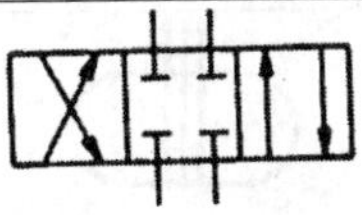	通用
二位五通换向阀	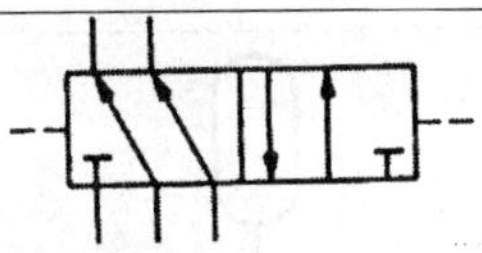	液动	三位五通换向阀	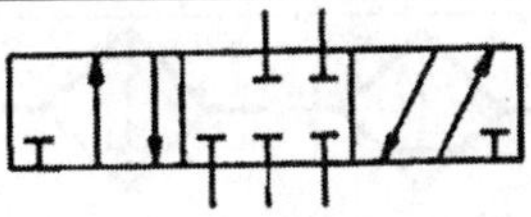	通用

8. 流量控制阀符号

名 称	符 号	说 明	名 称	符 号	说 明
节流阀			旁通型调速阀	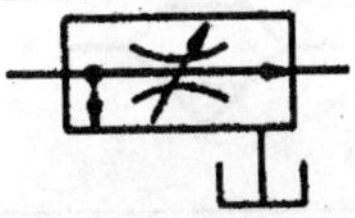	
单向节流阀	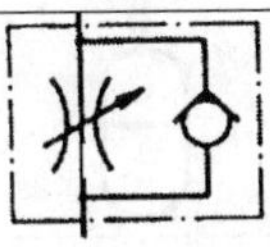		单向调速阀	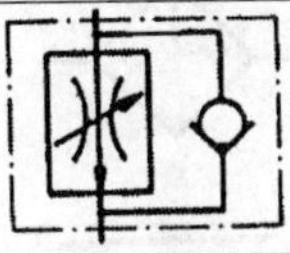	
消声节流阀	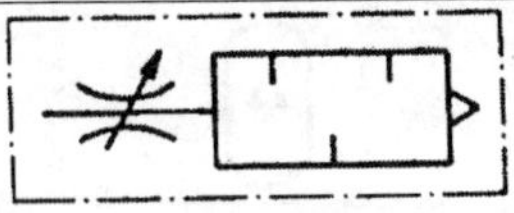	带消声器	分流阀	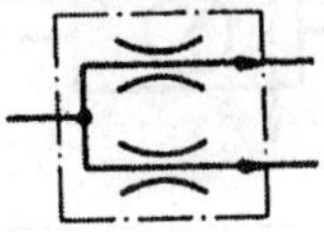	
调速阀		可调	集流阀	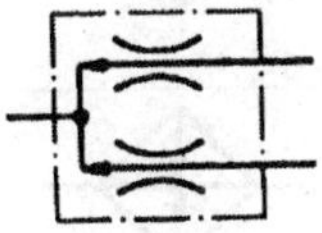	
温度补偿调速阀		可调			

9. 辅助元件符号

名　称	符　号	说　明
油箱（垂直绘制）		管口在箱上
	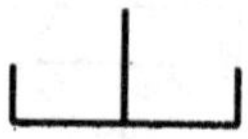	管口在箱底
	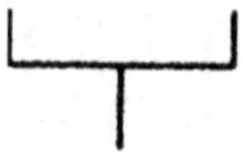	管口在箱下
	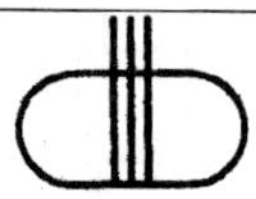	加压或封闭
空气过滤器	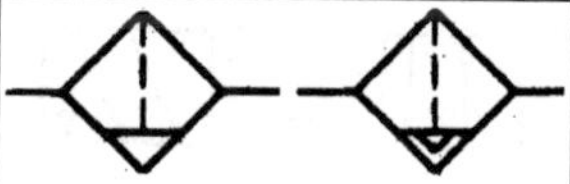	
除油器	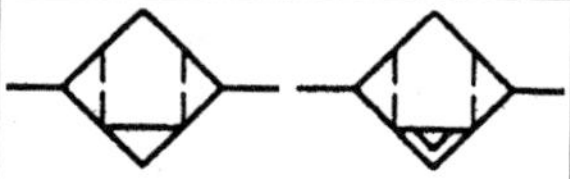	
空气干燥器	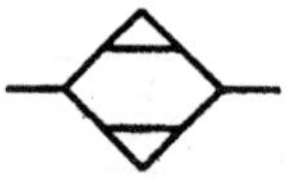	
油雾器	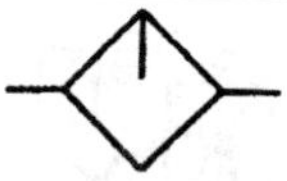	
气源调节装置		
冷却器		
加热器		

名　称	符　号	说　明
过滤器	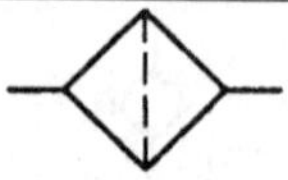	一般符号
磁芯过滤器		
污染指示过滤器	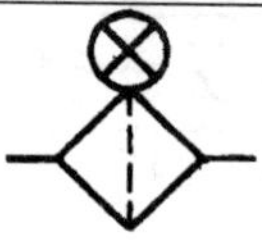	
分水排水器	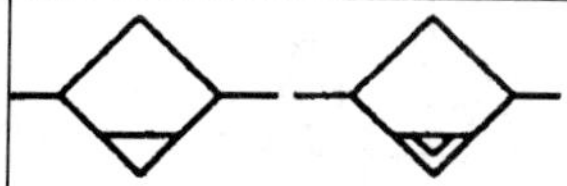	
蓄能器（垂直绘制）		一般符号
		气体隔离式
		重锤式
		弹簧式
辅助气瓶		垂直绘制
气罐		

参考文献

1. 雷天觉主编:《新编液压工程手册》,北京,北京理工大学出版社,1998。
2. 章宏甲,黄谊,王积伟主编:《液压与气压传动》,北京,机械工业出版社,2000。
3. 方昌林主编:《液压、气压传动与控制》,北京,机械工业出版社,2000。
4. 何存兴主编:《液压传动与气压传动》,武汉,华中科技大学出版社,2000。
5. 赵波,王宏元主编:《液压与气压技术》,北京,机械工业出版社,2005。
6. 马振福主编:《液压与气压传动》,北京,机械工业出版社,2004。
7. 张宏民主编:《液压与气压技术》,大连,大连理工大学出版社,2004。
8. 李芝主编:《液压传动》,北京,机械工业出版社,2002。
9. 丁树模主编:《液压传动》,北京,机械工业出版社,1999。
10. 左建民主编:《液压与气压传动》,北京,机械工业出版社,2003。
11. 章宏甲主编:《液压与气压传动》,北京,机械工业出版社,2003。
12. 袁承训主编:《液压与气压传动》,北京,机械工业出版社,2000。
13. 李登万主编:《液压与气压传动》,南京,东南大学出版社,2004。
14. 姜佩东主编:《液压与气压技术》,北京,高等教育出版社,2000。
15. 张群生主编:《液压与气压传动》,北京,机械工业出版社,2003。
16. 陈奎生主编:《液压与气压传动》,武汉,武汉理工大学出版社,2001。
17. 陈榕林主编:《液压技术应用》,北京,电子工业出版社,2002。
18. 缪培仁主编:《液压技术》,北京,中国农业出版社,2000。
19. 李鄂民主编:《液压与气压传动》,北京,机械工业出版社,2001。
20. 刘延俊主编:《液压与气压传动》,北京,机械工业出版社,2002。

读者反馈意见

亲爱的读者：

感谢您对《液压与气动技术》的学习支持和热爱，为了今后为您提供更优秀的服务，请您抽出宝贵的时间来填写下面意见反馈表，以便我们更好地对本教材做进一步的改进，同时如果您在使用本教材的过程中遇到了什么问题，或者有什么好的建议，也请您来信、来电告诉我们。

地址：北京市丰台区科学城南极星大厦108室

电话：010－83795649/ 83794403

电子邮箱：caikai6223@263. net　QQ：649319527

网址：WWW. KFHWH. COM

教材名称：《液压与气动技术》

个人资料：

姓名：__________年龄：__________所在院校/专业__________

文化程度：__________通讯地址：__________

联系电话：__________电子信箱：__________

您使用本书是作为：□指定教材□选用教材□辅导教材

您对封面设计的满意度：

□很满意□满意□一般□不满意□改进建议__________

您对本书印刷质量的满意度：

□很满意□满意□一般□不满意□改进建议__________

您对本书的总体满意度：

从语言质量角度看□很满意□满意□一般□不满意□

从科技含量角度看□很满意□满意□一般□不满意□

本书最令您满意的是：

□指导明确□内容充实□讲解详尽□实例丰富

您认为本书在哪些地方应进行修改？（可附页）

____

____

您希望本书在哪些方面进行改进？（可附页）

____

____